国家科学技术学术著作出版基金资助出版

磁共振成像设备技术学

Magnetic Resonance Imaging Equipment and Technology

主　编　韩鸿宾

北京大学医学出版社

CIGONGZHEN CHENGXIANG SHEBEI JISHUXUE

图书在版编目（CIP）数据

磁共振成像设备技术学/韩鸿宾主编. —北京：
北京大学医学出版社，2016. 1
　ISBN 978-7-5659-1250-4

　Ⅰ.①磁…　Ⅱ.①韩…　Ⅲ.①磁共振成像–设备–
技术学　Ⅳ.①TH776

　中国版本图书馆CIP数据核字（2015）第239753号

磁共振成像设备技术学

主　　编：韩鸿宾
出版发行：北京大学医学出版社
地　　址：（100191）北京市海淀区学院路38号　北京大学医学部院内
电　　话：发行部 010-82802230；图书邮购 010-82802495
网　　址：http://www.pumpress.com.cn
E-mail：booksale@bjmu.edu.cn
印　　刷：北京强华印刷厂
经　　销：新华书店
责任编辑：陈　奋　　责任校对：金彤文　　责任印制：李　啸
开　　本：889mm×1194mm　1/16　印张：20.25　　字数：618千字
版　　次：2016年1月第1版　2016年1月第1次印刷
书　　号：ISBN 978-7-5659-1250-4
定　　价：169.00元
版权所有，违者必究
（凡属质量问题请与本社发行部联系退换）

主 编 简 介

韩鸿宾，医学博士，北京大学医学部、工学院教授，博士生导师，北京大学第三医院放射科主任医师，磁共振成像设备与技术北京市重点实验室主任，中国医疗装备协会磁共振专委会秘书长。现任职于北京大学医学部科研处，负责医、理、工跨学科交叉发展。为科技部重大仪器专项、科技部支撑计划项目课题负责人。分别留学美国、德国，获磁共振成像序列设计物理师资格。2005 年入选教育部新世纪优秀人才计划，2011 年获中国青年科技奖。为生物体纳米尺度微观结构在体活体测量技术方法——磁示踪法的发明人，获多项国家、国际发明专利。

编 写 委 员 会

主　　编　韩鸿宾

委　　员　（按姓名汉语拼音排序）

杜一平　范占明　冯义濂　郭顺林　金辛迪　连建宇

刘爱连　刘兴第　马　军　彭　芸　王　洪　王晓庆

武少杰　鲜军舫　谢敬霞　谢宇峰　许　锋　张国平

张云亭

制　　图　张若成　卢嘉宾　高海华

编 者 名 单

(按姓氏笔画排序)

于广会（泰山医学院）　　　　　　　　于　薇（北京安贞医院）

万林福（南昌大学第一附属医院）　　　马　军（北京天坛医院）

王为民（北京大学信息科学技术学院）　王　伟（北京大学第三医院）

王　俭（新疆医科大学第一附属医院）　王　洪（泰山医学院）

王晓庆（中关村医疗器械产业技术创新联盟）　石建成（北京市延庆县医院）

田　金（北京大学第三医院）　　　　　皮金才（湖北省大冶市人民医院）

吕德勇（山东省东营市人民医院）　　　刘兰祥（河北省秦皇岛市第一医院）

刘林祥（泰山医学院）　　　　　　　　刘爱连（大连医科大学附属第一医院）

许　锋（北京大学第三医院）　　　　　孙万里（长治医学院附属和平医院）

李景会（西安蓝格磁共振技术研发中心）　杨文晖（中国科学院电工研究所）

连建宇（稀宝博为MR研发中心）　　　吴仁华（汕头大学医学院第二附属医院）

辛仲宏（兰州大学第一医院）　　　　　沈智威（汕头大学医学院第二附属医院）

宋国军（包头医学院第二附属医院）　　张仲谦（TCL医疗集团技术研发中心）

张希伟（东软医疗系统有限公司MR研发部）　张树曈（辽宁省鞍山市中心医院）

陈晓丽（北京同仁医院）　　　　　　　范东伟（北京大学第三医院）

范占明（北京安贞医院）　　　　　　　和清源（北京大学第三医院）

岳云龙（北京世纪坛医院）　　　　　　赵　磊（哈佛大学医学院）

秦松茂（西安蓝格磁共振技术研发中心）　郭顺林（兰州大学第一医院）

彭　芸（北京儿童医院）　　　　　　　谢　晟（北京中日友好医院）

雷易鸣（北京大学信息科学技术学院）　鲜军舫（北京同仁医院）

薛晓琦（北京大学第三医院）　　　　　魏鼎泰（福建省宁德市医院）

序 1

自 20 世纪 80 年代磁共振成像应用于临床以来，由于其无电离辐射、丰富对比度、高空间分辨率等优势，备受重视，已成为大型医疗机构的常规诊断配置。近年来，其硬、软件的提升和改进，使 MR 成像时间和空间分辨率进一步提高，并形成了由形态学向功能、代谢成像，乃至分子基因水平进行疾病诊断与科学研究的发展趋势。

我国自引进磁共振成像设备以来，由于专业人员的努力，磁共振成像临床应用和物理、工程技术方面的研究均取得重要和相当的进展，尤其近年来，随着医改的深入，医疗装备市场整体扩容，为国产装备的进步提供了宝贵的机会。近年来，国产磁共振成像设备的进步是有目共睹，产品线已经由最初的低场设备向高端、高场强设备拓展。但是，从磁共振工程与技术的角度，迄今尚缺少原创性成果，产品的国际竞争力依然较弱，进口产品在大型医疗机构的采购比例依然居高不下，国产低端产品只能依靠价格战获取有限市场。

正是在上述的历史背景下，从 2010 年起，中国医学装备协会委托北京大学医学部联合工信部相关部门共同组织筹建了中国医学装备协会磁共振成像设备与技术专业委员会（简称"专委会"），本书主编韩鸿宾教授作为专委会的发起人和组织者，在专委会的组织建设中做出了重要贡献。经过两年多的筹备，2012 年 8 月 18 日专委会正式成立，这标志着中国医用磁共振产业联盟的诞生，也标志着我国磁共振成像装备发展的一个新阶段的开始。专委会不仅为中国磁共振设备与技术的产业进步提供发展的平台，也将在行业发展规划、标准制定、人才培养等多个方面发挥重要作用。韩鸿宾教授也是国内唯一获得磁共振成像序列设计物理师资格的临床医生，这使得韩教授在磁共振成像产业链条的整体观把握上具有独特的优势。

由韩鸿宾教授带领专委会全国委员联合编写的专著《磁共振成像设备技术学》，从硬件、序列设计以及临床技术角度系统阐释了磁共振成像的原理、工程技术实现以及临床实用技术，内容充分结合了国产设备在工程技术领域近年来取得的最新进展，同时，也对未来诊疗一体化等新型磁共振成像的内容进行了介绍，这些在国内医用磁共振成像设备专著中都尚属首次，有鉴于此，我愿意向广大医疗机构的影像科医生、技术员、工程师、磁共振生产企业工程技术专家以及研发单位科研人员推荐这一新著，祝愿并相信它的出版对推动我国磁共振成像工程技术进步，乃至医学影像学科不断取得新的进展，探索"医、理、工、产"结合的有效途径，发挥积极作用。

赵倬林

序 2

近三十年来，医学磁共振成像技术领先的国际知名公司在中国临床普及应用中起到了关键的作用。由于我国大型医疗装备产业的整体落后，高校医学影像学科的人才培养中工程技术知识普遍存在盲区与空白，因此，该领域中缺乏能全面系统地掌握磁共振成像工程、技术及其科研或临床应用的专业通才，造成硬件与软件脱节、工程与技术脱节、工程技术与临床应用或科研脱节。

随着"自主创新、科教兴国"国家发展战略的确立，我国正处于经济增长模式转变的关键历史时期。目前国内医疗市场需求的变化以及我国磁共振成像企业的加速发展，行业内对该领域的人才培养和教育的需求在质和量上都日益迫切。由韩鸿宾教授主编的《磁共振成像设备技术学》的出版，契合了我国现阶段磁共振成像行业发展的需求。该书面向磁共振成像工程、技术人员，以及应用用户，在有限的篇幅内，笔者力求使读者对磁共振成像技术建立整体观、系统观，将磁共振成像复杂工程进行全面系统、逐级逐层深入的介绍。

为了保证编写质量，韩鸿宾教授联合了北京市磁共振成像设备与技术重点实验室成员、中国医学装备协会磁共振成像装备与技术专委会（以下简称磁共振专委会）多数委员共同参加了编写工作。磁共振专委会是经国家民政部批准，中国医学装备协会下属的分支机构，是目前国内唯一以磁共振成像工程技术为发展核心的行业社团，她聚集了国内磁共振成像工程技术专家、医院及科研院所用户以及企业代表，因此，相信该书的出版将对业内磁共振成像工程技术知识的普及与创新能力的提升起到重要的作用。

本书的出版获得了国家科学技术学术著作出版基金的支持，并被中国医学装备协会指定为大型医疗装备磁共振成像继续教育辅导教材。鉴于国内高校医学影像学工程技术教学内容普遍不足的现状，也建议高校以此作为参考书。正如韩教授在本书前言所提及，只有当我们医院的医生和技术人员可以用精准的物理和数学语言将我们的实际需求转达给企业的工程、技术人员的时候，我国医疗装备产业的自主创新发展才有实现之基础与可能。

前　言

　　磁共振成像（magnetic resonance imaging，MRI）产业属于典型的多学科交叉、知识密集、资金密集型产业。成像仪的生产制备和新技术研发是系统工程，产品线包括了从上游磁体、线圈等金属原材料加工，到磁体、射频、梯度线圈制备，到谱仪系统开发、序列设计以及图像分析、处理与显示，再到临床应用。三十多年来，医用 MRI 对基础医学研究与临床疾病诊断治疗水平的提升都起到了极为重要的推动作用。 我国首台医用 MRI 购置于 1985 年；在 2009 年底，国内 MRI 市场保有量达到 2682 台；而从 2010 年到 2013 年，仅短短 4 年时间，我国市场保有量迅速达到 6400 台。以此速度，我国 MRI 市场容量将在 2017 年前后突破万台大关，MRI 设备正迅速成为医疗机构的常规检查配置。随着兼容治疗辅助功能的新型磁共振成像产品的研发与应用，医用 MRI 产业将迎来新的黄金发展周期。

　　随着磁共振成像市场的迅速扩容，近年来，国内磁共振企业在规模和技术水平上也逐步得到发展：无论低场，还是高场 1.5T MRI，甚至 3.0 T 的成像系统都已有自主研发机型生产，并已上市销售；生产企业也由原来的少数几家发展到近二十家，在磁体、射频与梯度线圈、谱仪、冷头等关键部件的技术水平上，部分已经达到或接近国际先进水平。 然而，由于历史原因，我国医疗装备生产企业的整体技术水平一直落后，普遍存在着工程与技术研发脱节、硬件与软件研发脱节、产品研发与临床需求脱节等现象，往往被动地依靠价格战来争取低端产品的市场份额。同时，国内医疗机构与产品用户长期习惯于高价购买进口设备，在临床、基础，甚至工程技术科学研究中，已形成了坐等和依靠国外新技术开发的局面，严重地限制了磁共振成像设备与技术研发的水平。产业发展落后又反过来牵制和限制了我国磁共振成像工程技术的教育水平和人才培养能力。

　　在如此背景下，如何利用市场扩容和国家加大科技创新投入的宝贵机会，加速推进我国磁共振成像技术水平的进步，使之跻身于世界先进之列，是需要磁共振成像领域的从业人员共同探索的时代命题。

　　对磁共振成像设备与技术的创新不仅需要考虑产品创新链条的各个环节，还需要考虑市场、政策、人才等诸多社会因素。因此，由企业、市场、政府和科研院所、医疗机构联合组成创新发展体系格外重要。2012 年 8 月 18 日，经过 2 年多的筹备工作，我与本书的大多数编委、编者一道，组建了中国首个磁共振成像工程技术专业社团：中国医学装备协会磁共振成像设备与技术专业委员会（专委会），并担任首届专委会秘书长与副主任委员。依托卫计委和中国装备协会，我与专委会主任委员张元亭教授带领委员们一道，对西方先进企业的发展历史和规律进行了充分的研究，并对国内现有具备生产资质的磁共振厂商进行了实地考察，获得了宝贵的第一手资料。经过多次研讨，初步形成了我国磁共振成像产业振兴发展的基本策略和工作思路，并逐步落实到国产设备评优、配置建议以及人才培养等具体工作中来。期间，还组建了依托北京大学建设的北京市磁共振成像设备与技术重点实验室，探索高校、医疗机构与企业的联合创新发展模式。

《磁共振成像设备技术学》一书就是针对磁共振成像设备与技术创新中存在的诸多学术困难而编写的专著，旨在实现如下目标：①结合磁共振产品链条的各个环节，系统介绍 MRI 设备的工作原理、硬件组成、序列设计与临床实用技术，帮助磁共振从业人员形成 MRI 产业链条的全局整体观，在此基础上掌握磁共振相关原理与技术。②在 MRI 设备生产、新技术研发、序列设计与临床应用之间搭建沟通的桥梁。③介绍 MRI 新技术，重点介绍国产具有自主知识产权的新序列、新技术，也包括磁共振成像引导下的疾病治疗方向的新方法与新技术。《磁共振成像设备技术学》由国家科学技术学术著作出版基金支持出版，由中国医学装备协会磁共振专委会以及北京市磁共振成像设备与技术重点实验室联合组织编写，编写过程邀请了国内生产厂商的工程技术专家联合参编，以期向读者介绍我国自主研发生产设备的发展现状与产品的技术特点。全书内容涉及磁共振成像的历史、基本原理、硬件、谱仪与序列设计、临床常规诊断技术，同时也介绍了磁共振成像引导下疾病治疗的最新进展。编撰过程前后历时 5 年，在此，对各位编委和编辑付出的辛苦劳动表达由衷感谢，也特别感谢中国医学装备协会赵自林会长、磁共振专委会主任委员张元亭教授为本书作序。

由于全书涉及内容的学科跨度较大，内容难免存在纰漏与错误，也请读者和专家同道们批评指正。

目　录

第**1**章

磁共振成像发展历史与基本原理

几乎对任何科学问题的研究都将必然引向对其历史的研究。

——恩斯特·迈尔

- 磁共振成像系统概述
- 磁共振成像系统控制与序列设计的基本概念

从历史的角度来看，与以往的其他医用成像技术一样，磁共振成像（Magnetic Resonance Imaging, MRI）的发明、发展有其历史的必然性。20世纪中叶，人们在对电磁波、物质本质等研究中取得的进展为磁共振成像技术这项伟大的发明奠定了理论基石。1937年，拉瑟里尤（B. G. Lasarew）和舒伯尼科（L. W. Schubnikow）被认为是最早发现核磁现象的人，他们发现只有在磁场环境下，氢原子核才能对某一特定频率的电磁波能量进行吸收，发生共振现象。当时，人们并未意识到这项技术可用于生物体成像，只是利用化学位移现象的发现，将这一技术用于化学成分分析上，希洛赫（Felix Bloch）最终成功研制了应用至今的谱仪设备。20世纪70年代初，美国医生达马迪安（Raymond Damadian）发现肿瘤组织的纵向弛豫时间长于正常组织，并由此激活了磁共振成像技术研制的发明过程。劳特伯（Paul C. Lauterbur）自制了三组彼此垂直的线性梯度磁场 Gx、Gy 和 Gz 来选择性地激发样品，应用组合层析和投影重建算法，获得了一幅两根纯水的玻璃毛细管置于一根装有重水（D_2O）玻璃试管的二维核磁共振图像。1978年，达马迪安（Raymond Damadian）及其课题组成功地得到了第一幅人类胸部 MRI 断层图像。至今，MRI 已经在全世界拥有了10万台装机量，在中国已近6000台装机，我国生产经营 MRI 设备的企业已从20世纪80年代的几家发展到今天的二十多家。

从 MRI 技术的发展历史可以看出，磁共振成像机的关键硬件主要包括产生射频能量的射频系统、产生磁场的磁体装置、产生梯度磁场的梯度系统。从应用技术层面，磁共振成像中所采用的多数核磁共振（Nuclear Magnetic Resonance，NMR）信号采集技术在20世纪50—70年代就都已很成熟，例如自旋回波序列，是哈恩（Hahn）于1950年在《物理评论》杂志发表的信号采集技术，其中对分子扩散对 NMR 信号的影响也进行了描述。2000年以来，分子影像、血氧水平依赖成像（Blood Oxygen Level Dependent Imaging，BOLD）、MRI 介入等概念被提出。

一、磁共振成像系统概述

从 MRI 的发展历史不难看出，磁共振成像机的核心部件包括：磁体、射频线圈、梯度线圈。然而，磁共振成像机对疾病诊断整体的功能实现却是一项系统工程。无论是产生磁场的磁体，产生与接收 MRI 信号的射频线圈，还是用于 MRI 信号空间定位的梯度线圈，都需要复杂的工程技术支撑才可实现。因此，在涉及实现磁共振成像的工程技术时，我们一般将 MRI 的硬件组成分为磁体系统、射频系统、梯度系统，以及对上述系统进行调控的谱仪系统。由于医用 MRI 机检查的核心对象为患者，所以，对患者检查的空间和环境，对医生、技术员、护士等工作人员的空间在设计上也需要给予考虑。控制各个硬件组件工作的计算机谱仪系统以及各个硬件功能实现的辅助系统（如制冷系统、射频放大、梯度放大器等）也需要另外的空间，以方便工程师维护、维修。按照 MRI 机安装及使用时的空间分布，可分为 MRI 主机房、电子设备房、MRI 机操作间、患者准备间（图 1-1-1）。

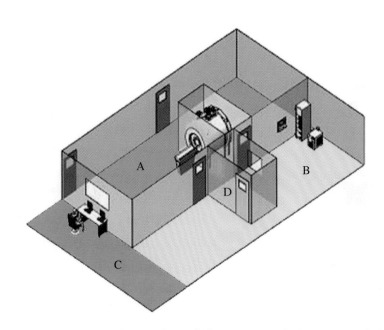

图1-1-1 　A：MRI主机房；B：电子设备房；C：MRI机操作间；D：患者准备间

MRI 主机房（A）：MRI 设备的主体放置的位置，也是 MRI 整体设备中直接和患者接触的空间，包括磁体、射频线圈、梯度线圈、支撑架、检查床，通过线缆与电子设备房及 MRI 操作间联系，因为这一空间内会产生较强的磁场和射频场，因此需要对主机房设置电磁屏蔽。

电子设备房（B）：MRI 各类硬件的控制系统，包括控制射频和梯度场工作并能进行波谱分析与成像处理用的谱仪，控制制冷设备的压缩机和空调控制系统，还包括与 MRI 操作间相连接的各类电缆、导线。

MRI 操作间（C）：是实现人机对话界面端口的所在地。MRI 工程师、MRI 扫描技术员或医生通过终端主机编写或执行既定的 MRI 扫描序列，这些序列的指令通过电子设备间的控制系统按照一定的时间顺序使 MRI 主体的各类硬件按照一定的时间顺序进行工作。同时，操作间内的计算机主机或额外配置的图像后处理工作站可实现图像的后处理、显示、照相等功能。

患者准备间（D）：是患者进入 MRI 主机房前进行准备的区域，包括患者对检查须知的确认、MRI 增强检查前的静脉通路建立等。

对于 MRI 成像设备技术学的学习应该把握两条主线，一是针对磁共振成像设备有关的硬件工程学，二是针对磁共振成像技术实现的序列设计。在系统地了解了这两部分后，我们才会有信心应用好这个复杂的系统来解决我们面对的各类科学问题或疾病诊断。

二、磁共振成像系统控制与序列设计的基本概念

（一）磁共振成像主机及其控制系统的结构概述

从 1973 年劳特伯在实验室获得了第一幅磁共振图像至今，磁共振成像设备发展了四十多年，期间成

像硬件和软件不断升级换代，但是其基本体系结构没有变化。

如上述及，MRI 机的主体硬件被安装在 MRI 主机房内，其控制和维护系统分别安装在电子设备房、MRI 机操作间等区域。从 MRI 机硬件组成的功能角度可分为：①磁体系统；②梯度系统；③射频系统；④谱仪系统；⑤控制台系统（图 1-1-2）。

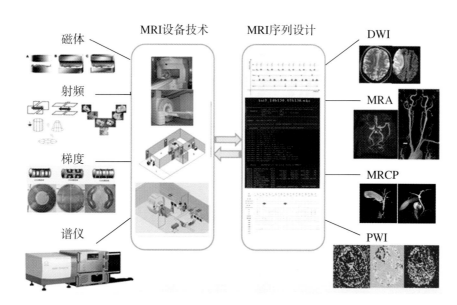

图1-1-2　MRI工程技术整体图

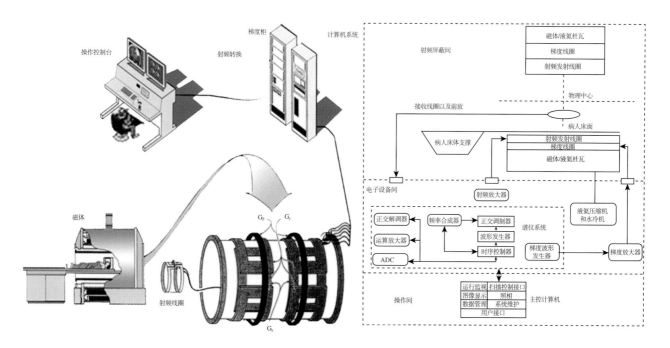

图1-1-3　磁共振成像主机硬件组成与工作流程图

左上的机柜为CPU，即计算机控制中心。Gx、Gy、Gz分别代表读出、相位编码和层面选择方向的梯度场线圈，G_{B0}为形成主磁场的线圈。在磁共振成像的过程中，将成像对象置入磁体后，在磁共振诊断人员选定成像的序列（硬件工作顺序）后，在CPU控制下，磁共振组成硬件（各组线圈）按照一定的时间顺序分别启动并以不同的持续时间工作，最终就会得到不同对比度、不同速度的MRI图像

1. **磁体系统**   提供均匀主磁场（B_0），对于超导磁体系统来说包括超导磁体、冷却系统、供电保护和控制系统。主磁体根据其产生磁场的硬件基础分为多种类型，如永久磁体、常导磁体和超导磁体。主磁体是 MRI 成像的基础，人体与组织样品在外磁场的作用下发生磁化，产生 MRI 系统测量的物理对象：磁化强度矢量 M_0（详细介绍见第二章）。

图1-1-4   A为永磁型磁体，B为常导型磁体，C为超导型磁体

超导型磁体的通电线圈位于液氦所形成的超低温环境中，一般可以产生较高强度的磁场环境（＞1.0T）。目前，中国医院普遍使用的为永磁型与超导型MRI机

2. **射频系统**   可分为射频发射子系统和射频接收子系统。

射频发射子系统提供满足成像要求的射频场（B_1），包括射频发射线圈和射频放大器等调控系统；射频线圈（radio frequency，RF）是具有一定频率与波长的电磁波。目前，临床诊断 MRI 机的射频工作频率范围在 8.52 ～ 127.73 MHz（相当于 0.2 ～ 3T 的 MRI）。在临床试验用机中，目前可达到 298 MHz（7T），甚至 383.18 MHz（9T）或更高。射频线圈是产生射频的物质基础，其作用于组织磁化后产生的 M_0，使 M_0 成为可以被测量的形式。射频产生的方法、对 M_0 的作用机制与规律见第三章。

射频接收子系统探测进动的磁化强度矢量（M_0），由接收线圈和前置放大器等组成。接收线圈是用于接收人体被成像部分所产生的磁共振信号，从外观上看，它与发射线圈非常相似（有时接收与发射共用一个线圈），但其线圈品质因子 Q 值要高（参见第三章第三节）。

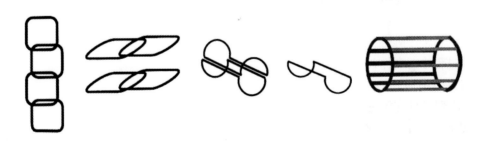

图 1-1-5   各类接收线圈

自左向右分别为脊柱相控阵线圈（phase array coil）、体部相控阵线圈、鞍形线圈、半鞍形线圈、鸟笼形线圈

3. **梯度系统**   提供成像所需梯度场，包括梯度线圈和梯度放大器等梯度调控系统。梯度线圈（gradient，G）：按照电磁学原理中的右手螺旋法则，将两组对应的线圈调整好距离后，通以电流而产生的局部梯度磁场。系统在三个主方向上安装相应的梯度线圈 G_Z、G_X、G_Y（图 1-1-3）。根据主磁体的分类，形成磁场梯度的梯度线圈设计也分为两大类，将在下节中详细介绍。磁场梯度 G 在空间定位、回波形成以及多种对比度形成上都起到关键作用（如扩散、流动敏感等）。X、Y、Z 方向的准确定义，G 对 M_0 的作用以及原理将在第四章第一节详细介绍。

4. **谱仪系统**   是射频和梯度系统的控制中心，进行扫描过程时序控制，对射频波形和梯度波形进行计算与控制，对信号进行采集和处理等。

X方向梯度场　　　　　Y方向梯度场　　　　　Z方向梯度场

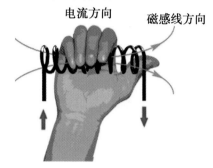

电流方向　　　磁感线方向

图1-1-6　梯度线圈在磁体内部的位置和设计（以超导磁体内的梯度线圈设计为例）
通以电流后，会产生在X、Y、Z方向的梯度磁场。Z是主磁场B_0的方向，一般定义为层面选择方向（表示为Gs或Gz），Y方向也称为相位编码方向（表示为Gp或Gy），X方向也称为读出方向（表示为Gr或Gx）。以Gz为例，按照右手螺旋法则，通以电流后，会在Z方向或层面选择方向（G_S）产生具有一定梯度的磁场

5．控制台系统　提供用户接口，从临床工作的角度，控制台用以进行图像显示、图像打印、数据管理以及系统维护，并对谱仪预设的参数进行调整。对于工程技术人员，这也是通过谱仪控制系统各个硬件的平台，对各个部件进行校准、故障诊断和维护。

（二）序列设计基本概念与示意图解析

从图 1-1-1 可以看出，为患者检查的机房中，与人体直接相互作用的硬件组件主要包括：主磁体、射频发射线圈、接收线圈和三个垂直方向的磁场梯度线圈。磁共振成像序列设计是磁共振成像系统硬件组件的工作时间表。序列设计就如同是钢琴的琴谱，按照琴谱设定的时间顺序来按动不同音调的琴键，就会得到不同曲调的音乐。通过谱仪和控制台计算机的控制，使磁共振成像机的硬件组成按照一定的时间顺序工作，就会得到不同品质的图像，比如，不同速度或不同对比度的图像。

这些硬件组件与人体的相互作用方式和结果是理解磁共振成像原理与技术的关键。

按照 MRI 硬件工作顺序和方式的特点，我们将序列设计分为许多种类，比如，按照信号采集中 MRI 信号回波形成的机制将序列分为自旋回波、快速自旋回波、梯度回波 GRE、平面回波成像等。正是由于 MRI 信号采集的过程中，各个硬件组成的工作顺序和持续时间等特点不同，其得到的图像特点大不相同。在磁共振临床与科研中遇到的主要问题包括以下三个方面：速度、对比度、伪影（artifact）的矫正。下面分别举例说明序列设计在解决临床诊断问题中的重要意义和实用价值。

1．磁共振成像系统各个硬件工作的表示方法　如图 1-1-7 所示：

2．自旋回波的序列设计

以自旋回波（spin echo，SE）为例介绍序列设计的示意图（图 1-1-8）。

SE 序列硬件工作时间表的特点是不断重复施加的 90°和 180°射频脉冲，如果将 90°与 180°RF 作为一个工作单元，SE 序列就是许多个工作单元的重复，每个工作单元中除了 Gy 线圈工作产生的 Gy 大小有所变化，其他硬件的工作模式完全相同。

以其中一个单元为例。在纵坐标第 1 行表明的是射频线圈工作状态：在 TR 内，系统在序列的最初施加一次 90°RF，在 45ms 后又再次施加了一个 180°RF，这两次 RF 作用的持续时间都为 2ms。第 2 行代表了层面选择方向的梯度线圈工作状态：在系统施加 90°RF 脉冲的同时启动层面选择梯度 Gs90°，在 180°射频脉冲施加的同时，又再次启动了 Gs180°，Gz 的持续工作时间都为 3ms。第 3 行代表了在相位编码方向的梯度线圈工作状态，在距离 90°RF30ms 处开始启动，持续 3ms。第 4 行代表读出梯度线圈的工作状态：在距离 90°RF35ms 时开始启动，持续工作 5ms，在距起点 85ms 处再次启动 Gx 梯度线圈，

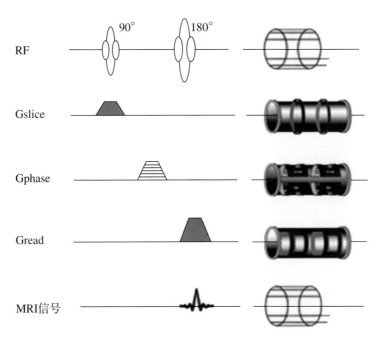

图1-1-7　左列为硬件工作的标记符号，右列为相应的硬件

第1行为射频线圈工作的表示，第2、3、4行分别代表Z、Y、X方向梯度线圈启动工作，第5行代表接收系统工作，以收到的MRI信号表示

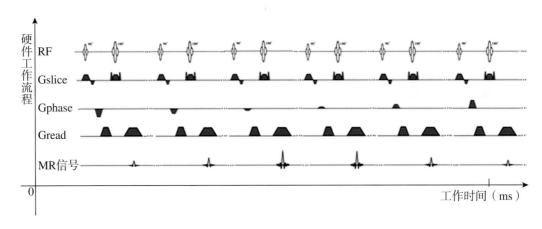

图1-1-8　自旋回波的序列设计示意图

可以看出自旋回波序列由N个单元构成，每个单元的时间被称为重复时间（repetition time，TR）。这是一个TR为3000ms，TE为90ms的自旋回波序列。关于序列的详细描述见正文

持续工作10ms。第5行是代表 MRI 信号接收系统（接收线圈、读出采样数模转换器等）的工作状态，在 85～95ms 期间启动，并接收 MRI 信号。

　　在 SE 序列的示意图中，在同一序列的不同 TR 时间内，只有 Y 方向的梯度线圈工作状态与其他 TR 时间不同，其他包括射频，X、Z 方向的梯度线圈工作状态以及时间顺序都完全一致。Y 方向的梯度线圈在 TR 时间内启动的时间与持续的时间都完全相同，只是启动的梯度幅度不同，是以等幅递增或递减的。为了方便表示，在介绍序列时，通用的标准是以一个 TR 时间的工作状态来示意序列的特点（图 1-1-9）。

　　关于梯度（Gs、Gp、Gr）的图形性状（如大小、宽窄、方向），分别代表了梯度场的性状变化。以 Gs 为例，如图 1-1-10 所示，Gs 在线圈通以不同方向电流时，会产生方向相反的梯度场。

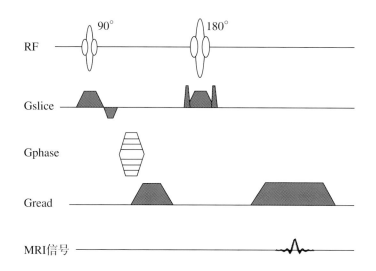

图1-1-9　自旋回波序列设计示意图

应用斑马线表示Gy的工作状态：其含义是Y方向梯度在不同的工作周期中，大小和方向随时间等幅变化

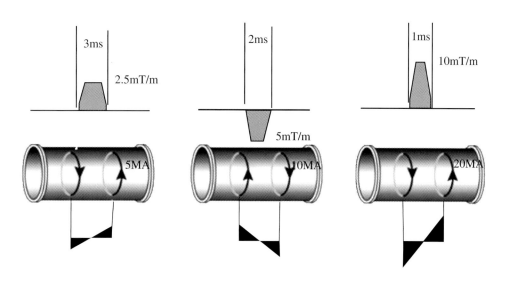

图1-1-10　梯度磁场工作状态的表示方法

Z线圈通以不同方向电流产生的不同方向的梯度场，示意图中的上下的朝向分别代表了不同方向的梯度场；幅度高低代表施加的梯度场的大小

（三）MRI工程与技术的应用目标

1．控制成像速度

2．获得不同对比度

3．伪影矫正

上述内容是磁共振成像技术永远的话题，不同的硬件决定着所可以采用的序列技术，不同序列具有不同的图像对比度、速度及特定的伪影。了解各个硬件与人体发生的相互作用是掌握上述知识和规律的基础。人体内某物理量与这些硬件发生了相互作用，并被系统探测到其作用的结果，最终获得了 MRI 信号。了解各个硬件作用的物理对象以及系统探测到的物理量是解决问题的关键。

（韩鸿宾）

第2章

磁 体 系 统

- 磁场、电磁现象和人体磁化
- 磁体系统分类与评价指标

第一节 磁场、电磁现象和人体磁化

- 磁场与电磁现象
- 磁场与氢原子核运动方式
- 磁化强度矢量 M_0

一、磁场与电磁现象

我们生活在地球的固有磁场中，地磁南极和地磁北极构成了磁体的 S 级与 N 极，指南针就是在地球磁场的作用下，沿着磁力线指向而对地理方向进行指示的。

人们还发现，电和磁有着非常密切的关系，在通电导线周围会产生磁场，使指南针重新指向，这就是奥斯特实验。不同形状的通电导线会产生不同的磁场情况，比如通电直导线，按照右手法则，会产生环形磁场，而通电螺线管内部会产生平行走向的磁场（图 2-1-1）。磁共振成像设备中，就是利用上述原理得到均匀稳定的磁场环境（图 2-1-2）。磁场的强弱用磁感应强度 B_0 来描述，在国际单位制中，B_0 的单位为特斯拉（Tesla，T），另一种常用单位是高斯（Gauss，Gs），两者的关系是 1T=10,000Gs。按照毕奥 - 萨伐尔定律，当无限长的直导线中通以 5 安培的电流时，在距离其 1cm 处测量到的磁感应强度就是 1Gs。按照磁场大小可分为高、中、低场强磁共振成像仪。一般将低于或等于 0.3T 称为低场，高于 0.3T 到等于 1.0T 称为中场，高于 1.0T 称为高场。

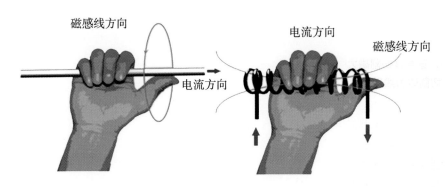

右手螺旋法则

图2-1-1 右手螺旋法则

通电导线所产生的磁场，按照右手法则，通电直导线（电流方向为拇指指向）所产生的磁场为环绕直导线的顺四指指向的环形磁场。通电（电流方向为顺四指指向）螺线管内部的磁场为平行的沿拇指指向

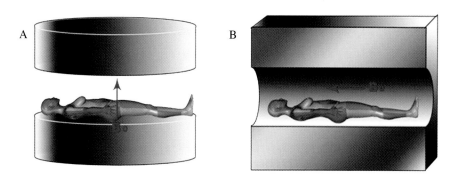

图2-1-2 磁共振成像磁体中主磁场环境的产生方法
其中环形通电线圈会产生不同方向的磁场，（左图）会产生垂直于人体的磁场，而右图会产生平行于人体的磁场环境，左图显示的是永磁型磁体，一般产生的磁场强度较低（0.15~0.5T），右图为超导型磁体，通电线圈位于超低温环境中，一般可以产生较高强度的磁场环境（1.0~3T）

  磁场环境也可以产生电流，如图 2-1-3 所示。当导线切割磁力线运动时，可以检测到导线两端的电势差；当导线形成闭合回路，并且穿过该闭合回路磁通量发生变化时，可以检测到回路中产生了电流。磁通量变化越快，产生的感应电流就越大。在其他条件固定时，可以利用这种方法来明确磁场强弱。

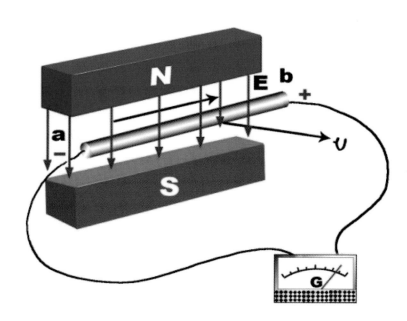

图2-1-3 在磁场中，直导线切割磁力线时，会产生感应电压，人们就是通过这种方法来定义磁场强度大小的，磁场磁力线越密集，相同速度切割磁力线所产生的感应电压就会越大

  磁场对小磁针具有一定规律的力的作用。在磁场中，小磁针总是平行于磁力线的方向，并最终保持平衡不动。在外力作用下被推移与磁力线方向成一定角度后，此时外力撤离，磁针会再次在磁场的作用下恢复到与磁力线平行的状态（图 2-1-4）。这种力是磁场与磁性物质相互作用的结果，是磁场的特性之一，也是在后面的章节中理解系统与人体作用的重要基本知识点之一。
  按照磁共振成像系统的工作流程，首先必备的条件就是磁场。按照产生磁场的方法不同，可以将磁共振成像系统分为常导、永磁、超导等种类（详见第二章 第二节磁体系统）。磁体对人体所产生的作用是磁共振现象的基础。磁共振成像序列设计的许多基本技巧和方法都与所应用磁场的场强大小有关。

图2-1-4　在磁场环境下，磁针沿磁力线取向

二、磁场与氢原子核运动方式

人体内含量最为丰富的氢原子核具有一个带正电的质子。带正电的氢原子核自转，会在局部磁场环境中产生磁矩 μ，称为核磁矩（magnetom）。氢原子核就可以被理解为带有磁矩的小微粒（图2-1-5）。

在磁共振成像系统的磁场环境中，类似小磁棒的核磁矩（氢核/氢质子）会沿着主磁场的方向排列。不过，因为小磁体本身还存在着自旋转动运动，所以，主磁场 B_0 对其产生一个磁力矩，结果小磁体发生了类似陀螺样的运动。陀螺样运动的中心主轴方向与主磁场方向一致，但是每一时刻，其形成的磁力矩方向与 B_0 成一定的夹角（图2-1-6），角度的大小与磁场的大小以及核磁矩自转的速度有关。

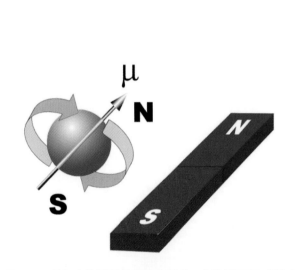

图2-1-5　带正电的原子核自转会形成一个类似具有N极和S极的小磁棒的效果

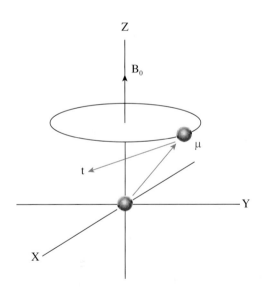

图2-1-6　核磁矩μ在磁场B_0中受到磁力矩t的作用，发生lamor进动

氢核围绕主磁场的主轴发生类似陀螺的转动运动，称为进动（precession）。其进动的频率与外在的磁场强度大小成正比，不同场强下氢质子进动的频率符合拉莫定律。

$$\omega=\gamma B_0 \tag{2.1.1}$$

ω 为拉莫进动频率（Larmor frequency），γ 为旋磁比（gyromagentic ratio）。

除了氢原子核，人体内其他带有奇数正电核的原子核在外加磁场的作用下，都具有与氢原子核相同的特点，即进动。其进动的频率也都符合拉莫定律与公式，只是旋磁比不同。如表 2-1-1 所示，氢原子核的 γ 为 42.58×10^6Hz/T，表现如图 2-1-8 中，μ 围绕 B_0 方向以 Larmor 频率旋转运动，称为 Larmor 进动。自然界中的原子核内部均含有质子和中子，统称为核子，都带有正电荷。但具有偶数核子的许多原子核其自旋磁场相互抵消，不能产生磁共振现象。只有那些含奇数核子的原子核在自旋过程中才能产生磁矩或磁场，如 ^1H（氢）、^{13}C（碳）、^{19}F（氟）、^{31}P（磷）等（表2-1-1）。

表 2-1-1　不同场强的进动频率

	旋磁比（γ）（MHz/T）	场强（T）0.2T	场强（T）0.5T	场强（T）1.0T	场强（T）1.5T
^1H	42.58	8.50	21.30	42.60	63.90
^{13}C	10.17	2.14	5.35	10.73	16.10
^{19}F	40.04	8.01	20.03	40.10	60.10
^{31}P	17.24	5.05	8.62	17.26	25.90

带正电的核磁矩的进动运动与环形电流的作用是相同的（图2-1-7）。环形的电流，在局部会产生磁场 M′。

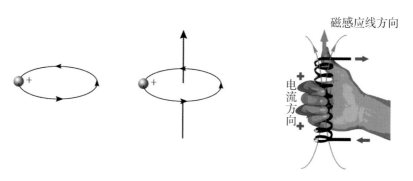

图2-1-7　带正电的核磁矩进动时产生类似环形电流的效果，会在局部产生小的磁场M′

人体内的所有氢核在磁场环境下，整体上可以假设为一个大磁针，在人体进入主磁场环境后，会与磁针一样，在磁场的作用下，最终顺着磁力线方向排列而达到稳定状态。磁针的2个极分别由具有不同方向、具有不同数量核磁矩的氢核组成，它们的进动轴都平行于外加磁场磁力线，但却方向相反，即顺着磁力线方向的 +m 和逆着磁力线方向的 –m（图 2-1-7）。在数量上符合波尔兹曼分布：+m 数量上大于 –m，其数目的差异取决于外部磁场强度：随着外在磁场强度的增大，数目的差异加大。比如 0.5T 时，–m 数目为 100 万个时，+m 的数目为 100 万 +3，而在在 1.5 T 的磁场环境下，–m 核磁矩数目为 100 万个时，+m 的核磁矩数目为 100 万 +9。

与其他成像方法明显不同，磁共振成像是多参数成像，我们可以得到纵向弛豫时间（T_1）、横向弛豫时间（T_2）、质子密度、扩散等多种权重的图像（也称为加权像，weighted-imaging，WI），并且可以通过对图像原始数据的后处理与计算得到各类参数图，如脑功能图像、灌注图像等。不过无论哪种图像，系统测量的对象都是 M_0。

这样，具有不同方向核磁矩的氢核会产生两种方向完全相反的磁化强度矢量和，由于顺磁力线方向核磁矩的氢核数目较多，因此，在顺着磁力线方向上会产生净磁化强度矢量 M_0（图 2-1-8）。

如前所述，随着磁场强度的增加，+m 的数目与 –m 的数目差异随之增加。同时，随着磁场强度的增加，按照公式（2.1.1），ω 会随之增加，参与进动的原子核增多，相当于环形电流加大，核磁矩所产生的局部磁场强度 M′ 会增加，进而使 M_0 增加（参见图 2-1-6）。因此，随磁场强度的增加，单位体素内的

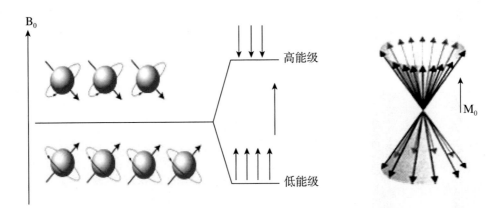

图2-1-8   顺着磁力线的核磁矩数目稍多于逆着主磁场方向的核磁矩，所以产生了净磁化强度矢量M_0

M_0也就会越大，体素内的信号强度增加（图 2-1-10）。综合作用的结果是高场环境下体素内的信号强度会较低场环境下明显增加，提高图像信噪比（signal noise ratio，SNR），图像质量好。这就是在磁共振成像硬件选择时，为什么会倾向于选择高场强磁体的根本原因。

在 MRI 图像中信号强度反映的就是不同情况下组织的 M_0 或 M_0 的基本特性，如 M_0 的强度（质子密度）或横向弛豫等。

三、磁化强度矢量M_0

任何数字化医学影像成像设备所生成的影像的基本单位都是体素。如图 2-1-9 所示，体素内信号强度决定了图像的表现。比如在 CT 上，体素对 X 线的吸收决定了体素内的信号的强度和对比度，而在 MRI 成像中，M_0 是测量和显示的对象。应该强调的一点是，M_0 与密度不同，后者为标量，前者是矢量，除了大小外，还有方向性。在大多数 MRI 成像序列中，图像的信号强度与对比度反映的就是不同情况下 M_0 的物理特性（质子密度、横向弛豫时间、纵向弛豫时间、扩散等）。

对于单位体素内的核磁矩（氢原子核）而言，与整个人体的情况一样，内部的核磁矩群在磁场的作用下其取向也发生改变，并最终存在两种状态：顺着磁力线方向的部分、逆着磁力线方向的部分，并产生体素内的 M_0。

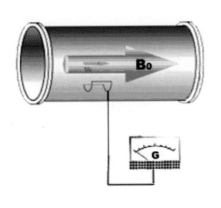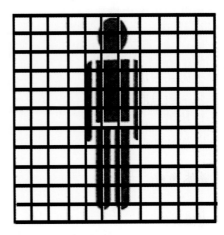

图2-1-9   MRI成像的基本单位为体素，即将人体分割为多个大小相同的一定体积的单元。MRI图像就是由这些体素对应的像素构成的，而MRI图像上每个像素内的信号强度就是由该体素内M_0的大小决定的

在外界磁场强度相同并且非常均匀的环境中，体素内质子的多少决定了高低能级的核磁矩的数目差异。体素内水分子越多，核磁矩数量也越多，顺、逆磁力线排列的核磁矩的数目差异越大，所产生的 M_0 就越大，产生的信号强度就越高（图 2-1-10）。

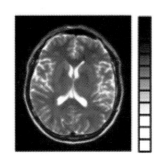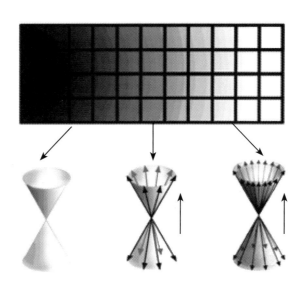

图2-1-10 MRI图像是以灰阶的形式显示图像对比的，黑白程度分别代表信号强度。脑脊液信号相对脑实质信号强度为高。因为核磁矩位于高低能级上的比例是相对恒定的，所以在稳定磁场中，核磁矩数量较多的体素内磁化矢量和会比较大，也就是信号强度会较高，表现为白色信号（如脑脊液），而随着体素内核磁矩数目的逐渐减少，体素内磁化矢量和会逐渐下降，表现为信号逐渐变黑（如脑实质和背景空气）

第二节　磁体系统分类与评价指标

- 永磁磁体系统
- 超导磁体系统
- 磁体的评价指标

磁体系统是磁共振成像主机硬件组成中最为重要，也是成本最高的部件。其用途是产生一个均匀主磁场 B_0，使处于磁场中的人体内具有磁共振特性的原子核（人体常规成像主要是氢原子核）被磁化而形成磁化强度矢量 M_0。磁体系统包括主磁场产生单元、匀场单元、制冷单元等。

目前在临床上磁共振成像设备使用的磁体有三种：永磁磁体、常导磁体和超导磁体。医用永磁磁体和常导磁体的场强一般只能达到 0.5T，如果需要产生更高的场强需通过超导磁体来实现。这三种磁体的构造、性能和造价均不同，由于目前临床上很少使用常导磁体，而低场永磁磁体和高场超导磁体是未来的发展方向，所以本节重点介绍永磁磁体和超导磁体。

一、永磁磁体系统

（一）永磁磁体介绍

永磁磁体一般由多块永磁材料堆积或拼接而成。磁块的排布要满足构成一定成像空间的要求，又要使其磁场均匀性尽可能高。因为永磁磁体不需要电来产生磁场，也不需要制冷，所以日常维护费用较低。

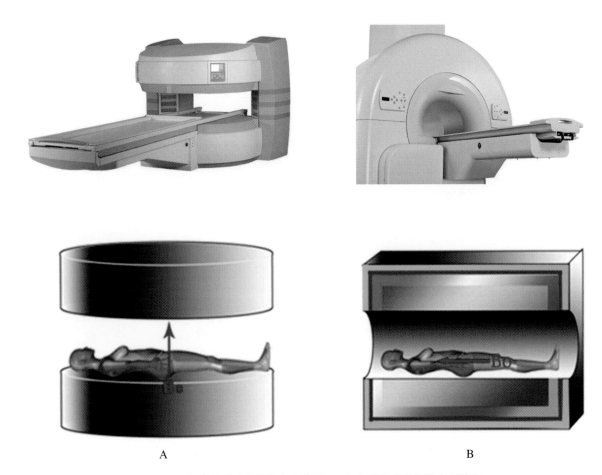

A　　　　　　　　　　　　　　　B

图2-2-1　A组为永磁磁共振设备示意图；B组为超导磁共振设备示意图

　　永磁磁体设计主要是磁路的设计，决定着磁场、磁材、重量、体积等参数。磁体的磁钢装在钢制框架上下梁的内侧，磁感线从一个极面出发垂直穿过内腔到另一个极面，沿着钢梁（磁体侧额）返回到原极面，磁体周围的杂散磁场很小。在路径中间磁感线向外凸出，为了获得满意的均匀度，必须改变磁极表面的形状，或用一些较弱的磁块来限制磁感线的凸出。永磁磁体在设计方法学上有一套比较成型的有限元计算方法。

　　根据设计参数完成材料选型和磁体结构设计，通过给定工装、制造工艺和调试工艺完成磁体制造过程。其中磁钢材料一般选择钕铁硼；扼铁一般选择低碳铸钢；去涡流材料一般选择磁导率和电阻率都比较高的硅钢片或非晶材料，同时采用片状结构并刷上绝缘漆，目的是阻止涡流形成大的回路。

　　磁体的结构也经历了很大变化，从初期的普通四柱，发展到对称双柱型。后来为了追求更大的开放性，将轭形磁体的框架推向一边，就成为非对称双柱型开放式磁体和C型（环形，单柱）。目前磁体厂家主要采用的是非对称双柱型和C型两种。开放式磁体可以将磁共振应用推广到介入治疗领域，另外，开放的环境减轻了患者恐惧感，患者更容易接受检查。对于儿童患者，父母可在开放永磁系统边陪伴，易于儿童安静不动。

　　永磁磁体的磁场方向一般是垂直方向的。

　　一种典型的磁共振永磁磁体的结构如图 2-2-2、图 2-2-3 所示。

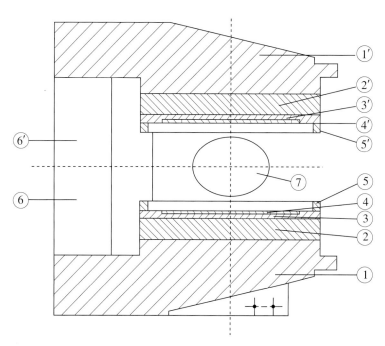

图2-2-2　1和1′称作扼铁，用于形成闭合磁路和支撑作用；2和2′称作磁钢，为产生磁场的源；3和3′称作极板（一般由软铁制成），使磁力线垂直于极板，并均化磁钢的局部不均匀性；4和4′称作涡流补偿器，用于降低涡流；5和5′称作匀场环，一般用软磁性铁材料构成，用于调整匀场，使磁场更均匀；6和6′称作立柱，用于形成磁路和支撑作用；7称作开放的检测区（成像区域）

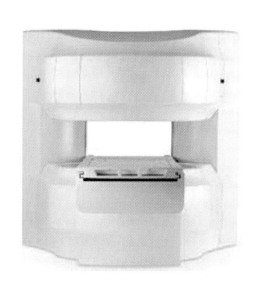

图2-2-3　一种典型的双柱型磁共振永磁磁体（已装配梯度线圈、保温层）

（二）永磁磁体主要参数

永磁磁体的主要参数包括：主磁场强度，磁场均匀性与均匀区大小，磁场稳定性，磁体开口尺寸（有效孔径），重量，体积，散逸磁场，剩磁等。

1. 磁场强度

磁场强度是衡量磁场大小的一个度量。磁场强度越高，所需要的磁性材料就越多，造价就越高，体积、重量也就越大。一般来讲，增加主磁场的强度，可以提高图像的信噪比。

永磁磁体的场强从初期的 0.1T、0.16T、0.2T 到 0.3T、0.35T、0.4T、0.45T、0.5T 不断发展而来。随着磁体技术的发展及高磁能积材料的出现，特别是磁体设计技术的发展，永磁磁体的场强也在不断提升，现在的场强主要集中在 0.3 ~ 0.7T 之间。目前多采用高磁能积的钕铁硼永磁材料，比较常用的钕铁硼磁性材料型号是 N42、N45、N47 和 N50。

2. 磁场均匀性与均匀区

磁体的磁场均匀性用来衡量成像区域内场强的变化，是 MRI 系统的重要指标之一，均匀性越差，图像质量也会越低。所谓均匀性，指在特定容积内磁体的同一性，即穿过单位面积的磁力线是否相同。这里的特定容积通常取一球形空间。

在 MRI 系统中，均匀性是以主磁场强度的百万分之一（ppm，10^{-6}）* 作为一个偏差单位来定量表示的。磁场均匀性测试可以采用单探头特斯拉仪，也可以采用 Field Camera 特斯拉仪来测试。后者的测试速度较快，因为该设备上可以接多个探头，一次可以测试多点，而且整个测试过程都是由计算机软件控制完成，数据可自动存储。特斯拉仪是基于磁共振原理设计的。

一般医学全身成像的 MRI 磁体需要在磁场中心 30 ~ 40cm 直径的球域（Diameter Spherical Volume，DSV）内有 20ppm 左右的均匀静磁场。

值得注意的是，磁体均匀性并不是固定不变的。即使一个磁体在出厂前已达到了某一标准，安装后由于磁屏蔽，房间和支持物中的钢结构、楼上楼下的移动设备等环境因素的影响，其均匀性也会改变。磁体的设计或制造不合理、梯度场的涡流对磁体的加热等，也会造成磁体均匀性逐渐变差。

3. 磁场稳定性

受磁体附近铁磁性物质、环境温度或匀场电源、温漂等因素的影响及磁性材料本身的变化，磁体的磁场强度值也会发生变化，稳定性就是衡量这种变化的指标。

磁体的稳定性分为长期稳定性和短期稳定性。长期稳定性指在长期使用过程中磁体的退化。磁体的使用寿命都在 10 年以上，在此期间的磁性退化很小，磁体的长期稳定性都满足要求。

短期稳定性指的是磁体的磁场强度在短时间内随时间而变化的程度，磁体受到温度以及周围环境的影响，其产生的磁场强度就会变化。钕铁硼永磁磁材对温度比较敏感，磁场强度与温度成反比，钕铁硼永磁材料的温度系数约为 –1000ppm/℃。为了提高永磁磁体的温度稳定性，永磁型磁共振设备安装在有空调的屏蔽室中，一般屏蔽室温度可控制在 ±1℃ 内变化。温度的变化不仅影响磁场强度，还影响磁场的均匀性。

由于磁性材料的温度敏感性，磁体还必须有磁体温控系统，使温度变化更小，否则不能满足成像的要求。以磁性材料的温度系数为 –1000ppm/℃ 计算，当温度变化 0.1℃ 时，磁场强度的变化已经达到 100ppm。通过安装温控系统，可以使得场强变化小于 10 ~ 40ppm/h。好的磁体系统设计可达 0.5ppm/h。

磁体温控系统主要包括：传感器，控制器，加热切换单元，滤波器和加热单元。控制器通过采集温度传感器信号得到磁体温度，并根据设定温度，按照 PID 算法控制电力控制器（0 ~ 5V DC 控制信号输出），电力控制器根据控制量控制加热单元的加热量，通过加热量的改变来保持磁体温度的恒定。一个典型磁体温控系统原理示意图见图 2-2-4。

4. 磁体开口尺寸

对于全身 MRI 系统，磁体的开口尺寸以容纳人体为宜。一般要求开口在 38 ~ 40cm 之间。过大的开口带来磁体设计的困难，并要消耗更多的磁性材料，同时较高的均匀性也越难以实现。过小的开口将限制患者的使用，开口过大或过小都不妥，只要满足需求即可。

---

*注：目前仪器设备上及说明书上均用"ppm"表示，为了临床、科研工作的方便，本书中暂时仍保留"ppm"这种写法。

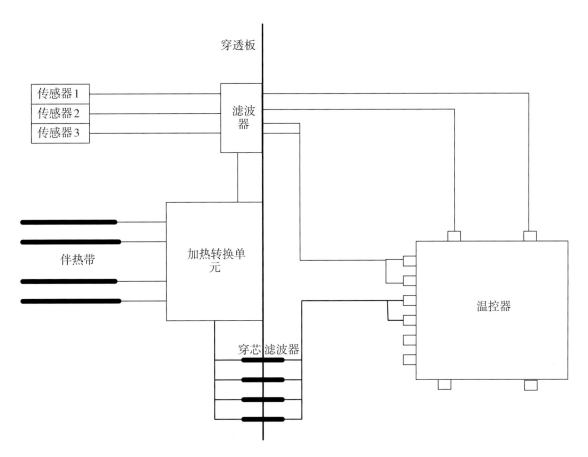

图2-2-4 磁体温控系统原理示意图

5．重量与体积

磁体的重量、体积与场强和设计有关。在满足需求的情况下，重量和体积越小，需要磁性材料越少，性价比越高，部署、搬运和存储所需要的资源越少。通常情况下，永磁磁体的重量与磁体的场强成平方关系，也就是说场强增加一倍，磁体的重量要增加三倍。

近期永磁磁体的技术已有实质性突破，个别厂家已使用G5（第五代）磁体技术制造永磁磁共振系统，G5 0.45T 磁体的重量和体积比传统 0.35T 磁体还要轻和小。

6．散逸磁场

散逸磁场是指磁体周围的磁场分布，一般要求大于5高斯的区域为限制靠近区域，所以散逸磁场越小越好。典型磁体的散逸磁场三维空间见图 2-2-5。

7．剩磁

剩磁是永磁磁体的独有特性，因为磁滞曲线的存在，磁性材料的充放磁不是线性的、且不是可逆的，从而在施加梯度场时会造成剩磁现象，剩磁的存在会对图像质量产生深层次的影响，使成像回波不能按预计的设计回聚，梯度回波（gradient echo）和自旋回波（spin echo）不能重合，造成信号丢失、图像模糊、图像伪影、信噪比低等。剩磁对 FSE（快速自旋回波）、EPI 等快速成像影响尤为严重，并会影响高级临床功能的可实现性。剩磁主要与磁体设计及梯度场的漏磁场有关，它也是永磁磁共振成像最难处理的问题之一。

8．磁体匀场

根据核磁共振成像的条件，成像磁体的主磁场要求达到较高的均匀性。不均匀的磁场将导致信号丢

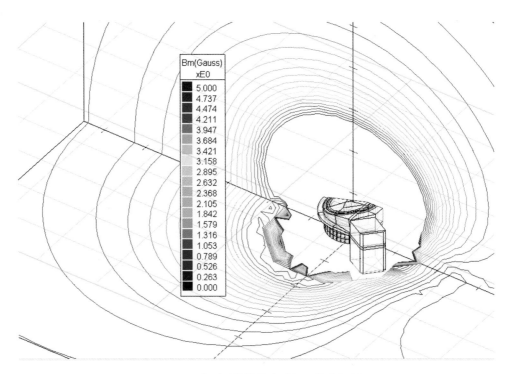

图2-2-5　典型磁体的散逸磁场三维空间图

失、信噪比低、图像模糊、图像变形、图像均匀性变差，并造成图像的扭曲或图像的局部过亮或过暗，对图像诊断产生影响。磁体的匀场指标是一个非常重要的指标。

相对于具有二维对称性的圆柱状结构超导磁体，开放的永磁磁体的高磁场均匀性更难实现。在永磁磁体的实际生产过程中，通过对磁性材料的仔细选料和加工来提高磁体的磁场均匀性，但即使这样也无法达到核磁共振成像要求的均匀度水平。磁体本身存在一定的不均匀性，同时温度的变化也加大了磁场的不均匀性，因此匀场技术在永磁磁共振成像技术中就变得更加重要了。

匀场分为被动匀场和主动匀场两种方法。

被动匀场是在磁体装备完成后所进行的磁体整体匀场。它是将适当大小的铁磁或永磁材料放置于磁体极板的适当位置上，用于调整和提高磁体的磁场均匀性。永磁材料本身可以产生修正磁场叠加在主磁场中提高均匀性；铁磁性材料本身不产生磁场，但是可以导磁，将磁力线从磁场高的地方导到磁场低的地方，从而达到补偿的目的。磁共振系统安装场地环境也会对磁体磁场的均匀性产生影响，因此这个过程通常分为磁体出场前的初匀和磁体安装后的细匀二步实施。

在实验室里或产品小规模生产销售时，通常是由匀场技术人员凭经验完成磁体的被动匀场。虽然人工匀场操作简单灵活，但匀场结果受材料性质、人为因素等影响较大，并且在核磁共振系统安装过程中需要具有匀场经验的工程师参与完成装机。为解决此问题，有些厂家研发出了计算机辅助匀场方法，避免了因人为因素带来的匀场不好的问题，同时可实现快捷、高效的被动匀场。

一般来说，被动匀场还是不能达到很高的磁场均匀性，还是很难达到成像的要求。磁体产生的磁场是可以用正交多阶函数展开表述的，零阶项为成像所需的均匀场，非零阶项（如：一阶、二阶、三阶等）则为非均匀场。主动匀场是指用恒定正向或反向电流通过所设计的各阶匀场线圈，产生非匀场磁场来补偿主磁场的各阶非均匀性。绝大多数厂家采用成像梯度线圈作为一阶匀场线圈，可实现 20cm DSV 范围 2ppm 磁场均匀性。

如果需要更高的磁场均匀度，则需要专门的高阶匀场线圈来实现高阶项非均匀磁场的补偿。根据正交函数展开原理，阶数越多就对磁场补偿的越均匀。这些线圈产生的磁场相互叠加，而每组线圈产生的磁场不一定完全独立，同时高阶算法也更难，这些都带来了高阶匀场线圈设计上的难度。图 2-2-6 是高阶匀场线圈的磁场仿真图。

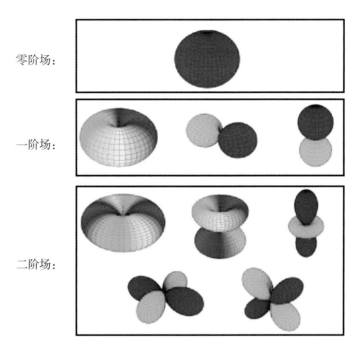

图2-2-6　高阶匀场线圈的磁场仿真图

　　多阶匀场线圈带来了成本增加，还会占用磁体内的部分空间，更重要的是设计和制作难度加大。目前最先进的永磁磁共振产品采用了 10 组高至 4 阶的匀场线圈来进行主动匀场，使得 20cm DSV 的磁场均匀性可达 0.3ppm，大幅度提高了成像质量，特别是对快速成像和相位敏感性成像。

　　图 2-2-7 为典型的高阶匀场线圈设计和部分实物。

　　当将成像目标物体置于在成像磁场中时，成像物体也会改变原有磁场的均匀性，主动匀场可根据具体的成像部位实施均场，使成像区达到最好的成像均匀性。主动匀场过程中需要注意调节顺序和技巧等问题，一阶匀场可以比较容易的通过手工调整而实现，高阶匀场则将更需要技巧，特别是对具体成像部位的实时匀场。执著于匀场的 MRI 厂家研发出了动态高阶自动匀场技术，通过计算机软件可实现快捷、高效的成像部位主动匀场，从而可有效保证对每个患者部位扫描的稳定优质的图像质量。

　　主动匀场方法理论清晰、目标明确，但因设计难度和磁体空间对线圈形状的限制，以及成本问题，在开放式永磁 MRI 中的应用受到局限。现在的厂家都是采用将主动匀场与被动匀场相结合，根据磁场和磁体内部空间的情况以及所拥有的技术而选择一定的匀场方法，不同的匀场方法所达到的磁场匀场性是不同的。

（三）日常维护

　　永磁磁体的优势就是日常维护简单。磁体仅需要放置在带有空调的屏蔽室中，保持温控单元通电就可以。日常关注室内温度、湿度的恒定。

　　所有 MRI 系统都需要注意屏蔽室周围环境，附近的铁磁性物质的存在，如移动的电梯、汽车等都可能带来图像的伪影。周围的供电电缆、变压器等稳定的或变化的电流，都可能产生工频磁场干扰，可能对图像带来影响。

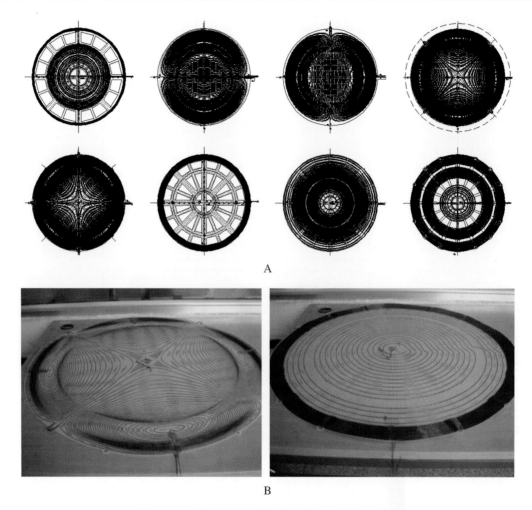

图2-2-7   A组为高阶匀场线圈设计图；B组为实物图

永磁磁体的造价较低，场强可以达到0.7T或更高，能产生优质图像，需要的功率小，维护费用低，杂散场也小，可装在一个相对小的房间内。另外，其体积和重量也越来越小，从最初的百吨减少到目前的几至十几吨。与超导磁体相比，永磁磁体具有节能省电、漏磁场小、维护成本低、磁体材料可回收重复使用等优点，永磁磁体的缺点是磁体重量大、磁场强度受限。

近年来高性能的低场开放型永磁MRI系统越来越受到青睐。这不仅与它所具有的高性能价格比有关，也与设备制造商在影响图像质量的其他方面竭尽努力，使其图像质量大大改善有关。

二、超导磁体系统

超导磁体系统分为传统的圆柱形超导磁体和开放式超导磁体两种。传统型超导磁体根据场强的不同主要分为1.5T和3.0 T两个档次，其中1.5T是主流磁体，3.0T磁体的使用量逐年递增。开放式超导磁体目前主要有1.0T和1.2T这两种场强。

超导磁体系统也是由主磁场产生单元、匀场单元以及制冷单元等组成。其中主磁场产生单元由超导主线圈和超导磁屏蔽线圈组成，匀场单元由超导匀场线圈和 / 或无源匀场贴片等组成，制冷单元包括杜瓦、冷屏及冷头等。图 2-2-8 为超导磁体的结构示意图。

以上所述是比较早期的磁共振超导磁体结构特点，经过十几年的发展，磁体线圈和磁体总体结构都发生了比较显著的变化，磁体线圈可参看图 2-2-9，线圈设计越来越紧凑，使得磁体总长度可以越来越

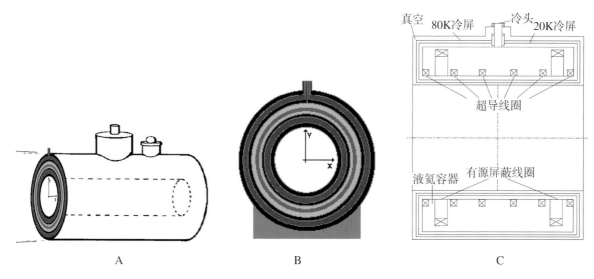

图2-2-8 超导磁体结构示意图

A为正面观示意图，其中黑色代表真空，绿色代表液氮，红色代表液氦，灰色部分为支撑物，粉红色部分为超导线圈；B为侧面观示意图；C为沿长轴切面示意图

图2-2-9 磁体线圈实物图

线圈设计越来越紧凑，使得磁体总长度可以越来越短

短。这样可以提高患者扫描时的舒适度，减少患者患幽闭症的情形。同时还使得磁体成本显著降低，从而能够促进磁共振整体设备价格下降，使磁共振的应用更加广泛。

目前典型的磁体总体结构如图2-2-10，现在磁共振超导磁体已经不再使用液氮来做1级冷却层。国际主流的零蒸发超导磁体从外到内只有外部真空层，热辐射屏蔽层，液氦容器，然后就是主线圈和线圈骨架。其中热辐射屏蔽层用4K冷头的一级冷却，液氦罐用冷头二级冷却，磁体在医院使用已经不用定期加注液氦，大大节省了磁共振设备的运行费用。

（一）主磁场产生单元

圆柱形超导磁体的主超导线圈一般是以螺线管为基础的几组平行放置的线圈组成。由于螺线管线圈

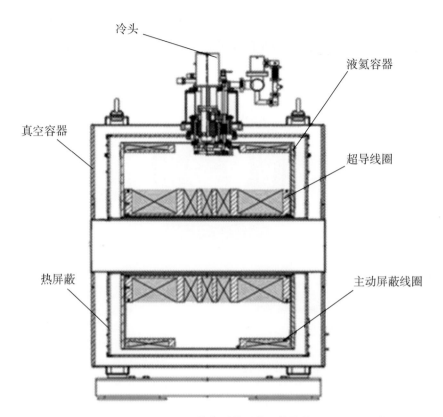

冷头

液氦容器

真空容器

超导线圈

热屏蔽

主动屏蔽线圈

图2-2-10　目前典型的磁体总体结构

的磁场在靠近两端时降低，所以靠近两端的线圈组圈数多一些，从而使螺线管两端的磁场增强，这样螺线管内的磁场才比较均匀。另外磁体内还设计有多组辅助的高阶匀场线圈，通过计算机软件控制可以随时进行匀场补偿调试。由于磁体设计技术和制造技术的快速发展，1.5T磁共振设备的磁体已经缩短到1.31m。目前，超导磁体的设计技术非常成熟，普遍采用逆问题方法进行设计。超导磁体制造技术的难点在于工艺，例如骨架材料的选择，既要考虑磁特性，还要考虑电绝缘、热膨胀系数等特性。

超导体可流过相当高的电流（如520A），产生超高场强（1.5T）。但实际上在给定的温度和场强下，给定的导体所能流过的电流有一界限，超过这一临界电流值，超导体变成常导体，会失超。不同的超导材料还存在不同的临界磁场，超过这个磁场界限，超导材料也会失去超导性。因此超导电流是不能无限增大的，从而限制了超导磁体的磁场。

（二）匀场单元

（详细参见第九章第一节内容）

尽管主线圈的设计十分精确，但是在绕制加工、降温、励磁等过程中仍会存在诸多因素影响磁场的均匀性。例如，在线圈绕制加工过程中存在着工程误差；在降温过程中由于骨架材料和超导线的热胀冷缩系数不一致，也会导致线圈发生几何位置畸变；在励磁和闭环运行过程中，通电超导线在磁场中受力，超导线会找到新的平衡位置，此时线圈还会发生畸变。线圈导线的个别移位或线圈整体移位，以及形变都会导致实际磁场偏离设计值。此外磁体周围的铁磁材料也会影响到磁场，也会导致磁场不均匀。因此，在磁共振设备的安装及使用过程中都要通过匀场来保证磁场的均匀性。超导磁体的匀场通常由两种途径：

（1）通过无源匀场贴片进行补偿（见图2-2-11）。磁体内侧一圈上安装有一组均匀分布的长条盒，长条盒有多个小格可以放置小贴片（如硅钢片）。匀场的基本方法是：首先根据磁场的分布，由专用磁场匀场软件计算出需要贴片的位置和贴片数量（图 2-2-12 是一种常用的匀场计算程序框图），然后在相应的位置即相对应的长条盒的小格内放置需要数量的小贴片，安装完成后，再测试磁场均匀性，如果不能满足要求，需要再一次由匀场软件进行计算，并重复以上过程，直到场强均匀性满足要求为止。一般超导磁体可能需要重复两次以上。这实际上是一个被动匀场过程。

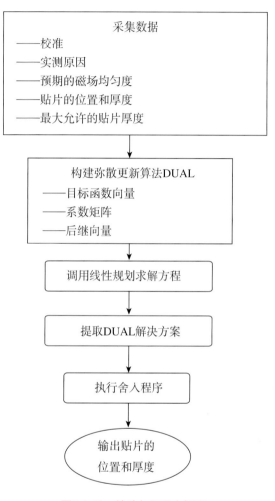

采集数据

——校准

——实测原因

——预期的磁场均匀度

——贴片的位置和厚度

——最大允许的贴片厚度

构建弥散更新算法DUAL

——目标函数向量

——系数矩阵

——后继向量

调用线性规划求解方程

提取DUAL解决方案

执行舍入程序

输出贴片的位置和厚度

图2-2-11　通过无源匀场贴片进行补偿，实现超导磁体的匀场

图2-2-12　被动匀场程序框图

（2）超导磁体系统都有多组辅助的高阶匀场补偿线圈，通过软件控制辅助匀场线圈的电流进行匀场补偿调试。在平常扫描成像中，可以随时通过软件控制自动进行匀场调节，使磁场的均匀度达到更高的水平和要求。

（三）制冷单元

磁体的设计和制造是获得良好均匀度的关键，而真空夹层是整个低温真空容器的核心，真空夹层的设计和制造决定着机器运行的基本费用。真空夹层的基本设计思想是：把热负载降低到最小，使液氦的蒸发越慢越好。多层超绝缘填料、真空、冷屏，都是为了减少传导、对流和辐射带来的热量。所有支架、填料，或蒸发管都用导热性能不良的材料，以便减少液氦的损耗。

在此基础之上，超导磁共振设备还配备了由冷头、氦压缩机以及水冷机组等设备所组成的冷却系统（图 2-2-13）。该系统能够不断为磁体两级冷屏提供冷量，从而真正保持磁体的低温和超导状态。同时，冷却系统还为梯度线圈、梯度/射频放大器等单元提供冷却水，以保证设备的稳定运行。与超导磁共振成像设备不同的是，低场设备由于多采用永磁磁体，通常只需要为梯度线圈配备水冷系统，磁体及其他部件的散热则依赖于恒温恒湿空调系统通过风冷完成。

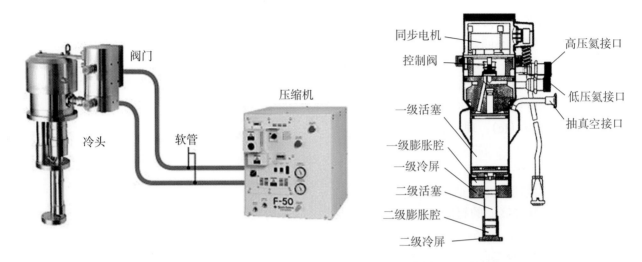

图2-2-13 在超导磁体内部，主线圈浸泡于液氦之中以保持超导状态，80K、20K两级冷屏安装在液氦容器外部来提供低温环境。用于隔绝热传导的真空层置于冷屏外围，而冷头则与磁体冷屏相连。在磁体外部，氦压缩机通过氦管与冷头的高/低压氦接口相连，为冷头提供用于制冷的低温氦气。同时，自冷头返回的高温氦气则在氦压缩机内与冷却水进行热交换以达到降温的目的。冷头工作时，通过高压氦接口吸入高压低温氦气，其内部的同步电机用于驱动两级活塞，高压氦气在膨胀腔内膨胀吸热成为低压高温氦气，而低压高温氦气则从低压氦接口返回氦压缩机。冷头两级膨胀腔上的铟垫分别与磁体内的两级冷屏连接，为磁体提供必需的冷量

1. 低温及超导技术

低温通常是指低于0℃。按低温的获得方法及应用情况可分为普冷（273～120K）、深冷（120～0.3K）、超低温（0.3K以下）三个温区。普冷，通常称为制冷技术，它应用在空调、冰箱等方面。主要以氨、氟利昂等为制冷介质。通过高压液体的膨胀来得到低温，并通过液体的汽化获得冷量。深冷温区是利用N_2、O_2、H_2、He等气体为介质，通过节流或绝热膨胀来达到低温，使气体液化。0.3K以下的超低温则需要用^3He稀释制冷机及绝热去磁等方法来获得。在低温下物质的热学、电学和磁学性质均会发生巨大改变。例如固体比热容在某些温度下会突变；在足够低的温度下，原则上所有顺磁物质均可表现出铁磁性或反铁磁性；金属的导电性明显提高，而半导体的导电性则大大降低。

低温技术主要是研究深冷和超低温的获得，以及低温温度的控制和测量等。1853年，焦耳-汤姆逊效应的发现是低温技术发展的重要里程碑。在随后的几十年里，N_2、O_2、H_2纷纷被成功液化。1908年，荷兰物理学家Kamerlingh Onnes用液氢预冷的节流效应首次液化了氦这一"永久气体"，获得了4.2K的低温。由于汞比其他金属更易提纯，他立即开始研究在这个温度范围内汞的电阻率变化。1911年，Kamerlingh Onnes发现随着温度的下降，汞的电阻率不是平滑的下降，而是在4.15K下突然降到零，这是人们第一次看到的超导电性。这一发现引起了世界范围内的震动。在他之后，人们开始把处于超导状态的导体称之为"超导体"。超导体的直流电阻率在一定的低温下突然消失，被称作零电阻效应。导体没有了电阻，电流流经超导体时就不发生热损耗，电流可以毫无阻力地在导线中形成强大的电流，从而产生超强磁场。1933年，荷兰的迈斯纳和奥森菲尔德共同发现了超导体的另一个极为重要的性质，当金属处在超导状态时，这一超导体内的磁感应强度为零。对单晶锡球进行实验发现：锡球过渡到超导状态时，锡球周围的磁场突然发生变化，磁力线似乎一下子被排斥到超导体之外去了，人们将这种现象称之

为"迈斯纳效应"。

在超导理论研究的同时，新超导材料开发也有了突破性的发展。在发现超导电性后的 40 年间，一批强磁场超导体如 V_3Ga、Nb_3Zr、Nb_3Sn、$NbTi$ 等相继问世。超导材料有三个基本参量，即临界温度（Tc）、临界磁场（Hc）、临界电流（Ic），只要有一个参量超过临界值，超导材料就会失超。

（1）临界温度（Tc）：临界温度又称为转变温度，是指超导体电阻发生突变时的温度。临界温度是物质的本征参量。物质不同，其 Tc 值也不同。值得指出的是，类似于汞和铌（Nb）这样的金属，它们在常温下电阻很大，但在液氦温度下却呈现出超导性。

（2）临界磁场（Hc）：当外加磁场达到一定数值时，超导体的超导性即被破坏，物质从超导态转变为正常态。由此可见，超导体只有在临界温度和临界磁场下才具有完全抗磁性和完全导电性。

（3）临界电流（Ic）：理论上，电阻为零的金属就应该在很小的截面上通过无穷大的电流。然而，在一定的温度和磁场下，当物质中的电流达到某一数值后超导性也会遭到破坏，这一电流被称为临界电流。超导物理中还把每平方厘米截面上可通过的最大电流值称为临界电流密度，用 Ic 表示。

超导型磁体的磁场建立是在超导环境中由超导线圈通电而产生强磁场的。在理想状态下，磁场一旦建立，只要维持超导线圈的超低温环境，强磁场就长期存在。超导材料主要是铌、钛与铜的多丝复合线，它的工作温度为 4.2K（−268.8℃）。目前普遍使用液氦作为制冷介质，为超导线圈建立和保持超导环境。

2．液氦制冷原理与超导环境的形成

氦在通常情况下为无色、无味的气体；熔点 −272.2℃（25 个大气压），沸点 −268.785℃；密度 0.1785g/L，临界温度 −267.8℃，临界压力 2.26 个大气压。氦是唯一不能在标准大气压下固化的物质。氦有两种天然同位素：^3He、^4He，自然界中存在的氦基本上全是 ^4He。普通液氦是一种很易流动的无色液体，其表面张力极小，折射率和气体差不多，因而不易看到。

建立超导环境的过程是首先将超导型磁体的绝热层抽真空，保持内部压力约为 0.001Pa，然后将磁体预冷，把磁体液氦容器内温度降到接近 4.2K，最后在液氦容器中灌满液氦，使超导线圈浸泡在液氦中。因此，磁共振的超导线圈用浸泡在低温液氦中的方法以获得其正常工作的超低温环境，但由于结构支撑等多种因素，不可能完全阻止热传导，所以需用液氦以蒸发的形式带出导入的热量，以维持 4.2K 的温度。为减少液氦的蒸发，磁共振设备配备了冷却系统，为液氦降温以减少其蒸发。

3．磁共振成像设备的冷却系统

对于早期的低场磁共振设备，主要采用永磁型磁体，磁体不需要冷却系统提供制冷。同时，由于系统功率较低，除梯度线圈需采用水冷外，其余电子设备通常采用强制风冷。所以低场磁共振设备的冷却系统常采用风冷、水冷独立设计。水冷系统仅给梯度线圈提供一定温度的循环冷却水，而电子设备（包括控制单元、梯度功率放大单元、射频功率放大单元）全部采用强制风冷，并且在设备间配有空调。因为一般低场磁共振设备需要的制冷量比较小，所以水冷系统和风冷系统将从系统中带出的热量直接散发到设备间室内，再由设备间的空调将热量排出室外。

高场磁共振设备的冷却系统是由液氦冷屏、冷头、氦压缩机和水冷机组四个部分组成。液氦冷屏是磁体的组成部分之一，以牛津 OR70 型磁体为例，该磁体内设有 20 K 和 80 K 两级冷屏，二者的作用都是直接减少热辐射传导。如 2-2-14 图所示，冷头是一个二级膨胀机，经过压缩的高纯氦气在这里膨胀带走周围的热量，通过两极缸套端面的钢垫圈将冷量传输到磁共振的这两个冷屏上，为其提供 20K/80K 两级低温。冷头由同步电机、旋转阀、配气盘、活塞和气缸组成。其运行方式是同步电机控制旋转阀在配气盘上旋转，控制活塞压缩和膨胀气体，形成高压气体腔和低压气体腔的交替循环，完成吸入高压低温氦气排出低压高温氦气的过程，同时将冷头中的热量带到氦压缩机中。氦压缩机主要为冷头提供低温高压氦气，其中充以高纯度的氦气，并通过软管与冷头相连。工作时，由冷头循环来的热氦气，经过压缩提升压力，在热交换器中与冷却水交换热量，使温度迅速下降，成为低温高压氦气，经油水分离器滤油，再经吸附器进一步过滤后送冷头制冷用。水冷机组类似于一个空调系统，经过热交换给氦压缩机提供冷却水，氦压缩机产生的热量最终由循环水带走。通过水冷机组、氦压缩机和冷头不间断地工作，就可以源源不断地为磁共振提供冷量，以达到减少液氦蒸发的目的。

目前，随着制冷技术的发展，新型磁共振设备已经广泛采用 4K 冷头。该冷头能够提供 4K 的低温，从而使磁体内蒸发出的氦气在遇冷后再次变为液态氦。因此，如果能够保证冷头与氦压缩机持续稳定的工作，理论上使用 4K 冷头的磁体将不消耗液氦。该设计将不再需要定期为磁体补充液氦，但是对冷头与氦压缩机的稳定性也要求更高。

对于高场磁共振设备，由于采用超导磁体，给磁体冷却的冷头压缩机需要较大制冷量，所以必须使用水冷系统降温。另外，由于系统整体功耗较大，除梯度线圈须采用水冷外，电子设备中的功率模块（如梯度功放、射频功放）也必须采用水冷才能保证稳定可靠的工作，其余电子设备即使仍可采用风冷，也必须提高制冷量。

如图 2-2-14 所示，是一种高场磁共振设备水冷系统的示意图。水冷系统主要部件包括：冷水机组、流量分配单元、冷头压缩机、风冷单元等。磁共振系统中，梯度功放、射频功放、冷头压缩机和梯度线圈都需要进行水冷降温，并且对供水的温度、流量和压力都有各自的要求。冷水机组提供符合温度要求的冷水（一级水冷），再经由流量分配单元将总流量分配给各个部件（二级水冷），从而满足各个部件的要求。

如图 2-2-15 所示，典型的冷水机组由冷水机、水泵、静压水箱以及室外风扇组成。

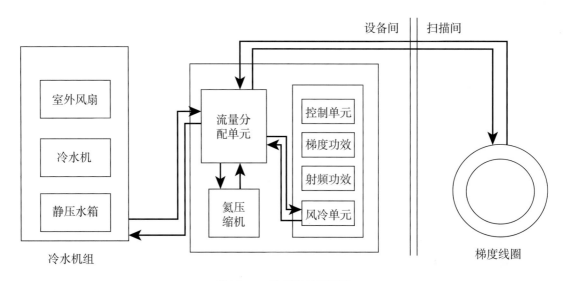

图2-2-14　冷却系统示意图

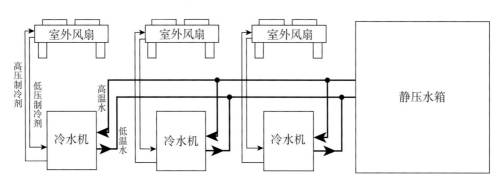

图2-2-15　冷水机组示意图

　　三台相同型号的冷水机靠进出温度传感器来感知循环水温度，以决定是否启动压缩机进行制冷。冷水机将循环水降到一定温度，再将这些冷水送入储水箱，24 小时运转的水泵将静压水箱内的冷水泵入磁共振设备的热交换器中进行吸热，之后这些热量再次进入冷水机中进行降温，从而不停地提供一级冷却水保证磁共振的正常工作。冷水机的制冷主要有四个部件：压缩机、蒸发器、冷凝器和膨胀阀。

　　（1）压缩机：是冷水机的核心，使制冷剂在制冷系统内周而复始地循环，带走循环水中的热量。

　　（2）蒸发器：制冷剂在压缩机的带动下循环流进蒸发器内时，液态制冷剂蒸发吸取循环水的热量使循环水温度降低，而吸收热量的液态制冷剂变成了低温低压的气态制冷剂。

　　（3）冷凝器：从蒸发器流出的低温低压气态制冷剂，被压缩机压缩成高温高压的气态制冷剂，流入冷凝器，在室外风扇的作用下将热量散向周围的空气中，从而使高温高压的制冷剂又冷凝变成液态制冷剂。

　　（4）膨胀阀：从冷凝器出来的中温高压液态制冷剂，进入膨胀阀节流降压后变成低温低压的液态制冷剂又进入蒸发器内蒸发吸热，所以冷水机能不断地吸热、散热冷却循环水。

　　在设计高场磁共振设备的水冷系统时，首先要考虑的因素是制冷量，根据设备的系统散热量确定冷水机的制冷量下限值。其次必须考虑水冷系统中水温和水压是否满足要求。当水冷系统内的水温较低时，流量较低的循环水即可满足系统散热的要求，因此对于水压的要求也相对较低。而当水温较高时，为满足系统的散热要求，就需要增大循环水的流量，以保证制冷量，因此对水压要求也相应较高。一般水冷系统中循环水的压力基本不变，水温在冷水机设定的范围内变化。因此如果当水温在设定的最高值时，水压高于设备要求的压力，则水冷系统的设计能够满足磁共振设备的要求。

　　水冷系统中冷却水流经的管道长度、空间布局（管路变向次数、管路通过空间的温度条件等）及管道保温能力等因素都会对系统的制冷量产生影响，因此在确定整个系统的制冷量时，要在磁共振设备基本要求的基础上略加余量，以补偿水冷系统自身的热消耗。

　　磁共振设备的散热不是连续均匀散热方式，而是波动性的，设备运行时有可能瞬间出现高峰散热。为满足这种需求，在设计水冷系统时，必须在冷却水循环过程中增设静压水箱，以增大系统的冷容量。当循环过程中的热负荷突然增大，出现散热高峰时，水箱中有足够的冷却水吸收其热量，既不会导致冷却水的温度提升太快，使冷水机频繁启动而受损，又可以防止水温短时间超出限定范围而影响液氦压缩机的正常工作。

　　通常情况下水冷系统中的三台冷水机不同时工作，而是采用"两用一备"的工作方式。当一台冷水机出现故障时，控制单元可以立即启动备用冷水机替代故障机继续工作。平时，则可以设计三台冷水机交替工作的方式，以减少单台冷水机的工作负荷。

　　如图 2-2-16 所示，一级水冷系统提供的制冷量通过水 - 水热交换单元传递给二级水循环，二级水循环为各部件（机柜）提供符合温度要求的冷水。风冷单元也被整合到水冷系统中，通过水 - 空气热交换器获得较大的换热温差，从而提高了换热效率，降低了风速和噪声，使得结构更加紧凑，同时将系统对设备间的散热降到最低，大大降低了设备间空调系统的功率要求。

　　目前，除采用冷水机组外，还可采用集成式制冷单元及风扇提供一级冷却水。

　　如图 2-2-17 所示，制冷单元提供制冷量给二级水循环，二级水循环为梯度功放、射频功放、冷头压缩机和梯度线圈的热交换器提供符合温度要求的冷水。风冷单元同样被整合到水冷系统中，通过水 - 空气热交换单元获得较大的换热温差。制冷单元的热量最终由一级水循环通过室外风扇单元散发到室外空气中，这里的室外风扇单元仅是一台空气 - 水热交换器。与以往的冷水机组比较，集成式水冷系统结构简单，可维护性好，而且体积和成本都大大减小，解决了由传统冷水机组导致的设备成本上升、体积庞大以及噪声较大等一系列问题。

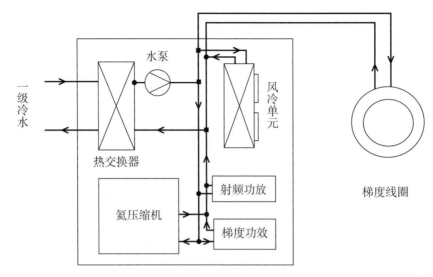

图2-2-16   二级冷却系统示意图

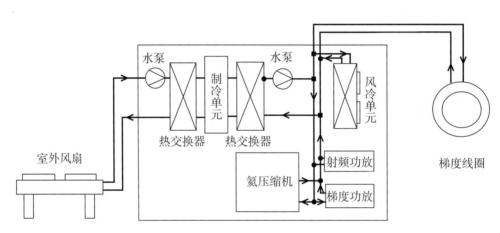

图2-2-17   集成式水冷系统示意图

三、磁体的评价指标

近年来，磁共振成像设备主要趋向于两个方向发展。追求更高场强的超导磁共振依然是目前磁共振成像设备发展的主流；同时，由于永磁磁共振价格便宜、维护成本低，以及开放度好等优势，开发出高性价比的永磁磁共振成像设备也是目前发展的一个方向。磁体系统一般用以下五个指标进行评价：

（1）磁场强度：单位用特斯拉（T）表示，例如通常所说的1.5T MRI机代表着磁体系统产生的磁场强度为1.5Tesla的磁共振成像仪。随着场强的提高，人体进入磁场后所产生的M_0也相对增加，系统会获得更佳的图像质量和信噪比。磁体是磁共振设备的核心部件之一，磁体的成本通常要占整台磁共振成像设备成本的1/3～1/2。磁场强度是评价磁体性能的首要指标，磁共振图像的信噪比与磁场强度近似成正比（理论上场高一倍，信号提高两倍，由于噪声也随磁场强度的提高而增加，实际情况是：场强提高一倍，图像信噪比提高近一倍），场强提高一倍，图像信噪比也会提高一倍。所以，不论是超导磁共振成像设备还是永磁磁共振成像设备都在追求更高的场强。目前，1.5T超导磁共振成像设备已经是临床工作中的主力机型，3.0T超导磁共振成像设备的临床占有率也在逐年提高，4T、7T、9.4T以及更高场强的超导磁共振成像设备也都处于临床试验或研发阶段。对于永磁磁共振成像设备，由于其主要面对的是低场强用户，性能价格比是一个很重要的指标。0.35～0.5T 的永磁磁共振成像设备将是低场强设备临床应用的主力机型。我国具有制造永磁体稀土材料主要产地的优势，自主研发永磁磁共振成像设备也取得了一定的成绩。

（2）磁场均匀性：单位用百万分之几（ppm）表示，磁场均匀性决定磁共振成像设备的制造成本和图像质量，均匀性越高制造成本越高；均匀性越高，图像质量越好，一些高级功能也更容易实现。磁场均匀性的定义是：给定空间区域，一般取与磁体物理中心同心的球体或椭球体，在这个空间区域中测量所有点的磁场强度，取最大值和最小值的差，然后除以磁场强度的标称值所得的值为峰 - 峰（p-p）值表示的均匀度；取所有测量点磁场强度值的方均根除以磁场强度的标称值所得的值为 Vrms 表示的均匀度。例如 1.5T 磁体的均匀度 P-P 值通常小于 10ppm，Vrms 基本小于 2ppm。

（3）磁场的稳定性：单位用百万分之几 / 小时（ppm/h）描述。磁场的稳定性是指受磁体附近铁磁性物质或匀场电源漂移等因素的影响，磁场均匀性或磁场强度所发生的变化。如果在一次扫描中磁场发生了一定量的漂移，则图像质量就会受到影响。一般来讲，1 小时的磁场漂移不应大于 1ppm。例如 Siemens Harmony/Symphony 设备的磁场稳定性小于 0.1ppm/h。对于超导磁体来说，匀场电源波动时，会使磁场的时间稳定性变差，因此目前都采用持续电流模式运行。永磁体的温度稳定性比较差，通常采用温度控制回路保持永磁材料的温度稳定。

（4）磁体开放度：磁体孔径 / 间隙：磁体孔径和间隙分别用来描述超导、永磁磁体的有效检查空间，是直接关系到患者检查舒适度的指标。超导磁体孔径的定义是指匀场线圈、梯度线圈、射频线圈和磁体外壳安装完成之后的有效内径。磁体的长度也是指磁体外壳安装完之后的总长度。从患者检查舒适的角度来看，超导磁体的发展方向是短磁体和大孔径。永磁磁体（垂直磁体系统）一般采用磁体间隙来表示，即安装完外罩之后给患者留下的净空间。在保证磁场均匀稳定的前提下，更好的磁体开放度也成为各个磁共振成像设备生产厂家追求的新指标。永磁磁共振成像设备在这一点上无疑具有得天独厚的优势。而在超导磁共振成像设备中，衡量磁体开放度的指标是磁体中心点到磁体孔洞入口圆直径上两端点连线的夹角，角度越大开放度越好。因此，要想取得更好的开放度，就必须缩短磁体长度或加大磁体孔径，而缩短磁体长度则会影响到磁场的均匀性，加大孔径则会使磁体的成本大幅提高。磁共振成像设备的设计者，根据各自不同的设计思想，权衡着磁体性能、磁体开放度以及成本，开发出了不同的超导磁体，并已制造出相应的磁共振成像设备。

开放式的磁共振成像设备可以提供相对舒适的检查环境，便于幽闭恐惧症患者进行磁共振检查。另外，由于磁共振成像检查较其他影像检查可进行更多参数成像和无辐射性等优点，磁共振引导的介入治疗穿刺的临床需求也产生了。永磁磁共振成像设备无疑是一种很好的选择，开放式的超导磁共振成像设备也已在医院中应用。

（5）主磁体的有效范围和逸散度：主磁体的有效范围是指上、下磁极间的有效距离。主磁体周围所形成的逸散磁场，会对附近的铁磁性物质产生很大的影响，而且这种影响是相互的。所以必须对磁场的逸散程度有一定的限制，要对磁体采取各种屏蔽措施。

随着磁体技术日渐成熟，更安全、更高场强、更高的磁场均匀性和稳定性的磁体已经不断被设计出来，并将应用于临床。

（韩鸿宾　连建宇　王晓庆）

第**3**章

射 频 系 统

- 射频系统的基本概念
- 射频系统的硬件组成
- 射频线圈的设计原理

第一节　射频系统的基本概念

- 施加共振频率的射频系统工作基本原理与概述
- 射频的产生
- 射频与磁化强度矢量 M_0 的测量
- 射频翻转角与旋转坐标系

一、施加共振频率的射频系统工作基本原理与概述

M_0 的大小远远小于系统主磁场的强度，为了准确测量，需要利用共振频率的射频施加在 M_0 上，使之偏转到与主磁场垂直方向的平面上，再进行测量，如图 3-1-1 所示。

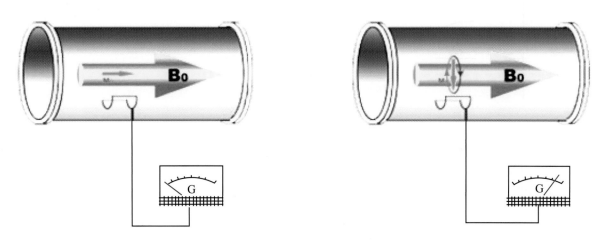

图3-1-1　主磁场与产生的 M_0，由于 M_0 相对于 B_0 太微小，因此，需要将其翻转到XY平面方向上，切割接收线圈，才能探测到系统产生的M

如图 3-1-1 所示，只要 M_0 的 Z 方向被翻转到 XY 平面内，并切割感应线圈，就会产生可被测到的电信号。M_0 越大，收到的电信号就会越强。在磁共振成像中，共振频率的射频脉冲的施加是翻转 M_0 切割感应线圈的前提和必要条件，因此，在磁共振成像系统中，就是通过施加射频来实现对 M_0 的测量的。无论哪种成像序列，射频线圈都是最先被启动工作的设备之一，这是产生可以被测量的 M_0 的基础。

射频的本质是电磁波，具有电磁波的所有基本特性，如波长、频率、强度（振幅）、相位、带宽等

（图 3-1-2）。射频在很多领域中都有广泛应用，比如电视信号、手机信息等。

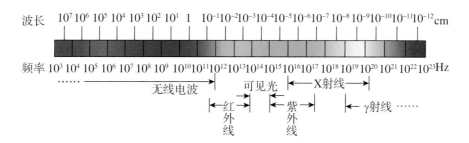

图3-1-2　各种电磁波的波长与频率范围

其中射频的频率范围是300kHz～30GHz，在无线电波频谱范围内，所以射频是无线电波的一部分

二、射频的产生

按照图 3-1-3 设计的线圈以一定频率通以交变电流后，在螺线管内可以得到不断变化方向的电流。按照右手法则，在螺线管内部就可以得到以相同频率不断变化方向的磁场 B_1，以时间为横坐标，就得到了如图 3-1-4 所显示的电磁波形了，磁场环境中的核磁矩群所形成的磁化强度矢量 M_0 正是在 B_1 的作用

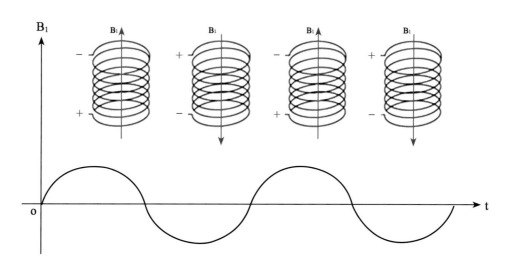

图3-1-3　射频产生示意图

螺线管通以交流电，在螺线管内部可以产生周期性变化的磁场

注：在实际MRI的设计中，螺线管线圈的应用很有限，特别是在高场MRI中。因为一般情况下，螺线管产生的磁场变化方向与主磁场是一致的，因此 M_0 无法被激发

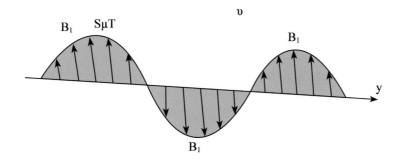

图3-1-4　电磁波中交变的磁场部分

下发生偏转并切割感应线圈产生感应电流，进而被测量到的。

不同种类的射频线圈产生的 B_1 在频率等特性方面具有不同特点（图3-1-5），其辅助硬件设备特点参考本章第三节中的相关内容。

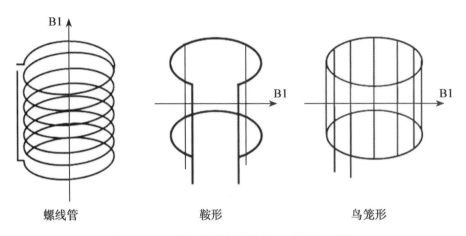

图3-1-5　不同形状射频线圈产生B_1的方向不同

B_1 具有一定的中心频率、幅度、带宽（频率范围）。其中，射频频率的中心位置和带宽对于磁共振成像非常重要，是磁共振成像空间定位、形成所需对比度时非常重要的参数。在磁共振成像中，B_1 是以脉冲的形式被应用的。脉冲的持续时间和间隔时间直接影响着射频在频率域上的带宽和波形（图3-1-6）。射频带宽是指射频的频率范围。射频的分类方法有多种，比如从频率域上射频的波形分类可以分为矩形脉冲、SINC脉冲、Shinnar-Le Roux脉冲、变速脉冲等。另外还可以按照用途分类、带宽分类等。这里只介绍磁共振的两种常用射频脉冲：软脉冲与硬脉冲。

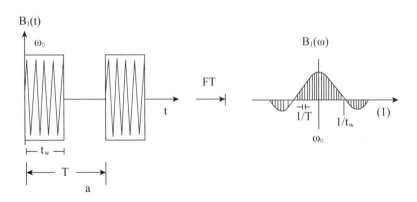

图3-1-6　以w_0频率施加峰值强度为B_1的RF经过傅立叶变换，可以得到右侧呈sinc函数变化的频率域波形

从图3-1-6中不难看出，对于矩形脉冲，脉冲持续时间 t_w 越长，$1/t_w$ 就会越小。在频率域上，$1/t_w$ 为频率域上波形与 X 轴的交点。而对于无限长的 SINC 脉冲，在频率域上的波形呈矩形变化。

由傅立叶变换的可逆性知，矩形脉冲 t_w 越长，$1/t_w$ 就越靠近坐标轴的原点，其带宽就越窄，这种持续时间较长的脉冲，被称为软脉冲。软脉冲在一定的频率范围内都能保持恒定的射频强度 B_1。如图 3-1-7 中所示，时域上呈 sinc 函数变化的射频脉冲会在频率上产生矩形的射频脉冲。理论上，在 B_1 强度中心两侧的 sinc 函数波形应该是向两端无限拓延的，只有这样才能得到频率域上标准的矩形射频脉冲。在实际工作中，硬件设备无法实现这种理想情况。随着时间域上两端波形个数的逐渐减少，其在频率域上的

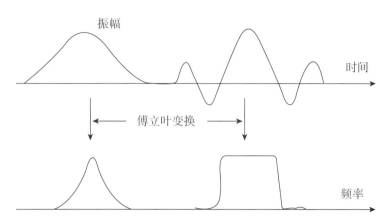

图3-1-7 为了得到频率域上表现为矩形的**RF**（以利用来进行层面选择），必须施加时间域上呈**sinc**函数形变的波形，并且保证**sinc**变化的波形在向左右方向上不会穷尽（如右半图）。如果无法保证足够长时间sinc波形的存在，会导致在频率域上的矩形发生变形。左半图是没有足够长时间sinc波形情况下，频率域上原矩形已经变成了尖峰状，无法再用来进行准确的层面选择

矩形变形就越重。

　　持续时间较短的脉冲，被称为硬脉冲。在短 t_w 的情况下，其 $1/t_w$ 值就明显增大，表现为射频激发的频率范围增大，覆盖的频率范围较广。通常，这种射频脉冲会被用来激发线圈内部所有的检查组织，而不是特定的激发某一层的组织，比如，三维成像等情况时，因此，这种脉冲也被称为非选择性射频脉冲。

三、射频与磁化强度矢量M₀的测量

　　RF 能够发挥作用必须满足两个基本条件：一是 RF 频率与拉莫进动频率一致；二是 RF 线圈所产生的 B_1 要与主磁场所产生 B_0 相垂直。

　　图 3-1-4 中所显示的交变磁场是以线偏振的形式存在。以线偏振形式存在的电磁波可以分解成两个大小相等、反向转动的圆偏振形式（图 3-1-8）。

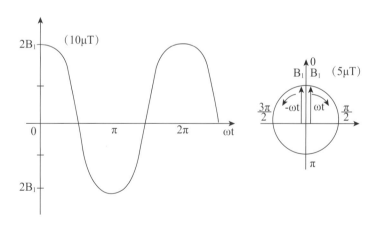

图3-1-8 射频的正弦曲线变化可以由两个反向的旋转的圆来共同合成

　　B_1 对 M_0 的作用：按照前面的电磁学基本现象我们知道，当 B_1 存在时，M_0 会在 B_1 的作用下发生重新指向，为了能顺着 B_1 的方向，M_0 开始向 B_1 方向偏转，但是因为 B_1 是以 ω 频率转动，所以 M_0 也就尾随其发生向 XY 平面内运动，形成图 3-1-9 中的运动形式。

　　在射频圆偏振形式的作用下，体素内核磁矩在 2 个反向圆锥上的分布变得不再均匀（如图 3-1-9）。如果，射频的频率和核磁矩的进动频率不同，就不会出现上面的情况。

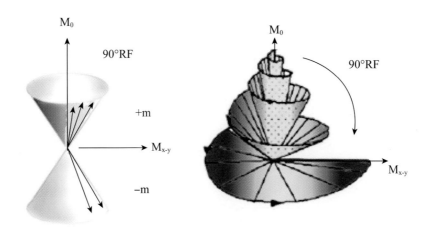

图3-1-9　B₁作用下核磁矩的行为方式

各个核磁矩（+m或−m）在B₁的作用下，在围绕B₀进动的同时，也要围绕B₁进动，结果就会出现如左图中所显示的情况，核磁矩在两个反向圆锥上的分布不再均匀，而出现不对称分布，结果其合量M₀发生如右图所示的翻转运动，也称为章动（nutation）

四、射频翻转角与旋转坐标系

在射频的作用下，所有核磁矩的矢量和就形成了在 XY 平面上的分量 M_{xy} 和残留在 Z 轴上的分量 M_z。随着 RF 强度的增加或作用时间的延长，M_{xy} 和 M_z 大小会发生变化（图 3-1-10）。

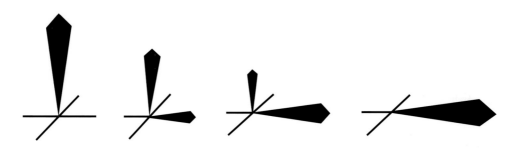

图3-1-10　B₁作用下，磁化矢量M₀与M_XY的变化形式

随着RF持续时间的延长或RF强度的增加，M₀越来越小，M_XY越来越大。所有核磁矩的矢量和M₀可以被分解为在XY平面上的分量M_{xy}和残留在Z轴上的分量M_z

射频作为一种电磁波，具有一定的能量。按照量子学说，在特定频率的射频施加到体素内的氢质子群时，位于低能级的氢质子群会吸收能量，并跃迁到高能级。这样，原本高低能级的氢质子数目差会缩小，表现为 M₀ 的缩小。而在位于 X 轴上的 B₁ 作用下，M₀ 发生向 Y 轴的偏转，使其在 XY 平面上的分量 M_{xy} 逐渐增加。

翻转角（flip angle，FA）就是 M_{xy} 和残留在 Z 轴上的分量 M_z 的合量与主磁场方向的夹角。因为射频脉冲形成的 B₁ 和核磁矩本身都还在以一定的频率围绕主磁场方向转动，所以，从系统外部观察到的变化如图 3-1-11A 所示。

在磁体内部，RF 施加在 XY 平面上，其初始相位假设为 X 轴。M₀ 在主磁场作用下围绕主磁场旋转。B₁ 是沿 X 轴方向以线性大小不断变化的形式（正弦或余弦）存在的。按照前面线偏振与圆偏振的转化模式，圆偏振的 B₁ 是以拉莫频率在 X 平面内旋转，M₀ 将在保持原有的以 B₀ 为中心的旋转运动的同时，还会在 B₁ 的作用下，产生追随 B₁ 的运动方式，结果 M₀ 就产生了在 XZ 平面内类似"旋转摇摆"的运动方式（章动）。图 3-1-9 所显示的运动状态就是在普通的真实坐标系内发生的情况。为了便于理解磁化强度矢量的运动方式，一般是在旋转坐标系中进行相关的讨论和分析（图 3-1-11B）。

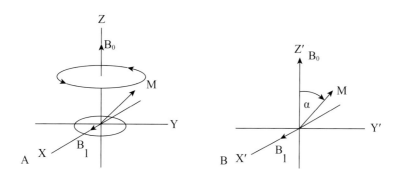

图3-1-11　旋转坐标系

从系统外部观察可见核磁矩的矢量和 M_0 在 RF 的作用下的运动轨迹（图A）

在旋转坐标系中，如果我们站在坐标系的XY平面内的轴上，就会只观察到M发生偏离Z轴，并向Y轴偏转的运动（图B）

　　旋转坐标系就是假定研究者位于研究系统的 X 轴上，随 B_1 以氢质子的进动频率进行圆周运动，这时就会发现原本很复杂的 M_0 运动形式被明显地简化了：由 Z 轴向 Y 轴发生偏转（即在与 X 轴以及 M_0 所在的 Z 轴相垂直的平面内发生偏转）。如前所述，偏转的角度（θ）与 RF 作用的时间（T）以及 RF 的强度（B_1）有关：$\theta = B_1 T$。

第二节　射频系统的硬件组成

- 射频发射系统的硬件组成
- 射频接收系统的硬件组成

　　如前所述，如果能使 M_0 发生翻转运动，并以一定频率切割邻近线圈就可以测量到 M_0，也就是说可以激发并检测磁共振信号。在磁共振系统中，激发和检测磁共振信号是由射频系统来完成的。

　　射频系统分为两类：

　　一是射频发射系统，由发射线圈和发射通道组成。发射线圈产生与 B_0 相垂直的高频率旋转射频磁场 B_1，激发生物体或被测样品，产生可被测量的磁化强度矢量；发射通道由发射控制器、混频器、衰减器、功率放大器、发射 / 接收转换开关等组成，用以保证射频发射系统在拉莫进动频率范围内高效率工作。

　　二是射频接收系统，由接收线圈和接收通道组成。接收线圈主要用来接收激发态样品所发射出来的磁共振信号，保证射频接收系统在拉莫进动频率范围内高效率、高敏感的接收磁共振信号。与射频发射线圈一样，射频接收线圈的绕线也需要与主磁场相垂直排布，以保证接收效率。接收通道由低噪声放大器、衰减器、滤波器、相位检测器、低通滤波器、A/D 转换器等组成，对原始数据进行处理后，在此基础上，由计算机重建得到 MRI 图像。

　　发射线圈和接收线圈可以是相同的，通过发射 / 接收转换开关来切换线圈工作在发射状态还是接收状态。由于对发射和接收的要求不同，为了使性能达到最优化，一般的磁共振成像系统发射和接收采用独立的发射线圈和接收线圈。

　　一种早期的射频系统的组成框图如图 3-2-1 所示。

　　随着数字电路和数字频率技术的发展，目前信号发射通道和信号接收通道都使用数字频率合成和数字接收方式，这样可以大大简化电路、提高系统性能，一个典型的数字射频系统的框图如图 3-2-2 所示。

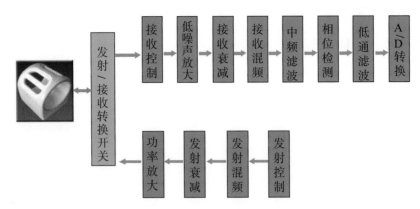

图3-2-1　射频系统的框图

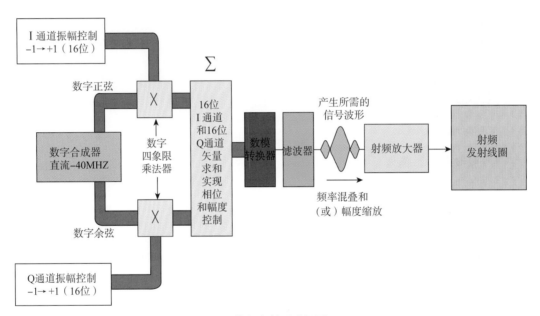

A．数字发射通道框图

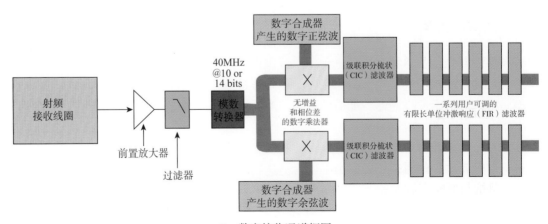

B．数字接收通道框图

图3-2-2　数字射频系统方框图

一、射频发射系统的硬件组成

典型的射频发射系统由振荡器、频率合成器、放大器、波形调制器、终端发射匹配电路及射频发射线圈等组成，如图 3-2-3 所示。

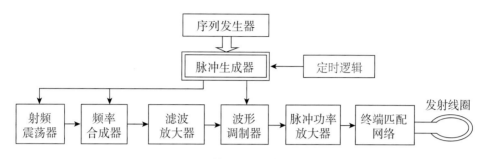

图3-2-3　射频发射系统构成框图

（一）射频振荡器

是一种能产生稳定频率的振荡器，为发生器提供稳定的射频电源，为脉冲程序器提供时钟。对 50Ω 标准电阻输出电压为 1Vp-p，其稳定性一般是 0.1ppm 或 0.01ppm。

（二）频率合成器

在磁共振成像设备中，需要用到几种频率的射频信号。发射部分需要一路中频信号和一路同中频进行混频的信号；接收部分需要用到两路具有 90°相位差的中频信号和用以混频的一路射频信号；同时整个射频部分的控制还要一个共同的时钟信号。所有这些信号都要求稳定度好、准确度高。这样的信号一般采用频率合成器来完成。

（三）RF波形调制器

调制器的作用是产生需要的波形，它受脉冲生成器所控制，当脉冲程序送来一个脉冲时，控制门就接通，而在其他时间都断开。在这一过程中，RF脉冲序列的所需波形，还要经过多级放大，使其幅度得以提高。

（四）脉冲功率放大器

射频发射系统的最后一级为功率放大级，通过一个阻抗匹配网络输入到射频线圈发射一定功率的射频波。脉冲功率放大器是射频发射系统的关键组成部分。

（五）阻抗匹配网络

阻抗匹配网络起缓冲器和开关的作用，特别是收发共用线圈，必须通过阻抗匹配网络的转换。射频发射时，它将射频放大器的阻抗与射频线圈的阻抗相匹配，以达到最大功率传输；射频接收时，它将射频接收线圈的阻抗与低噪声放大器的阻抗相匹配，使信号损失最小。对于收发共用线圈，它除了匹配外，还起到射频线圈与射频功率放大器及低噪声放大器之间的控制开关作用。

（六）射频发射线圈

射频发射线圈的作用是将符合波形和功率要求的射频信号转换成射频电磁波，该电磁波形成磁共振成像需要的 B₁ 磁场。

二、射频接收系统的硬件组成

在磁共振成像系统中，接收线圈接收到的磁共振信号是一种微弱信号，必须经过接收通道放大、混频、滤波、检波、A/D 转换等一系列处理后才能送到计算机，图 3-2-4 为接收通道组成的框图。

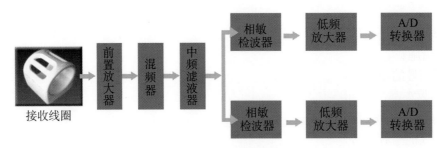

图3-2-4　接收通道组成的框图

（一）射频接收线圈

射频接收线圈的作用是将激发的生物体或被测样品的磁共振信号转换为电信号，供后续处理、成像。射频接收线圈的原理将在第三节介绍。

（二）前置放大器

前置放大器是接收通道中最重要的环节，理想的前置放大器只放大信号和信号源噪声，而本身不引入额外噪声，但实际的放大器除放大外还会引入一定的噪声。因此一个前置放大器的关键指标是噪声系数，定义为输入端信噪比和输出端信噪比的比值，可以用分贝表示如下。

$$F=10\log\frac{N_A^2+N_S^2}{N_S^2} \tag{3.2.1}$$

其中 N_A 和 N_S 分别是放大器和信号噪声的均方根电压值。一般所选择的前置放大器的噪声系数小于0.5dB，采用本身低噪声的场效应管来实现。因为场效应管的击穿电压一般非常低（约 12V），所以必须在发射脉冲期间提供适当保护；至少须有一对交叉二极管，最好用有源的门电路。对放大器链的其余部分的要求则相对不那么严格。总的接收器增益大约为 10^4，并且可调，以满足 A/D 转换器需要又不使其饱和。

（三）混频器与滤波器

信号经过低噪声前置放大后进行变频，将信号频谱搬移到中频上，这一功能由接收混频器完成。同发射混频器一样，接收混频器是利用混频元件的非线性，让信号频率同本地振荡频率进行组合，获得需要的中频信号。在这过程中会产生许多不需要的频率组合，应设法尽量减少其影响，常用的措施有：①选择适当的混频器电路。②设计滤波电路，滤除组合频率。

滤波电路根据组成结构不同分为两类：有源滤波器和无源滤波器。有源滤波器具有体积小和增益大的优点，但只能适于低频段。在磁共振成像系统中，混频后所得中频必须采用无源滤波器，通常采用 LC 滤波器，因为其品质因数 Q 较高，需要的信号损耗小，不需要的信号衰减大。为了进一步抑制噪声和干扰，可以采用多级滤波器。

（四）相敏检波器

检波器是为了从来自中频滤波电路的中频信号中检测出低频磁共振成像信号。最简单的是二极管检波电路，它具有容易制作、不需要参考信号、能减少高频漏泄影响等优点，因此在无线电设备中被广泛采用。但是这种检波器也有几个缺点：

（1）通带很宽，因此信噪比小；

（2）检波特性曲线不是线性的，超过 0.5V 比低于 0.5V 的检波效率大，因此在要求严格的场合中需要另外设置校准措施；

（3）对高频信号的相位不敏感。

由于磁共振成像系统中，中频信号的相位中还含有与成像有关的信息，系统对信噪比的要求也很高，所以不采用简单的二极管幅值检波器，而采用相敏检波器。

假设 V_i 是输入的中频信号，V_R 是参考信号，V_0 是输出信号。相敏检波器实际上是一个混频器或是模拟乘法器，它使输入信号与参考信号相乘，而输出信号是二者之乘积。假设在最简单情况下，V_i 和 V_R 是两个正弦波，即：

$$V_i = V_{i0} \sin(2\pi f_1 t + \phi_1) \tag{3.2.2}$$

$$V_R = V_{R0} \sin(2\pi f_2 t + \phi_2) \tag{3.2.3}$$

则输出信号为：

$$V_0 = V_i \times V_R = \frac{V_{i0} V_{R0}}{2} \cos\{2\pi(f_1 - f_2)t + (\phi_1 - \phi_2)\} -$$

$$\frac{V_{i0} V_{R0}}{2} \cos\{2\pi(f_1 + f_2)t + (\phi_1 + \phi_2)\} \tag{3.2.4}$$

所得输出为两项：第一项为差频分量，第二项为和频分量。当输出信号与参考信号频率相同时，第一项变为 $\frac{V_{i0} V_{R0}}{2} \cos(\phi_1 - \phi_2)$，大小与 V_{i0}、V_{R0} 和 ϕ_1、ϕ_2 有关。可见，相敏检波器的输出信号的频率与输入信号和参考信号的频率有关，幅度则与二者的相位差和幅度有关。在磁共振成像系统中，往往输入信号中含有磁共振成像信息的中频信号的频率与参考信号的频率相同，并且还含有一定宽度的带宽，所以输出信号中含有直流分量、低频分量，还有和频产生的高频信号。为了取出需要的磁共振成像信号，须滤除高频信号。

此外，在磁共振成像系统中还需要成对使用相敏检波器。两个相敏检波器的参考中频信号具有频率和振幅相同而相位相差 90° 的特性，故称为正交检波，目的是为了消除频谱折叠现象。

检波时，输入信号的所有频率 F 同中心频率 f_0 相减，由图 3-2-5 可见，f_0 左边的谱线与 f_0 差值为负，右边差值为正。但在记录磁共振成像信号时不可能区分正频率和负频率，在傅立叶变换后的频谱中处在 f_0 两边的谱线将发生折叠，形成频谱折叠现象，表现在成像上就是场中心两边的图像折叠在一边上了。为了克服这种现象，原理上可以使射频中心频率超出成像物体的共振频率，但这会降低效率。较好的一种办法是采用正交检测方法来克服谱线折叠。

从中放输出来的中频信号加到两个相敏检波器上，两个相敏检波器参考信号的相位差为 90º，它们检

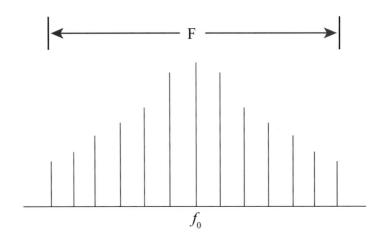

图3-2-5 共振信号的频谱示意图

波输出的信号为：

$$V_{01} = \frac{V_{i0}V_{R0}}{2}\cos\{2\pi(f_1 - f_2)t + (\varphi_1 - \varphi_2)\} - \frac{V_{i0}V_{R0}}{2}\cos\{2\pi(f_1 + f_2)t + (\varphi_1 + \varphi_2)\} \qquad (3.2.5)$$

$$V_{02} = \frac{V_{i0}V_{R0}}{2}\cos\{2\pi(f_1 - f_2)t + (\varphi_1 - \varphi_2 - \pi/4)\} - \frac{V_{i0}V_{R0}}{2}\cos\{2\pi(f_1 + f_2)t + (\varphi_1 + \varphi_2 + \pi/4)\}$$

$$= \frac{V_{i0}V_{R0}}{2}\sin\{2\pi(f_1 - f_2)t + (\varphi_1 - \varphi_2)\} - \frac{V_{i0}V_{R0}}{2}\sin\{2\pi(f_1 + f_2)t + (\varphi_1 + \varphi_2)\} \qquad (3.2.6)$$

检波输出信号经滤波、低放和 A/D 转换后送到计算机。计算机由 cos（φ_1-φ_2）和 sin（φ_1+φ_2）来组成复数傅立叶波谱，确定是正频率或是负频率，从而克服频谱折叠现象。

（五）低频放大与低通滤波

由于检波器的要求，进入检波器的中频信号及检波输出的低频信号均为零点几伏，而磁共振成像信号最终经过 A/D 转换数字化时需要 10V 左右的电平，因此必须由低频放大将检波后的磁共振成像信号进行放大。同时，检波输出的信号中除了所需的磁共振成像信号，还有一些高频的干扰和噪声，这些都是影响成像质量的，必须加低通滤波器予以滤除。

在磁共振成像系统中所得的磁共振成像信号较复杂，为了保证不失真地进行放大，对低频放大器的要求是：①要有良好的线性；②要有较宽的频率响应特性。集成运算放大器有良好的线性特性，又有较宽的频率响应，因而常被采用。

磁共振成像信号的频带范围在零到几十兆赫兹。对这样低的频率，通常用有源低通滤波器，因为有源滤波器可不用电感元件，体积小，有一定的放大能力，易于级联。

在磁共振成像系统中，对通频带的选择有特殊的要求，因此滤波器的设计还附加了一些技术措施。从理论上讲，带宽缩小一半时，噪声就减小到原来的 1/2，所以应该尽量减小带宽；另一方面，减小带宽又会滤除一些有用信息，使得主要是远离中心场的区域不能成像。综合考虑这两方面的因素，可以采用这样的处理方法：当成像面积较大时采用较宽的通频带，在成像面积较小时，则尽量用窄的通频带。这就要求硬件必须能使滤波器的通频带由计算机控制，根据需要进行快速的改变。

（六）A/D转换器

A/D 转换器是用来将所接收的模拟的磁共振成像信号变换成数字信号，供图像重建系统重建图像。使磁共振成像信号数字化的过程就是对磁共振成像信号的采样和量化的过程。这个过程中应注意的是采样的频率和量化的电平问题。

采样定理表明，为了使被数字化的信号不致失真，采样频率 f 必须等于或大于被采样信号的最高频率的两倍，因此，选用 A/D 芯片时应首先考虑芯片的变换速度是否合乎要求。

关于量化幅度电子间隔的问题，我们知道，对一定的采样信号若量化间隔小，成像亮度的灰度级数就多，所以应减小量化间隔以提高成像的灰度分辨率。另一方面减小量化间隔会增大所量化数据的位数，这将增加计算量和对芯片变换速度的要求。同时还要考虑当量化间隔小到接近噪声电平时也就没有实际意义了。综合考虑，一般在磁共振成像系统中，将磁共振成像信号量化为 16 位数字信号。

第三节　射频线圈的设计原理

- 射频发射线圈的基本概念和原理
- 永磁系统射频发射线圈
- 永磁系统射频接收线圈
- 超导系统发射射频线圈
- 超导系统接收射频线圈
- 射频线圈的系统评价

射频线圈是磁共振成像射频系统中的一个最重要的组成部分，射频线圈分为射频发射线圈和射频接收线圈。射频发射线圈的功能是将射频电信号转换为射频磁场 B_1，射频接收线圈的功能是将旋转的磁矩 M_0 转换为电信号。

射频线圈分为射频发射线圈、射频接收线圈和收发共用线圈。收发共用线圈在性能上由于要兼顾收发，不能使发射和接收时都达到较好的性能，故一般不使用。这里分别介绍射频发射线圈和射频接收线圈。

一、射频发射线圈的基本概念和原理

（一）基本的射频线圈

最简单的射频线圈是由单个圆形线圈组成的（图 3-3-1）。需要指出的是，磁共振成像系统通常要求射频发射场具有很好的均匀性，而单个圆形线圈是一个表面线圈，均匀性很差，通常不用来作为发射线圈，但用它来阐释线圈的工作原理是一样的。

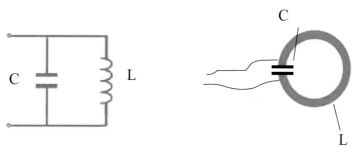

图3-3-1　发射线圈电路中的电容和电感

半径为 r 的带电圆形线圈沿着轴心方向产生射频磁场 B_1，其分布用公式 3.3.1 来描述：

$$B_1(y) = \mu_0 \frac{I}{2} \frac{r^2}{(r^2 + y^2)^{3/2}} \tag{3.3.1}$$

r 为线圈绕组的半径，y 为场强所在点到线圈平面的距离，I 为电流，μ_0 是真空磁导率。根据这个公式，在轴心方向上，场强随着与线圈平面的距离的增加而降低，线圈的最大灵敏度以及有效穿透深度在很大程度上取决于线圈的半径 r。

要让发射线圈产生最大的射频磁场，必须让射频功率放大器的输出电压加到线圈的两端，使发射线圈共振于射频频率 ω_0，这样线圈流过的电流最大，产生的射频磁场也最大。

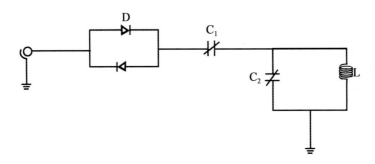

图3-3-2　发射线圈电路

图 3-3-2 为发射线圈与电容的并联谐振电路。线圈 L（电感量）与电容 C_2（电容量）并联，在满足下面的条件时，电路将谐振于射频频率 ω_0：

$$\omega_0^2 L C_2 = 1 \tag{3.3.2}$$

此时线圈中的电流将是电路中总电流的 Q 倍，Q 为回路的品质因数：

$$Q = \frac{\omega_0 L}{R} \tag{3.3.3}$$

其中，C_1 为可变电容，C_2 为谐振电容，L 为谐振线圈，D 为交叉二极管。在 RF 发射时，二极管 D 导通；在接收磁共振成像设备信号时，二极管 D 为截止状态。R 为发射线圈的电阻，一般这个电阻很小。Q 值为几十到几百的数量级。电路的选择性是由其品质因数 Q 决定，Q 值越高选择性越好。

谐振电路的谐振频率必须为主频。如 0.3T 的磁共振成像设备，其主频为 12.77MHz。

谐振时回路的阻抗最大，并等于一个纯电阻，大概在 $10 \sim 100\mathrm{k}\Omega$ 的范围。但功率放大器的输出阻抗一般设计为 50Ω，如果把这个谐振回路直接接到功率放大器输出端，将非常不匹配，大部分射频功率将被回路反射回去。为了阻抗匹配，在上述电路中引入可变电容 C_1，调节它的量值可把谐振电路的阻抗转换为 50Ω。只要 C_1 是高质量的，这种转换实际上没有功率损失。C_1 和 C_2 通常与线圈的大小、形式、主磁场的大小以及带载特性有关，变化范围比较大。

图 3-3-2 中的交叉二极管可以提供域值屏障、消除低电平噪声和削去发射脉冲的下降沿。它们必须是高频二极管（低电容），有高峰值电流。如果需要的话，交叉二极管对还可以并联或串联。

电路中最重要的元件是发射线圈（L）本身，它有多种设计方案，有线性线圈、正交线圈等多种形式。

图 3-3-3 是一种正交平板式发射线圈的电路图。

（二）发射线圈的电路分析

由于发射线圈的尺寸和所发射信号波长可以比拟，精确的分析应该用分布参数电路或直接计算其空间电磁场的分布，不过在一定频率范围内，可将其近似等效成电容、电感及电阻元件的混联组合，这样分析起来比较简单，而且得到的结果与实际也基本吻合。

为了提高发射线圈的发射效率，要使其谐振在所要发射的信号频率附近，并且要与信号源阻抗匹配。

首先看看 LC 电路的一些特性。

电路的谐振和匹配特性与其输入阻抗特性是紧密相关的，我们来看看 LC 并联谐振的输入阻抗，这里的 LC 谐振回路是电感 L 先和电阻 r 串联（因为实际电感一般都有不可忽略的电阻，故采取这个模型）再和电容 C 并联组成的电路（图 3-3-4）。

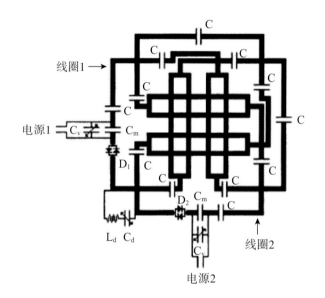

图3-3-3　正交平板式发射线圈电路图

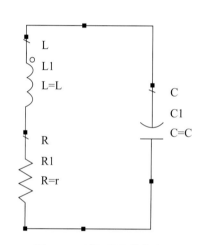

图3-3-4　射频线圈等效电路

设工作频率为 f，角频率 $\omega=2\pi f$，可以算出，电路的阻抗和导纳分别为

$$Z = \frac{\dfrac{r}{\omega^2 C^2} - j\left[\dfrac{L}{C}\left(\omega L - \dfrac{1}{\omega C}\right) + \dfrac{r^2}{\omega C}\right]}{r^2 + \left(\omega L - \dfrac{1}{\omega C}\right)^2} \tag{3.3.4}$$

$$Y = \frac{r}{r^2 + \omega^2 L^2} + j\omega\left(C - \frac{L}{r^2 + \omega^2 L^2}\right) \tag{3.3.5}$$

谐振时阻抗或导纳的虚部为零，有

$$C - \frac{L}{r^2 + \omega^2 L^2} = 0 \tag{3.3.6}$$

于是

$$\omega = \frac{1}{L}\sqrt{\frac{L}{C} - r^2} = \sqrt{\frac{1}{LC}\left(1 - r^2\frac{C}{L}\right)} \tag{3.3.7}$$

记此时的角频率为 ω_1，令 $Q = \frac{1}{r}\sqrt{\frac{L}{C}}$，$\omega_0 = \frac{1}{\sqrt{LC}}$，则 $C = \frac{1}{\omega_0 Qr}$，$L = \frac{Qr}{\omega_0}$，谐振角频率可表示为

$$\omega_1 = \omega_0\sqrt{1 - \frac{1}{Q^2}} \tag{3.3.8}$$

将 $C = \frac{1}{\omega_0 Qr}$，$L = \frac{Qr}{\omega_0}$ 代入阻抗的表达式中，我们可以得到

$$Z = r\frac{1 - j\frac{\omega}{\omega_0}\left[Q\left(\frac{\omega^2}{\omega_0^2} - 1\right) + \frac{1}{Q}\right]}{\frac{\omega^2}{\omega_0^2}\frac{1}{Q^2} + \left(\frac{\omega^2}{\omega_0^2} - 1\right)^2} \tag{3.3.9}$$

对于一般并联谐振电路，均有 $\frac{C}{L}r^2 << 1$，即 $Q >> 1$，故 $\omega_1 \approx \omega_0$，当 $\omega = \omega_0$ 时

$$Z_0 = rQ^2\left(1 - j\frac{1}{Q}\right)$$

$$|Z_0| = rQ^2\sqrt{1 + \frac{1}{Q^2}} \approx rQ^2\left(1 + \frac{1}{2Q^2}\right) = r\left(Q^2 + \frac{1}{2}\right) \tag{3.3.10}$$

当 $\omega = \omega_1$ 时，有：

$$Z_1 = rQ^2 \tag{3.3.11}$$

其中 r 为线圈电感的内阻，Q 定义为线圈的品质因数，Z_1 为谐振电路的阻抗。也就是说，谐振电路的阻抗同线圈电感的内阻成正比，同线圈的品质因数的平方成正比。

（三）发射线圈的电磁场分析

发射线圈的电磁场分析离不开毕奥 - 萨伐尔定律，毕奥 - 萨伐尔定律是表示电流和它所激发的磁场之间相互关系的定律，其可表述为：载流导线在空间给定点 P 处所产生的磁感应强度 B 等于导线上各个电流元 Idl 在该点处所产生的磁感应强度 dB 的矢量和；任一电流元 Idl 在给定点 P 处激发的磁感应强度 dB 的大小与电流元的大小成正比，与电流元和由电流元到 P 点的矢径 r 之间的夹角 θ 的正弦成正比，并与电流元到 P 点的距离 r 的平方成反比；dB 的方向垂直于 dl 和 r 所决定的平面、且 dl、r 和 dB 三者方向间成右手螺旋关系。设载流导线位于真空中，则毕奥 - 萨伐尔定律在国际单位制中的数学表达式为

$$dB = \frac{\mu_0}{4\pi}\frac{Idl\sin\theta}{r^2} \tag{3.3.12}$$

或

$$dB = \frac{\mu_0}{4\pi} \frac{Idl \times r}{r^3} \tag{3.3.13}$$

根据定律，对上式进行积分，就得到任意形状的线电流所产生的磁场，即

$$B = \int_L dB = \frac{\mu_0}{4\pi} \int_L \frac{Idl \sin \theta}{r^2} \tag{3.3.14}$$

发射线圈（L）本身，它有多种设计方案，不同的绕线方式对线圈的性能有很大影响。为了得到最好性能（效率和均匀性）的发射线圈，需要根据毕奥 - 萨伐尔定律来计算发射线圈产生的磁场以及场的均匀性，计算方法可以采用编程或采用商业软件仿真。

由于永磁系统和超导系统的主磁场 B_0 方向不同，而射频磁场 B_1 是与主磁场垂直的，因而在永磁系统和超导系统中射频线圈的结构形式是不同的，本节将分别介绍永磁系统使用的射频线圈和超导系统使用的射频线圈。

（四）发射线圈的主要评价指标

发射线圈最主要的两个评价指标是效率和均匀性，效率和发射线圈的结构形式有很大关系，如平板结构或螺线管结构，一旦结构确定，其效率就体现在线圈本身的 Q 值上，理论上为了能够使发射线圈的效率高，应该使 Q 值越大越好，但是由于线圈的 $Q = f/BW$，f 为线圈的谐振频率，BW 为线圈的通频带，对于特定的频率，当 Q 值越高，则通频带就越窄。为了兼顾效率和通频带，因此 Q 值应该适当。

其次，也是最重要的，即线圈应在被激发的样品范围内产生一个均匀的射频磁场。

第三个指标要求是线圈的装置不能太大，从调谐的观点来看，这也是必要的；因为线圈的电感随它的尺寸大小成比例地增大，必须保证它不太大，避免自激振荡频率（线圈内圈与圈之间电容的振荡频率）与工作频率接近。

第二和第三个要求是互相矛盾的，设计和调试时可根据实际情况作适当处理。

二、永磁系统射频发射线圈

永磁磁共振成像系统是开放式系统，它的磁场为上下垂直场，根据上面的理论，要想得到横向或纵向的射频场，发射线圈的主体设计基本上为平板式发射线圈，而平板式发射线圈又分为线性发射线圈、正交发射线圈和多通道发射线圈，永磁开放式系统的发射线圈目前存在的基本上为线性线圈和正交发射线圈。不管是线性发射线圈还是正交发射线圈，其电路的理论是一致的。

永磁磁共振成像系统是开放式磁共振成像设备，所以它的发射线圈必须为平面结构，而不能使用螺线管线圈。永磁磁共振成像系统配备两组发射线圈，每组发射线圈分别安装在上、下磁极的下方紧靠梯度线圈处，每组发射线圈可以是正交线圈，如图 3-3-5 所示。

每个发射线圈的激励信号相差 90°，4 个发射线圈的激励信号相位分别为 0°、90°、180°、270°。正交线圈能最大限度地提高 RF 磁场的效率，在任意时刻磁场强度大小不变，只是方向改变，如图 3-3-6 所示。而普通线圈的磁场强度大小随方向改变而改变。平面式发射线圈产生的 RF 磁场如图 3-3-7 所示。

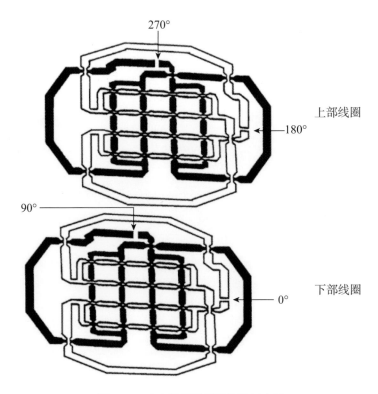

图3-3-5　正交发射线圈的结构示意图

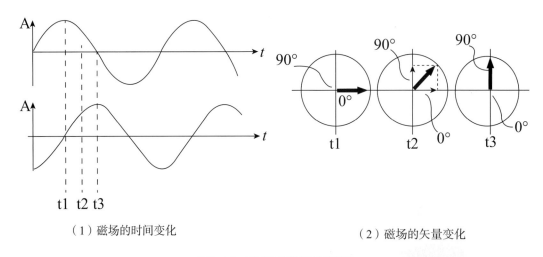

（1）磁场的时间变化　　　　　　　　（2）磁场的矢量变化

图3-3-6　正交线圈磁场变化图

三、永磁系统射频接收线圈

永磁磁共振成像系统是开放式磁共振成像系统，主磁场的方向是与人体的方向相垂直的，如图 3-3-8 所示，这种结构形式也就决定了永磁系统的接收线圈的形式。在这里需要特别说明的是：正是由于这种结构，永磁磁共振成像系统可以使用螺旋管形式的射频接收线圈，这种接收线圈可以更加灵敏的检测信号，它的接收能力是其他形式的线圈的 1.5 倍左右，这就使得在相同的场强情况下永磁系统可以有更高的信号强度。

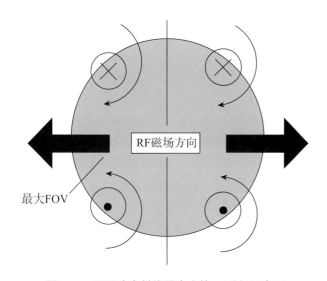

图3-3-7 平面式发射线圈产生的RF磁场示意图

注意：每组发射线圈的阻抗和相位必须精确调准，否则会因为发射线圈彼此效率的差别，使RF磁场的均匀性降低，造成图像质量下降

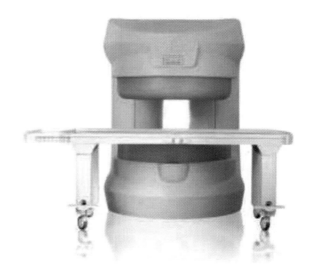

图3-3-8 永磁系统结构示意图

根据作用范围可以将接收线圈分为全容积线圈、部分容积线圈、表面线圈、体腔内线圈和相控阵线圈五大类。

（一）全容积线圈

所谓全容积线圈，是指能够整个的包容或包裹一定成像部位的柱状线圈，这种线圈在一定的容积内有比较均匀的接收场，主要用于大体积组织或器官的大范围成像，也用于躯干某些中央部位的成像。常见的全容积线圈有体线圈、头线圈和膝线圈等。这种线圈的外形如图 3-3-9 所示。

软线圈是一种比较新型的线圈。这种线圈的支撑体全部用软材料制作，因而在线圈放置时有最大的自有度。由于它可以与被检体充分接触，所以 SNR 可以进一步提高。

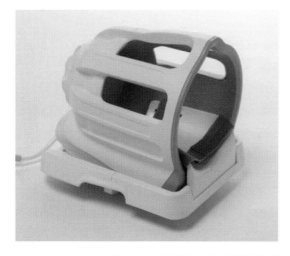
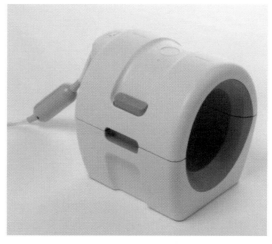

图3-3-9 典型的全容积线圈外形图（左图为头线圈，右图为膝线圈）

图3-3-10　典型的表面线圈外形图

（二）表面线圈

表面线圈是一种可以紧贴成像部位放置的接收线圈，其常见结构为扁平型或微曲型。这种线圈形成的接收场不均匀，表现为越靠近线圈轴线射频场越强、偏离其轴线后射频场急剧下降。表面线圈的外形如图 3-3-10 所示。

表面线圈场强的不均匀直接导致了接收信号的不均匀。在图像上的表现就是越接近线圈的组织越亮、越远离线圈的组织越暗。这样就很难通过窗宽、窗位的调节使图像的各个部位同时充分显示。

表面线圈主要用于表浅组织和器官的成像，如颞颌关节、眼和耳等。同时，由于表面线圈的作用半径一般较小，或说接收视野范围较小，故只适用于小范围成像。

（三）部分容积线圈

部分容积线圈是由全容积线圈和表面线圈两种技术相结合而构成的。这类线圈通常有两个以上的成像平面（或线圈）。主要应用于两种情况。一是需要一个比较均匀的接收视野范围，但是由于其解剖位置特殊而不能使用全容积线圈的场合，例如肩线圈和乳腺线圈；二是被检部位虽然能够置于全容积线圈中，但只有对那些深部结构感兴趣的场合，例如位于盆腔中的髋关节的成像。典型的部分容积线圈如图 3-3-11 所示。

部分容积线圈和前述两种线圈有时并没有明确的界限，如，当表面线圈的曲度增大到一定程度时就可将它看成部分容积线圈了。

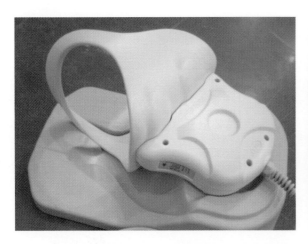
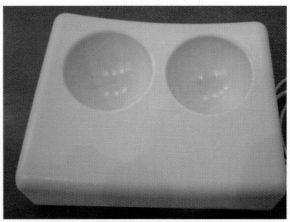

图3-3-11　典型的部分容积线圈外形图（左图为肩线圈，右图为乳腺线圈）

（四）腔内线圈

腔内线圈又称体内线圈，是近年来出现的一种新型小线圈，这种线圈使用时需置于人体的有关体腔内，以便对体内的某些结构实施近距离高分辨成像。例如，美国 Surgi-Vision 公司已推出一种专用于食管和周围区域成像的腔内线圈。该线圈一般经鼻插入食管，并可适当调整位置。由于线圈的体积很小，插入时患者的痛苦并不大。在该线圈所获图像上可清晰地观察到食管壁上的黏膜，因而具有一定的诊断优势。直肠内线圈是最常见的腔内线圈。从肛门置入后，它可用于直肠、前列腺和子宫等盆腔内结构的成像。

为了缩小体积，腔内线圈的线圈体和调谐电路是分开设计的，即它通常由可插入体内的探头和工作于体外的调谐盒两部分组成。

（五）相控阵线圈

相控阵线圈是由两个以上的小线圈或线圈单元组成的线圈阵列。这些线圈可以彼此邻接，组成一个大的成像空间，使其有效空间增大，各线圈单元也可以相互分离。但无论哪种连接方法，其中的每个小线圈均可同时接受对应小区域的 MRI 信号，且在测量结束后，使小区域的信号有机地联系在一起。这里，每个线圈单元均可作为独立线圈看待，该独立线圈中的噪声仅来源于它所对应的小区域。由此看来，相控阵线圈可从较大的范围内获取数据，而其 SNR 却等于每个独立线圈的 SNR。这与单线圈成像的情况大不相同。在那里噪声来自整个受激区域，而信号仅取自选中的层面。如果用同样面积的大线圈对同一区域成像，那么，尽管该线圈中也会取得与相控阵线圈同样幅度的信号，但由于噪声源的扩大，它所得到的噪声水平比后者高出若干倍。SNR 高是这种线圈阵列的最大特点。

相控阵线圈主要有以下三种结构形式：
- 脊柱成像专用的长形多线圈单平面阵列；
- 由两个或三个线圈组成的多平面（不同平面）阵列，例如，可用于肩和盆部成像的线圈阵列；
- 由相距较远的线圈对所组成的阵列，例如，双颞颌关节成像专用的线圈对。

线圈单元之间的连接则有两种形式，一种是将数个小线圈进行线性组合，以使 FOV 增大，即它能对较长的解剖区域成像而不至于丢失深层的信号。这种线圈在脊柱成像中得到了广泛的应用，另一类相控阵线圈各单元之间彼此独立，可以置于不同的平面内，形成的图像也不存在邻接关系，因而可分别显示。这种线圈可称为容量阵列。盆腔和乳腺线圈就属于这一类。盆腔相控阵线圈由前、后两个单元组成，它的成像总深度是前、后单独应用时的深度之和。这种类型的相控阵线圈还可用在四肢、腹部和胸部成像中。

相控阵线圈的设计实际要复杂得多。它至少要考虑多个线圈的布局及几何结构、线圈之间相互干扰、不同线圈的同步、多通道的信号采集、图像的拼接或联合等问题。显然，相控阵线圈除了它本身的构造复杂外，还需要磁共振成像系统有多个数据通道对获得的信号进行分别处理。与此同时，磁共振成像系统还需增加重建和联合图像所需要的软件。这就意味着相控阵线圈的代价较高。因此，并不是所有的磁共振成像系统都能直接应用这类线圈。一般用于高档产品。

在射频接收系统中，永磁型磁共振成像设备中的接收线圈根据扫描部位的不同而设计成三种类型（表 3-3-1）。

表 3-3-1　接收线圈的分类

分类	接收线圈名称	扫描部位
螺旋管型	颈部/关节/颞颌关节/体部	膝、肩、腕
正交型	头部/体部/膝关节	头、腹、膝
相控型	头部/颈部/体部/胸腰部	头、颈、体

其中，正交接收线圈是由马鞍型和螺旋管型接收线圈经适当组合制成。相控型接收线圈由两个以上的正交接收线圈或螺旋管型接收线圈经适当组合制成。

四、超导系统发射射频线圈

超导系统由于主磁场与人体的长轴方向相同，它的射频线圈虽然原理上与永磁系统相同，但在结构形式上不同于永磁系统的射频线圈。

为了有效激发人体在磁场内产生的 M_0，B_1 必须与 B_0（静磁场）相互垂直，并尽可能产生均匀的 RF 磁场。因此与躯干同轴安放的螺线管线圈（图 3-3-12）仅在轭形永久磁体的情况下可以使用，并且直径与人体的大小相应的螺线管线圈的磁共振频率相对偏低（< 30MHz）。超导磁体的高频射频磁场中无法使用螺线管线圈，所以有必要找到一种能产生均匀磁场的柱形结构线圈，并且线圈的磁场方向垂直于磁体的轴向。

如果导线按图 3-3-13 所示方式连接，就是鞍形线圈，它可用于频率不太高（大约 25MHz）、直径不大（最大 30cm）的场合。如果需要频率更高和直径更大的线圈时，由于导线的长度与 RF 的波长 $\lambda[\lambda = c/f = (3.0 \times 10^8) / (42.576 \times 10^6) = 7.05\text{m}]$ 相差不多，鞍形线圈就不能实现所需要的均匀磁场。

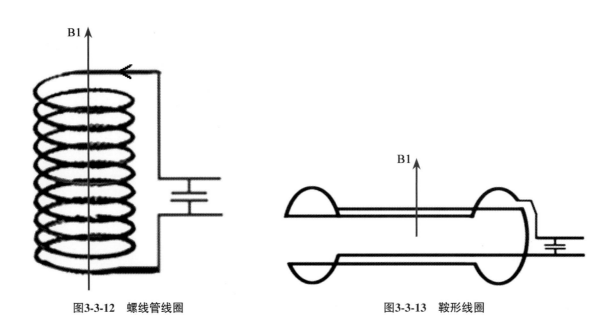

图3-3-12　螺线管线圈　　　　　　　　　　　　图3-3-13　鞍形线圈

当频率高于 25MHz 时，鸟笼式线圈是一种射频场高度均匀的发射线圈，它的形状像鸟笼，所以称为鸟笼式线圈（图 3-3-14）。在圆筒的两端是两个导体圆环，在圆筒的侧面是 N 条均匀分布的直导体，导体两头与圆环相接，导体中间还接有一个电容 C。鸟笼式线圈的电路可以用一个集总单元等效电路（图 3-3-15）表示。

电路中 L_2 代表直导线的电感，$\frac{1}{2}L_2$ 代表圆环每一段导体的电感。电路的起点 W、X 分别和终点 Y、Z 连接成闭合电路。当电流在这个集总单元电路传播时，每个单元将产生相位差 $\Delta\varphi(\omega)$。如果电路总的相位差等于 2π 的整数倍，即 $N\Delta\varphi(\omega) = 2\pi M$，则电路产生谐振。每条直导体上的电流与 $\sin\theta$ 成正比，θ 为每条导体对于圆筒轴线的方位角。

一般螺线管产生的静磁场方向是与螺线管轴方向平行。与螺线管轴平行的直导体产生的射频磁场与

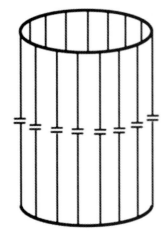

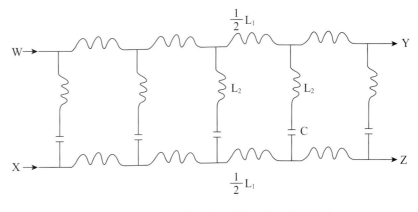

图3-3-14　低频鸟笼式线圈　　　　　　图3-3-15　低频鸟笼式线圈的集总单元等效电路

静磁场方向互相垂直，如果每条直导体的电流均与 $\sin\theta$ 成正比，则它们共同产生的射频磁场比鞍形线圈有更好的均匀度。

上面讲的例子是低频的鸟笼式线圈，还有一种高频的鸟笼式线圈，其电容平均分布于两端的圆环，直导体只有电感（图3-3-16）。典型的超导磁共振体线圈（Body Coil）实物如图 3-3-17 所示。体线圈通常用于射频信号的发射，也可用于接收，但由于距离人体较远，接收信号信噪比较低。

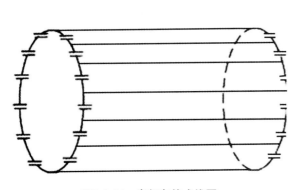

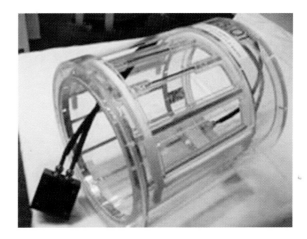

图3-3-16　高频鸟笼式线圈　　　　　　图3-3-17　超导磁共振体线圈实物图

五、超导系统接收射频线圈

与永磁磁共振设备类似，超导磁共振系统所使用的射频接收线圈也可分为全容积线圈、部分容积线圈、表面线圈以及相控阵线圈等不同的类型。同时，也可分为双功能线圈和单功能线圈。接收线圈的性能很大程度上取决于线圈的几何形状和导线材料。从信噪比来看，螺线管形状的信噪比高，但是只有主磁场的方向与患者床垂直时才能用，而在超导磁共振系统中，主磁场的方向与患者床平行，螺线管线圈不能用。通常的选择是鞍形线圈，它的磁场很容易满足与主磁场垂直的要求，但是信噪比仅为相应的螺线管线圈 $1/\sqrt{3}$。用两个正交鞍形线圈组合成一个接收线圈，它们接收的信号相加，可使信噪比提高 $\sqrt{2}$ 倍。

（一）双功能线圈

接收线圈是用于接收人体被成像部分所产生的磁共振信号，它直接决定着成像的质量。从外观上看，它与发射线圈非常相似。如图 3-3-18 和 3-3-19 所示的线圈系统兼具发射和接收双重功能。但是，接收线圈对性能的要求与发射线圈有很大的差别，其品质因数（Q 值）要高，电阻要小。而 Q 值高，则接收信号的带宽要下降。带宽小将限制所接收的磁共振信号的频率或成像区域。

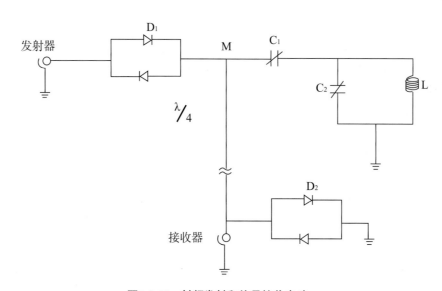

图3-3-18　射频发射和信号接收电路

图中C_2和L组成的线圈系统兼具发射和接收双重功能，二极管对D_1和D_2起到切换发射和接收功能的作用

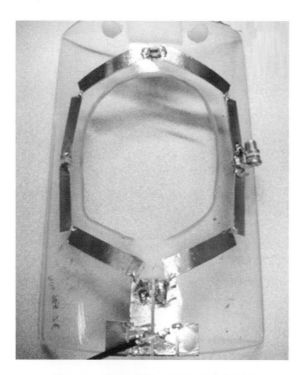

图3-3-19　发射和接收双功能线圈实物图

我们还要考虑在线圈接收范围内信号响应的均匀性，信号强度即磁化强度矢量 $\vec{M}$，在接收线圈所产生的感应电动势，可用下式计算：

$$\zeta = -\frac{\partial}{\partial t}(\vec{B}_1 \cdot \vec{M}) \tag{3.3.15}$$

$\vec{B}_1$ 是接收线圈流过单位电流在 $\vec{M}$ 处所产生的射频场。从上式可知，信号响应的均匀性决定于线圈产生的射频磁场的均匀性。

对于接收线圈，信噪比是最重要的，信号响应均匀性则其次。但是对于发射线圈，射频磁场的均匀性是最重要的。如果同一个线圈分别用于发射和接收，可用一个"Q 开关"，使该线圈在发射脉冲期间为低 Q 值，而在接收信号时变为高 Q 值。但是，还应考虑在发射脉冲期间对接收器的隔离。图 3-3-18 是发射和接收共用的射频线圈电路，在发射脉冲期间，两组交叉二极管（D_1 和 D_2）导通，在 1/4 波长导线末端的 D_2 使接收器的输入端短路。但是从 M 点看，1/4 波长导线在该处等于开路，因此所有发射功率都传送到谐振电路去。在接收信号期间，由于线圈接收到的信号电压太小，不能使两组二极管导通，因此隔离了发射器，并消除了接收器输入端的短路，接收信号全部被输入到接收器。

从以上讨论可知，最好还是用双线圈系统，这样发射线圈和接收线圈可以分别优化，并容易进行隔离，但是要注意双线圈之间的耦合问题。因此这两个线圈产生的磁场除了必须与静磁场正交外，彼此之间也必须互相垂直，才能使耦合最小。

（二）表面线圈及相控阵线圈

由于接收线圈距组织越近接收的信号越强，而且线圈越小接收的噪声越小，因此，为了提高接收线圈的信噪比，超导磁共振系统中也广泛使用表面线圈。该类线圈的形状与被成像人体部位的外形相吻合，正好将其覆盖在被成像部位的表面上，如脊柱表面线圈、膝关节表面线圈等。脊柱表面线圈是一个矩形线圈，放在脊柱表面上。膝关节表面线圈是一个鞍形线圈，套在膝关节表面上。表面线圈通常只有一圈或二圈，用高纯度的铜管绕成，铜管的外表面缠上一层绝缘胶带，铜管的外直径 3 ~ 6mm。因此，表面线圈的电感 L 和电阻 R 都很小。图 3-3-20 所示为一个脊柱表面线圈，它是一个矩形线圈，长 20 ~ 30cm，宽 10 ~ 15cm。表面线圈与一个低损耗的电容 C_1 并联，其谐振频率为 $f = 1/(2\pi\sqrt{LC_1})$，调节此电容可将线圈的谐振频率调到等于磁共振信号的频率，使线圈接收到的磁共振信号最强。同轴电缆的阻抗是 50Ω，为了使磁共振信号传输功率最大，通过电容 C_2 将表面线圈谐振电路的阻抗也调到 50Ω。

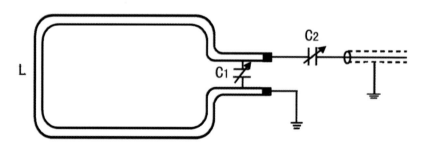

图3-3-20　脊柱表面线圈

上面讨论的表面线圈只是在一定的视野（FOV）和体表下一定深度范围内有较高的信噪比，如果把几个表面线圈排列组合成一个相控阵线圈，则可以在足够大的视野和深度范围内达到高信噪比。图 3-3-21 为四单元线性脊柱相控阵线圈，它由四个矩形线圈并排、相邻线圈部分地重叠组成。由于线圈之间互感会使接收灵敏度降低，故相邻线圈之间部分地重叠以使互感为零。每个线圈与低输入阻抗的前置放大器、A/D 转换器和存储器相连。合成图像可以有不同的方法：数值相加图像、平方和图像、均匀灵敏图像和均匀噪声图像。临床实践证明，用 12cm 方形线圈做成的四单元相控阵线圈，FOV 为 48cm，在椎体（皮肤下 7cm 深）处信噪比（SNR）为 15×30cm 矩形表面线圈的 2 倍。

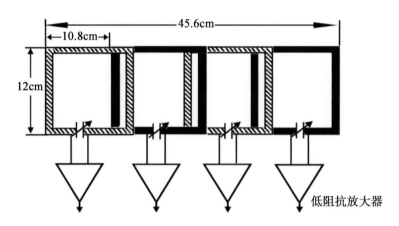

图3-3-21　脊柱相控阵线圈示意图

目前，磁共振生产厂家为了满足临床科研信噪比的需求，一方面不断减小线圈单元的半径，同时增大线圈单元数量以保证能完全覆盖检查部位；另一方面则是不断增加接收通道数目，力争最大限度保证每个线圈单元有各自对应的模/数转换器和接收通道，以避免模拟信号（电流）叠加带来的损失。如图3-3-22 所示，为不同磁共振生产厂家的相控阵线圈。

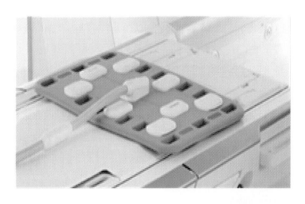

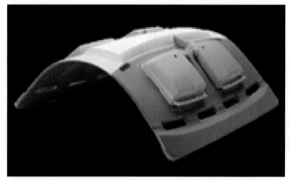

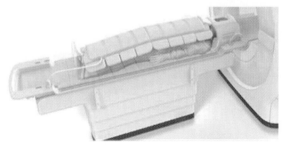

图3-3-22　相控阵线圈

六、射频线圈的系统评价

1. 信噪比（SNR）　射频线圈的信噪比与成像部位的体积、进动角频率的平方成正比，与线圈半径成反比，还和线圈几何形状有关。线圈的 SNR 越高，越有利于提高影像分辨率、系统成像速度。

2．灵敏度　线圈灵敏度是指接收线圈对输入信号的响应程度。线圈的灵敏度越高，就越能检测到微弱的信号。

3．均匀度　RF 线圈发射的电磁波会随着距离的增加而逐渐减弱，又向周围空间发散，因而它所产生的磁场并不均匀。磁场均匀度与线圈的几何形状有关。螺线管线圈及其他柱形线圈提供的均匀性最好，表面线圈的均匀性最差。

4．品质因数　品质因数 Q 值等于谐振电路特性阻抗 ρ 与回路电阻 R 的比值，即 $Q = \rho/R$。Q 也定义为谐振电路中每个周期储能与耗能之比。对于串联谐振，当满足谐振条件（$\omega = \omega_0$）时，谐振电路的输出电压是输入电压的 Q 倍，可见 Q 值是反映谐振电路性质的一个重要指标。MRI 设备的 RF 线圈实际上由各种谐振电路组成，线圈也有 Q 值。Q 值越大，频率选择性越好，但线圈的通频带随之变窄。一般应该选用 Q 值较大的线圈。

5．填充因数　填充因数 η 为被检体体积 V_S 与线圈容积 V_C 之比。η 与线圈的 SNR 成正比，即提高 η 可提高 SNR。因此，在线圈（软线圈）的结构设计中应以尽可能多地包绕被检体位目标。

6．有效范围　线圈的有效范围是指激励电磁波的能量可以到达（对于发射线圈）或可检测到 RF 信号（对于接收线圈）的空间范围。有效范围的空间形状取决于线圈的几何形状。有效范围越大，SNR 越低。

7．线圈的调谐　线圈的失谐主要是由负载和磁体两个方面原因造成的：当线圈加载（即成像体置入线圈）后，它的谐振频率会降低。其次，线圈一进入磁体，它的等效电感就会变小。因此，每次成像之前都要调谐。调谐分自动调谐和手动调谐两种，手动调谐只在个别线圈中使用。调谐一般通过改变谐振回路中可变电容的电容值或变容二极管的管电压（从而改变其电容值）两种方式来实现。

8．线圈系统的耦合　当线圈系统工作在接收线圈模式时，由于分别进行激励和信号接收的发射线圈和接收线圈工作频率相同，二者之间极易发生耦合。如果发射线圈发射的大功率射频脉冲被接收线圈接收，则可能出现两种严重后果：一是由于感应电流太大而使接收线圈烧毁；二是可能使患者所承受的射频能量过大。可见，发射线圈和接收线圈之间一旦形成耦合，危害就很大，必须设法及时去耦合。若为线极化的发射线圈，只需对接收线圈的几何形状进行一番调整，使其表面与发射线圈相垂直即可。若为圆形极化的发射线圈，无论如何设置接收线圈的方向，二者之间的耦合都是无法去除的，须采用电子开关的方式进行动态去耦。所谓动态去耦，是指在扫描序列的执行过程中，根据发射线圈和接收线圈分时工作（即发射时不接收、接收时不发射）的特点，给线圈施以一定的控制信号，使其根据需要在谐振与失谐两种状态下转换的方案，即射频脉冲发射时，要使发射线圈谐振、接收线圈失谐；在射频接收阶段，则要使发射线圈失谐，接收线圈谐振。

（韩鸿宾　王　洪　杨文晖　于广会）

第4章

梯 度 系 统

- 梯度系统的基本概念
- 梯度系统的组成

第一节　梯度系统的基本概念

- 磁场梯度的产生
- 层面内激发
- 傅立叶变换
- 相位、读出编码梯度与 M_0 的空间定位
- MRS 与序列设计

一、磁场梯度的产生

通过磁共振硬件组件中磁体和射频线圈的作用，可以使 M_0 发生偏转并能够被测量。但是测得的 M_0 是成像范围内所有组织 M_0 信号的合量，由于在均匀磁场中，该信号不包含空间信息，我们并不了解空间某一具体体素内 M_0 的大小。梯度线圈解决了这个问题。

梯度线圈产生的磁场是 MRI 信号空间定位的基础，从工程技术角度，在磁体内成像的区域将空间方向定位。梯度磁场的方向始终与主磁场方向相同，而其磁场强度则分别沿着 X、Y 和 Z 三个方向做线性的变化。

XYZ 坐标系的定义通常以主磁场的方向为参考。以超导型 MRI 机为例，坐标系的 Z 轴可以定义为顺着主磁场磁力线方向，X 轴为左肩到右肩方向，Y 轴为鼻尖方向，坐标系的原点定义在匀场区的中心，如图 4-1-1 所示。

Gx 是指梯度线圈产生的磁场方向和主磁场 Z 相同，但是沿着 X 方向线性变化分布，如图 4-1-2 所示。

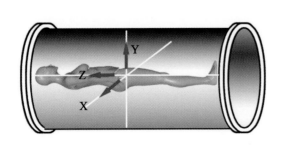

图4-1-1　X、Y、Z坐标方向示意图

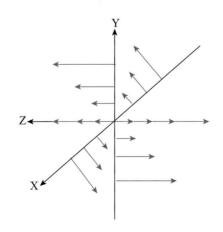

图4-1-2　X、Y、Z三个方向梯度磁场分布示意图

前已述及，原子核产生磁共振现象的主要条件就是原子核自旋的频率和射频的频率一致。而原子核的自旋频率具有磁场强度依赖性。因此，在保持射频的频率不变的情况下，可以通过在空间设置随空间位置而变化的磁场强度来达到磁共振成像空间定位的目的，如图 4-1-3 所示。

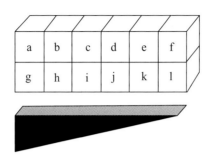

图4-1-3　梯度线圈产生的磁场在各体素内沿a到f方向存在一定的线性梯度G。即G是一样的，B线性变化。这样，处于平面内相同行的各个体素局部磁场情况不同，比如体素a所处的磁场环境Ba与体素b所处的磁场环境Bb，Ba > Bb=Ba-G（f-a），而相同列的体素所处的外在磁场情况就完全相同，比如体素a与体素g内的梯度磁场完全相同，b与h体素内的梯度磁场情况完全相同

在成像的磁场环境中，额外施加梯度场后，成像体素所处的外在及内部环境会有什么变化呢？以体素a列和b列为例，其变化主要包括 2 个方面：（1）因为自旋进动频率的磁场强度依赖性，体素 a 中氢核核磁子进动频率大于 b 中的氢核核磁子：$\omega_a > \omega_b$；（2）因为梯度的影响，在体素内核磁子进动的角动量也会根据拉莫定律而相应变化，结果导致不同体素内的 M 不同，$M_a > M_b$，因为成像的梯度磁场为十几到几十毫特斯拉（mT），只是外在磁场的 1/100，甚至更小。因此，对 M 的增加是可以忽略的。

从第三章的内容我们知道，射频脉冲的频率和核磁子的进动频率 ω 相同时，才会出现 M_0 的偏转，并被测得。在图 4-1-3 中，假设a平面中的体素（a与g）在 Z 方向上具有一定的频率范围 $\omega_1 \sim \omega_2$。这样，如果施加频率范围为 $\omega_1 \sim \omega_2$ 的 RF 时，只有 a 平面内的核磁子会发生磁共振现象，即 a 平面内的核磁子被激发，M_0 发生偏转，切割接收线圈，产生电流。非常关键的是，其他列内的 M_0 都不会发生这样的变化。此时，系统测到的信号，反映的只有 a 平面内的磁化矢量 Ma 与 Mg，而没有 b 和其他平面的成分。如果施加频率范围为 b 平面频率范围的 RF 时，只会有 b 平面内的 Mb 和 Mh 被测量和显示。磁共振成像系统就是利用核磁子进动频率的磁场强度依赖性，同时施加呈线性变化的梯度场与具有一定带宽的 RF，就可以只激发二维空间中的一列体素，而在三维空间中，就会激发其中的一个层面内的所有氢核核磁子。此时，启动接受线圈，测量得到的信号，就反映的是一个层面内的所有体素内 M_0 的总和。

以层面选择方向的氢原子核定位为例进行说明，梯度场（G_Z）的产生以及水平磁场方向磁共振系统梯度线圈如图 4-1-4 所示，在成像的磁体系统中埋入梯度线圈，当线圈通电后，遵循电与磁现象的基本规律，梯度线圈（相对的两个线圈）会在轴线方向产生与通电电流方向相关的梯度场。

二、层面内激发

（一）激发层面的位置设定

在磁共振成像系统中，梯度变化与主磁场方向相同的梯度场被称为选层择梯度，它是沿着主磁场 B_0 方向施加的梯度场，通常被标为 G_Z。在这种情况下，沿梯度场方向质子所感受到的磁场强度为 B_0+ZG_Z，Z 为在梯度方向上的相对空间位置，G 是在磁体有效成像范围内形成的线性磁场梯度值。进而在空间上形成与氢质子进动频率相对应的分布。在所施加的梯度方向上特定位置的质子的进动频率为：

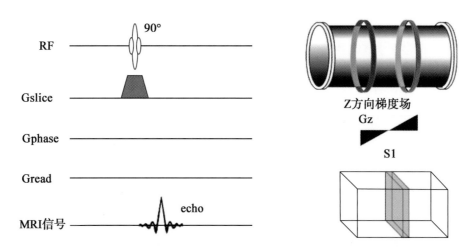

图4-1-4　按照图中的序列设计所示，RF与层面选择方向的G_z同时启动，之后可检测MRI信号。由于核磁矩进动频率的磁场依赖性，施加额外的梯度场可以控制在层面选择方向上每个层面内的核磁矩进动频率。如果施加的RF的频率被局限在一定的频率范围内，就只能激发层面选择方向上的某一层面内的核磁子，达到MRI成像过程中层面选择激发的目的

$$\omega_Z = \gamma \times (B_0 + ZG_Z) = \omega_0 + \gamma ZG_Z \tag{4.1.1}$$

G_Z 在序列设计中是按照所选定的成像层面的性质（如层厚、选层位置）来设定的，ω_Z 的变化表达着层面位置 Z 的变化。如下式所示：

$$Z = (\omega_Z - \omega_0)/(\gamma G_Z) \tag{4.1.2}$$

从上式可以看出 Z 的位置取决于梯度场 G_Z 与射频脉冲的频率 ω_Z。

（二）层面的厚度

选定的层面性质（如层厚、层面剖面形态）也是由上面的两种因素决定的，比如层面的厚度与选层梯度 G_Z、射频脉冲的带宽有关。在一定的厚度 ΔZ 内的质子的进动频率范围为 $\Delta\omega_Z = \gamma G\Delta Z$。所以在 G_Z 已设定的情况下，可以通过施加以 ΔZ 内中点的频率为中心频率，带宽为 $\Delta\omega_Z$ 的射频脉冲来选定激发的层面。一定的层厚也可以通过两种方法来获得：如果射频脉冲的带宽固定，可以通过增加梯度磁场的强度 G_Z 来减小层厚；如果梯度磁场固定时，可以改变射频脉冲的带宽来改变层厚。

在 G_Z 确定的情况下，层面的厚度取决于 RF 在频率域上矩形的宽窄（带宽）。层厚由以下几个因素共同决定：

$$th = 1/(\gamma \cdot G_Z \cdot T_0) \tag{4.1.3}$$

th 为层厚，γ 为旋磁比，大小为 42.6 MHz/T，T_0 为 RF 峰值到第一次零点时刻的时间，G_Z 为层面选择梯度的强度。

以 sinc 波形的 RF 为例（图 4-1-5），时域上呈 sinc 函数变化的 RF 波形会得到在频率域上呈矩形的 RF 波形变化。

在层面选择方向施加的梯度场不变时，改变射频的 T_0，可使被激发的层面厚度发生变化（图 4-1-6）。同样，在射频脉冲可以不变情况下，可通过改变梯度场的大小来改变激发层面的厚度（图 4-1-7）。

（三）层面的轮廓

上面的情况是一种理想状态，前提是必须获得在梯度方向上，层面内频率域上呈矩形变化的 RF 波

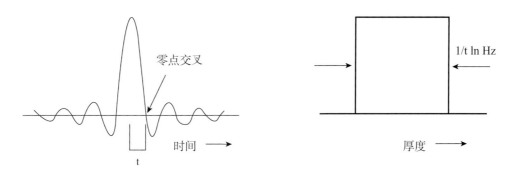

图4-1-5　得到频率域上矩形的条件是施加在时域上呈sinc函数变化的RF波形

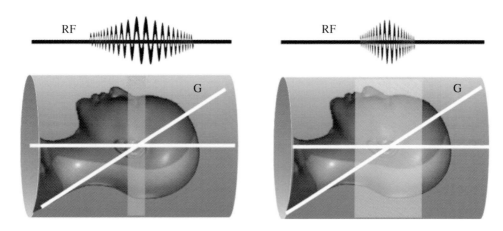

图4-1-6　沿主磁场方向，即层面选择方向施加固定的梯度场，改变射频的T_0，可以使被激发的层面厚度发生变化
较大的T_0得到较薄的层面厚度（左图），较小的T_0会得到较厚的层面厚度（右图）。层厚与T_0成反比

形。得到这种矩形 RF 波形需要在时域上 RF 呈 sinc 函数变化，并且要求向两侧无限拓延。但是在实际工作环境中，是无法实现这种时域上呈无限变化的 RF 波形的，只能是在一定时域范围内以正弦波形变化，结果会出现截断的现象，最终导致频率域上的矩形边缘变形（图 4-1-8）。

三、傅立叶变换

为了进一步得到层面内的每个体素内 M_0 的信息，在序列设计中系统又应用了 G_X（读出梯度）和 G_Y（相位编码梯度）为了便于理解和说明，这里首先讲解傅立叶变换和 G_X 的作用。

傅立叶变换（Fourier transform，FT）是从时间 - 信号曲线中，获得频率信息的数学技术方法。比如不同共振频率的 2 个编钟在一起被敲响时，得到混杂的时间 - 信号曲线，通过 FT 可以使之被分解为 2 个单独的频率信号（图4-1-9）。FT 在磁共振成像 MRI 信号的空间定位中起到非常关键的作用，另外 FT 在整个医学影像领域都有非常重要的作用。

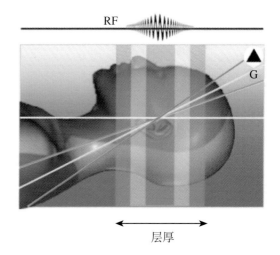

图4-1-7　在保持RF脉冲不变的情况下，通过增加梯度场的强度而使激发层面的厚度变薄，系统的梯度场越强，就能得到越薄的成像层面，层厚与G_Z成反比

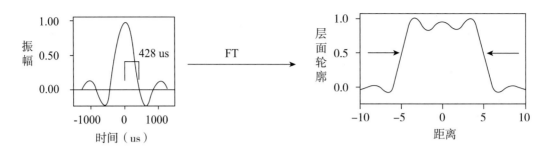

图4-1-8　为了得到标准的矩形频率域RF波形，RF必须具备两个条件：（1）在时域上呈sinc函数变化；（2）正弦变化的波形需向两侧无限延伸。如果如左图所示出现截断，将会使频率域上波形发生变形（右图），使选择的层面矩形发生边缘变钝的变化，表现为类似梯形的变化

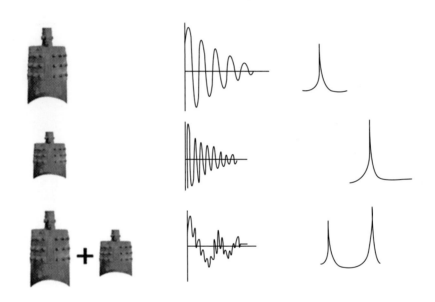

图4-1-9　当大或小编钟分别被敲响时，产生的时间域上的声波信号 – 时间曲线经过FT后，转换在频率域上，表现为二个不同固定频率的波峰，当同时被敲响时，记录到的混杂信号，转换在频率域上的波峰频率与单独敲击的位置相同

　　在选片情况下的一维序列如图 4-1-10 所示。在 G_Z 与 RF 的共同作用下，整个层面内的核磁矩被激发，随后施加 X 方向梯度场，并启动接收线圈，接收 MRI 信号。由于在 X 方向上存在着梯度场，因此，平面内不同列的氢核核磁矩会具有不同的进动频率，所采集到的 MRI 信号也就包含了随空间而逐渐变化的不同频率信号（公式 4.1.4）。经过 FT 后，可以得到平面内在 X 方向上不同列的 MRI 信号（图 4-1-10）。

$$\Delta\omega_X = \gamma \cdot X \cdot G_X \tag{4.1.4}$$

其中，X 为体素在读出方向上的位置。

　　应用模数转换器将采集到的 MRI 模拟信号转换为数字信号，再通过傅立叶变换就可以区分开层面内不同列的 MRI 信号，即每列的 M_0 磁化矢量强度（图 4-1-11）。不过，每列中单个体素内信号大小还是未知的。

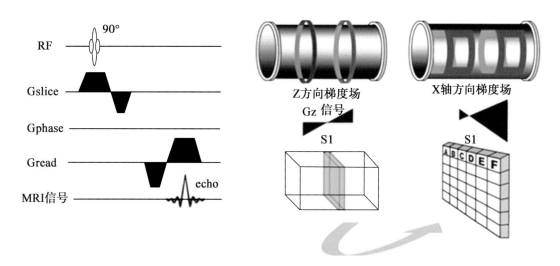

图4-1-10 获得层面内读出方向定位信息的序列：在前述的层面激发后，于读出方向上施加一个梯度场，并同时检测读出MRI信号。因为被激发的层面S₁再次经历梯度场G_X，因此，在X方向上的不同列的核磁矩的进动频率又会彼此不同，比如图中的A列与B列。这样采集到的MRI信号实际上是多种频率成分的混合。因为不同的频率成分的信号强度分别代表了在X方向上的不同列体素的MRI信号，所以通过傅立叶变换后就可以得到激发层面内不同列体素的信息

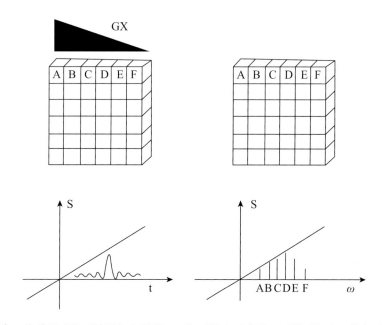

图4-1-11 每个工作单元采集到信号如左图所示，经过傅立叶变换可以得到如右图的各列MRI信号强度

四、相位、读出编码梯度与 M₀ 的空间定位

（一）相位编码梯度

1. 序列设计中 G_Y 的施加方式

我们已经能够选定某一层面作为成像的对象，同时又通过施加 G_X 得到了 X 方向上的不同列的 MRI 信号，如果能够再得到在另外一维方向上的 MRI 信号的定位信息，就能够准确地定位所有的体素内的 MRI 信号。

单纯在整个序列过程中增加一个 G_Y，是无法得到关于 Y 方向上的空间定位信息的。最简单的解决方

法就是改变 G_Y，多次重复采集。G_Y 的改变通过梯度强度的改变实现。

2．G_Y 的作用结果

与前面讲述的 G_X 一样，G_Y 的施加使得层面内不同行的氢原子核具有不同的进动频率。由于此时系统未对信号进行采集，因此，G_Y 作用的结果是导致了层面内不同行的氢原子核间进动相位的差异。

$$\Delta\Phi_Y = 360°\gamma \cdot \Delta G_Y \cdot t_1 \tag{4.1.5}$$

各行间的相位差异随施加 G_Y 的增大或持续时间的延长而增大。从公式（4.1.5）可以看出，无论改变 G_Y 的强度还是持续时间，对于氢原子核的进动而言，G_Y 作用的结果是改变了氢原子核进动的相位（图 4-1-12）。

这种相位的改变会直接影响到最终采集到的 MRI 信号强度的变化（如图 4-1-13），随着 G_Y 强度的增加，MRI 的信号强度会逐渐减小。在 G_Y 步进变化的中间部分，由于 G_Y 接近或等于零，因此信号最亮。

相位信息的变化被隐含在了每条最终采集到的 MRI 信号（相位编码线）中。如何得到其中隐含的 Y 方向的定位信息呢？还是依靠 FT（图 4-1-14）。

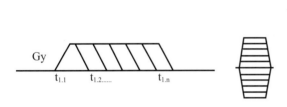

图4-1-12　右图为 **SPIN WARP-Gy** 梯度示意图，左图为相位梯度编码的原始解决方案

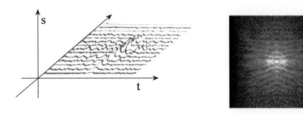

图4-1-13　G_Y 与信号强度间的关系。左图的横坐标为时间轴，纵坐标为 MRI 信号强度，按照 G_Y 施加的顺序，分别得到 N_y 条采集到的 MRI 信号被连接在一起形成连续的线，以便于进行傅立叶变换，这条线被称为相位编码线。右图相位编码线的图像形式（**K**空间原始图像）

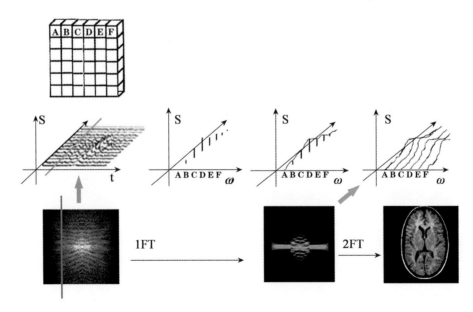

图4-1-14　左图是采集到的各条相位编码线，通过 FT 后，得到在频率域上的 MRI 信号分布（中图）；将不同相位编码线上的，在 X 方向的同一频率的 MRI 信号连接在一起，在另外一维方向上就又可以得到随时间变化的曲线（如中图），再经过第二次的傅立叶变换就可以得到在 Y 方向的 MRI 信号的定位信息（右图）。在还原投影后就得到了可诊断用的 MRI 图像

3．FOV_Y 的决定因素

相位编码方向的成像视野（field of view，FOV_Y）的大小是由相位编码步进的 G_Y 差、G_Y 作用时间 t 共同决定的。

$$FOV_Y = 1/(\gamma \cdot \Delta G_Y \cdot t) \tag{4.1.6}$$

（二）读出编码梯度

1．MRI 信号的采集与读出带宽

在接收 MRI 信号时，系统是以一定的时间间隔对 MRI 信号进行采集的，因此是以采样点的形式得到 MRI 信号，如图 4-1-10 所示，每一点分别代表一次采集的 MRI 信号，采集的点数和在频率方向上的空间分辨率 M_X 是一致的，如 256 或 128 等。

这种分辨率不是可以无限增加的，傅立叶变换后系统能够识别的相邻体素的频率差是有最低限度的，因此当增加分辨率的同时，在不增加梯度持续时间的前提下，就应该加大梯度的幅度，来保证二点间的频率差。

同时，采样间隔与图像的噪声是成反比关系的，间隔越大，噪声越低信噪比越高。一般在描述 MRI 信号读出的采样间隔时，是以带宽（bandwidth，Bw）的形式来进行表述的（图 4-1-15）。

$$Bw = 1/t \tag{4.1.7}$$

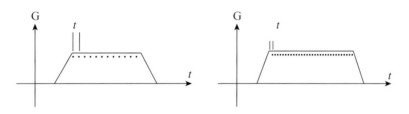

图4-1-15　读出带宽与MRI信号采集点的时间间隔关系，t越大，带宽越小，t越小，带宽越大

噪声与读出带宽的平方根成正比。高场 MRI 系统具有较强的信号，一般不会通过减小采样带宽来增加信噪比，而低场 MRI 系统中，由于 M_0 较小，因此调整采样带宽是改善图像质量的重要手段之一。

2．读出方向视野

读出方向的成像视野（field of view，FOV_x）的大小是由读出方向的梯度（G_X）和读出带宽（$1/t$）共同决定的。

$$FOV_x = 1/(\gamma \cdot G_X \cdot t) \tag{4.1.8}$$

五、MRS 与序列设计

实际临床工作中，我们需要获得的是一个组织器官特定部位的正常或是异常组织的波谱信息。这一特定的部位可以是一个层面、层面中的条块或是一个立方体。根据选择这一区域的方式不同，磁共振波谱成像分为三种。第一种是利用表面线圈的射频场非均匀的获得局域波谱，这种技术简单，但它局限于采集靠近体表的解剖区域的波谱，也不能灵活地控制区域形状和大小。第二种方法是通过 MRI 图像确定感兴趣区（VOI），然后利用磁场梯度和射频脉冲配合进行选择性激励。第三种是化学位移成像。为了保留化学位移信息，波谱成像数据采集不使用读出梯度，这与传统 MRI 法信号采集方法明显不同。

　　要获得具有诊断质量的波谱，下面的条件是必须的：

　　1．恰当的匀场以保证采样区的磁场均匀性，以便缩窄波谱的峰线宽度。

　　2．充分抑制水信号。选择性化学位移饱和技术是水抑制的基本技术。在脑中，水的浓度远远高于MRS中观察的代谢物浓度。因此，水抑制是进行脑代谢研究的必要条件。

　　3．需要进行脂肪抑制以避免波谱的脂肪污染。如果产生脂肪污染，可以移动体素避开脂肪源和（或）延长回波时间达到长 TE。对于单体素 MRI 波谱分析，目前多采用受激回波成像方法（stimulated-echo acquisition mode，STEAM）和点分辨自旋回波波谱（point-resolved echo spin spectroscopy，PRESS）。这两种方法都是应用射频，配合梯度，对感兴趣区进行激发。因为单个体素内的编码可通过单脉冲序列得到，所以以上的序列也被称为单发射定位法。与前面讲述的 MRI 成像类似，STEAM 和 PRESS 也都是利用沿 X、Y、Z 轴方向的层面选择性脉冲选择体素，最后获得三者交叉部分的信号。区别在于 PRESS 是由一个 90°脉冲和两个 180°脉冲（图 4-1-16）激发活动获得一个自旋回波，而 STEAM 是由三个 90°脉冲（图 4-1-17）产生的激励回波。

　　在 STEAM 和 PRESS 序列前一般都施加化学位移选择性（Chemical Shift Selective，CHESS）脉冲与体积外抑制。因为 STEAM 和 PRESS 都是利用层面选择进行定位，都易受到层面错位的影响，所以在采集信息的过程中要求射频脉冲的翻转角必须相当精确，并且利用宽带射频脉冲来尽量保证研究对象像素的 MRS 信息大部分还位于选定的体素内。

　　这两种方法都是利用了 RF 来实现的回波技术，与 MRI 不同，其数据的采集不需要频率编码梯度，STEAM 和 PRESS 一般适用于 ^{1}H 波谱学分析，这是因为 ^{1}H 波谱的信号衰减较慢，信噪比高。

　　波谱谱线结果受回波时间（TE）影响而表现不同，比如，TE 在 135ms 左右时 ^{1}H 波谱可得到健康人脑 Cr、NAA 和 Cho 的单峰，Lac 双重线倒转于基线下，当 TE 延长为 272ms 时，Lac 双重线向上形成双峰。短 TE，如 20～30ms 时，可以显示肌醇、谷氨酸盐 / 谷氨酸等代谢物。根据序列设计的特点，在需要检测肌醇等快速衰减的物质时应该选择 STEAM，长 TE 时适合选择 PRESS 序列。

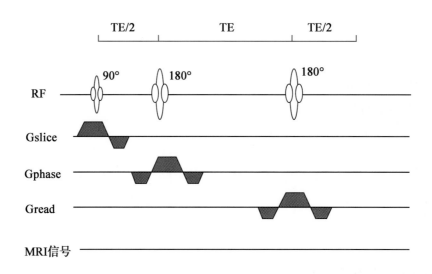

图4-1-16　PRESS脉冲序列

PRESS的第一个RF脉冲配合层面选择梯度，激发了选定层面内的所有核磁子。第二个RF脉冲配合在一个垂直于原选定层面的层面选择梯度共同作用，结果只有位于这两个垂直层面相交部分的一列核磁子激发并由于180°脉冲的作用而重新聚相位。同样的道理，再进一步施加第三个RF脉冲，并配合一个与前两个层面都相垂直的层面选择梯度，最后，只有3个垂直平面相交叉的体素能够被激发并得到回波。与快速自旋回波的形成过程不同，为了避免180°脉冲的不标准情况，在PRESS中是在每个180°RF的周围都施加矫正梯度，以去除因为180°脉冲不标准而引起的信号丢失

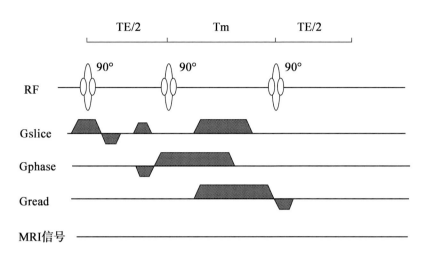

图4-1-17 STEAM脉冲序列

STEAM的第一个激励脉冲与PRESS序列相同，在第二个脉冲前施加一梯度，使第一个脉冲选择的层面内的磁化矢量合量尽快散相位。在第二个90°RF脉冲的作用下，位于XY平面内的磁化矢量被翻转并位于XZ平面内。再施加扰相梯度，使在XY平面内有分量的磁化矢量被完全散相位，结果只有沿±Z轴的磁化矢量被保留下来；第三个选择性90°脉冲激励使位于±Z轴的磁化矢量分量再次被翻转到XY平面内，并再次经过TE/2的时间重新聚相位形成回波，其信号的强度是PRESS方法的一半

第二节 梯度系统的组成

- 梯度线圈单元
- 梯度波形发生单元
- 磁场梯度信号放大单元
- 涡流产生机制以及补偿方法
- 磁场梯度的性能及技术参数

梯度系统是磁共振成像中的关键硬件组件，用来产生梯度场，以获得磁共振信号的空间位置信息，同时多种图像对比度的获得也依赖于梯度系统的工作，如血管流动补偿梯度、扩散敏感梯度等。梯度系统由梯度波形发生单元、梯度信号放大单元和梯度线圈单元组成，如图 4-2-1 所示。本节主要介绍梯度系统和相关的性能评价。

一、梯度线圈单元

梯度线圈单元是产生梯度磁场的器件，它根据加在其上的电流在一定的空间范围内产生梯度磁场。由于永磁磁体和超导磁体在结构上有较大的差别，所以与这两种磁体相配的梯度线圈也有较大的差别，下面将分别进行介绍。

（一）永磁型MRI的梯度线圈设计

永磁型 MRI 的磁体是开放式的，开放式 MRI 设备的梯度线圈为平面线圈，同一组线圈必须分为上、下两部分，分别贴近上、下磁极板。

1. Z轴梯度线圈

永磁型 MRI 设备的主磁场为垂直方向。Z 轴梯度线圈的结构如图 4-2-2 所示，两个环状线圈粘近在

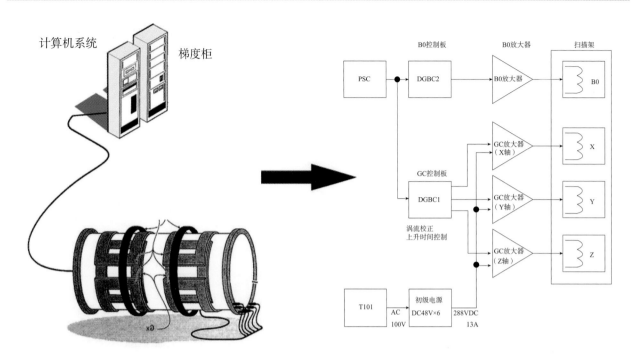

图4-2-1 梯度磁场系统的电路方框图

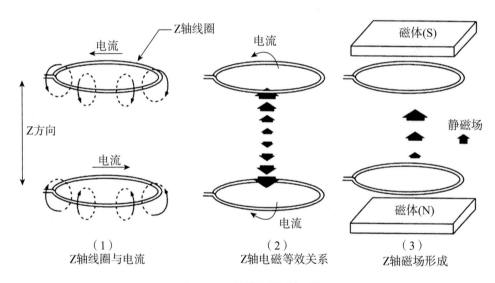

（1）	（2）	（3）
Z轴线圈与电流	Z轴电磁等效关系	Z轴磁场形成

图4-2-2 Z轴梯度线圈与磁场

上、下磁极板。

用一对电流流向相反的圆形线圈可得到梯度磁场 GZ。当取两线圈的距离为线圈半径的 $\sqrt{3}$ 倍时，可得到最均匀的梯度磁场，这是著名的麦克斯韦对线圈。

2. X 轴、Y 轴梯度线圈

X 轴、Y 轴两个梯度线圈结构完全相同。各线圈分为上、下两部分，其结构为 gorley 型线圈，如图 4-2-3 和图 4-2-4 所示。其精度和线性高于传统的 Anderson 直线形线圈。

另外两个梯度磁场 GX 和 GY 不是轴对称的，不能用简单的圆形电流分布得到，它们是类直线系统或鞍形线圈的组合。GX 和 GY 可用相同的线圈，只要将线圈旋转 90° 就可分别得到 GX 和 GY。GX 或 GY 的设计方法主要有两种：电流密度法和分离导线法。

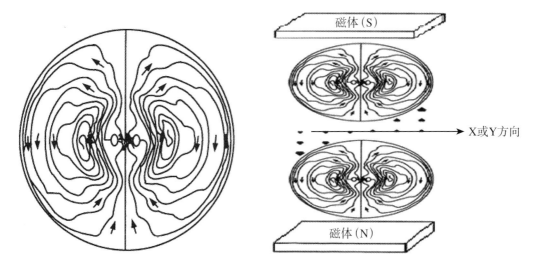

图4-2-3 X轴、Y轴梯度线圈与磁场

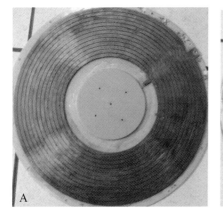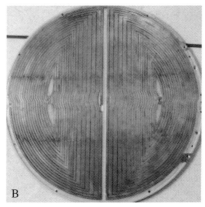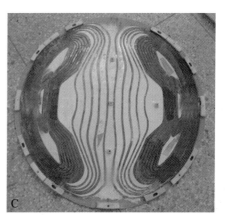

图4-2-4 梯度线圈实物图
A：Z梯度线圈；B、C：X、Y梯度线圈

3．自屏蔽梯度线圈

MRI 设备的梯度线圈产生的磁场不仅存在于成像区域中，也存在于成像区域之外，包括磁体之中。在 MRI 成像扫描过程中需要施加不同大小的梯度脉冲，在磁体中存在一个不断变化的外加磁场，而永磁型 MRI 的磁体大量使用了铁磁和永磁材料。进入磁体极板的由梯度线圈产生的变化磁场在极板中产生涡流，虽然在磁体极板中使用了防涡流材料（参见第二章"磁体系统"），但只能在一定程度上减轻涡流。在设计磁体极板时，尽量使用软磁性材料，以减少梯度场造成的剩磁，但产生主磁场的永磁材料是硬铁磁材料，对于外加磁场具有很强的记忆性，产生随梯度磁场强度和空间位置而变化的剩磁。涡流可以通过预失真而进一步减弱（参见本节"四、涡流产生机制以及补偿方法"），由于涡流的多阶性、多时间常数性和不确定的非线性，这种补偿的效果是有限的。剩磁则无法补偿，因此对图像质量会产生更深层次的影响，是永磁磁共振成像最难处理的问题之一。涡流和剩磁是传统永磁 MRI 系统中的核心物理问题，它们在时间上和空间上破坏了成像所需的磁场均匀性，使成像回波不能按预计的设计回聚、梯度回波和自旋回波不能重合，造成信号丢失、图像模糊、图像伪影、信噪比低等，特别对 FSE、EPI 等快速成像以及高级临床功能影响尤为严重。

通常大家只关注到了 MRI 系统的静态匀场指标，但系统成像时千变万化的梯度场所产生的涡流和剩磁已使实际的成像磁场动态均匀性变差，梯度场的速度越快、强度越大，这个问题就越严重。大部分 MRI 厂家给出的系统最大梯度和速度值是梯度系统所能达到的值，并不意味着是此 MRI 系统在成像时所能应用的值，不一定有实际意义，因为涡流和剩磁使得对梯度速度和强度有着依赖性的快速成像和功能性成像很难实现或达到有实际临床诊断价值质量，并且大的涡流和剩磁也会使基本的临床成像的图像质量进一步变坏。

涡流和剩磁是梯度线圈与磁体系统在成像时相互作用的产物，如果能将这个相互作用消除，这将不但能大幅度提高永磁 MRI 系统的图像质量和实现快速以及功能性成像，并且可以使这两个相对独立的子系统各自优化以设计出更好的整体 MRI 系统。涡流和剩磁的产生是由于梯度线圈的变化磁场进入了磁体系统，当在产生梯度场的线圈（称为"主线圈"）与磁体极板间再增加一个电流反向的线圈（称为"次线圈"）时，若次线圈产生的磁场能在成像的动态过程中抵消主线圈产生的进入磁体极板的磁场，则能从根本上解决涡流、剩磁等传统永磁 MRI 系统的核心物理问题。这类梯度线圈被称为自屏蔽梯度线圈。次线圈会部分减弱主线圈在磁体成像区的梯度场强度，这是在自屏蔽梯度线圈所要考虑和解决好的问题，如果次线圈应用的好，还可以提高梯度线圈的空间线性度。自屏蔽梯度线圈的原理示意图如图 4-2-5 所示。

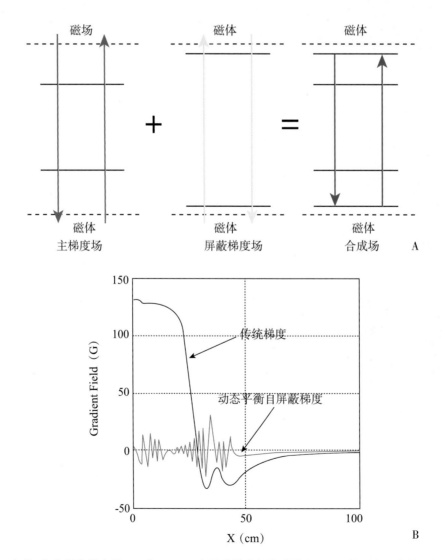

图4-2-5　A：X（或Y）自屏蔽梯度原理示意图；B：自屏蔽梯度与传统梯度漏场比较，自屏蔽梯度漏场平均值接近0

　　超导 MRI 系统已普遍使用自屏蔽梯度线圈，但在永磁 MRI 系统中则很少。超导 MRI 的梯度线圈为圆柱形封闭状，使得自屏蔽梯度线圈的计算、设计和制作比较容易。永磁 MRI 的梯度线圈则为开放形平板状，在少了对称度的同时，开放性使梯度线圈的能量向磁体外逸散，再加上自屏蔽梯度线圈对线圈平板的平面精度和空间位置精度要求很高，因此永磁 MRI 系统的自屏蔽梯度线圈的计算、设计和制造难度非常大。Z 方向的自屏蔽梯度相对比较容易实现，个别 MRI 厂家做到了对 Z 梯度屏蔽的一维自屏蔽梯度线圈，但要在永磁 MRI 系统上实现理想的成像物理环境，X 和 Y 梯度涡流和剩磁的问题也必须解决。

　　虽然实现性能良好的三维自屏蔽梯度线圈存在很大的技术难度，但已有永磁 MRI 厂家解决了这个问题。动态平衡技术（Dynamic Balance Technology，DBT）是近年来永磁 MRI 系统技术上的重要突破，它解决了困扰永磁 MRI 多年的涡流、剩磁和磁场均匀性等核心物理问题，它使得永磁 MRI 在图像质量、成像速度等方面有了很大的提高（如图 4-2-6 和图 4-2-7），同时使快速成像、功能成像等高级临床功能也在永磁 MRI 系统中得以实现。三维自屏蔽梯度线圈是 DBT 永磁 MRI 系统的一个主要组成部分。

图4-2-6　有无DBT技术图像分辨率对比，左侧使用了DBT技术

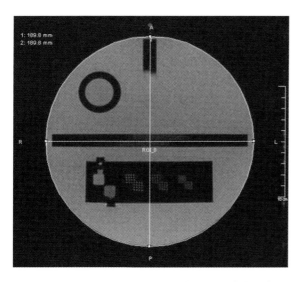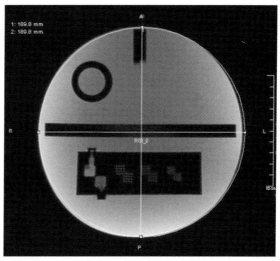

图4-2-7　有无DBT技术图像几何畸变对比，左侧使用了DBT技术

　　在磁共振成像系统中，梯度线圈的设计需要考虑如下指标：线圈效率、线圈电感、线圈电阻、给定空间区域内的梯度线性度等。线圈效率、线圈电感和线圈电阻与梯度放大器相关参数一起决定了梯度系统的最大梯度、上升时间等。梯度空间线性度直接影响着在给定空间区域内图像的畸变和定位准确度等。由于大范围线性度设计上的困难，图像后处理能力强的大型 MRI 厂家通常会应用空间变形校正来修正梯度的非线性度对图像带来的畸变。梯度校正改善了常规图像畸变，但校正效果对那些梯度应用复杂和梯度质量依赖性强的成像序列是有限的，再加上非屏蔽梯度线圈与磁体铁性物质的相互作用造成的不可控非线性度，整体而言，软件校正的效果是被动和有限的。因而，好的 MRI 系统应该主要从硬件设计出发

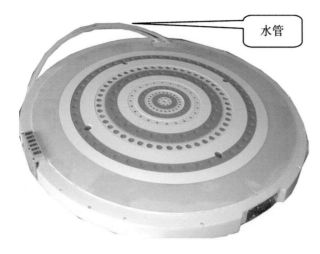

图4-2-8　永磁梯度线圈实物图

解决问题，尽量不要将问题留给软件来处理。从梯度空间线性度角度考虑，自屏蔽梯度线圈亦有它的优越性。

实际的永磁梯度线圈由两片组成，每一片贴近上、下一个磁极，每一片中都包含 X、Y、Z 三个方向的梯度线圈。图 4-2-8 是一个典型的单片永磁梯度线圈实物图，其中伸出线圈外面的塑料管是用作水冷的水管。由于高性能梯度线圈中需要加比较大的电流来产生所需的梯度磁场，导线中流过大的电流会发热，又由于梯度线圈紧贴着磁体极板，热量传导到磁体极板中会引起磁性材料的温度变化，从而引起磁场强度的变化，所以设计良好的梯度线圈系统都在其中设计有水冷环路。

（二）超导梯度线圈

图 4-2-9 所示为两对鞍形线圈组成的梯度场线圈，半径 a，长度 l，角度 φ，沿磁体轴线 Z 分开的距离为 d，其中 $d/a = 0.755$，$l/a = 3.5$，$\varphi = 120°$。鞍形线圈用的是圆弧而不是平行的直线，对样品入口的限制小，它的返回电路与 Z 轴平行，不会产生 Z 方向磁场而影响梯度场。线性非均匀度在 0.31α 的球体积内不超过 3%。

图 4-2-10 所示为四对鞍形线圈所组成的梯度场线圈，其中 $d_1/a = 0.375$，$d_2/a = 1.60$，$l/a = 3.5$ 和 $\varphi = 120°$。增加鞍形线圈对数可以提高梯度场线性度，该梯度场线性非均匀度不超过 3% 的球半径可以增大到 $0.36a$。

G_X、G_Y 和 G_Z 三组梯度线圈（图 4-2-11）被封装在用纤维玻璃制作的大圆筒里面，安装在磁体的腔内。

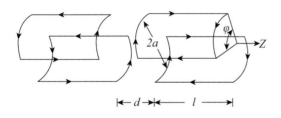

图4-2-9　两对鞍形线圈组成的梯度场线圈

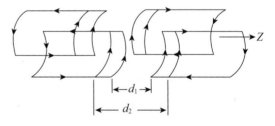

图4-2-10　四对鞍形线组成的梯度场线圈

X方向梯度场

Y方向梯度场

Z方向梯度场

图4-2-11　梯度线圈的设计和在磁体内部的方位。线圈通以电流后，会产生在X、Y、Z方向的梯度磁场。Z是主磁场 B_0 的方向，一般定义为层面选择方向（表示为 G_S 或 G_Z），Y方向也称为相位编码方向（表示为 G_P 或 G_Y），X方向也称为读出方向（表示为 G_R 或 G_X）

1．Z 轴梯度线圈

产生 Z 向梯度场的线圈 G_Z 可以有多种形式，最简单的是麦克斯威尔对线圈。这是一对半径为 a 的环形线圈，当两线圈的间距等于线圈半径时，线圈得到最好的均匀性。如果在两线圈中分别通以反向电流，便可使中间平面磁场强度为零。这种线圈被广泛地用来产生 Z 梯度场。

图 4-2-12 即表示如此绕制的 Z 梯度线图。图 4-2-13 是 G_Z 所产生的磁场。两端线圈产生不同方向的磁场：一端与 B_0 同向，另一端与其反向，因而与主磁场叠加后分别加强和削弱 B_0 的作用。

2．X 轴梯度线圈

为得到与 G_Z 正交的 G_X 磁场，根据电磁学中的比奥 - 萨伐尔定律，研究了无限长导体周围的磁场，发现 4 根适当放置的导线通以电流便可产生所需梯度，即产生的磁场在几何形状确定的前提下只与线圈中的电流有关。上述结果现已被广泛采用，这就是鞍形梯度线圈。

3．Y 轴梯度线圈

根据对称性原理，将 G_X 旋转 $90°$ 就可得到 G_Y。因此，G_X 和 G_Y 线圈的设计可以归结为同一线圈的设计问题。这里仅给出 G_Y 线圈及它所产生的梯度场示意图（图 4-2-14）。

图 4-2-14 所示 4 个线圈中流过的是同一电流，且线圈的几何形状使其能够产生所需的梯度场。MRI 设备中 3 个梯度线圈的位置如图 4-2-15 所示。

4．双磁场梯度线圈

它集神经专用机、心脏专用机、体部专用机 3 种 MRI 设备于一体。在神经功能成像、心脏成像等高级临床应用上有许多独有的优势。

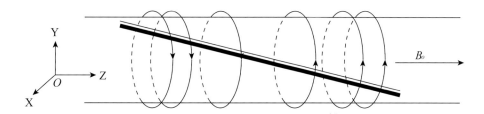

图4-2-12　Z向梯度线圈图

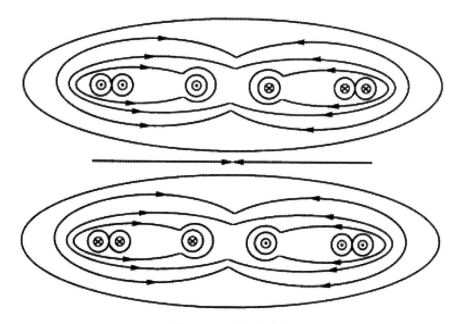

图4-2-13　Z梯度的场强

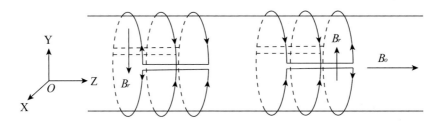

图4-2-14　Y向梯度线圈及磁场

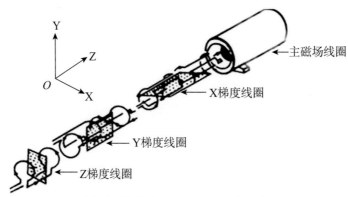

（1）各线圈中的电流及断层图像示意图

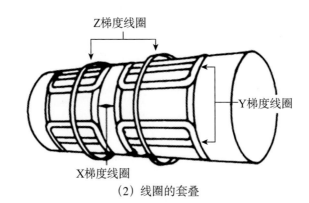

（2）线圈的套叠

图4-2-15　三个梯度线圈的位置关系

　　双梯度是在一个梯度模块中整合了一长一短两套主动屏蔽的梯度线圈，短梯度线圈用于精细扫描模式（如颅脑神经系统、心脏等），长梯度线圈用于全身扫描模式。

　　（1）精细扫描模式：该模式可提供强劲的梯度性能，而SAR值又不会超标。最大梯度场强度在三轴方向均达到50mT/m，是快速的或高分辨率的先进临床应用成像技术。精细扫描模式优化了扫描范围，X轴和Y轴方向40cm，Z轴方向35cm。而Z轴方向的范围是至关重要的，双梯度设计可充分发挥不同应用模式下最佳的梯度系统性能，获得更高的分辨率和更好的图像质量。

　　（2）全身扫描模式：全身扫描模式提供了优异的全身成像功能和偏中心成像的能力。全身成像模式优化了X、Y、Z 3个方向的扫描范围均为48cm，同时在三轴方向都能达到最大的梯度场强23 mT/m，完成高分辨率的全身成像应用例如脊柱矢状位、肩关节成像和腕关节成像、全身成像等。三轴方向都能达到最大切换率80 T/m/s，提供了快速、高分辨率、大范围的良好的图像质量。

　　双梯度设计有能力优化每一个应用的扫描时间、信噪比、分辨率和图像质量。用户可以自由切换于两种扫描梯度模式（精细扫描和全身扫描）来优化空间分辨率、信噪比、对比噪声比和扫描覆盖范围。

比较先进的梯度线圈设计方法是目标场法，其核心思想是根据目标梯度场，进行傅立叶变换获得电流密度分布，利用目标场法可以设计出无涡流自屏蔽梯度线圈。

（三）磁场梯度线圈设计基本原理

继 1973 年 Lauterbur 首次在 MRI 中提出了利用梯度磁场进行空间编码的概念后，如何设计梯度线圈一直为人所关注。

梯度线圈设计的理论基础是毕奥 - 萨伐尔定理（Biot-Savart Law）：

$$dB = \frac{\mu_0 I \, d\vec{l} \times \vec{r}}{4\pi r^3} \tag{4.2.1}$$

它用来计算一段有限导线在空间任意点所产生的磁场。

最初梯度线圈的设计理论基于 Maxwell 线圈对结构，它是一对半径为 r 的环形线圈，如图 4-2-16 所示。

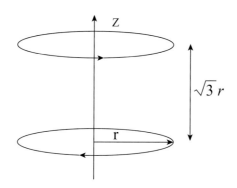

图4-2-16　描述圆形线圈的半径与间距之间的关系

电磁场计算结果表明，当两线圈的间隔等于 $\sqrt{3}\,r$ 时，线圈产生的磁场取得最佳线性。

实际的梯度线圈为了得到更好的线性度，往往采用多对线圈。

本文仅对三种主要的方法做简单的介绍：

1．逆矩阵方法（Matrix Inversion Methods）

Hoult 等于 1977 年提出对螺管形梯度线圈的优化方法：

$$H_z(z_m) = \sum_{n=1}^{N} A_{mn} I_n \tag{4.2.2}$$

其中：

$$A_{mn} = \frac{\mu_o a^2}{2\left[(z_m - z_n)^2 + a^2\right]^{3/2}} \tag{4.2.3}$$

$H_z(z_m)$ 是轴线处任意一点 Z_m 处的轴向磁场，其中螺旋管中第 n 匝通的电流是 I_n，Z_n 是 n 匝上的一点，a 是螺旋管的半径。

毕奥 - 萨伐尔定理（Biot-Savart Law）可表达成与方程（4.2.2）相同的形式：

$$H_{zk} = \sum_{j=1}^{n} A_{kj} I_j \tag{4.2.4}$$

H_{zk} 是位置 k 处的轴向磁场，A_{jk} 是矩阵，它的每个数据表示的是由不同的表面元素区域 j 处电流 I_j 产生的在 a 处的磁场密度系数。

如果给定磁场表示为 H_{zk}^0，则 $E_k = H_{zk}^0 - H_{zk} = H_{zk}^0 - \sum_{j=1}^{n} A_{kj} I_j$ \tag{4.2.5}

E_k 是实际磁场与给定磁场的偏差。为了最小化 $\sum_{k=1}^{vol} E_k^2$，对电流 I_j 取偏导，可以得到 n 个不同的方程。

通过矩阵反转或高斯消元，可以得到电流 I_j。电流路径则可以通过积分来得到。

矩阵反转法主要涉及有限元方法，可以计算任意形状的线圈，矩阵反转法的最大优点就是计算的电流密度和实际离散之后的电流路径不需要近似阶段，因此，由其计算的磁场和实际做出来的线圈产生的磁场应该是一致的。但是，矩阵反转法计算速度非常之慢，而且线圈的电感及功耗都比较大，这些因素都限制了其应用。

2．目标场方法（target field methods）

1986 年，R.Turner 提出一种新的设计线圈的有效方法，其主要原理是预先给定在 DSV 内指定点的电磁场，同时假设电流密度分布在圆柱体的表面。然后利用逆安培定理来计算所需的电流，这种方法称为"目标场方法"。因为它主要运用了傅立叶变换来计算积分等式的逆变换等，所以利用这种方法来计算速度很快。

一个薄圆柱形上的电流可以用公式（4.2.6）和（4.2.7）表示：

$$j_z^m(k) = \frac{1}{2\pi} \int_{-\pi}^{\pi} d\phi\, e^{-im\phi} \int_{-\infty}^{\infty} dk\, e^{-ikz} J_z(\phi, z) \tag{4.2.6}$$

$$j_\phi^m(k) = \frac{1}{2\pi} \int_{-\pi}^{\pi} d\phi\, e^{-im\phi} \int_{-\infty}^{\infty} dk\, e^{-ikz} J_\phi(\phi, z) \tag{4.2.7}$$

在圆柱表面内的电磁场 Z 方向的分量为：

$$B_z(r, \phi, z) = -\frac{\mu_0 a}{2\pi} \sum_{m=-\infty}^{\infty} \int_{-\infty}^{\infty} dk\, e^{im\phi} e^{ikz} |k| j_\phi^m(k) K_m'(|k|a) I_m(|k|r) \tag{4.2.8}$$

其中，$I_m(x)$ 和 $K_m(x)$ 是贝塞尔函数
通过傅立叶变换，

$$b_z^m(r, k) = \frac{1}{2\pi} \int_{-\pi}^{\pi} d\phi\, e^{-im\phi} \int_{-\infty}^{\infty} dk\, e^{-ikz} B_z(r, \phi, z) \tag{4.2.9}$$

得到：

$$b_z^m(r, k) = -\mu_0 a |k| j_\phi^m(k) I_m(|k|r) K_m'(|k|a) \tag{4.2.10}$$

从而：

$$j_{\phi}^{m}(k) = - \frac{b_{z}^{m}(r,k)}{\mu_{0}a|k|K_{m}'(|k|a)I_{m}(|k|r)} \tag{4.2.11}$$

然后再利用傅立叶逆变换就可以得到实空间的电流密度，得到了电流密度之后，利用流函数的方法，就可以确定绕线的位置

$$j_{\phi}^{m}(k) = - \frac{B_{z}^{m}(c,k)}{\mu_{0}a|k|K_{m}'(|k|a)I_{m}(|k|c)} \tag{4.2.12}$$

3．最小化电感和磁能法

先推导出梯度线圈的电感为：

$$L = - \frac{\mu_{0}a^{2}}{2} \sum_{m=-\infty}^{\infty} \int_{-\infty}^{\infty} dk \left| j_{\phi}^{m}(k) \right|^{2} K_{m}'(|k|a)I_{m}'(|k|r) \tag{4.2.13}$$

为了使线圈内的储能最小化，利用表达式：

$$U = \left[L\, j_{\phi}^{m}(k) \right] + \sum_{n} \lambda_{n} \left\{ B_{n}^{desired} - B_{n}\left[j_{\phi}^{m}(k) \right] \right\} \tag{4.2.14}$$

则通过求解：

$$\frac{\partial U}{\partial j_{\phi}^{m}(k)} = 0 \tag{4.2.15}$$

可以得到一个关于频率空间电流密度 j 和 λ 系数的关系，再把 λ 用 j 表示代入磁场强度表达式中，利用高斯消元，矩阵反转，或奇异值分解即可以得出 λ 的解，从而可以得到实空间电流密度 J 的分布。

二、梯度波形发生单元

梯度波形发生单元也称梯度波形发生器，它是成像谱仪的一个模块，用于产生脉冲序列中需要的梯度波形。它通常由序列存储器、序列控制器、波形存储器、数字信号处理 DSP 单元、数据存储器 DPRAM 和介质访问控制 MAC 单元组成。系统内的连接关系见图 4-2-17 所示。

梯度波形发生器的工作过程分为三个阶段：

（1）初始化阶段；

（2）指令和数据的下载阶段；

（3）工作阶段。

序列控制器将序列存储器的编程指令分配给指定的通道，并在指定的通道中执行这些命令。在执行

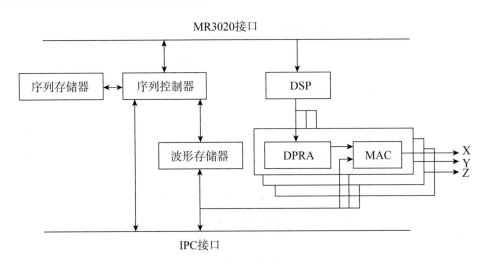

图4-2-17 梯度波形发生器结构框图

过程中，序列控制器从波形存储器中读取所要求的波形数据段，形成对应通道的基础梯度波形数据。为了满足任意方向选层的需要，形成的基础梯度波形数据与DPRAM中所选定的传输矩阵在MAC中进行相乘累加运算，形成该通道输出的梯度波形数据，分别经各自的最大采样率为1MHz的16位DAC转化成模拟信号，再经过继电器得到三个通道的梯度Gx/Gy/Gz信号输出。

三、磁场梯度信号放大单元

在磁共振成像系统中，梯度线圈的设计需要考虑如下指标：线圈效率、线圈电感、给定空间区域内的梯度均匀性。梯度线圈的传统设计采用分离绕组构成的线圈，依托于亥姆霍兹对的原型；现代设计是由分布式电流线构成的线圈，需要用逆方法设计。

梯度信号放大单元的核心硬件部分位于MRI设备控制柜中。MRI设备扫描数据的空间定位，是由X方向、Y方向、Z方向三个互相正交的梯度磁场完成的。梯度磁场的电路方框图见图4-2-17。

梯度信号放大单元工作原理：由梯度波形发生器送出3组梯度脉冲信号加到X向、Y向、Z向三个独立的放大器上，经增益放大后直接输送到对应的X向、Y向、Z向三个梯度线圈上，梯度放大器工作时还需要有梯度放大器电源供电。

对梯度放大器的要求：较高的电压和较大的脉冲电流，目前对于永磁MRI系统典型的梯度放大器的指标是300V/150A，1.5T超导MRI系统的指标是670V/600A。图4-2-18是一个288V/130A梯度放大器电源电路的示意图，梯度放大器电源由6个48V、600W的直流电源串联而成。

梯度放大器（图4-2-19）实质上是音频电流放大器，其输入信号是梯度脉冲波形，范围一般是−10V到10V，梯度放大器的输出电流（I）为几十安培到几百安培，其负载是梯度线圈，为感性元件，电感（L）为几百微亨，直流电阻（R）很小，一般为几百毫欧。

一般的梯度脉冲波形是梯形波形，分为上升阶段、平顶阶段和下降阶段。梯度线圈两端的电压和梯度线圈中的电流关系如下：

$$U = L\frac{dI}{dt} \qquad\qquad (4.2.16)$$

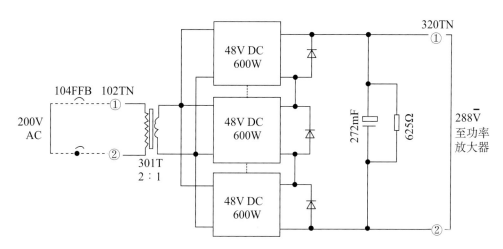

图4-2-18 梯度磁场的电源

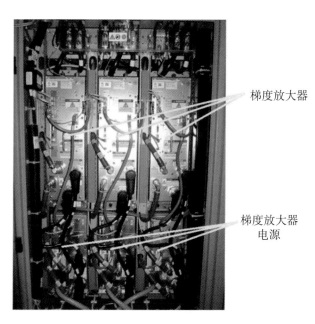

图4-2-19 梯度放大器实物图

$$I = \int \frac{U}{L} dt \tag{4.2.17}$$

假设电流的上升是线性的，峰值功率是：

$$(UI)_{\max} = (L\frac{dI}{dt})_{\max} \cdot I_{\max} = (L\frac{I_{\max}}{\tau}) \cdot I_{\max} = \frac{LI_{\max}^2}{\tau} \tag{4.2.18}$$

平顶阶段功率是 $P = I_{\max}^2 R$，下降阶段的功率和上升阶段一样。

梯度放大器有以下几个设计指标：峰值功率、平均功率、输出电压和输出电流；输出电压越高，梯度爬升时间越短。梯度放大器的原理框图见图 4-2-20。

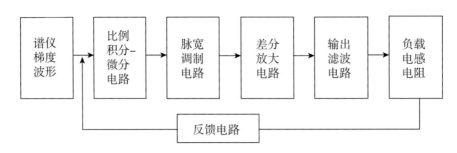

图4-2-20 梯度放大器的原理框图

其中的放大电路可以用 MOS 管（金属氧化物半导体场效应晶体管），也可以使用 IGBT（绝缘栅双极型晶体管功率器件）来实现。比例积分 - 微分电路用于控制梯度电流的稳定速度，脉宽调制电路用脉冲宽度来控制开关电源，主放大器工作在开关状态以提高效率。

四、涡流产生机制以及补偿方法

在磁共振成像系统中，由于梯度线圈处于磁体系统内部，而磁体系统往往由金属部件构成，因此当有快速切换的梯度电流流经梯度线圈时，会在磁体系统中产生涡流，涡流产生的磁场与梯度线圈电流产生的磁场叠加，使最终的梯度场波形偏离理想形状（如图 4-2-21）。涡流的时间常数依赖于周围金属材料的结构和材料电阻率。

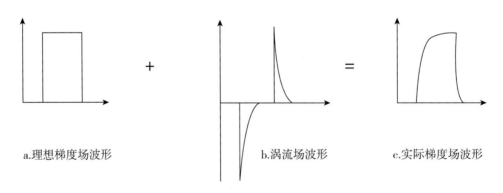

a.理想梯度场波形　　　　　　　b.涡流场波形　　　　　　　c.实际梯度场波形

图4-2-21 涡流作用下的梯度场波形（横坐标是时间，纵坐标是电流）

对于梯度线圈中给定的梯度脉冲 $\vec{g}(t)$，其感应涡流 $B_e(\vec{r}, t)$ 的空间相关性规律可以用如下公式描述：

$$B_e(\vec{r},t) = b_0(t) + \vec{r} \cdot \vec{g}(t) + \cdots \tag{4.2.19}$$

第一项 $b_0(t)$ 称作 B_0 涡流，该项和空间位置无关，属于常数项。第二项称作线性涡流，涡流的大小和 X、Y、Z 位置有关。高阶项通常不被考虑，没有标准的名称。

涡旋电流的时间相关性可以用指数模型来描述，具体是：

$$g(t) = -\frac{dG}{dt} \otimes e(t) \tag{4.2.20}$$

$$e(t) = H(t)\sum_n \alpha_n e^{-t/\tau_n} \tag{4.2.21}$$

G 是梯度波形，$\vec{g}(t)$ 是感应涡旋电流项的时间相关性表示，$\otimes$ 表示卷积，$e(t)$ 表示涡流冲击响应的指数衰减之和，$H(t)$ 是冲击函数。

目前比较成熟的降低涡流的方法有两种，一种是自屏蔽梯度线圈，其主要是降低冲击杂散梯度值来降低涡流的冲击响应，这种方法从破坏涡流产生的条件入手，从而可以从根本上降低涡流；另外一种方法是数字梯度预加重技术，其基本思想是用补偿方式来降低涡流的影响，可以通过图4-2-22来简单描述。

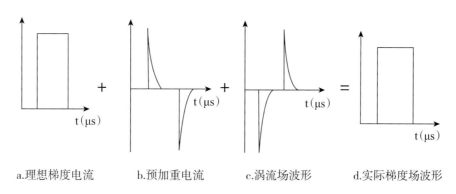

a.理想梯度电流　　　b.预加重电流　　　c.涡流场波形　　　d.实际梯度场波形

图4-2-22　预加重作用下的梯度场波形（横坐标是时间，纵坐标是电流）

为了克服涡流的影响，得到较好的梯度场，在梯度线圈原有理想梯度电流控制信号（与理想梯度场波形一致）的基础上增加一部分预加重电流控制信号，这部分信号产生的磁场与涡流场相反，这样来抵消涡流场的影响，从而得到改善的梯度场波形。由于实际的涡流是多阶、多时间常数的，并具有不确定的非线性和温度敏感性，这种预失真补偿效果和可靠性是有限的，特别是在梯度快速上升和大梯度值时。

五、磁场梯度的性能及技术参数

梯度磁场的性能是衡量MRI成像设备水平的一个重要标志。高性能梯度场不但是缩短成像时间的必要条件，而且也是获得诸如扩散成像等高级图像对比度的基础。梯度磁场的主要性能指标有：有效容积、线性度、梯度场强、梯度场变化率（切换率）、梯度场启动时间（上升时间或爬升时间）等。

（一）有效容积

有效容积是指梯度线圈所包容的、梯度磁场能够满足一定线性要求的空间区域。这一区域位于磁体中心并与主磁场的有效容积同心（如鞍形梯度线圈其有效容积只能达到总容积的60%左右）。梯度线圈的均匀容积越大，则在X、Y、Z三轴方向上不失真成像区的视野范围就越大。

（二）梯度场线性度

它是衡量梯度场在成像空间平稳线性递增性能的指标。在有效视野范围内线性越好，表明梯度场越精确，空间定位、选层、层厚、翻转激发也就越精确，图像的几何变形越小。

（三）梯度场强度

它是指梯度场能够达到的最大值（G_{max}），为梯度场达到稳定最大强度时的幅度，以毫特斯拉/米为单位（mT/m）。在线圈一定时，梯度场的强度由梯度电流所决定，而梯度电流又受梯度放大器的限制。梯度场越强，扫描层厚越薄，体素越小，影像的空间分辨率越高。

（四）梯度场强、梯度场切换率和梯度上升时间的关系

它们从不同角度反映了梯度场达到某一预定值以及变化的速度。

1. 梯度场强

梯度场强是指单位长度内磁场强度的差别，通常用每米长度内磁场强度差别的毫特斯拉量来表示。图4-2-23为梯度场强示意图。

条状虚线表示均匀的主磁场，斜线表示线性梯度场；两条线相交处为梯度场中点，该点梯度场强为零，主磁场强度不变；虚线下方的斜线部分表示反向梯度场，造成主磁场强度呈线性降低；虚线上方的斜线部分为正向梯度场，造成主磁场强度呈线性增高。有效梯度场两端的磁场强度差值除以梯度场施加方向上有效梯度场的范围（长度）表示梯度场强，即：

梯度场强（mT/m）＝梯度场两端的磁场强度差值 / 梯度场的长度

2. 梯度场切换率

梯度场切换率是指单位时间及单位长度内的梯度磁场强度变化量，常用每秒每米长度内磁场强度变化的特斯拉量来表示。切换率（slew rate）是 G_{max} 和 T_{rising} 的比值（G_{max}/T_{rising}），单位为毫特斯拉 / （米·毫秒）[mT/（m·ms）]，或特斯拉 / （米·秒）[T/（m·s）]。比如 G_{max} 为 25mT/m，T_{rising} 为 300ms 时其切换率为 83mT/（m·ms）；在 T_{rising} 缩短为 200ms 时，切换率提高到 125mT/（m·ms）。切换率越高表明梯度磁场变化越快，即梯度线圈通电后梯度磁场达到预定值所需要时间（梯度上升时间）越短。图4-2-24为梯度场切换率示意图。

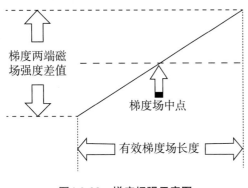

图4-2-23　梯度场强示意图

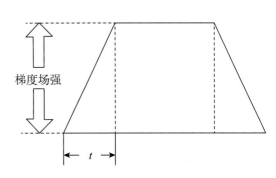

图4-2-24　梯度场切换率示意图

梯度场的变化可用梯形来表示，梯形中只有中间的矩形部分才是有效的，矩形部分表示梯度场已经达到预定值并持续存在，梯形的左腰表示梯度线圈通电后梯度场强逐渐增高、直至预定值，用 t 表示梯度场增高到预定值所需的时间。

梯度场的切换率（T/m/s）＝梯度场预定强度 /t

3. 梯度上升的时间

梯度上升的时间实际上就是梯形斜边的爬升时间。斜率越大，即切换率越高，梯度场爬升越快，所需的爬升时间越短。梯度变化快，开启时间就短。梯度上升快，就可以进一步提高扫描速度。最大梯度爬升时间为梯度场从 0 到最大强度的时间（Trising），单位为毫秒（ms）。

梯度系统性能的提高对于磁共振超快速成像至关重要。SSRARE、Turbo-GRE 及 EPI 等超快速序列以及水分子扩散加权成像对梯度场的场强及切换率都有很高的要求，高梯度场及高切换率不仅能缩短回波间隙、加快信号采集速度，还能提高图像的单位时间信噪比。近几年快速或超快速成像技术的发展就直接得益于梯度系统性能的改进。

目前梯度场强为 50 mT/m 以上、梯度切换率为 150 T/m/s 以上的梯度系统已成为高性能、高场强超导 MRI 设备的基本要求。梯度性能的提升，有可能使人们开发出速度更快的成像序列，即扫描速度的提高，要依赖于高性能的梯度线圈和梯度放大器。临床应用型 1.5T MRI 设备的常规梯度场强已普遍达到 30 mT/m 以上，切换率达 120T/m/s 以上。如典型配置梯度场强为 33 mT/m，切换率达 150 T/m/s。

梯度系统作为 MRI 设备的核心部件之一，它从图像质量、扫描速度、高级临床功能的实现、特定情况下空间分辨率的提升等方面决定着整个 MRI 设备性能的高低。同时，它的性能还同扫描脉冲序列中梯度脉冲波形的设计有关，即一些复杂序列的实现取决于梯度。在消除涡流和剩磁的情况下，系统对梯度的要求就是梯度场强高、梯度上升速度快、梯度切换率高、梯度线性度好。

需要指出的是，由于梯度场强的剧烈变化会对人体造成一定的影响，特别是引起周围神经刺激，因此梯度磁场场强和切换率不是越高越好，是有一定限制的。更重要的是它们要与所处的主磁场强度相匹配，并与 MRI 系统的成本相平衡。

（韩鸿宾　雷易鸣　王　伟）

第 5 章

谱仪与控制台系统

- MRI 谱仪的基本概念
- MRI 谱仪的基本设计结构
- 谱仪系统结构与组成
- MRI 谱仪的性能和相关技术指标
- 控制台系统

谱仪（Spectrometer）是 MRI 系统的核心控制部件，它控制和实现 MRI 系统中硬件部分各个组件的工作时序以及各种波形和信号的产生和发送、接收与处理。在 MRI 系统中，谱仪的前端一般与运行用户操作软件系统的操作计算机相连，后端与各种功率放大器和辅助控制部件相连。

第一节　MRI谱仪的基本概念

谱仪最初在 NMRI 中是一种用于分析物质的分析仪器，被广泛用于化合物的测定和分子结构分析。1952 年，第一台商用高分辨率谱仪面世，在 MRI 系统中，谱仪的作用不再是分析仪器，而是控制着整个系统工作和信号处理的核心。目前各种 MRI 设备中谱仪的来源分为几种：一种是生产 MRI 系统的厂家，如 MRI 产品市场占有率较高的行业巨头 GE、Siemens、Philips 等，这些厂家不但拥有自主研发的谱仪，而且可以在谱仪技术上为自身的 MRI 系统进行针对性的优化，使得系统整体性能更强；另一种是商业化谱仪生产企业，如 Oxford Instruments、MRI Solutions（MRS）、RI 谱仪和俄罗斯 GSF 公司等少数几家外国公司。一段时间以来，国内的 MRI 谱仪自主研发能力有限，国内厂商大多采取外购谱仪，或与国外公司进行合作的方式，近年来，随着电子技术的进步和对 MRI 研究的深入，国内的高校和科研机构在谱仪的研究中也取得了一定的进展。

谱仪的主要功能包括：

（1）接收来自主控计算机的成像序列和参数，按序列要求产生各种脉冲的全部硬件开关信号。

（2）产生特定带宽的射频激励波形，并对波形的频率、相位、幅度进行调制。

（3）根据成像序列的要求和对成像环境不良影响的补偿，计算 x、y、z 三路梯度信号的波形。

（4）控制射频脉冲信号和梯度信号按照成像序列设定的精确时序，分别经射频功率放大器和梯度功率放大器后，驱动射频和梯度线圈产生实际的射频激励磁场和梯度编码磁场。

（5）对接收线圈中感应出的并经前置功放增强后的磁共振信号，进行模数转换得到数字信号，然后进行解调、滤波和抽取等预处理获得 K 空间数据，最后送到图像重建计算机进行傅立叶变换成像。

第二节　MRI谱仪的基本设计结构

- 扫描控制部分
- 射频信号生成部分
- 梯度波形生成部分
- 射频信号接收部分

MRI 谱仪对上接收用户指令，对下控制功放和线圈完成扫描序列，是一个集成了物理、电子、计算机、软件等领域的先进技术于一体的高技术装备，控制着整个 MRI 系统的时序以及各种波形信号的产生、发射、接收和处理。MRI 谱仪在系统中的位置如图 5-2-1 所示。

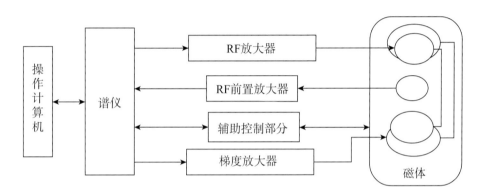

图5-2-1　谱仪在MRI系统中的位置示意图

MRI 谱仪的种类和型号很多，许多 MRI 系统厂商都有自己的专用 MRI 谱仪系统。每种 MRI 谱仪系统的结构和性能也许会有不同的特点和差异，但其基本工作原理和结构都是相似的。通常 MRI 谱仪由下文所述功能单元组成。

一、扫描控制部分

与主控计算机相连，负责与主控计算机进行通信，接收用户的控制指令、成像序列和参数并进行解释，并将参数分发相应的硬件模块，执行序列产生硬件触发信号，控制其他模块按时序要求协调工作，接收并缓冲射频接收部分传送来的磁共振信号数据，回传给图像重建计算机进行图像重建。

（一）扫描控制部分组成

典型的扫描控制部分包括以下模块：

1. 主控模块　负责处理各种命令和中断请求，控制各模块协调工作。

2. 网络接口模块　负责与主控计算机的通信，接收操作命令、成像序列和参数，发送谱仪工作状态信息、磁共振成像数据等。

3. 序列解释和参数分发模块　对成像序列进行解释，获得各模块的工作时序和配置参数，将工作时序传送给触发信号产生模块，将配置参数分发给射频信号生成部分、梯度发生部分和射频信号接收部分。

4. 时序脉冲模块　产生触发谱仪其他模块工作的脉冲信号，使得射频信号生成部分、梯度发生部分和射频信号接收部分能按时序要求同步工作。

（二）时序脉冲模块的设计要求

在扫描控制部分中，时序脉冲模块产生的触发信号关系到谱仪其他模块间的协调工作，在设计上应满足以下要求：

1．独立性　为射频信号生成部分、梯度发生部分和射频信号接收部分产生的触发信号应相互独立。

2．随机性　扫描序列中，各模块的触发信号产生时间应可以由用户任意调节，具有很大程度上的随机性。

3．精确性　MRI 使用傅立叶变换成像，对信号的相位十分敏感，因此触发信号应严格按照成像序列确定的时刻精确产生，对定时的精度要求较高，误差需控制在纳秒（ns）量级。

4．稳定性　扫描序列执行过程中，产生的定时触发信号应始终保持较高的精度，不因运行时间长和其他外部干扰而产生不确定的偏差。

二、射频信号生成部分

射频信号生成部分包括频率合成、波形发生和正交调制等部件。射频信号可以是多通道的。在扫描控制部分的参数配置和时序触发控制下，射频信号生成部分能够产生特定频率、带宽、相位、幅度的射频脉冲信号，经射频功放后在射频线圈中产生射频磁场，激励成像物体的氢核产生共振。

如图 5-2-2 所示为一种射频信号生成部分设计结构图。射频发生配置模块从扫描控制部分接收参数，对基带信号存储模块、频率合成模块、信号调制模块和 DAC 按照成像的要求进行配置，并在触发信号到来时控制这些模块工作；基带信号存储模块负责存储当前成像序列中需要使用的若干特定形式的基带波形；频率合成模块提供高频载波信号；基带信号和载波信号在信号调制模块中进行调制，形成数字射频调制信号；调制信号经 DAC 转换成模拟信号，再进行滤波放大，优化信号性能后，通过射频功放进行增强，最后驱动发射线圈产生 MRI 所需的射频脉冲激励信号。

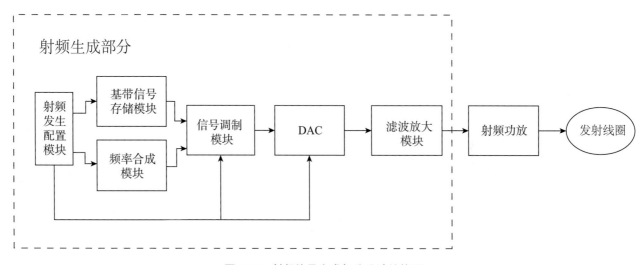

图5-2-2　射频信号生成部分设计结构图

三、梯度波形生成部分

包括控制部分和梯度波形生成与输出。对外与梯度功放相连。该部件用于计算序列中的梯度波形，并将梯度波形信号输出，经梯度功放后驱动梯度线圈产生用于空间编码的梯度磁场。

一种梯度波形生成部分的设计结构如图 5-2-3 所示，主要包括梯度计算模块、并 - 串转换模块、DAC

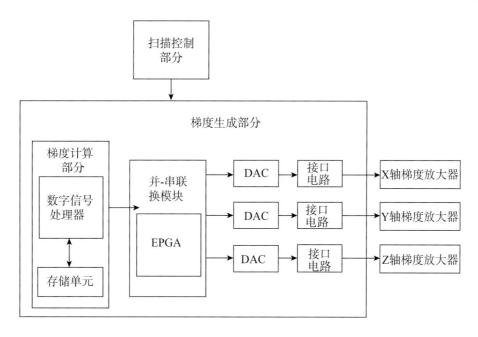

图5-2-3　梯度波形生成部分设计结构图

和接口电路等，图中同时给出了梯度发生部分和外部的接口，输入端接收扫描控制部分提供的参数和触发信号，输出端通过功率放大器与线圈相连。

梯度计算是梯度发生器中的关键模块，也是技术含量最高的模块，其作用是根据用户设定的成像序列和参数，计算得到实际输出的梯度波形，它需要具备高速和高精度运算的能力，并能实现角度旋转变换、涡流补偿、匀场补偿等功能。因为梯度磁场的线性度与磁共振成像定位的精确度直接相关，定位不准的话会在图像中产生伪影，所以梯度计算模块设计的优劣对图像质量有着重要的影响。

四、射频信号接收部分

包括控制部分和信号处理部分两大块，其中信号处理部分包括信号滤波和放大、信号解调、信号采集和信号传输。

一种射频信号接收部分的功能设计结构如图 5-2-4 所示。因为接收线圈感应出的磁共振信号是一个高频调制信号，成像所需的是磁共振的基带信号，所以在射频信号接收部分中首先需要对调制信号进行解调。目前，主要有模拟解调和数字解调两种方案。模拟解调方案存在一些潜在的缺点：模拟混频器的两路信号相位难以确保完全正交，会引起频谱失真，在图像中形成伪影；直流分量的存在会导致图像中出现亮点；模拟器件的非线性漂移则会在图像中产生条纹等。因此，该种设计采用全数字解调的方式，直接使用高速 ADC 将磁共振信号转换成数字信号，然后利用数控振荡器（Numerical Controlled Oscillator，NCO）产生相位严格正交的两路载波参考信号，在数字域内对磁共振信号进行正交解调，获得 I 通道的实部分量和 Q 通道的虚部分量。这种设计不存在模拟混频器的上述缺点，且具有稳定性好、精确度高、抗干扰性强等优点。

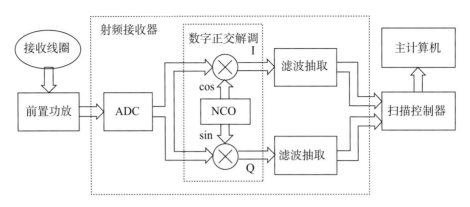

图5-2-4　射频信号接收部分功能设计结构图

第三节　谱仪系统结构与组成

- 1.5T 超导磁共振系统
- 3.0T 超导磁共振系统

在各厂家的 MRI 设备中，虽然其谱仪系统的原理基本相同，但实际设计谱仪的时候，厂家会根据体系结构采用很多不同设计。例如为获得更多的接收通道，接收部分可能由多块接收板组成。由于最新开发的梯度放大器支持数字输入，所以谱仪部分可能就没有了梯度波形生成和输出部分。下面以两种磁共振设备厂家不同场强的设备为例，对谱仪系统进行介绍。

一、1.5T 超导磁共振系统

（一）模块化测量控制单元的硬件组成

该 1.5T 磁共振设备中，其谱仪系统被称为模块化测量控制（MMC）单元，其原理见图 5-3-1。图 5-3-2 显示了该单元的内部硬件组成，图中显示了 MMC 与系统其他硬件的连接原理。MMC 单元包括如下硬件：

1．MPCU（Measurement Physiological and Communication Unit）

MPCU 包含一台使用 VxWorks 操作系统的 603 Power-PC 及 PCI-LINK、PCI-CAN 接口卡。PC 中配有板载以太网卡及串口，分别用于 MPCU 与主机（Host）和生理信号监测单元（PMU）进行通信。PCI-LINK 接口卡负责连接 MC4C40 单元。PCI-CAN 接口卡含有两个 CAN 通信控制器，用于控制 MPCU 与 GPA（Gradient Power Amplifier）和 IOP（Input/Output and Power-Board）单元之间的通信。

2．MC4C40

MC4C40 内部含有四个 DSP（Digital Signal Processor），分别为用于计算射频脉冲幅值的 TX-DSP，计算梯度幅值的 GC-DSP，计算 SAR 值的 RX-DSP，以及进行涡流补偿的 ED-DSP。MC4C40 以背负方式与 GCTX 单元连接，并通过背板与 MC1C40、RFSU 进行通信。

3．GCTX（Board for gradient and TX-control）

GCTX 内部可划分为 TICO、Grad、TX 三个部分，TICO 为 Grad、RF-TX、RF-RX 提供时序信号，同时产生用于将射频线圈解谐的控制信号。Grad 单元使来自 MC4C40 的梯度幅值信号与 Grad 内部的

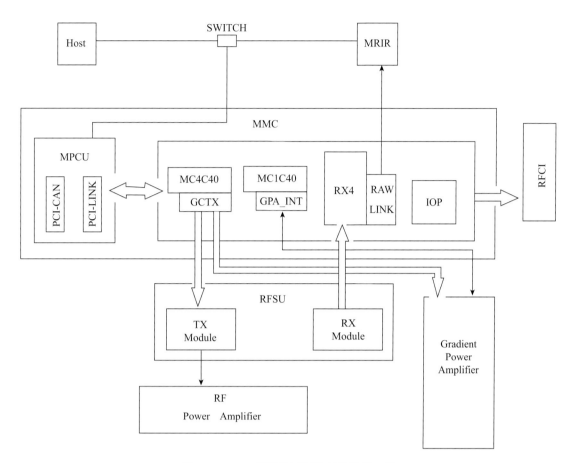

图5-3-1　1.5T 模块化测量控制单元原理图

延迟发生器同步。TX 单元则对来自 MC4C40 的信号进行数字调制。GCTX 通过背板及电缆分别与 TX Module、RFCI、GPA 进行通信并为他们提供动态控制信号。

4．MC1C40

MC1C40 内部含有 Watchdog DSP，并以背负方式与 GPA INT 连接，可实时接收来自 GPA 的 X、Y、Z 三轴梯度电流值及 GPA 运行状态信号。

5．RX4

RX4 内置具有解调、滤波及 PALI（Power Absorbtion Limit Indicator）功能的四通道数字接收器，主要用于将来自 RX Module 的信号进行解调。Raw Link 模块以背负方式与 RX4 连接，其功能是将图像原始数据通过光纤传输给 MRIR 进行处理。

6．IOP（Input/Output and Power-Board）

IOP 的主要功能包括：监控 MMC 内各个单元的供电情况，控制散热风扇，提供 CAN 通信接口等。在其面板上还配有重启按钮用于重启 MMC 内所有单元。

（二）MMC单元的运行方式和主要功能

当系统启动按钮按下后，MMC 内部的 MPCU 首先加电并自检，自检通过后 MPCU 会立即与 Host 建立连接，并从 Host 内的磁盘下载 VxWorks 操作系统。操作系统安装完毕后，MPCU 会并分别向

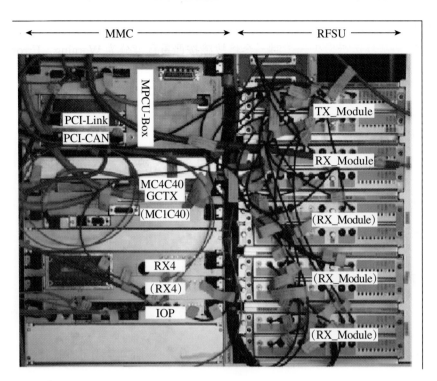

图5-3-2　MMC单元

MC4C40、MC1C40、GCTX、RX4 发出启动信号，并接收由它们发回的状态信息，以确认各单元启动正常。最后，MPCU 会将扫描参数装载到各单元中，并运行用于检测 PALI 功能的序列，在确认该功能正常后向 Host 发出扫描系统准备就绪的信息。MMC 主要功能如下：

1. 序列控制　载入、准备、启动和停止扫描序列。

序列文件一般由 C 语言编写，并被载入 MPCU 的存储器中，在启动患者扫描之前，MPCU 会检查系统各个部分是否准备就绪，当确认系统状态正常之后，SCT（Sequence Control Task）会将序列信息提供给 MC4C40 内的各个 DSP，从而运行序列。在进行扫描的同时，MPCU 会对 MMC 内部各单元进行监控，在必要时停止扫描，并向操作者提供错误信息。

2. 控制射频发射器，产生射频脉冲。

由 MC4C40 内 DSP 计算得出的 RF 脉冲，首先被送往 GCTX 进行数字调制。此后，数字 RF 脉冲数据被传输到 RFSU 内的 TX Module，并被转换为模拟信号。

3. PALI 功能　实时监控 SAR 值，监测射频输出值是否正常，在必要时切断射频输出。

保证射频能量的使用安全是 MMC 的重要任务。在 MRI 进行扫描的同时，RFPA 会实时向 RX Module 传送射频发射幅度数据，这些数据首先在 RX Module 中被转换成数字信号，随后被传输到 RX4 单元，并最终被读入 MC4C40 内部的 RX-DSP 用于检查射频辐射值是否在正常范围内。当射频超限时，MMC 会关闭 RFSU 内的 TX Module 从而切断射频，并向操作者提供提示信息。

4. 梯度控制，产生梯度脉冲。

当操作员选定扫描序列并确定参数后，Host 会生成相应的可执行 C 语言程序，并将其传输给 MMC。这些序列程序被 MPCU 执行，产生 MC4C40 内 GC-DSP 所需的梯度数据，其中包括层面选择梯度、读出梯度和相位编码梯度的幅值及形状信息，以及用于确认磁体的 X、Y、Z 三轴梯度分别执行何种任务的旋转矩阵。经 GC-DSP 处理后的梯度数据，被送往 EDDY-DSP 进行涡流补偿计算。经 EDDY-DSP 计算完成的数据将最终被送往 GPA，在其内部被转换为模拟信号并被放大。

5．监控和错误处理功能

当系统单元检测到自身运行发生故障时，会将故障按严重程度分为 Warning、Error、Alarm 三类，并将故障信息发送给 MPCU，MPCU 会根据故障级别决定是否停止扫描。

同时包括 GPA、IOP、RFPA、TX Module 在内的多个单元会不断向 MPCU 发送状态参数，MPCU 通过将这些参数与其内部存储的标准值进行对比，来监控各单元是否运行正常。例如，当梯度线圈温度过高时，其状态参数值将偏离正常值，MPCU 会生成故障信息，并在必要时停止扫描。

6．动态控制，产生动态线圈控制信号用于调谐和解谐。

7．数据采集，并将原始数据传输至图像重建计算机进行重建。

8．生理信号测量控制，例如 ECG 触发。

二、3.0T 超导磁共振系统

（一）CAM 单元

图 5-3-3 所示为某 3.0T MRI 设备 PGR（Power Gradient RF）系统柜。该系统柜内包含 CAM（Combined Asc Mgd）、ICN、XGD 及 PDU 等部件。其中 CAM 单元内包含了用于时序控制、射频信号生成、梯度波形生成的各块电路板。

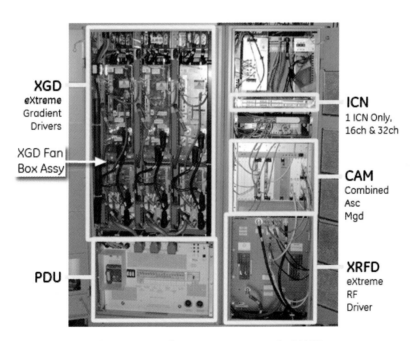

图5-3-3　PGR（Power Gradient RF）系统柜

如图 5-3-4 所示为 CAM 单元前视图。从左至右分别为 MGD（Multi-Generational Data acquisition）部分、电源部分以及 ASC（Amplifier Support Controller）部分。MGD 部分内包含 AGP（Application Gateway Processor）、IRF（Interface and Remote Functions）、SCP（Scan Control Processor）、SRF/TRF（Sequence Related Functions/ Trigger and Rotational Functions）等 4 块电路板。

1．AGP

AGP 板通过以太网接口与主控计算机连接。其作用是为主控计算机与产生射频、梯度波形的电路板

图5-3-4　CAM单元示意图

之间提供接口，并充当序列解释和参数分发模块的角色。

2．IRF

IRF板的作用是为序列控制子系统（包括 AGP、SRF&TRF）与射频传输子系统（Exciter）、射频接收子系统（Receiver）及梯度子系统之间提供通信接口。同时，该电路板还可对上述子系统的工作状态进行监控。

3．SCP

SCP板的作用是负责处理各种命令和中断请求，从而控制各模块的工作顺序。同时，SCP还为序列控制子系统与患者处理子系统之间提供通信接口，以使序列控制子系统能够控制和监测扫描时间显示、患者生理信息等接口。

4．SRF/TRF

SRF/TRF 联合电路板用于产生射频及梯度波形。当技师选定好扫描序列及条件后，主控计算机会将序列信息传输给 AGP，而 AGP 会将信息转发给 SRF/TRF，由 SRF/TRF 产生的控制信号将会通过 IRF 发送给 Exciter、Receiver 等部件从而使扫描序列得到执行。而上述各部件的协作运行则靠 SCP 控制。

（二）Exciter单元

Exciter 单元位于 PEN 系统柜内部。该单元具有以下功能：

1．通过 IRF 板接收射频波形并进行处理，最后将射频信号传输至射频放大器。

2．为 IRF、AGP、SCP、SRF/TRF 等电路板及图像重建计算机提供同步时序。

3．与射频及信号接收系统之间进行通信，以便完成某些测试功能。

（三）Gradient Master Control单元

如图 5-3-5 所示，Gradient Master Control 单元同样位于 PGR 系统柜内。该单元包括 XPS Control

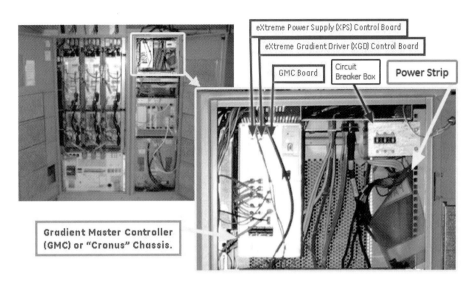

图5-3-5 梯度控制单元示意图

Board、XGD Control Board 及 GMC Board 等电路板。

其中 XPS Control Board 用于控制各个梯度放大器电源。XGD Control Board 用于控制三个梯度放大器。GMC Board 则用于与 IRF 通信，接收 SRF/TRF 板产生的梯度波形信号，并控制 XPS Control Board、XGD Control Board 这两块电路板。

（四）Receiver单元

如图 5-3-6 所示，Receiver 单元位于磁体一侧，该单元接收来自线圈的磁共振信号，并完成模数转换输出数字信号，最终数字化磁共振信号通过光纤被传输至图像重建计算机。

图5-3-6 Receiver单元

谱仪系统的设计方案不同，则最终的实体硬件也不尽相同，各硬件的分布方式也各有特色。如前所述，在某 3.0T MRI 系统中用于射频信号传输并提供时序脉冲的 Exciter 单元就与其他同属于谱仪系统的部件不在同一系统柜内。目前，由于通用器件的集成化和可用性越来越高，谱仪开发的硬件工作量不大，关键是电磁兼容设计，主要工作量在于整个控制软件体系结构设计和各部件的实时控制。

第四节　MRI谱仪的性能和相关技术指标

MRI 系统中使用的谱仪的性能很重要，它是 MRI 系统功能和最终成像质量的核心重要因素。谱仪的性能指标很多，例如有以下的一些方面：工作频率及范围，RF 发射和接收系统的通道数，频率和位相的控制精度，系统的稳定性，系统的可靠性，系统的信噪比，其他相关的辅助控制和功能等。表 5-4-1 给出了 MRI4200 型谱仪的一些基本性能指标。

表 5-4-1　MRI4200 型谱仪的一些性能指标

发射（TX）	发射通道数	1
	主频率	4-86MHz（Setup in factory）
	频率范围	±250kHz
	发射带宽	±100kHz
	调制	Digital phase，frequency and amplitude modulation
	DAC分辨率	16 bit@20MSPS
	相位分辨率	0.225°
	频率分辨率	0.1Hz
	频率/位相 设置时间	＜5μs
	时间分辨率	1 μs
	频率稳定性	＞1ppm/hour
	发射衰减和增益控制	39.9dB　0.1 dB step
	RF门控信号	TTL level
接收（RX）	接收通道数	1
	接收带宽	Max 400kHz
	接收 SNR	＞80 dB
	ADC分辨率	16 bits@2MSPS
	有效分辨率	24 bits DDC Output
	频率稳定性	0.1 ppm / hour
	A/D采样率	14 bits 2MSPS
	滤波方法	Programmable Digital Filtering
	接收增益	14.5 to 58 db
	接收衰减	0 to 15.9 dB in 0.1dB steps
梯度（Grad）	梯度通道数	3 Gradient
	DAC分辨率	16 bits@1MSPS
	电压分辨率	305μV
	时间延迟	10μs
	模拟输出电压	±10V
	自动匀场	B0

当前谱仪的发展趋势是：

（1）全数字化谱仪；

（2）更多通道数的谱仪；

（3）适用于更高磁场场强的高频率波段的谱仪；

（4）工作频率和位相的控制精度更高，功能更完善的谱仪；

（5）因电子元器件的集成度不断提高和大规模集成电路的发展带来的小型化；

（6）随着 MRI 系统结构的进一步发展，谱仪的结构也会产生一定的变化。传统上谱仪内部模块单元和功能可能也会发生一定拓展。例如 RF 系统的部分部件和功能已被前置到屏蔽间的磁体处。MRI 信号数据采集处理或转换可以在这些前置的单元中完成的，这样就可以对数字信号或通过光纤进行传输，从而减少干扰，提高了信噪比。

第五节　控制台系统

- 日常应用功能部分
- 序列参数设计功能部分
- 维护功能部分
- 控制台系统的发展趋势

控制台系统是连接包括扫描技师、诊断医生、系统维护人员和开发人员在内的用户与 MRI 系统的媒介，也是控制其他硬件的接口，用来完成日常工作。其主要功能是控制用户与磁共振各个系统之间的通信，根据用户参数计算扫描控制参数，通过控制谱仪来运行扫描软件满足用户所有的应用要求。具体说来，应有扫描控制、扫描参数计算、患者登记和数据管理、图像归档、图像显示分析、照相、系统维护（质量保证）和 DICOM 功能实现（Query/Retrieve、Storage、Print）等。

一、日常应用功能部分

（一）患者登记

日常应用中，最基本的功能就是患者登记与检查方法的选择。虽然随着 RIS 系统的广泛应用，操作技师已经很少再手动进行患者信息的录入，但手动登记还是系统中不可或缺的功能模块。图 5-5-1 为某 MRI 设备的患者登记界面。

（二）扫描检查

如图 5-5-2 所示，扫描检查界面中，应当包括检查所需序列列表、扫面参数选择、图像浏览、实现各种功能的工具栏等可用的功能单元。技师或医生可在该界面中完成序列的选择（图 5-5-3），并在必要时进行患者检查床的移动（图 5-5-4）。

（三）图像浏览

如图 5-5-5 所示，控制台软件包含图像浏览界面，该界面中含有一些基本的图像处理工具，技师可方便地浏览图像，并进行放大、缩小、测量尺寸等操作。

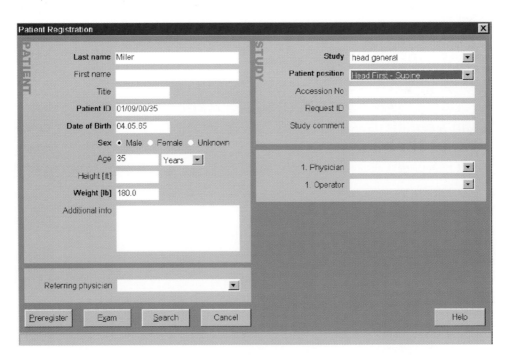

图 5-5-1　系统患者登记界面

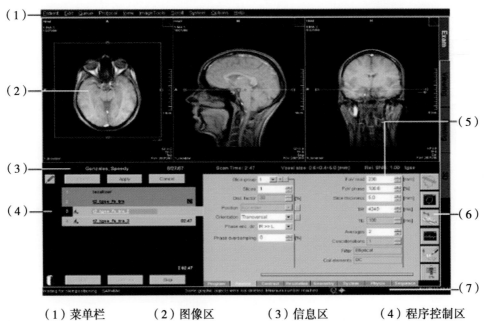

（1）菜单栏　　　（2）图像区　　　（3）信息区　　　（4）程序控制区
（5）扫描参数区　（6）工具栏　　　（7）状态栏

图5-5-2　检查界面

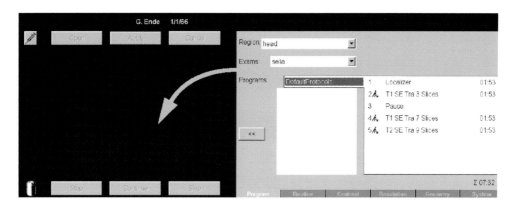

图5-5-3　序列选择

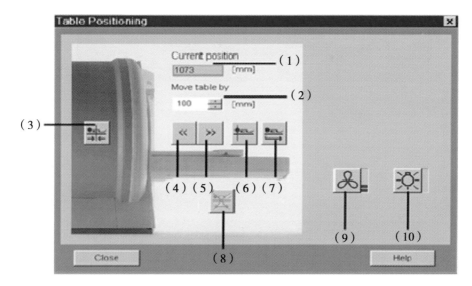

（1）当前位置；（2）动床距离；（3）进床到中心点；
（4）（5）进出床按钮（6）出床；（7）出床到初始位置；
（8）停止动床；（9）风扇调节按钮（10）照度调节按钮

图5-5-4　动床选择界面

（四）胶片打印

如图 5-5-6 所示，胶片打印界面是操作软件的必备模块，技师可使用相应的工具调节胶片布局、图像大小等参数。

二、序列参数设计功能部分

为了获得更好的图像质量，操作图技师与医生会遇到需要调整序列参数的情况。图 5-5-7 为系统中所存储的扫描序列的列表示意图。

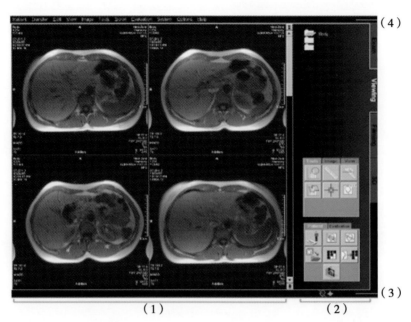

（1）图像显示区（2）控制区（3）系统状态栏（4）菜单栏

图 5-5-5　图像浏览界面

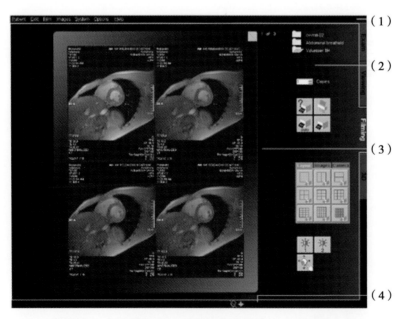

（1）菜单栏（2）控制区（3）虚拟胶片显示区（4）系统状态栏

图5-5-6　打印界面

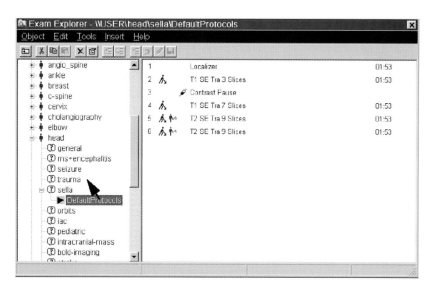

图 5-5-7 序列列表

（一）2D Routine（2D常用扫描参数）

如图 5-5-8 所示，为 2D 扫描中可修改的常用参数，包括 Slice group：层组；Slices：层数；Dist factor：层距因子；Position：位置；Orientation：方向；Phase enc. Dir：相位编码方向；Phase oversampling：相位编码方向的扩张采集；FOV read：读出方向的视野；FOV phase：相位编码方向的视野；Slice thickness：层厚；TR：重复时间；TE：回波时间；Averages：平均次数；Concatenations：连续采集次数；Filter：过滤；Coil elements：线圈单元等。

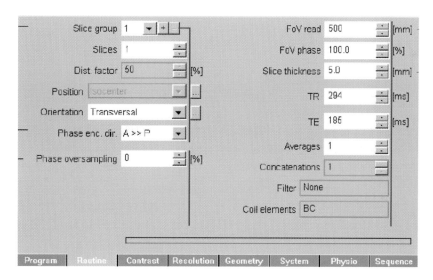

图 5-5-8 2D常用扫描参数

（二）3D Routine（三维常规参数）

如图 5-5-9 所示，三维常规参数包括 Slab group：层块组数；Slabs：层块数；Slice oversampling：层面选择方向的扩张采集；Slice per slab：每一层块的层数等。

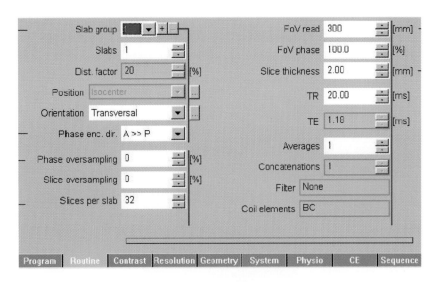

图 5-5-9　3D常用扫描参数

（三）Contrast（与对比度有关的参数）

如图 5-5-10 所示，与对比度有关的参数包括 Flip angle：翻转角；Reconstruction：重建模式；Fat suppr.：脂肪抑制；Water suppr.：水抑制；Magn. preparation：磁化准备；MTC：磁化传递对比抑制；Measurements：采集次数等。

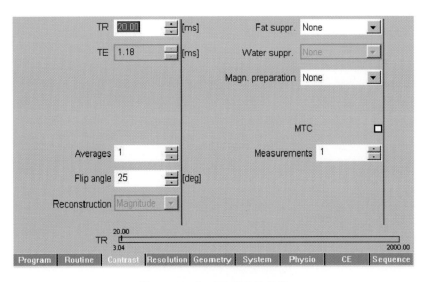

图 5-5-10　与对比度有关参数

（四）Resolution（分辨率参数）

如图 5-5-11 所示，分辨率参数包括 Base resolution：基础分辨率；Phase resolution：相位编码方向分辨率；Phase partial Fourier：相位编码方向部分傅立叶采集；Filter：过滤；Normalize：正常化模式；Intensity：强度；Width：宽度；Cut off：分离点；Unfilter images：未过滤图像；Interpolation：内插等。

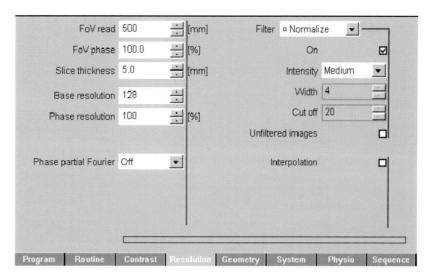

图 5-5-11　分辨率参数

（五）System Common（系统参数）

如图 5-5-12 所示，系统参数包括 Save uncombined：非联合存储；Scan region position：扫描区域位置；Move scan region to：移动扫描区域至；Move scan region by：移动扫描区域范围；Image Numbering：图像编号；Sagittal：矢状位；Coronal：冠状位；Transversal：横轴位；MSMA：多层面多角度等。

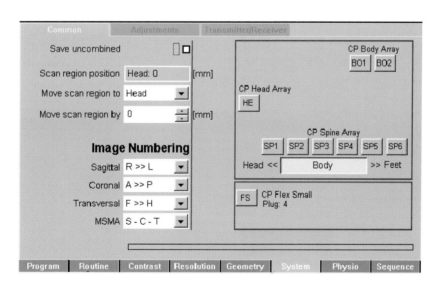

图 5-5-12　系统参数

三、维护功能部分

维护功能模块是 MRI 系统操作软件中的重要组成部分。通过使用该模块，系统维护人员可以了解系统各部件的运行状态，当 MRI 系统发生故障时，也可以通过检查错误信息来判断故障位置及原因。

维护功能模块通常具有完善的系统运行信息记录功能，图 5-5-13 为某厂家的 Event Log 显示界面，其中详细地记录了产生信息的时间、信息的代码、产生该信息的源头以及信息的具体内容。同时，该界面还支持 error、warning 及 information 三种不同的信息级别，以便维护人员进行选择性的查阅。医院的

图5-5-13　Event Log显示界面

工程维护人员可以通过定期查看系统运行信息，不断积累相关经验，从而在 MRI 系统发生问题时进行故障原因判断，从而更好地保证设备的正常运行。

线圈是 MRI 系统中必不可少的配件。当线圈本身出现故障时，通常会导致图像质量下降或存在伪影的现象，某些情况下系统还可能直接提示无法扫描，并要求用户检查线圈的连接。如图 5-5-14 所示，维护功能部分通常都具有检测线圈质量的工具。通过使用质控序列对水膜进行扫描，可以方便地确认线圈的亮度、信噪比等参数是否符合标准，从而判断线圈是否存在故障。

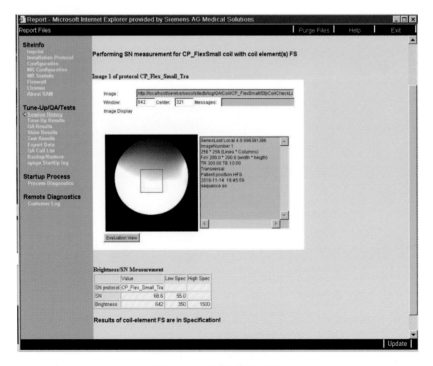

图5-5-14　线圈质控工具

四、控制台系统的发展趋势

目前，随着 PACS 及计算机技术的进步，多数三级甲等医院都已能做到将 MRI 扫描的图像都发送到 PACS 系统上集中存储。简单的系统维护和故障诊断工作采用远程服务的方式进行，不用服务工程师亲自到现场。

从设计的角度来看，未来的控制台软件都会采用 64 位体系结构来增加内存的可访问数量，这样的话就可以突破 32 位机的内存瓶颈，提高程序运行速度。充分利用多处理器和多核的优势来提高重建速度，利用并行编程技术来设计更加优化的多任务控制台软件。软件台的工作环境并无严格规定，比如早年西门子 1.5Tmagnetom 就是采用 LINIX 操作系统，而目前西门子工作站控制台基本都已应用 WINDOWS 操作系统。

（韩鸿宾　王为民　秦松茂　李景会）

第 **6** 章

磁共振成像技术

- 磁共振成像技术的生物学基础与基本原理
- MRI 波谱分析与成像（MRS）
- 人体运动与 MRI 成像技术

第一节　磁共振成像技术的生物学基础与基本原理

- 磁共振成像技术的生物学基础
- 自旋回波
- 快速自旋回波序列
- 梯度回波及其衍生序列
- 平面回波成像

磁共振成像序列是磁共振成像硬件组件的工作时间表，序列设计是根据成像组织或脏器的磁化强度矢量 M_0 的生物学特征，设计优化 MRI 的硬件工作顺序与时间，从而实现组织、病变的最佳对比显示的工作。

一、磁共振成像技术的生物学基础

尽管 MRI 成像的物理学对象是人体进入磁场，磁化后所形成的磁化强度矢量 M_0，但是常规的 MRI 诊断用图像并不经常使用反映组织 M_0 大小的质子加权图像，因为这个图像所反映的氢原子核密度，与反映自由水的水分子密度是一致的，这种图像的对比度与 CT 的对比度相差不大，对病变的显示能力也相近，因此，我们临床常见的序列中，反映组织 M_0 其他物理性质的参数更为常用，如纵向和横向弛豫时间等，正是这些参数图，使得 MRI 在诊断疾病的能力上更加优于 CT 等其他成像设备与技术，并极大地丰富了磁共振成像的内涵与外延应用范围。

（一）纵向弛豫

在外力的作用下，小磁针偏离了主磁场的方向，当外力撤除后，小磁针还会在磁场的作用下，重新回复到沿着磁力线的方向上（图 2-1-4）。同样，人体进入磁场所产生的 M_0 也遵守这样的规律。在 RF 作用结束之后，Mxy 再一次暴露在 B_0 的作用下。按照电磁学的理论，Mxy 将再次顺着磁力线的方向而形成 Mz（M_0）。这个过程被称为纵向弛豫（longitudinal-relaxation），也称为自旋 - 晶格弛豫（spin-lattice relaxation）。纵向弛豫时间一般用 T_1 值来表述，具体定义为组织磁化强度矢量恢复到 M_0 的 63% 时所需要的时间。

人体正常生理情况下，不同组织的 T_1 值不同，这是形成正常图像上的组织间对比度的基础，在病理情况下，脂肪、黑色素、亚急性期血肿、蛋白质含量丰富的黏液等的 T_1 时间相对较短，在主要反映组织

T_1 时间的 T_1 加权图像上表现为高信号；而水肿组织、肿瘤实体、坏死区等自由水含量相对丰富的区域都表现为低信号。

（二）横向弛豫

在射频脉冲的作用下，磁化强度矢量 M_0 发生翻转，切割接收线圈，产生可被测量的电信号。电信号的大小与 M_0 的大小呈直接关系。关闭射频线圈之后，系统通过接收线圈可以采集到呈阻尼形式下降的电信号。导致信号下降的原因多种多样，既有同一分子内部的，也有分子周围环境的。尽管这些因素都导致信号的下降，但是其所导致的信号下降的特点与规律不尽相同。分子内部比较固定的结构关系所导致的信号下降就是横向弛豫作用（transverse relaxation），也叫做自旋 - 自旋弛豫（spin-spin relaxation）。T_2 值除了与核磁矩所处的化学环境有关外，还与系统所处的外界温度、场强大小等多种因素有关。

关于 T_2 值的测量，连续采集多个回波就可以得到组织衰减的信号曲线，拟和后可以得到结果。T_2 值除了与分子内部的化学物理结构相关外，还与水分子存在的状态有关。在生物体内水分子可分为两大类：自由水与结合水，前者是指活动自由，周围无大分子结构与膜结构的水分子；结合水是指与大分子结构或膜中亲水结构相结合的水分子。无论自由水还是结合水，在外在磁场的作用下，其共振频率的中心是相同的，但是其共振的频率范围却明显不同，自由水的共振频率范围小，而且 T_2 值长，而结合水共振频率范围宽，T_2 值短。由于结合水的 T_2 值很短，因此在常规成像过程中，系统一般采集到的为自由水产生的信号。

人体内大多数实质器官中自由水与结合水以一定的频率进行交换，由于自由水与结合水的磁化性质不同，因此，这种转化也被称为磁化转移，其转移的速率被称为磁化转移率（magnetization transfer ratio，MTR）。

（三）其他导致MRI信号衰减的因素

1. T_2^*　因为周围环境因素而造成的 MRI 信号过快衰减称为 T_2 星（T_2^*）作用，T_2^* 的变化率为 $R_2^* = 1/T_2^*$，在 MTR 固定的情况下，组织的 MRI 信号衰减率可以表示为 R_2^*。

$$R_2^* = R_2 + R_{2inh} \tag{6.1.1}$$

R_2 为 T_2 的变化率，R_{2inh} 为场不均匀造成的额外散相位速度的变化率。

在 MRI 成像中，对 MRI 信号的采集一般是在上面的信号衰减过程的某一时间段获得的，一般的序列中，这个时间段的中点被称为回波时间（echo time，TE）。因此，在成像信号的采集中，必须考虑到 MRI 信号衰减，如果采集时间点太过落后，就会因为信号衰减而采集不到信号，无法得到图像。在骨骼与肝等短 T_2 值脏器中，应该适当的缩短回波采集的时间，以避免信号过度衰减，而无法获得理想对比度。

2. 人体内不同级别的运动包括宏观可见的人体内各类生理活动，比如血液流动、脑脊液搏动；还比如人眼无法识别的微观水分子扩散运动等。这些运动都会造成信号的衰减或丢失。在设计磁共振序列时，可利用不同级别运动的特点来探查人体病理生理状态。

在物理学中，扩散通常是指溶液沿浓度梯度的净运动。这种运动的原始动力是液体分子所具有的内在动能，这种动能转化为分子的随机运动，宏观表现为高浓度区分子向低浓度区的净运动，就如同将一滴墨水滴入盛满水的水杯中所见到的情景，人体内的水分子扩散运动同样每时每刻都存在着。扩散系数的单位为平方厘米 / 秒（cm^2/s）或平方毫米 / 秒（mm^2/s）。运动适当的脉冲序列当存在场不均匀性的情况时，相邻近的体素所在的磁场强度不同，因而不同体素内质子进动频率也不相同，存在着相位差，经过时间 t 后质子运动至邻近体素，导致该体素内的质子运动失相位，MRI 信号下降。在 25℃时，水的扩散系数为 $2.4 \times 10^3 mm^2/s$，脂肪为 $0.05 \times 10^3 mm^2/s$，脑灰质内水分子扩散系数为 $0.6 \times 10^3 mm^2/s$。

3．化学位移　同一分子中的氢质子尽管可能由于外在的化学环境不同而具有不同的共振频率范围与横向弛豫时间，但是其共振的中心频率相同。不同化学结构分子中的氢核所处的外在物理环境不同，比如核外电子云密度不同。核外电子云对外在磁场会产生屏蔽作用，由于不同的化学结构周围的电子云性状不同，因此所产生的屏蔽作用也不同，进而不同化学结构的氢核所处的外在整体磁场大小会稍有差异。结果，每种化合物中的氢质子所处的外在磁场环境会与主磁场大小不同，分别具有自身独特的共振频率范围。

总之，氢核核磁矩的自旋 - 自旋作用使 MRI 信号发生了衰减；而水的状态，如自由水、结合水会改变共振频率的范围，但上述两种情况都不会改变其共振的中心峰，即共振频率中心的位置。氢核周围的电子云对周围磁场的屏蔽作用与上述作用不同，它会改变共振频率的中心位置，因此，像素内存在多种化学物质成分而导致的有效信号减少，也是造成 MRI 信号衰减的原因之一。

二、自旋回波

（一）自旋回波

自旋回波（spin echo，SE）序列设计的示意图见图 6-1-1，序列的详细描述参见第一章第二节。
从上面的序列示意图可见，SE 序列工作的特点如下：
（1）TR 单元内 90°–180° RF 脉冲成对出现。
（2）与 180° RF 同步梯度的层面选择梯度配有破坏梯度。

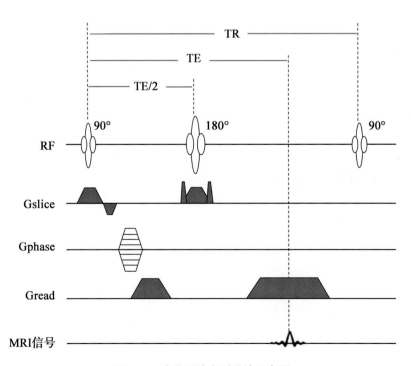

图6-1-1　自旋回波序列设计示意图
应用斑马线表示Gy的工作状态：其含义是Y方向梯度在不同的工作周期中，大小和方向随时间等幅变化

（3）读出方向上两次梯度方向相同。

在 SE 序列中，180°脉冲出现的时间点位于 TE/2 时刻，作用时间与 90°脉冲一致，一般在 2 ~ 3ms。

在 180°脉冲施加之前，90° RF 脉冲已经使沿着主磁场方向的 M_0 发生偏转至 XY 平面内，随之发生 T_2 弛豫，其微观表现是体素内各个 Mxy 分量之间的散相位。一般情况下，自旋回波序列的 TE 时间设定在 15 ~ 120ms 之间，所以 TE/2 时刻（也就是 π 脉冲施加的时间）是在 90°脉冲施加后的 60ms 以内，此时，绝大多数人体内组织 Mxy 没有完全散相位。

180°脉冲如果施加到 X 轴上，会使散相位的核磁矩相位发生变化。以其中的一个分量 My⁺ 为例来说明所施加的 180°脉冲的作用结果。假定 My⁺ 与 –X 轴成 θ 角度。My⁺ 在 180°脉冲的作用下发生了相位的变化：以 180°脉冲施加的 X 轴为对称轴发生相位变换。其与 -X 轴的夹角为（π-θ）。

同样的方式，180°脉冲使 My、My⁻ 同样发生了以 X 轴为轴心的对称相位变化（图 6-1-2）。

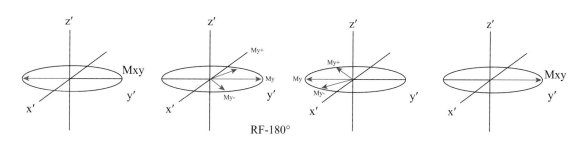

图6-1-2　自旋回波的形成

在180°脉冲的作用下，磁化强度矢量的分量My⁻与My⁺分别偏转到关于X轴相对应的镜像位置上。这样，原本相位在前的（进动频率快）的核磁矩的相位却落后了，而原本相位在后的（进动频率慢）的核磁矩的相位被提前了。经过相同的TE/2时间后，将再次形成聚相位，自旋回波形成

在 180°脉冲的作用下，原本相位在前的（进动频率快）的 My⁺ 的相位却落后了，而原本相位在后的（进动频率慢）的 My⁻ 的相位被提前了。尽管发生了这种变化，组织内部的化学结构和氢核所处的化学环境并没有发生改变，所以，原本相位在前的 My⁺ 仍然以较快的频率进动，而原本相位在后的 My⁻ 仍然以较慢的频率进动。这样再经过一段时间后，M 的相位又会重新聚相位，形成回波，由于这种回波是在 180°脉冲的作用下，依靠氢核自旋的特性（自旋 - 自旋作用的 T_2 特性）来完成，所以称为自旋回波。

自旋回波形成中的一些基本原理是更好地理解其他回波形成机制的基础，也是理解和灵活运用其他成像技术进行序列设计和临床应用的基础。下面结合自旋回波的序列设计，讲解自旋回波的图像对比度特点以及相关参数变化对图像对比度的影响。

（二）自旋回波图像对比度

激发人们进行磁共振成像的最初原因是纽约州立大学的达马迪安医生发现了肿瘤组织和正常组织的弛豫时间明显不同 [Cope FW，Damadian R. Cell potassium by 39K spin echo nuclear magnetic resonance. Nature，1970 Oct 3，228（5266）：76-77.]，突出病变组织并使之与正常组织区分开一直是临床 MRI 的主要动力与任务。各种组织之间 MRI 信号不同是形成一定图像对比度的基础，而各种组织的 MRI 信号不同的原因除了与组织在特定 MRI 成像环境下（如外在磁场、RF、梯度场）自身特异性的生物物理学参数，如 T_1、T_2、流动、扩散等因素有关外，还与成像时所选定的序列参数有直接的关系。

1．T1 加权像（T_1 weighted image，T_1WI）

（1）组织间 T_1 差异的规律：组织间的 T_1 最大差异出现在几百毫秒处，在弛豫开始的阶段（几十毫秒 ~ 300ms）与后期几千毫秒的阶段，组织间的 T_1 差异均不明显（图 6-1-3）。

（2）短 TR、短 TE 参数，突显组织间 T_1 差异：随着 TR 的变化，T_1 间的差异对信号强度有明显的影响。一般 TR 取值范围为 300 ~ 800ms。TR 取值应该设定在两种组织 T_1 值的平均值处，此时 MRI 图像上组织间 T_1 对比最强烈，比如针对 T_1 为 600 与 400ms 的两种组织，最大差异将出现在 TR=500ms 处。此时，由下一个 90°RF 脉冲将大小不同的 Mz 再次翻转到 XY 平面内形成大小不同的 Mxy（图 6-1-3）。

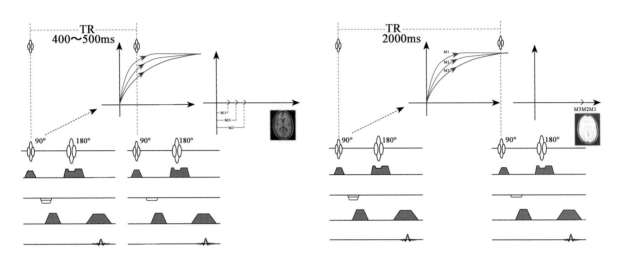

图6-1-3　SE回波序列原型可调节参数：TR、TE，短TR，短TE获得T_1WI

在 TR 被设定好后，TE 时间的设定应该取越短越好，因为这样就可以保证各个 Mxy 之间的不同被记录下来。同时短 TE 也是保证组织间横向弛豫的差异不被突出的必要条件。一般 SE 序列的 TE 时间设定在 10 ~ 20ms。

从 90°RF 脉冲到回波的采集间隔就是回波时间，这 10 ~ 20ms 并非刻意安排，而是由于 SE 序列工作时，各个不可缺少的硬件工作时间所限定的：比如 90°脉冲要持续 2 ~ 3ms，相位编码梯度工作 2 ~ 3ms，之后的 180°脉冲再消耗 2 ~ 3ms，加上各个梯度和射频启动与关闭的时间，累计在 180°RF 脉冲前就要消耗将近 6 ~ 10ms。90°~ 180°RF 脉冲间的时间就已经是回波时间的一半了，因此，整体回波时间最短也就在 10 ~ 20ms 的范围。因此说，SE-T_1WI 中所谓的短 TE，实际是 SE 序列自身的限度。在这点上后面的梯度回波就可以获得更短的 TE 时间。当然，利用高水平硬件也可以将整体的梯度线圈工作时间进一步压缩。

组织的 T_1 依赖于成像系统的主磁场强度 B_0 的大小：随着 B_0 的增加，T_1 延长。在 B_0 为 0.35T 时，为了得到 T_2 加权像，TR 应取值 2000ms；而在 B_0 为 1.5T 时，由于组织的 T_1 延长，所以 TR 也相应延长为 2500 ~ 3000ms 才能保证得到同样的 T_2 权重。

2．T_2WI 加权像（T_2 weighted image，T_2WI）

（1）组织间 T_2 差异的规律：如果希望得到突出 T_2 权重图像，即 T_2 加权像，就必须突出组织之间的 T_2 值的差异，而同时又保证组织 T_1 和质子密度间的差异不被突出。因为除了水、血液、脑脊液等体液外，人体组织的 T_2 值一般在 120ms 之内，其 T_2 值从 50 ~ 250ms。因此，在 60 ~ 120ms 时人体正常组织间的 T_2 差异最为突出，所以回波时间应该尽量在这个范围内。在受主磁场强度变化影响的程度上，组织的 T_2 值与 T_1 值不同，前者变化不大，而 T_1 值会随主磁场强度的增加而增加（表 6-1-1）。

表 6-1-1　不同磁场下人体组织的 T_1、T_2 值对比

各组织　　弛豫时间	T_1（ms）		T_2（ms）	
	1.0T	1.5T	1.0T	1.5T
脑白质	300	790	133	90
脑灰质	475	920	120	100
脑脊液	2000	4000或更长	250	250
血（动脉）	525	1200	260	250
肝实质	250	490	45	40
肌肉	450	870	65	50～60
脂肪	150	260	150	80

（2）长 TR、长 TE 的设定：为了减少组织间的 T_1 差异对图像的贡献，应该将 TR 尽量增大，因为不同组织的 M 在长 TR 情况下已经基本恢复完全，彼此之间的差异不明显。这样，当延长 TR 而将 TE 设定在接近 100ms 时，组织间 T_1 的差异被明显减弱，而组织间的 T_2 差异被明显突出，得到 T_2WI 图像。

由于 T_1 值具有场强依赖性，因此，对于 T_2WI 而言，TR 在不同的场强下设定会稍有不同，而对于 TE，无论场强大小，其变化不大。

在选择 TR 与 TE 时，是需要参考成像对象的组织特点，并考虑拟诊断的疾病病理和病理生理状态的。比如肝的 T_2 值比较低，而肝癌和再生结节的 T_2 值都只比肝组织稍微增高，此时，就不能采用与颅脑一致的 TR、TE，而应该将 TE 设定在正常肝和病变组织的 T_2 值之间，比如 40 ~ 60ms。

3．质子加权像的参数设置

当希望得到突出质子密度的 MRI 图像时，应该尽量减少 T_1 和 T_2 差别对 MRI 信号的贡献。一方面延长 TR，以减少 T_1 差异对 MRI 图像的影响，同时，减小 TE，使组织间的 T_2 差异不被突出，就得到以反映质子密度为主的质子密度加权像。

（三）K 空间

1．K 空间的定义

MRI 图像的获取过程就是对其 K 空间信息的获取与填充过程。比如，在自旋回波 MRI 信号采集到的就是系列回波所组成的数据矩阵，再经过两次快速傅立叶变换（Fast Fourier Transform，FFT），获得相位与频率编码的空间矩阵，也就是 K 空间，再最终转换为 MRI 图像。

和所用的电脑图像一样，MRI 图像是由众多的点组成的。我们称其为点阵，K 空间同样由点阵组成。一幅 MRI 图像及其对应的 K 空间的点阵数目相同，如 MRI 图像点阵是 256×256，那么对应的 K 空间也是 256×256。但要注意，K 空间与 MRI 图像之间是傅立叶变换关系，所以 K 空间的点与 MRI 图像上的点不是一一对应的，K 空间的一个点的变化会影响 MRI 图像中所有的点。在实际应用中 K 空间除了可以记录频率空间各点的信号强度，还可以记录各点的相位信息，这些信息对 MRI 图像的改进有重要作用。

在实际工作中，当发现图像存在质量问题，比如伪影等情况，或希望进一步改进 MRI 图像的质量和成像速度，经常要观察 K 空间数据进行原因分析，并针对性的改进序列或算法，以得到更好的图像质量或更快的成像速度。这种分析的前提是对 K 空间基本特点与特性有深入的了解。同时 K 空间的基本特性也是 MRI 快速成像序列设计的基础，因此，在讲解 GRE、快速 SE 序列前，必须首先介绍 K 空间，如图 6-1-4。

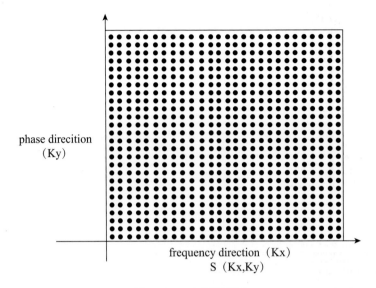

图6-1-4　K空间示意图

其中$k_x=\gamma \cdot G_x \cdot T_{acq}$，$k_y=\gamma \cdot G_y \cdot T_y$，$k_x$与$k_y$为频率编码与相位编码的大小，单位为赫兹/米，$\gamma$为旋磁比，大小为42.58兆赫兹/特斯拉（MHz/Tesla），G_x、G_y为梯度场强度（单位为特斯拉/米，T/m），T_{acq}是读出采样时间，T_y是相位编码梯度持续的时间

2．K空间的数据填充轨迹及重建方法

K空间数据填充轨迹及实现方法

一般情况下MRI数据采集可以看做是填充K空间矩阵的过程，K空间的数据填充方法有多种多样，而且还在不断改进。观察K空间数据填充轨迹可以更直观地比较不同方法间的差异，有助于开发及改进新的脉冲序列。常用的填充方法有以下几种：

（1）逐行填充：是最常用的K空间数据填充方法。

（2）螺旋型填充：如图6-1-5所示，K空间螺旋型填充是从K空间中心向外围以螺旋线轨迹完成数据的填充，此方法具有小TE、先天流动补偿的优点，该采集方式中，涡流对图像的影响比较小。

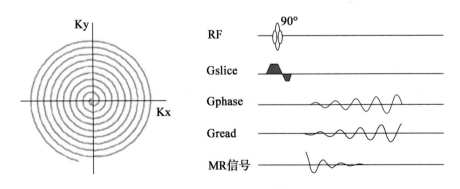

图6-1-5　螺旋型K空间填充

（3）刀锋填充（螺旋桨填充）：刀锋填充是以一定厚度的类似"刀片"的区域采用旋转的方式向K空间填充数据。每次填充过程中不同角度的"刀片"都会经过K空间中心区域，这样K空间中心区域的数据会被重复多次采集。刀锋填充方法得到的MRI图像在信噪比、对比度等方面要好于常规方法得到的

图像。另外，刀锋填充得到的图像受运动伪影及磁敏感伪影的影响较小。

（4）随机填充：压缩传感（CS）理论是信号处理领域的一个重大发现，由此理论可知在相位编码方向随机采集少量的回波就可以重建出整个图像，这样可以显著减少扫描的次数，节省大量的时间。由于图像的大部分能量集中在 K 空间的中央部位，可以在相位编码方向以高斯分布随机采集，这样 K 空间中央部分会有更多的信息，以进一步提高速度及信噪比。基于 CS 理论的 K 空间随机填充是当前很有发展前途的方法。

3．K 空间的基本性质

（1）相位编码方向的共轭对称性：K 空间最重要的特性就是空间信息在相位编码方向上的共轭对称性（图 6-1-6）。

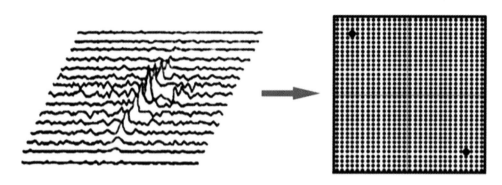

图6-1-6　相位编码线（左图）在K空间上（右图）从理论上呈现为共轭对称，即在其共轭对称的位置MRI信号应该是完全相同的（如右图的两个共轭对称黑点）

因为 K 空间的共轭对称性，K 空间中一半的数据信息是可以通过共轭对称来人为填充。也就是说，只要采集 K 空间的一半，就能够得到全部 K 空间信息（图 6-1-7）。例如 K 空间共 256 行，只需采集 128 行数据便可以重建出整个图像。目前腹部成像，特别是水成像成像序列中就常用半傅立叶采集单激发快速自旋回波（Half-fourier Acquisition Single shot Turbo spin Echo，HASTE）来缩短将近一半的成像时间以达到一次屏气完成扫描的目的。此方法可以在不影响空间分辨率的情况下节省扫描时间，但图像信噪比会下降约 30%。

（2）在频率编码方向的共轭对称性：在回波采集的过程中，由于读出梯度的左右对称，使回波信号具有同样的共轭对称性。所以，在回波信号采集的过程中也可以只采集其中的一半，可大大缩短 TE 时

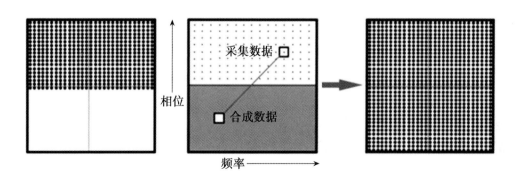

图6-1-7　相位方向半数采集成像的K空间示意图

在只采集K空间一半相位编码线的情况下，利用K空间的共轭对称性填充K空间剩余部分的数据，可以使填充K空间的时间缩短一半

间，同时降低 TR 时间（图6-1-8）。

结合 K 空间频率编码方向及相位编码方向的共轭对称性可以只填充 K 空间的 1/4，用 1/4 数据成像，这样可以在保证分辨率不变的情况下进一步减少扫描时间，但信噪比会降低一半。

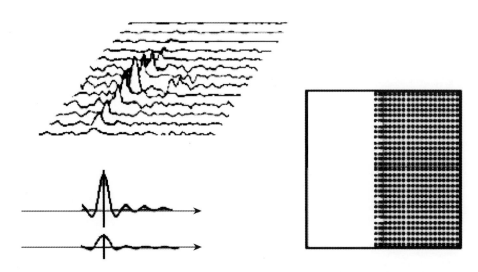

图6-1-8　频率编码方向半数采集回波示意图

由于回波的对称性，在回波信号采集的过程中只采集其中的一半，就可以使获得全部K空间的数据，使获得K空间的时间缩短一半

4．从 K 空间分析 MRI 快速成像的技术方法

按照序列设计进行 MRI 图像空间信息采集，结果得到了空间层面内的数据矩阵：(k_x, k_y)。k_x 代表频率编码，k_y 代表相位编码。K 空间的列数 k_x 等于取样点数，K 空间的行数 k_y 等于相位编码线数目。

在整个成像过程中，无论高频或低频部分，都是非常重要的。缺失了其中的任何一部分都会影响到图像的质量。所以为了获得完好的 MRI 图像，就必须花费相应的时间，以得到足够的信息。

成像原始数据的获得过程中，成像信息的获得是通过射频脉冲与梯度场对 M_0 的作用来实现的。MRI 信号的产生来源于 XY 平面内的磁化矢量 M_{xy}。M_{xy} 本身是由射频脉冲作用于 M_0 而得到的。因此，M_0 是磁共振成像信号产生的基础与前提。在二维空间定位中，对于一幅完整的图像来说，一定数目的相位编码数 N_y 是必不可少的。同样，如上所述，针对每一次 N_y 相位编码线来说，M_z 都是必要的因素。这样，组织特异性的纵向弛豫时间（T_1 时间）与相位编码线数目 N_y 就成了两个限制成像时间的决定性因素。

如果不考虑相位编码的过程，而只考虑空间一条相位编码线的读取，假定层面激发（90°脉冲）需时 3ms，回波重聚（180°脉冲）同样需时 3ms，一定带宽的读出梯度假设需时 8 ms，这样，一条相位编码线只需时 20ms 左右。但是，在连续采集图像数据的过程中，N_y 条相位编码线都需要有足够的 M_{xy} 来保证采集到的信号的强度。系统在下一次相位编码线开始采集前要等待足够的时间以保证 M_0 的恢复，这个等待时间（含激发及采样时间）就是普通序列的重复时间 TR（Repetition Time，TR）。等待 M_0 恢复的时间 TR 同样也反过来限制了成像的速度。总的成像时间可用下式来表示：

$$T = N_y \times N_{acq} \times TR \tag{6.1.2}$$

其中 TR 为获得每条相位编码线的时间，即重复时间。N_y 为相位编码线的次数，N_{acq} 是每条相位编码线扫描的重复次数。如何有针对性的缩短上式中的各项就是 MRI 快速成像所要解决的问题。

- 缩短 TR——梯度回波序列 GRE 等。
- 减少 N_{acq}——半数傅立叶采集技术等。

- 增加 N_y 的采集效率（单个 TR 内采集更多 N_y）——快速自旋回波等。
- 综合利用上述方法——平面回波技术等。

当然，在实际工作中，针对 K 空间的特性来缩短成像时间只是 MRI 快速成像技术的一种方法，利用层选频率差异来进行多层采集、改进后处理技术等都是可采用的缩短成像时间的技术方法。

三、快速自旋回波序列

弛豫增强快速采集（rapid acquisition with relaxation enhancement，RARE）是指在一次激发后，以连续多个重聚焦射频脉冲来获得多个自旋回波一类序列。包括快速自旋回波、hyperecho、TRF 等。这些序列的共同特点都是依靠射频脉冲来重聚横向磁化矢量获得多回波，不同点是 RF 的强度与施加方式。本节重点介绍快速自旋回波。

（一）快速自旋回波序列

是目前临床实际工作中最常用的序列之一，序列设计示意图见图 6-1-9。

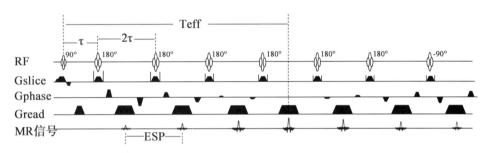

图6-1-9　快速自旋回波的序列设计与K空间填充方式：连续施加180°脉冲，并先后启动相位编码梯度与读出梯度，就可以在一次激发后，得到多条相位编码线，如图所示单位TR时间内，系统采集的到K空间的ETL条相位编码线。经过Ns次采集后系统就会完成整个K空间信息的获得，比SE成像时间减少了ETL倍

1. 关于射频
- 在 90° 射频激发脉冲后施加连续 180° 聚相位射频脉冲（p 脉冲）。
- 180° 脉冲施加相位与 90° 脉冲相差 p/2 相位。
- 180° 脉冲同步梯度毁损梯度幅度与方向变化。
- 90° 脉冲与第一个 180° 脉冲间距为两个 180° 脉冲之间间距的 1/2。
- 回波间隙与回波链长度：90° 与 π 脉冲的时间间隔为 τ，相邻 π 脉冲的时间间隔为 2τ。连续两个自旋回波信号峰值间的时间间隔相同，称为回波间隙（echo spacing，ESP），时间为 2τ。单位 TR 时间内获得的原始自旋回波个数称为回波链长度。ETL 等于 TR 间期内施加的 π 脉冲数目。
- π 脉冲射频带宽：由于连续施加 π 脉冲，在时域上 π 脉冲波形不可能无限向两端拓展，因此 π 脉冲无法实现理想的矩形频率域谱，出现"拖尾现象"。
- 连续 π 脉冲易导致特异性吸收率（specific absorption rate，SAR）值过高。
- π 脉冲施加相位会影响 Mxy 回波形成。

2. 关于梯度
（1）Gz：每个 π 脉冲都同步施加 Gz 与 Crusher 梯度。Crusher 梯度的大小与方向需要不断变化，以去除受激回波的产生。
（2）Gy：与每个 π 脉冲配合，对特定回波进行相位编码。包括相位编码梯度与回转梯度（phase-

rewinding gradient）。回转梯度在 Gx 之后施加。回转梯度使层面内氢核间的相位差归零。

（3）Gx：与 SE 相同，在 90°脉冲与第一个 180°脉冲之间施加曲线下面积为 Gx/2 的预读出（prephasing）梯度。在每个 π 脉冲后施加 Gx，对相应的回波进行频率编码。

3．FSE 序列的成像时间

对于 2D 的 FSE 序列其成像时间可以由公式（6.1.2）改进如下：

$$T = TR \times N_{acq} \times N_{shot} \tag{6.1.3}$$

如果 ETL 可以被相位编码步数整除，N_{shot} 等于 N_y/N_{ETL}，如不能整除则 N_{shot} 等于 $N_y/N_{ETL}+1$。

（二）快速自旋回波序列对比度与图像特点

1．有效 TE 时间与 T_1、T_2 对比度

与 SE 相同，快速自旋回波图像的 T_1 与 T_2 对比度仍然由 TR 与 TE 共同决定。原则上长 TR、长 TE 得到 T_2 对比度，短 TR、短 TE 获得 T_1 对比度。与 SE 不同的是，快速自旋回波中，每个 TR 内具有多个回波与相应的 TE 时间，这些回波中决定着图像对比的回波时间仍然是 Gy 最小时获得回波的 TE，此时的 TE 称为有效回波时间（effective echo time，Teff）（图 6-1-10）。

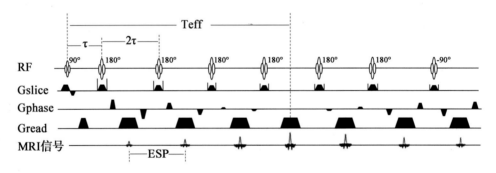

图6-1-10　FSE序列的示意图

通过调整最小 Gy 的位置，就可以获得不同 Teff 的序列，也分别代表着不同的对比度成像。Teff 越长，组织的 T_2 特性就会被越突出，Teff 越短，组织的 T_1 特性、或质子密度特征就会被突出。最小 TR 与 Teff、ETL，ESP 的设定有关。当获得短 Teff 的 T_1WI 时，需要同时满足 2 个条件：

短 Teff 与短 TR，这 2 个条件就限制了 ETL 的数目，也就是每个 TR 内可以获得的相位编码线数目。

2．FSE 的图像特点

● 快速自旋回波的对比度均化效应。

● 脂肪信号相对增高。

● MT 效应。

● 对场不均匀的不敏感性。

（三）快速自旋回波衍生序列

1．双回波序列

可得到 2 个不同对比度的相位编码线组，并进一步得到不同对比度的 MRI 图像（图 6-1-11）。

2．快速恢复 FSE（fast recovery FSE，FRFSE）

见图 6-1-12。

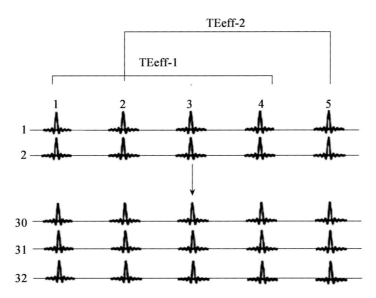

图6-1-11　在双回波序列设计中，为了同时得到同层2个不同对比度的K空间信息，可以将其中第2～4个回波定为两个K空间共用的部分，而最前和最后一个回波分别被填充到各自的K空间中，结果第一回波形成的原始K空间中心部分的相位编码线由第一个回波为主来填充，而第二回波形成的是原始K空间中心部分的相位编码线由最后的一个回波为主来填充。而K空间的周边部分（2～4回波），两者共用，经过Ns次TR后会完全填充整个两个K空间，并得到两幅不同TE的回波图像

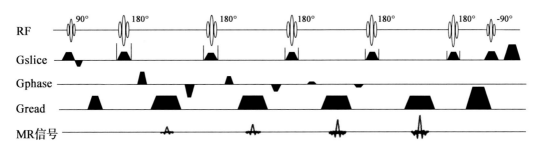

图6-1-12　FRFSE序列设计示意图，特征为序列末端的"－90°RF"。FRFSE中的最后一个重聚焦脉冲将横向磁化相位重聚后，被其后的－90°脉冲翻转到Z轴上，用来参与产生下一组回波。因此与FSE相比较FRFSE增加了长T2组织的信号，增加了SNR及T2权重。可以采用较长的ETL

3. 半傅立叶单次激发 FSE（half-Fourier acquired single-shot turbo spin echo，HASTE）

其技术实现的原理参见 K 空间介绍。与 FSE 比较，HASTE 的最突出优点是有效地减少生理运动性伪影，特别适合于不合作患者（危重、婴幼儿）的扫描。HASTE 保留了与 FSE 相似的组织信号特征，但由于在 HASTE 中使用大量180°脉冲，其磁化传递作用和滤过效应（filtering effect）明显，使 HASTE 序列具有亮"水"作用，即富含水的病灶如囊肿、血管瘤等会产生信号增强作用。

4. 磁共振水成像

磁共振水成像（MRI hydrography）技术的原理主要是利用水具有长 T2 弛豫时间的特性成像，人体的所有组织中，水样成分（如脑脊液、淋巴液、胆汁、尿液等）T2 值远远大于其他组织。采用T2 权重很重的 T2WI 序列，即选择很长的 TE 时，其他组织的横向磁化矢量几乎完全衰减，图像信号强度降为很低甚至几乎没有信号，而水样结构由于 T2 值很长仍保持较大的横向磁化矢量，致所得信号强度较高，因此所采集的图像上信号主要来自水样结构。目前临床上最常用的水成像技术有磁共振胆胰管成像（MR cholangiopancreatography，MRCP）和磁共振泌尿系水成像（MR urography，MRU）等；MRCP 是一种

安全有效的胆胰管系统疾病的诊断方法，可提供良好的胆胰系整体图像，以多角度、立体、全面的展示扩张胆胰管的形态、范围和程度。而 MRU 非常适合尿路梗阻性病变的诊断，其对梗阻部位、程度的判断具有高度的敏感性和准确性。

四、梯度回波及其衍生序列

梯度的回波信号不是由 180°射频脉冲而是由改变梯度磁场来产生的。在读出梯度（频率编码）方向上施加一个先负后正的梯度脉冲，使质子群先发生相散，后在反相梯度场中发生重聚。由此接收到一个回波，称为梯度回波（Gradient Echo，GRE）。

（一）梯度回波的特点

随着 MRI 临床应用机型在场强方面的发展，高场 MRI 在我国有普及应用的趋势，而随着这种发展，SE 序列的应用呈现逐渐减少的趋势。这与 SE 序列的耗时过长具有直接关系。如何缩短成像时间，是临床与 MRI 厂商共同面临的现实问题。

TR 是缩短成像时间的关键因素之一。而缩短 TR 的最直接方法就是去除某些硬件工作或缩短硬件工作时间。

在 GRE 中，系统通过以下方法缩短 TR：
- 去除了 SE 序列中的 π 脉冲。
- 采用小角度激发，缩短 RF 工作时间。
- 增加梯度幅度，缩小梯度作用时间。

（二）扰相梯度回波（Spoiled Gradient Echo，SPGR）

1. 扰相/损毁梯度
见图 6-1-13

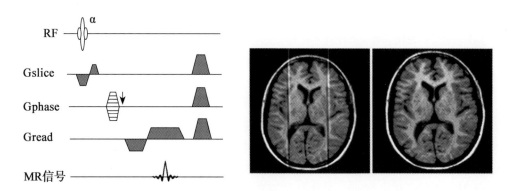

图6-1-13　通过施加扰相破坏梯度后，图像中的亮线干扰消失

2. 去除残留的横向磁化类梯度回波的临床常用变型
（1）双回波 -INPHASE，OUTPHASE：见图 6-1-14。
水脂同相与反相技术：可以通过设定特定的回波采集时间（echo time，TE）来获得水脂同相或反相位的图像。为肝扫描的常规序列（见表 6-1-2）。

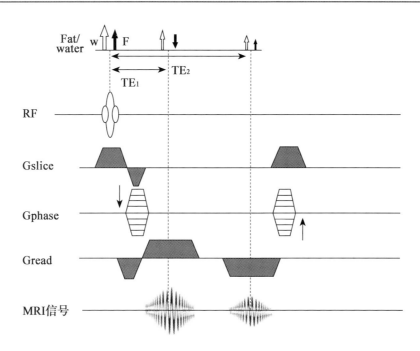

图6-1-14 FLASH IN/OUT PHASE 序列示意图

表 6-1-2 不同场强下 IN/OUT PHASE 序列回波时间

主磁场强度（T）	水-脂同相位TE时间（ms）	水-脂反相位TE时间（ms）
0.2	0，34.5，69.0，…	17.3，51.8，…
0.5	0，13.8，27.6，…	6.9，20.7，34.5，…
0.7	0，9.9，19.7，…	4.9，14.8，24.6，…
1.0	0，6.9，13.8，20.7，…	3.5，10.4，17.3，…
1.5	0，4.6，9.2，13.8，…	2.3，6.9，11.5，…
3.0	0，2.3，4.6，6.9，…	1.2，3.5，5.8，…

（2）快速扰相小角度激发梯度回波序列（TurboFlash）：

傅立叶变换中假设每条相位编码线的信号强度在傅立叶相位编码线的采集过程中保持稳定，前述的 SE、GRE（fisp，flash）都是满足上面的条件的。但是与 SE 不同，Turboflash 的信号强度是不断变化的，高频部分的缺失将导致边缘模糊。预脉冲的组成可以按照所要得到的图像对比要求来设计，可以单纯施加 $180°$ 反转射频脉冲形成反转恢复序列，也可以通过施加 $90°$–$180°$–$90°$ RF 组合形成图像对比度，或单纯 $90°$ 以获得 $T2^*$ 的图像对比度。

部分回波：prephasing gradient 的面积决定回波峰值出现的时间，因此可以通过减小其面积来影响回波峰值的位置，实现部分回波采集（partial or fractional echo）（图 6-1-15），其最小 TE 时间更短。

分段扫描：在 Turboflash 以及后面介绍的 EPI 中分段扫描都是非常重要的概念，如果翻转角过大或成像时间过长，对决定组织对比度的 TE 时间很难控制。比如在心脏成像中，对固定时相的采集也难于把握。如果每次只采集 K 空间的一部分，分节段对 K 空间进行充填，这样就可以解决上述的难点。分段 Turboflash 扫描序列一方面可以拓宽 T1 对比度的适用范围，可以使 TE 变得很短；另一方面，可以用来节省时间显示与分析心脏功能。

3．T1 加权三维磁化强度预备梯度回波序列（T1-weighted three-dimensional magnetization-prepared

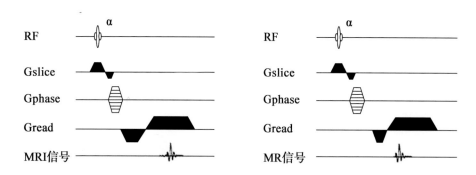

图6-1-15　完整回波与部分回波的区别，通过**prephasing gradient**面积的缩小实现部分回波

rapid acquisition gradient-echo，T1WI- 3D MP-RAGE）

对于 T_1WI 的 MP-RAGE 而言，首先施加一个非选择性的准备脉冲，其角度可以是 $0°$ 到 $180°$ 之间。在经过 T_1 时间之后，在纵向磁化中引入了 T_1 对比，这一引入 T_1 对比的磁化被一系列快速梯度回波序列所激励并读出，得到多条 K 空间编码线。3D MP-RAGE 的 T_1 对比由准备脉冲和激励脉冲的翻转角决定，当激励脉冲的翻转角很小时准备脉冲可以增加对比。

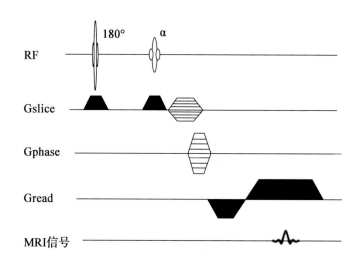

图6-1-16　**3D MP-RAGE的序列设计示意图**

（三）横向磁化矢量重聚相位梯度回波

1．横向磁化矢量重聚相位梯度回波 FID 采样（FISP）的序列设计

与扰相梯度稳态进动序列不同，横向磁化矢量重聚相位梯度回波 FID 采样的 Mxy 在序列中 TR 的末期未被扰相梯度场破坏。相反，在 TR 末期残余的横向磁化矢量 Mxy 被利用与纵向的剩余磁化矢量 Mz 一同来形成下一个 TR 间期内的 Mxy，其序列的设计如下（图 6-1-17）：

从图 6-1-17 可以看出，FISP 的技术关键点在于：

● 相位编码方向上回转梯度的应用。

● 射频角度相位的变化有助于稳态的快速形成。

2．横向磁化矢量重聚相位梯度回波稳态 SE 回波采样的序列设计

是 FISP 的镜像序列（PSIF）（图 6-1-18）：

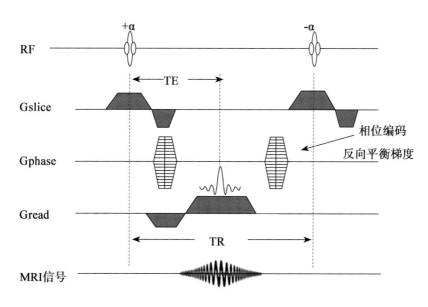

图6-1-17 横向磁化矢量重聚相位序列设计

应用反相位（相差180°）射频脉冲以及相位编码回转梯度技术来形成稳态，同时去除横向残余磁化矢量对MRI信号采集的影响，最终通过重聚相位得到梯度回波信号

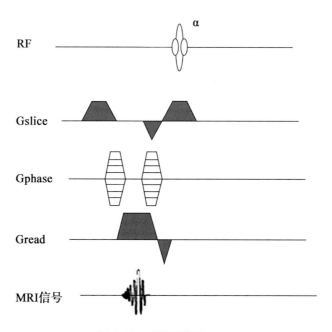

图6-1-18 序列示意图

当TR ≤ T_2时，两个RF脉冲或一个RF脉冲加上反向梯度脉冲将导致两次信号出现，一次为FID信号，另一个为回波信号（自旋回波或梯度回波）。前面的FISP序列仅采集FID信号，抛弃SE和STE信号；而PSIF是忽略FID信号，仅采集重叠的SE/STE信号。延长初始激发到回波采集的时间，可以获得T_2权重加重的GRE图像（因此有公司称其为对比度增强的FAST，contrast enhanced fast acquisition in steady state）。这种脉冲的时序图非常独特，其一个TR间期只是FISP/GRASS序列的镜向，因此又叫PSIF或镜向FISP。通过使用回转梯度保持稳态自由进动即SSFP。但在层面选择方向上却不加重聚梯度将FID信号干扰掉。下一个α脉冲产生一个SE回波和一个与下一个自旋回波同时出现的刺激回波。真

正的回波信号在2TR时出现，所以PISF的实际回波时间为2TR，在第一个自旋回波出现后，以后的每一个TR均产生一个自旋回波。其优点是短时间内可以获得重T_2加权的图像，缺点是对运动过于敏感。

3．真实稳态进动梯度回波（TureFISP、B-FFE、FIESTA）序列

见图6-1-19。

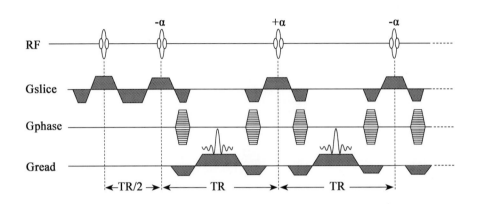

图6-1-19　真实稳态自由进动序列设计示意图

序列设计的特点：

● 射频施加的特点：$(\alpha/2) - (-\alpha) -- (+\alpha) -- (-\alpha) -- (+\alpha) --$ 射频：由$(\alpha/2)$ RF及随后的一系列相位交替变化（相差180°）α脉冲所组成的激励脉冲组合是最快达到稳态并获得最小信号波动的方法。

● $(\alpha/2) - (-\alpha)$ 之间的时间为 $(-\alpha) -- (+\alpha)$ 之间时间的1/2。

4．双回波稳态DESS（double echo steady state）

见图6-1-20。

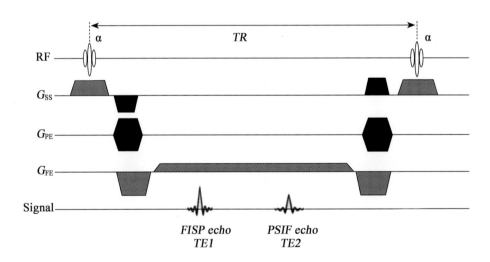

图6-1-20　DESS设计示意图

DESS也可以被看做FISP于PISF序列的杂交序列，由图6-1-10可以发现，DESS中延长了读出梯度的作用时间，从而使SSFP-FID信号与SSFP-ECHO相互分开，而两个回波之间的读出梯度起到了扰相梯度的作用，避免了两者的相互干扰。将上述两个回波联合产生一幅图像。它的两个回波具有不同的加权特征，信号在FISP的基础上结合了PISF的重T_2加权特征，因此液体成分的信号明显加强。这一序列在用于关节成像时，软骨与关节滑液之间的对比良好。

5．结构相干稳态（CISS）

见图6-1-21。

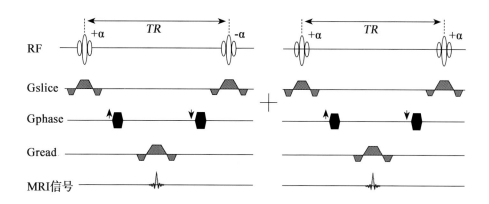

图6-1-21　CISS的序列设计示意图

结构相干稳态（constructive interference in steady state，CISS）可以理解为是 True FISP 的一种较慢的形式，大约在 10 年前被提出，其 TR 在 15～20ms，它包含有两部分，第一部分由交替变换的激励脉冲组成（角度分别为 $\pm\alpha$），第二部分采用连续的角度为 α 的脉冲。将两次所得到的信号合并形成一幅图像，由于两次所采集的图像的条带状伪影具有互补性，因此合并后的图像克服了条带状伪影。这一序列在 GE 公司称为 FIESTA-C（FIESTA-cycled phases）。主要用于克服内耳等部位小 FOV 扫描时，由于 TR 延长所造成的条带状伪影。

五、平面回波成像

英国科学家彼得·曼斯菲尔德（Peter Mansfield）在 1977 年首先提出了应用平面回波成像（echo planar imaging，EPI）技术来提高成像速度的设想，他因此而获得了 2003 年的诺贝尔生理学或医学奖。在 100～200ms 内，完成所有的 K 空间信息的采集，在层面选择激励后，通过快速切换的 Gy 和 Gx 梯度的配合来实现在单位或一次 TR 时间内所有 K 空间信息的填充。只要梯度切换的速率和幅度足够，在组织 MRI 信号完成散相位前完成信号采集是可能的（图6-1-22）。EPI 序列由 2 部分组成：脉冲部分和采集部分。其中采集部分连续切换的读出梯度是 EPI 序列的关键技术要点。

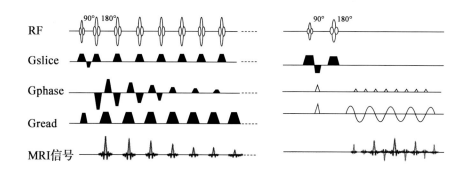

图6-1-22　RARE与EPI序列对比

EPI的特点是应用反转梯度替代FSE序列中的π脉冲。π脉冲的持续时间比较长，一般在3ms左右，而梯度场的作用时间可以很短，如0.8ms，这样就可以使成像的时间明显缩短，甚至达到亚秒级成像

1. EPI 图像对比度

（1）预脉冲对图像对比度的影响：

- SE-EPI，EPI 采集数据是 T_2 衰减的回波包络下的 SE 信号。
- GRE-EPI 会产生 T_2^* 衰减回波包络的 GRE 信号。
- 反转 π 脉冲可以与 SE 或 GRE 序列脉冲进一步组合（π 脉冲 -SE、π 脉冲 -GRE）。按照不同的 TI 与 TE 时间可以获得不同的组织对比度。

（2）Teff：在单次激发 EPI，Teff 为 Gy 随时间积分接近为零时的回波时间；在 Teff 的设计上，分段 EPI 与快速自旋回波完全相同。

（3）EPI 的螺旋 K 空间轨迹采集模式，可以获得最短的 TE，并且梯度的设计上，是可以实现对加速运动形式进行矫正的波浪式梯度，因此，在流动组织的显示上具有独特的价值，如心脏血管等。

（4）关于伪影与图像质量：

- 对磁感应性伪影与化学位移伪影敏感。
- 由于 T_2 衰减可造成 T_2^* 滤波效应。
- 由于梯度快速切换产生的涡流等会导致相关伪影，参见第八章第五节。

应用 EPI 方式进行的数据采集，由于组织的 T_2^* 衰减，在相位编码方向上同一层面的信号采集过程中，信号强度变化非常明显。在回波的高频部分——K 空间的周边部分，由于 T_2^* 衰减，由于高频率的滤过作用，产生模糊作用。T_2^* 越短，模糊越重，病变的边界模糊。通过缩短回波链间距（ESP）与 TE 可以减小 EPI 中的 T_2^* 滤波效应。由于相位编码梯度太弱，单射单次激发 EPI 的化学位移伪影比标准序列大几倍，有效的脂肪压抑技术在 EPI 成像时是必需的。在应用相控阵线圈时，由于皮下脂肪信号强度的增加，化学位移伪影也较重，可应用 STIR 预脉冲来解决（IR-EPI）。

信噪比与读出带宽的倒数成正比。EPI 回波链的梯度回波间期比常规脉冲序列读出梯度短许多，因此，读出带宽较高，理论上信噪比应较低。但是临床实际应用时单次激发 EPI 的 SNR 非常好。其中的原因之一是空间分辨力较低对信噪比的补偿作用。比如，128×128 或 64×128 矩阵的像素大小为 2 ~ 4mm，而标准的 SE 序列为 1 ~ 2mm。EPI 中随着切层厚度的减小，图像质量可以改善，可能与成像体素内 T_2^* 衰减和磁感应性伪影减小有关。

EPI 一般在高场 MRI 系统上来进行，目前临床多用的机器为 1.5T；当然，也可以在低场强下获得 EPI，低场下组织的 T_2 相对延长，所以可以适当的延长 ETT（增加 ETL 或减少读出带宽），增加回波采样时间，来获得较好的图像。但过长的 ETT，也会导致 T_2^* 滤过及运动伪影。

2. EPI 安全性

因为使用 RF 数目较少，不会有过多的 RF 能量沉积。针对 EPI，较高的梯度切换率成为另一潜在的危险因素。

人体的许多活动，如心肌、脑神经活动、骨骼肌肉运动等都与神经、肌肉的电兴奋和传导有关，人体神经、肌肉的电兴奋与传导性是人体内各种简单或复杂运动的基础。磁场中的强度变化产生电场，如果在变化磁场中存在电导体，就会产生电流。EPI 序列中快速变换的梯度场会在人体中产生迅速变化的电流。使用 EPI 进行成像时必须考虑这些因素对人体的影响，应该了解 EPI 对神经、肌肉等组织的作用，以便掌握检查的安全性范围。

高速变换的相位与频率编码梯度增加了神经刺激的危害性。一般以 dB/dt（单位时间内磁场变化率）来表示这种迅速变换梯度场而引起的危害。美国食品与药品管理局规定横轴位梯度为 60T/s（x 与 y），主磁场方向梯度上限为 20T/s。在 EPI 数据采集过程中，dB/dt 的不断变换会导致感觉的异常：包括抽搐乃至疼痛，一般位于线圈边缘的部分。

第二节 MR波谱分析与成像

- MR 波谱分析与成像（MRS）概述
- MRS 与化学位移成像序列设计
- 频谱处理
- MRS 定量分析方法

一、MRS概述

早在磁共振成像技术发展开始之前，MRS 已经得到了非常深入和实际的发展。在正常组织中，代谢物在某种组织中以特定的浓度存在，如 N- 乙酰天门冬氨酸（N-Acetylaspartate，NAA）、肌酸（Creatine，Cr）、胆碱（Choline，Cho）、肌醇（myo-inositol，mI）等；当组织发生病变时，代谢物浓度会发生改变。磁共振成像技术与磁共振波谱（magnetic resonance spectroscopy，MRS）分析的有机结合，使在活体上选择性、无创定量测量组织内分子结构、分子化学环境变化、分子存在状态成为可能，这是以往任何成像技术所无法实现的。因此，MRS 技术在疾病早期诊断、鉴别诊断和检测疗效方面具有很大的临床价值。随着频谱采集和后处理技术的发展，MRS 将发挥更加重要的作用。

MRS 可检测到的原子核主要有 ^{1}H、^{31}P、^{13}C、^{19}F，它可以检测出含有上述原子核的代谢物。由于体内水含量丰富，^{1}H 的含量最多，活体 ^{1}H-MRS 检测灵敏度最高，故目前临床以 ^{1}H-MRS 应用最为广泛。^{31}P 在人体中含量也较为丰富，因此 ^{31}P-MRS 也有较多应用。

脑是目前临床 MRS 研究最多的部位。这主要由于脑部结构对称，不易受呼吸等运动影响，且代谢物种类丰富、活动旺盛，是 MRS 研究的理想部位（图 6-2-1）。其他部位，如肝、前列腺、乳房、肌肉的研究也较多。

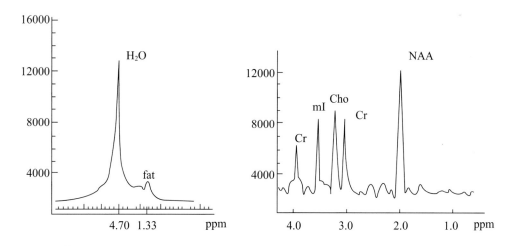

图6-2-1　正常人脑在体^{1}H-MRS，可以看到位于**4.70ppm**和**1.33ppm**的水分子峰与脂肪峰。通过饱和等技术可以使水、脂峰被压抑，此时，会得到之间的其他分子代谢物峰，如化学位移位于**2.02ppm**的N-乙酰天冬氨酸（**NAA**）、位于**3.2ppm**的胆碱（**Cho**）、位于**3.03ppm**和**3.94ppm**的肌酸（**Cr**）、位于**3.56ppm**的肌醇（**mI**）

MRS 和其他成像技术一样，有其不可代替的一方面，但也有很多尚未解决的问题。比如，因为部分代谢物的浓度较低，产生的 MRI 信号几乎是水 MRI 信号的万分之一，MRS 的敏感性相对较低，因此需要几百次的重复采集，成像时间长。

临床磁共振频谱常用的抑水抑脂序列叫做化学位移选择激励序列（chemical shift selective excitation，CHESS）。其时序图如图6-2-2所示。

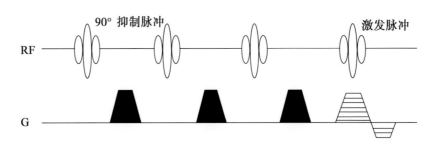

图6-2-2　CHESS的脉冲时序图

CHESS 选择一个与水或脂肪频率相当的 90° 选择性脉冲去激发水或脂肪信号，然后用一个强散相梯度来消除被激发的水或脂肪信号。这样的过程重复三次后，在水或脂肪信号刚开始恢复还不能被再次激发前，再次发射激发脉冲，激发感兴趣区（volume of interesting，VOI）内全部信号，此时基本不包含水或脂肪信号。该类方法的缺点是：

（1）如果磁场强度不够均匀，抑制水或脂肪信号时，也不可避免地抑制了其他感兴趣成分的信号。因此，往往为了保护有用的信号，而留下了一部分未能完全抑制的水或脂肪信号。

（2）由于增加了射频数目，因此增加了扫描时间，也造成了射频吸收率（SAR）升高。

除了 CHESS，还可使用反转恢复法、相移预饱和方法等进行抑水抑脂处理。但 CHESS 最为常用。通过这些脉冲序列，VOI 中的水信号都得以较大地抑制，然而抑水后的信号还是会不可避免地留下残余水信号，所以还需要使用后处理方法的抑制残余水信号。

（一）化学位移、屏蔽常数 σ 与共振峰的位置

1947 年，Proctor 和我国物理学家虞福春教授发现原子核的共振频率与它的化学环境密切相关，化学环境的改变可使某种原子核在 Larmor 共振频率的基础上有轻微的偏移，这种现象称之为化学位移。

在原子或分子轨道上运动的电子会产生局域磁场。有外磁场存在时，电子产生与 B_0 反向的局部小磁场，磁场大小与 B_0 成正比。B_0 会影响局部小磁场的方向和强度，这是产生化学位移的基础。在电子对主磁场屏蔽的作用下，核磁矩的进动频率表示如下：

$$\omega = \gamma \left(B_0 + \Delta B \right) \tag{6.2.1}$$

$$\Delta B = \sigma B_0 \tag{6.2.2}$$

σ 为电子云对 B_0 的屏蔽常数，单一核磁矩的进动频率可以进一步表示如下：

$$\omega = \gamma B_0 \left(1 + \sigma \right) \tag{6.2.3}$$

因为场强对化学位移的影响，不同系统、不同场强条件下的化学位移不能单纯以 $\Delta\omega$ 来表示，而是应用相对频率差数 δ 来表述。δ 值的计算见公式 6.2.4。

$$\delta = \Delta\omega / \omega_{spec} \tag{6.2.4}$$

ω_{spec} 是成像共振仪的频率（单位为 MHz，比如 1T 时，为 42.58MHz），$\Delta\omega$ 是化合物分子共振频率

与参考点共振频率的频率差（$\Delta\omega=\omega$ 样品—ωref），单位为 Hz。但在 MRS 领域，使用 ppm 的表示方法比 Hz 更有优势。原因如下：

（1）由于屏蔽作用较弱，代谢物的频率偏移远远小于中心频率。例如在 1.5T 时，水的共振频率为 63.9MHz，而脂肪的共振频率则由于周围电子云的屏蔽作用产生化学位移现象，频率偏移水的共振频率 220Hz，频率偏移程度与中心频率相差了几个数量级。

（2）使用 ppm 表示，可以使不同代谢物的化学位移与检测时所用的磁场强度无关，即用不同场强的仪器所测定的代谢物化学位移均相同。例如，在 1.0T 成像系统中，水、脂的氢质子的实际频率偏移为 $3.4\times42.576MHz=144.76Hz$；在 1.5T 系统中，脂肪与水的频率偏移为 217Hz。但上述两种场强中，水和脂肪的 ppm 不变。

因此，使用化学位移可以方便的表示不同场强仪器获得的频谱中特定的代谢物。ωref 为四甲基硅烷（TMS）的共振频率，TMS 的 δ 值定为 0，绝大多数化合物的共振峰位于其左边 0～15 处，比如水的化学位移为 4.7ppm。选用四甲基硅烷（TMS）作内标物质来确定化学位移，是因为这一化合物中的 12 个质子是等同的（TMS 的化学结构式见图 6-2-3），只产生一个峰，并且它的屏蔽常数比大多数其他质子的屏蔽常数大，一般化合物的峰都出现在 TMS 峰的左侧。

影响化学位移的因素有：

（1）磁各向异性效应（magnetic anisotropic effect）；

（2）范德华效应（Van der Waals's effect）；

（3）H 键效应（effect of hydrogen bond）；

（4）溶剂效应（Solvent effect）。

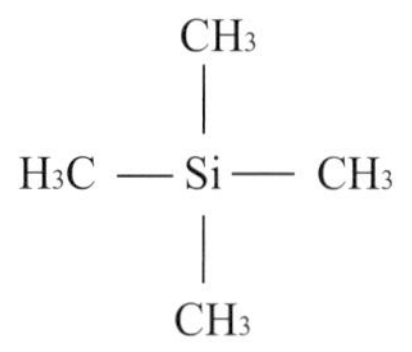

图6-2-3 四甲基硅烷（TMS）的化学结构式

另外一个突出的因素是代谢物的化学位移对温度、pH 有依赖关系。因此，在 ^{1}H-MRS 活体频谱中，可以通过 NAA 位于 2.0ppm 处的峰和水峰的位置关系，量化在体脑的温度。温度与 NAA 峰的化学位移偏移量大约是 7×10^{-4}ppm/℃。在 ^{31}P-MRS 中，可根据 Pi 和 PCr 峰的位置，量化在体 pH。

（二）共振峰的分裂

共振峰会发生分裂，峰的分裂原因很多，如标量偶合、偶极相互作用、四极作用、化学交换、核的 overhauser 效应（NOE）等，其中标量偶合较常见。

二、MRS与化学位移成像序列设计

实际临床工作中，我们需要获得的是一个组织器官特定部位的正常或是异常组织的波谱信息。这一特定的部位可以是一个层面、层面中的条块或是一个立方体。根据选择这一区域的方式不同，磁共振波谱成像分为三种。第一种是利用表面线圈的射频场非均匀的获得局域波谱，这种技术简单，但它局限于采集靠近体表的解剖区域的波谱，也不能灵活地控制区域形状和大小。第二种方法是通过 MRI 图像确定感兴趣区（VOI），然后利用梯度场和射频脉冲配合进行选择性激励。第三种是化学位移成像。为了保留化学位移信息，波谱成像数据采集不使用读出梯度，这与传统 MRI 法信号采集方法明显不同。

要获得具有诊断质量的波谱，下面的条件是必需的：

● 恰当的匀场以保证采样区的磁场均匀性，以便缩窄波谱的峰线宽度。

通常在进行 MRS 之前要进行匀场。场强均匀性对 MRS 质量至关重要。匀场一般先由机器进行自动匀场。由机器自动调整在主磁场线圈附近的一些梯度线圈电流完成，这些电流的附加磁场能在较小范围内改变原来的磁场分布，然后锁定信号相位，完成匀场。如 GE 超导磁体有 16 个匀场线圈，6 个轴向匀场线圈用于调节轴向谐波，10 个横向匀场线圈用于调节横向谐波。如果匀场效果不理想，还可进行手工

匀场或高阶匀场。

手工匀场的原理：用 x、y、z 坐标将不均匀磁场表示为一个多项式展开，得到二次项。

$$B = B_0 + a_1x + a_2y + a_3z + a_4x^2 + a_5y^2 + a_6z^2 + a_7xy + a_8yz + a_9xz \qquad (6.2.5)$$

根据水峰信号的线型，调整 x、y、z 的值，消除这个展开式中高次项，从而使磁场 B 在中心处的一个小范围内保持恒定的 B_0。这时水信号的峰最窄，分辨率最高，而且峰形最对称。

为了保证 VOI 内的信号均匀性，有时还需要使用空间预饱和脉冲。时序图如图 6-2-4 所示：

首先使用 90°脉冲，配合层选梯度，对一个选定区域进行选择性激发。然后使用散相梯度消除 Mxy 的横向磁化矢量。再激发 VOI 内的信号，这时已不包括之前选定区域的信号。该序列可以在选定的 VOI 的任意方向施加：前后、上下、左右，用于减少运动或流动产生的影响。但它也可能造成 VOI 内信号抑制，并且延长 TR，从而增加扫描时间。

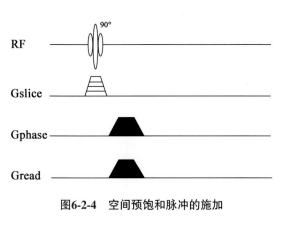

图6-2-4 空间预饱和脉冲的施加

- 充分抑制水信号。选择性化学位移饱和技术是水抑制的基本技术。在脑中，水的浓度远远高于 MRS 中观察的代谢物浓度。因此，水抑制是进行脑代谢研究的必要条件。
- 需要进行脂肪抑制以避免波谱的脂肪污染。如果产生脂肪污染，可以移动体素避开脂肪源和（或）长回波时间达到长 TE。

（一）单体素MRS的序列设计

1. 点分辨自旋回波波谱

对于单体素 MRI 波谱分析，目前多采用受激回波成像方法（stimulated-echo acquisition mode, STEAM）和点分辨自旋回波波谱（point-resolved echo spin spectroscopy, PRESS）。这两种方法都是应用射频脉冲，配合梯度场，对感兴趣区进行激发。因为单个体素内的编码可通过单脉冲序列得到，所以以上的序列也被称为单发射定位法。与前面讲述的 MRI 成像类似，STEAM 和 PRESS 也都是利用沿 X、Y、Z 轴方向的层面选择性脉冲选择体素，最后获得三者交叉部分的信号。区别在于 PRESS 是由一个 90°脉冲和两个 180°脉冲（图 6-2-5）激发活动获得一个自旋回波，而 STEAM 是由三个 90°脉冲（图 6-2-6）产生的激励回波。

2. 受激回波采集

在 STEAM 和 PRESS 序列前一般都施加 CHESS（Chemical Shift Selective）脉冲与体积外抑制。因为 STEAM 和 PRESS 都是利用层面选择进行定位，都易受到层面错位的影响，所以在采集信息的过程中要求射频脉冲的翻转角必须相当精确，并且利用宽带射频脉冲来尽量保证研究对象像素的 MRS 信息大部分还位于选定的体素内。

这两种方法都是利用了 RF 来实现的回波技术，与 MRI 不同，其数据的采集不需要频率编码梯度，STEAM 和 PRESS 一般适用于 ^{1}H 波谱学分析，这是因为 ^{1}H 波谱的信号衰减较慢，信噪比高。

波谱谱线结果受回波时间（TE）影响而表现不同，比如，TE 在 135ms 左右时 ^{1}H 波谱可得到健康人脑 Cr、NAA 和 Cho 的单峰，Lac 双峰线倒转于基线下，当 TE 延长为 272ms 时，Lac 双峰线位于基线以上。短 TE，如 20～30ms 时，可以显示肌醇、谷氨酸盐 / 谷氨酸等代谢物。根据序列设计的特点，在需要检测 mI 等快速衰减的物质时应该选择 STEAM，长 TE 时适合选择 PRESS 序列。

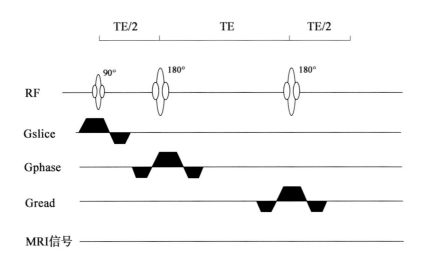

图6-2-5　PRESS脉冲序列

PRESS的第一个RF脉冲配合层面选择梯度，激发了选定层面内的所有核磁子。第二个RF脉冲配合一个垂直于原选定层面的层面选择梯度共同作用，结果只有位于这两个垂直层面相交部分的一列核磁子激发并由于180°脉冲的作用而重新聚相位。同样的道理，再进一步施加第三个RF脉冲，并配合一个与前两个层面都相垂直的层面选择梯度，最后，只有3个垂直平面相交叉的体素能够被激发并得到回波。与快速自旋回波的形成过程不同，为了避免180°脉冲的不标准情况，在PRESS中是在每个180°RF的周围都施加矫正梯度，以去除因为180°脉冲不标准而引起的信号丢失

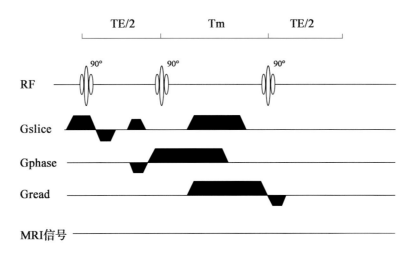

图6-2-6　STEAM脉冲序列

STEAM的第一个激励脉冲与PRESS序列相同，在第二个脉冲前施加一梯度，使第一个脉冲选择的层面内的磁化矢量合量尽快散相位。在第二个90°RF脉冲的作用下，位于XY平面内的磁化矢量被翻转并位于XZ平面内。再施加扰相梯度，使在XY平面内有分量的磁化矢量被完全散相位，结果只有沿±Z轴的磁化矢量被保留下来；第三个选择性90°脉冲激励使位于±Z轴的磁化矢量分量再次被翻转到XY平面内，并再次经过TE/2的时间重新聚相位形成回波，其信号的强度是PRESS方法的一半

　　临床 STEAM 序列的 TE 选择范围在 20 ~ 270ms 之间。与 PRESS 相比，TE 可以更小，因此常用它检测短 T2 物质，如 Glu 和 Gln 等。但 STEAM 序列获得的回波信号强度仅等于总磁化矢量的一半，所以 STEAM 序列采集频谱的信噪比不高，且短 TE 时，心脏和呼吸运动易造成相位离散，导致信号损失。因此使用短 TE 的 STEAM 时，对磁场均匀度和呼吸抑制等要求较高。在短 TE 时，大分子物质没有完全衰减，会产生一个较高的基线，增加谱线分离的难度。

在定性分析时，通常将 TE 设为 135ms，这时由于 J- 偶合效应，大分子等短 T2 物质已完全衰减，谱线中仅剩 NAA、Cr 和 Cho 等长 T2 代谢物，因此基线更加平稳，易于定性分析，但此时 NAA 等代谢物也会有部分衰减。

与 STEAM 序列采用 90°脉冲产生受激回波不同，PRESS 序列使用 180°重聚焦脉冲产生自旋回波，可以采集 VOI 中的全部信号，因此信噪比较 STEAM 高，运动伪影的影响更小。虽然 TE 的最小值通常大于 STEAM，但一般可满足要求，常用于频谱的定量分析。

3．在体图像选择波谱分析

在体图像选择波谱分析（image-selected in vivo spectroscopy，ISIS）序列是在有相互垂直的梯度存在同时使用选择性射频脉冲，选择脉冲是层面选择性 180°反转脉冲，第 4 个脉冲是非选择性脉冲用于得到信号（图 6-2-7）。180°反转脉冲以 8 种不同组合的方式被打开和关闭从 3 个相互垂直的方向编码空间信息（表 6-2-1）。对 8 个 FID 信号适当地加减后，就得到来自层面选择脉冲定位的区域中的波谱。由于最后一个射频脉冲后马上得到信号，T_2 弛豫损失最小，因此 ISIS 被认为是获得信号衰减较快的 ^{31}P 谱的最有效的方法。

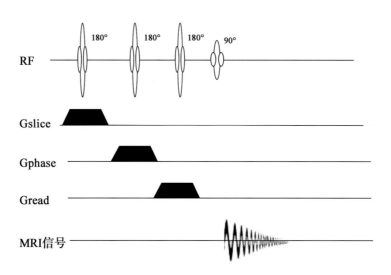

图6-2-7　ISIS脉冲序列

表 6-2-1　ISIS 序列中射频脉冲应用组合以及作为结果的自由感应衰减

	反转脉冲			
	Gx	Gy	Gz	FID
1	关	关	关	加
2	开	关	关	减
3	开	开	关	加
4	开	开	开	减
5	关	开	开	加
6	关	开	关	减
7	开	关	开	加
8	关	关	开	减

这种技术有几方面的不足：首先，它是一种层面选择方法，因而存在由化学位移引起的层面错位；其次，为了得到局域化的体积需要有 8 个独立的编码，相互影响可能会引起定位错误；此外还需要极好的仪器稳定性。然而，8 个编码是真正意义上的信号平均。不同于单发射方法的情形，该方法中的磁化除了数据获取外不在 x-y 平面上，因此衰减较快的核素或标量偶合的共振不受影响，这使得 ISIS 是一种非常适合的 ^{31}P 波谱学定位方法。

（二）化学位移成像

磁共振化学位移成像（magnetic resonance spectroscopy imaging，MRSI）是反映某一代谢物在层面内分布的图像。序列设计见如图 6-2-8。

化学位移成像（chemical shift imaging）是最早被应用于波谱成像的方法。它利用与 MRI 相同的梯度来进行空间定位。因为组织中代谢物的浓度非常低，得到信号非常困难，因此 CSI 成像中的体素比 MRI 中的大很多，常常要几毫升或更多。

MRSI 方法有许多优点：许多体素中数据在同一时间段中获得，获取数据的效率大大提高了，数据以图像和波谱的形式在一幅图中表现出来，而且感兴趣区不用在扫描前就确定。

但是 MRSI 也有一些缺点，体积不如单体素的清晰，对代谢物的定量分析带来困难。但是 MRSI 众多的优点使它在代谢物水平的检查中占有越来越重要的地位。

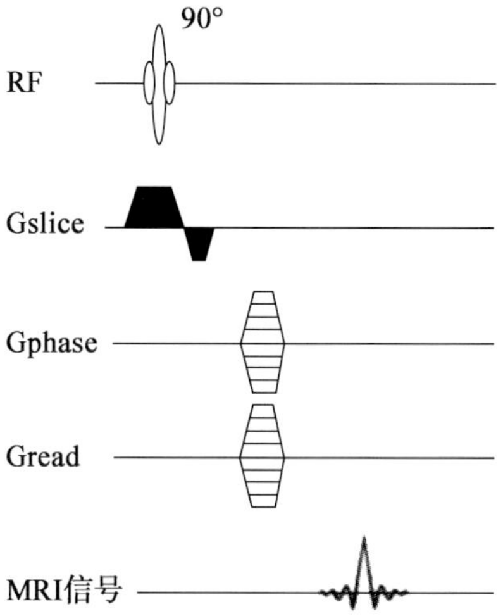

图6-2-8 CSI序列设计示意图

三、频谱处理

频谱后处理可以在时间域，也可以在频率域上进行。通常频率域谱线可以更加直观地观察到不同频率的强度分布。但在时域上某些类型的信号处理会较为简单。例如，滤波在频率域上是卷积运算，数字计算相当复杂，但在时域上根据卷积定理，只要将 FID 简单乘以相应的函数。在时域上，简单的乘法运算就可弥补截断、分辨率不佳、灵敏度不佳等缺陷。

（一）信号时域处理

1. 变迹处理

在进行傅立叶变换时，通常假定信号扩展到无穷远，实际上并非如此，信号只取到取样时间 ΔT，因此采集的信号被截断。这种截断就相当于在 FID 尾部乘上了一个方波窗函数。根据卷积定理，傅立叶变换后的谱线是 Lorentz 型谱线与 Sinc 函数的卷积。若在 FID 尾部乘一个函数使其末尾变为零，可减低截断效应，忠实地表示谱线，这一过程称为切趾（apodization），也常称为"窗处理"。最简单的是乘以线性函数，但一般采用余弦函数。常用的窗函数有：余弦窗、Hanning 窗、Hamming 窗、Kaiser 窗。图 6-2-9（a）为一单频 FID 信号；图 6-2-9（b）为该单频 FID 信号乘以 5Hz Lorentzian 函数变迹后的 FID 信号。

2. 权函数处理

变迹法的目标是要消除截断效应，忠实地表示谱线，而分辨率提高却是通过将 FID 乘上权函数，人为造成谱线的窄化。一些广泛使用的提高分辨率的函数有 Lorentz 变换、Gauss 变换、Sine- 钟函数等。通常 NMRI 谱线具有 Lorentz 线型，时域上为指数函数，所以一个指数函数后，其乘积还是指数函数，频域线型不变，但其线宽是原来的两倍。分辨率提高必定要增加谱的高频噪声，并使灵敏度下降。因此这

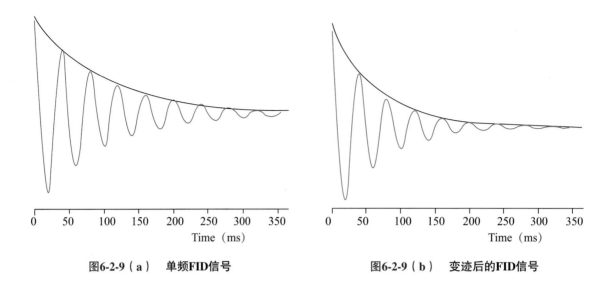

图6-2-9（a）　单频FID信号　　　　　　　图6-2-9（b）　变迹后的FID信号

种处理既可以用来改善分辨率，也可以用来提高 SNR。在使用权函数时，要折中考虑分辨率和信噪比的关系，见图 6-2-10 所示。

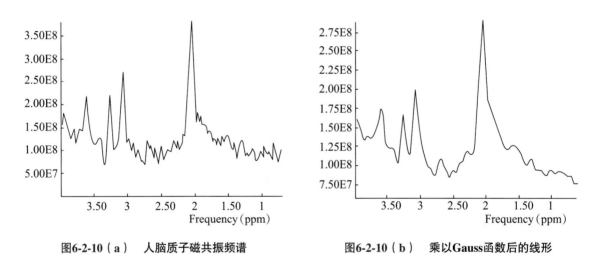

图6-2-10（a）　人脑质子磁共振频谱　　　　　图6-2-10（b）　乘以Gauss函数后的线形

3. 添零技术

在实际信号处理过程中，由于使用了离散傅立叶变换，使得 FID 的 N 个数据点经傅立叶变换后一半构成实部，另一半构成虚部，因此，在这一过程中将失去 N/2 的虚部点，而且失去的这 N/2 个点包含附加信息，它们会影响谱线的质量。恢复这些失去的点的最简单方法是在进行傅立叶变换以前，在 FID 后面额外添上许多零以改善谱的质量，这种方法称为添零技术。这样，再傅立叶变换后就会产生 N 个实部点，从而改善了线型，见图 6-2-11。图 6-2-11（a）是 512 点的频谱；图 6-2-11（b）是对图 6-2-11（a）进行零点充值后 1024 点的频谱。

（二）频谱频域处理

临床上大多频谱处理在频率域上，包括频率偏移校正、去水峰、相位校正、基线校正、频谱的算术运算等。其中去水峰、相位校正和基线校正最重要。去水峰需要先选择水峰范围，然后通过 HLSVD 等方法去除。由于临床机器抑水效果通常较为理想，所以下面仅介绍相位校正和基线校正。

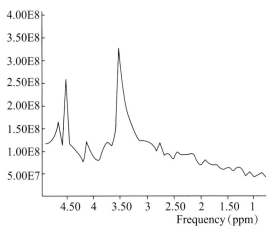

图6-2-11（a） 512点的频谱

图6-2-11（b） 1024点的频谱

1. 相位校正

由于仪器不能处于完全理想的状态，一般总是会引起某种相移。与频率有关的相位误差，只有在傅立叶变换后才能校正，而且不能用仪器方法控正，常采用数字校正方法。假设相位差了 φ 角，可用下面公式逐点进行校正。

$$
\begin{bmatrix} RE'' \\ IM'' \end{bmatrix} = \begin{bmatrix} \cos(\varphi) & \sin(\varphi) \\ -\sin(\varphi) & \cos(\varphi) \end{bmatrix} \begin{bmatrix} RE \\ IM \end{bmatrix} \tag{6.2.6}
$$

临床中通常有零阶相位校正和一阶相位校正两种。根据经验，将代谢物实部调整为 Gauss 或 Lorentz 线型，即实部为吸收型信号，虚部为色散型信号。图 6-2-12（a）为一人体未校正相位的频谱，红线为频谱信号的实部，绿线为信号的虚部；图 6-2-12（b）为用 MRUI 产生的自动相位校正线形后的频谱。

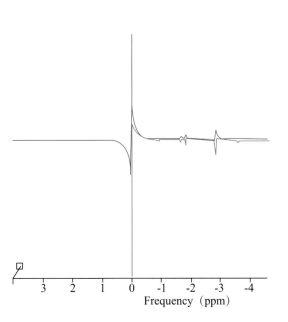

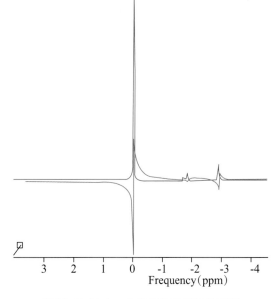

图6-2-12（a） 未调整相位的模型频谱

图6-2-12（b） 自动相位校正后的频谱

2. 基线校正

由于谱线受水峰、脂质峰和大分子物质的影响，通常谱线的基线并不平整，需要进行基线校正，以消除上述影响。但和相位校正一样，基线校正很多时候也根据操作者的经验。如果测得基线的线型，再将其从谱线中减掉，结果会更加客观准确（见图6-2-13）。

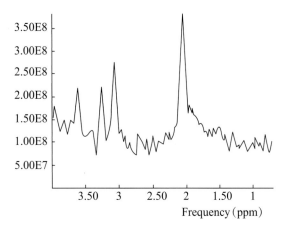

图6-2-13（a）　人体质子频谱

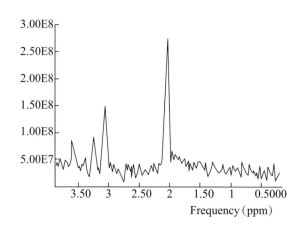

图6-2-13（b）　自动基线校正后的频谱

（三）参数估计

得到频谱处理后的谱线后，需要检测代谢物共振峰的特征参数，如线宽、峰下面积等。分析共振峰峰下面积最简单的方法是对频率域波谱曲线下面积直接进行积分。但此方法仅能用于信噪比和分辨率高的高场频谱中。在临床场强中，由于谱线相互重叠、基线扭曲、SNR过低，直接使用此方法往往导致代谢物峰下面积不准确。

在时间域上，可利用奇异值分解（singular value decompostion，SVD）拟合谱线。这类运算包括LPSVD（线性预测SVD）、HSVD（Hankel SVD）、HLSVD（Hankel-Lanczos SVD）、HTLS（Hankel total least squares）等。SVD类方法的突出优势在于其自动化，分析过程只需提供需要估计的共振峰数量，机器使用黑箱模式完成运算。但此方法也仅能用于信噪比和分辨率高的频谱中。

目前多采用非线性最小二乘拟合法（nonlinear least-squares fitting，NLLS）拟合频谱曲线，然后估计共振峰的参数。这种方法通常需要假设信号模型。FID信号可用指数函数 $\exp(\alpha t)$、$\exp(\beta t2)$ 和 $\exp(\alpha t+\beta t^2)$ 来描述，频域分别对应 Lorentzian 线型、Gaussian 线型和 Voigt 线型。为了简便起见，每个体素的时间信号 x（t）可用一组指数衰减正弦波函数来描述为：

$$x(t) = \sum_{k=1}^{K} a_k e^{-t/T_k} \exp[j(\omega_k t + \phi_k)] + n(t) \tag{6.2.7}$$

其中，$n(t)$ 为零均值高斯噪声，未知量分别是共振峰的振幅 a_k、频率 ω_k、相位 ϕ_k 和衰减常数 T_k。引入离体测得代谢物谱线的特征（先验知识）可以简化上述模型。

$$x(t) = \sum_{k=1}^{K} a_k e^{-t/T_k} \exp\{j[(\omega_1 - \Delta\omega_k)t + \phi_1 - \Delta\phi_k]\} + n(t) \tag{6.2.8}$$

其中 $\Delta\omega_k = \omega_1 - \omega_k$，$\Delta\phi_k = \phi_1 - \phi_k$，$\omega_1$ 和 ϕ_1 分别是参考峰的频率和相位。方程称为谱数据的参数化模型，未知参数为 ω_1，ϕ_1 和 a_1，a_2，$\cdots a_k$。

基于先验知识的最小二乘拟合算法有 LCModel、AMARE 和 QUEST 等。AMARE 需要手工输入代谢物共振峰之间的先验知识，包括频率、峰高和相关的知识。LCModel 和 QUEST 需要输入软件模拟或离体模型检测的代谢物谱线的先验知识，作为基础集。

四、MRS定量分析方法

得到共振峰的特征参数后，可以定性分析代谢物变化，也可以定量检测代谢物浓度。

（一）比值

以谱内某一种代谢物的共振峰作为内标，把这种物质在频谱上的峰值作为比较的标准，然后把其他物质的峰值与其进行比较，所得出的值为该种代谢物的相对定量。临床通常使用这种方法，目前常用的内参考代谢物为：NAA、tCr（total Creatine，总肌酸）和 Cho。这种方法可以避免由于在被检测体素内的部分容积效应、磁场变化及个体变化而造成的系统误差。然而，这种分析方法所引起的误差可能较绝对定量要大，如：对病变中各种代谢物的轻微改变或同向性改变（分子、分母同时升高或同时降低）在比值中较难体现出来。

（二）绝对定量

与比值法不同，绝对定量方法可以得到以 mmol/L（mM）或 mmol/kg 作单位的浓度"绝对值"。其方法的核心是要找到一个具有真实浓度的标准，作为参考物，进而计算其他代谢物浓度。绝对定量的结果更有可重复性和可比性，有利于组内、组间，以及多中心的实验结果对比研究，更具有临床价值。但该技术复杂，需要考虑因素众多。例如，准确的定量结果需要考虑 TR/TE 时间，重复次数，VOI 内不同组织含水浓度，不同组织中代谢物弛豫时间，容积效应，基线，场强及发射脉冲均匀性，运动伪影等诸多因素的影响。因此目前还处于研究阶段，未广泛用于临床实践。

绝对定量又可分为内标准法、外标准法和替代 - 匹配法。

1. 内标准法

内标准法（Internal endogenous reference method）就是将 MRS 中数值较恒定的物质作为参考，将待测代谢物与这一参考值相比较，从而求出待测物质的数值。内标准的数值是已知的，并且理论上应在各种生理和病理生理情况下保持恒定。肌酸和水常被用来作为脑代谢物测量的内标准。大部分文献中的定量方法，都是以组织内水含量为内参照物而进行定量的。首先对被检测体进行基本扫描，然后对所选出的 VOI 进行一个未抑水的频谱扫描，从而得到一个未抑水的谱线，并以此作为参照谱线。进行未抑水频谱检测的过程中的各种条件必须与后面检测抑水后频谱所需要的条件相同。为了要达到之一要求，可以通过选择同一检测序列，然后通过对抑水脉冲的启动与关闭完成。最后将两者相关联后可得出所需的代谢物浓度。此外，组织内水浓度还可以通过质子加权图像获得，这时检测到的数据以 mM 为单位。通过文献检测，与该 VOI 的组织密度相关联后，可以得到以 mmol/kg 为单位的结果。此方法可避免由于引入外部参考而带来的磁场不均匀，但组织内部的水浓度一般使用文献参考值，很难在体检测。但当人体处于病理条件下，组织内水的含量可发生的变化，这对我们的定量必将造成一定的误差。

相较于外标准，内标准的优势在于简单易行，且不对磁场均匀性造成干扰。因为外标准模型需放置于被检物的侧旁，可导致 B1 磁场和静力场的不均匀性。但作为内标准并不是在所有条件下都能保持恒定，在某些情况下，如药物或检测条件的不同时易导致浓度的不同。以水为例，水在各种病理生理状态下含量并不恒定；且水的含量约是肌酸（Cr）含量的 10 000 倍，强大的水峰信号抑制和扭曲感兴趣区 Cr

的信号，影响其浓度的准确测定。

2．外标准法

外标准法（External reference method）就是将内含已知标准浓度物质的标准液置于特制的球形容器内和受试一同放入 RF 线圈中，然后进行 MRS 检测。在检测过程中，分别获得目标检测组织的磁共振频谱和外参照水模的频谱，然后对两者的信号进行一系列处理比较后，可得出被检组织内所含各种代谢物的浓度。已知代谢物浓度的水模作为参考，使得标准最为准确。但外参照物放入线圈中，可引起原线圈中的磁场 B1 的不均匀，同时也会影响频谱的抑水效果，可导致的频谱基线不稳、峰值重叠等结果，直接影响代谢物浓度的准确性。与内标准相比较，外标准的优势在于其标准液的浓度是恒定不变。结合序列设计，短 TE 的 STEAM 序列和短 TE 的 PRESS 序列都可以应用于外标准法以检测活体脑 Cr 浓度的变化，但 PRESS 序列在扫描的全程采集信号，比 STEAM 序列产生多一倍的信噪比；短 TE 更有利于检测短 T2 物质，如谷氨酸、谷氨酰胺、肌醇，而 Cr 是长 T2 物质，用长 TE 的 PRESS 序列外标准方法能获取更高的信噪比，能更准确地检测其含量的变化。

3．代替 - 匹配法

代替 - 匹配法（Replace-and-match method）的原理是在检测活体受试后，将其退出，然后使用一个含有与人体组织所含物质基本相似的水模，将其放入检测线圈内检测。通过各种方法，如调整水模位置等、手动或自动匀场等，使被检测范围内的磁场达到理想的匀场效果。与外标准同时放置水模和受试在磁场线圈中不同，代替 - 匹配法依次放置并检测受试和水模的谱线，然后将水模频谱与在活体内检测的频谱进行配对拟合后，可得到相关代谢物的浓度。此方法具有准确的参考值，而且磁场均匀性要高于外参考法。但要制作一个与人体内部组织所含代谢物及其浓度在每个方面基本相似的模型比较困难。此外，模型放进线圈内后，因模型材料及与线圈的拟合程度等外部因素，很难使模型匀场达到活体的水平。

第三节　人体运动与MRI成像技术

- 水分子自标记运动敏感成像
- 灌注成像
- 血管成像
- 脑功能成像（BOLD）

人体内水分子因为各类生理运动的存在呈现出不同量级的不同类型的运动形式。就物理运动的形式而言，不同位置的血流速度因为离心脏的远近与血管形状不同而表现出多种不同的运动形式。这些规律是进行血管成像、灌注成像、扩散成像序列设计的基础。本节汇总了各类对运动进行测量的磁共振成像技术，并按照是否需要对比造影剂辅助成像，分为水分子自标记运动敏感成像技术与示踪剂对比增强成像技术。

- **人体内不同量级运动的形式与特点**

	量级	成像原理	成像技术或序列	周期性与ECG耦联
动脉	$1 \sim 100m/s$	血管成像	TOF、PC等	耦联
静脉	$0.1m/s$	血管成像	TOF、PC等	耦联
脑脊液	$0.01m/s$	水成像	重T2序列	不耦联
水分子运动	$\times 10^{-3}m^2/s$	扩散成像	IVIM、DWI	不耦联

- **人体运动的MRI测量原则与流程**

（1）根据测量目标的运动形式与量级确定随采用的 MRI 测量技术与相应序列。

（2）原始图像的获取与显示。

（3）测量后处理与参数图显示。

人体动脉内的血液流动随心动周期发生周期性的变化，流速可以从收缩期的 100 ～ 200cm/s 下降到舒张期的零。

血管内血流总会遇到阻力，血管半径越小则受到的阻力越大，阻力与半径的平方成反比。所以，当血液从较大的血管流到较小的血管时，血流阻力就会增加。

脑脊液的流动速度相对较低，测量结果证实，生理情况下脑脊液的流动速度为 3 ～ 5cm/s，正常成人中脑导水管脑脊液平均于心动周期 21.5±6.2% 的位置开始向足侧流动，持续心动周期的 55.9±4.6%，之后开始头向流动。收缩期时速度为 2.45±0.67cm/s，舒张期为 1.80±1.16 cm/s。当出现狭窄或脑积水的早期，会出现流速的增快，收缩期可以达到 4 ～ 5 cm/s，舒张期达到 3 ～ 4 cm/s。

一、水分子自标记运动敏感成像

（一）扩散的基本概念

在物理学中，扩散通常是指溶液沿浓度梯度的净运动。扩散的原始动力是液体分子所具有的内在动能，这种动能转化为分子的随机运动，表现为高浓度区分子向低浓度区的扩散分布，就如同将一滴墨水滴入盛满水的水杯中所见到的情景，单位为平方厘米 / 秒（cm²/s）或平方毫米 / 秒（mm²/s）。即使在没有浓度梯度的情况下，水分子扩散运动仍然存在。这种水分子的自扩散运动是磁共振扩散成像的真正物理基础。水分子扩散运动具有几个基本特性：

（1）随机性（分布概率）；

（2）方向性（各向异性）；

（3）温度依赖性。

了解扩散运动的基本特性以及物理描述与表述方法是 MRI 扩散成像序列设计的基础。

（二）扩散加权成像的序列设计

随机分布扩散运动对 M_0 的影响体现在体素内氢核不再固定于同一体素，通过时间 T 后可能出现在其他位置的体素内。同样，反过来理解，扩散运动越剧烈，某一体素内氢核群中出现越远位置扩散来的氢核的可能性就越大。为了标记到远处而来的氢核，施加高强度梯度场是最好的选择（图 6-3-1）。

（三）扩散敏感系数的设定

扩散敏感梯度可以用扩散敏感系数来定义如下：

$$b = \gamma^2 G^2 \delta^2 (\Delta - \delta/3) \tag{6.3.1}$$

γ 为氢质子旋磁比，Δ 为两个梯度场的间隔时间，G 为梯度场强，δ 是梯度场的持续时间（图 6-3-2）。因为施加的是某一方向的线性梯度，所以梯度磁场与空间位置之间存在对应的关系，因此，可以说氢质子相位变化代表着氢质子在空间位置的标记情况。而经过时间 T 后，在某一个体素内部的氢质子群的相位差异就代表着从不同位置经过扩散而到达该位置的一种记录，这种记录是对此时这个体素内部所有氢质子扩散运动结果的一种标记。如果组织内部扩散明显，在这个体素内部的氢质子群的相位差别就会比

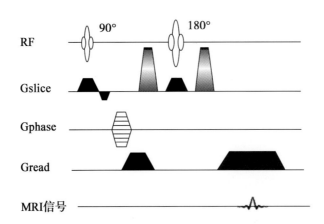

图6-3-1 扩散测量的序列设计，在SE序列中，在180°脉冲的前后施加大小与方向相同的梯度场，称为扩散敏感梯度（橘黄色梯度标记），测量的MRI信号与无扩散敏感梯度的MRI信号比较，可以得到扩散相关的信号衰减

较大，相反相位差别就会非常小。相位差大的结果导致采集到 MRI 信号强度下降，而在相位差小的体素中其信号就会较大。在扩散加权像（diffusion weighted imaging，DWI）上，扩散程度大的区域表现为低信号，如脑脊液，而扩散降低的区域表现为高信号，比如在超早期的脑缺血区。

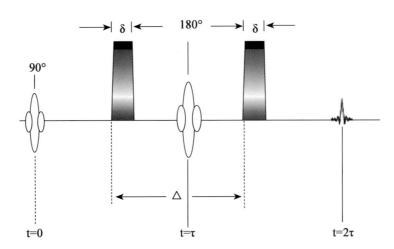

图6-3-2 扩散敏感系数b的决定因素：以扩散测量的自旋回波法为例，强扩散敏感梯度磁场G，G的持续时间δ，G的间隔时间Δ

1．自旋回波方法

自旋回波序列是最常用的扩散测量序列，在180°射频脉冲前后，施加一对强梯度脉冲来实现。目前EPI-SE扩散加权像是脑扩散成像的常规序列（参见图 6-3-1）。

2．受激回波方法

见图 6-3-3。

3．稳态自由进动方法

稳态自由进动扩散加权成像序列设计图见图 6-3-4。

应用小角度稳态进动成像观察扩散效应时，弛豫时间对信号影响的作用较复杂，所以尚无法定量地测量扩散。

其他还可以应用 PSIF 等序列进行扩散成像。

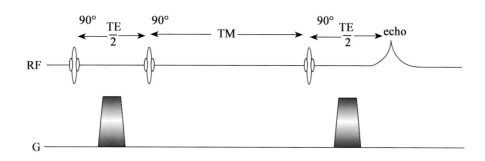

图6-3-3 受激回波扩散成像

将扩散敏感梯度安排在第1个与第3个90°脉冲后。其中扩散时间可以通过延长TM来实现。与SE扩散成像不同，受激回波扩散成像的扩散敏感系数b值可以在保持较短的TE的前提下通过延长扩散时间Δ来实现

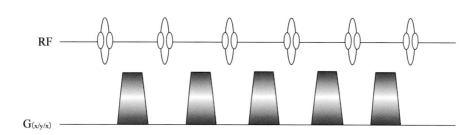

图6-3-4 稳态自由进动扩散成像的序列设计

（四）扩散张量定量分析

1. 扩散值测量

扩散加权像的图像信号强度见公式6.3.2。为了去除质子群的密度、T_2、T_2* 等因素对 DWI 图像信号强度的贡献，得到扩散定量信息，从数学分析的角度，至少要 2 次成像，获得不同 b 值下的 DWI。

$$S_{DWI} = S_{T2}\left(e^{-bD}\right) \tag{6.3.2}$$

$$D = \text{In}\,\left(S_2/S_1\right)/\left(b_1/b_2\right) \tag{6.3.3}$$

S_2 与 S_1 是不同 b 值条件下 DWI 上的信号强度。

通过上式的数学处理后 S 中关于质子群的密度、T_2、T_2* 等因素都被去除了。应用大 G 值可以达到更大的 b 值，这样可以去除由于血流等高数量级运动对扩散测量的影响，进而更准确地测量 D。

D 的测量至少需要 2 个不同 b 值。但是通常应该测量更多的 b 值来增加 D 值测量的准确性，并且可以分析非指数衰减形式的受限扩散等特殊的扩散形式（图 6-3-5）。Elias 的研究结果表明，扩散系数 D 值的大小受 b 的数目与强度的影响。扩散值的标准差与 b 的取值无关。

2. 扩散张量测量与成像

扩散的一阶张量（矢量）（ADCx，ADCy，ADCz）扩展为二阶张量。为了获得张量信息，需要施加六方向以上的扩散敏感梯度，获得各个方向上的扩散分量。以六方向为例，D 以 3×3 的矩阵（D）加以描述，并沿用了"扩散各向异性椭球体"的概念（图 6-3-6）。

$$\begin{bmatrix} Dxx & Dxy & Dxz \\ Dyx & Dyy & Dyz \\ Dzx & Dzy & Dzz \end{bmatrix}$$

可以得到　　Dxy=Dyx；Dxz=Dzx；Dyz=Dzy；　　　　　　　　　　(6.3.4)

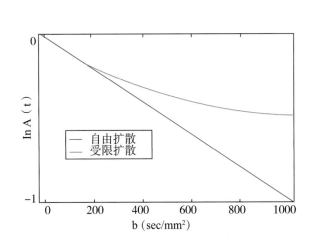

图6-3-5　扩散系数的测量，通过改变b值后分别测量信号的衰减，计算得到lnA（t），求得lnA（t）-b曲线的斜率，对于自由扩散，扩散系数等于该曲线的斜率

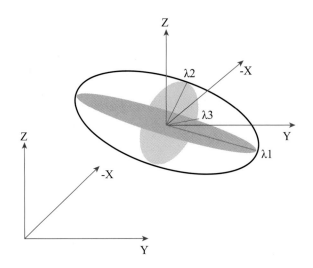

图6-3-6　分别在X、Y、Z轴上施加扩散敏感梯度后，可以得到在三个方向上的扩散运动相关的散相位情况。并得到相应的图像。因为沿着神经纤维走行方向的水分子扩散比垂直方向的水分子扩散值大，所以以内囊区、胼胝体等白质区神经纤维表现出与走行方向相关的信号强度变化

从而将描述量简化为6个。求出上述矩阵的特征值 λ_1，λ_2，λ_3（$\lambda_1 > \lambda_2 > \lambda_3$）及其对应的特征向量。三个特征方向为扩散各向异性椭球体的三个主轴方向，即水分子扩散主轴的真实方向，三个对应的特征值反映了水分子在三个主轴方向上扩散的速度。$\lambda_1 \gg \lambda_2 \approx \lambda_3$ 时，水分子沿直线扩散；$\lambda_1 \approx \lambda_2 \gg \lambda_3$ 时，水分子在平面内扩散；$\lambda_1 \approx \lambda_2 \approx \lambda_3$ 时，水分子呈球形扩散。

3．扩散张量图对各向异性结构的显示

通过对扩散张量测量结果的后处理，可以显示神经纤维或肌肉等具有各向异性的结构。在纤维束追踪图中，不考虑 ADC 值，而是以感兴趣区反映主轴方向的 λ_1 的方向（相邻 λ_1 间的夹角角度），以及兴趣点的各向异性指数（如 FA）来确定纤维束的走行以及纤维束的整体显示。当然，显示的范围以及结果也涉及图像后处理的具体算法以及后处理的相关概念，如 sigma 等对屏幕显示器的矫正等。

二、灌注成像

目前 MRI 灌注成像（perfusion-weighted imaging，PWI）在疾病诊断中的应用多数还处于临床和基础研究阶段，早期应用于脑缺血超早期诊断，由于疾病微循环变化多样性、结果重叠较多，因此灌注成像的诊断特异性差，使其在诊断上的临床实际应用不如扩散成像普及和常规。但是，PWI 以其相对无创性、快速、简便而成为人体脏器血流动力学相对先进的研究手段。本节中主要针对最常用的对比剂团注方法对灌注研究进行介绍，首先阐明 PWI 的基本方法、介绍获得的数据（时间 - 信号曲线）的物理学基础、灌注参数计算的数学基础，理解这些序列设计和相关的物理与数学知识是合理应用 PWI 方法进行临床与基础研究应用的前提和基础。

对灌注与交换率的测量都有一个基本的前提，就是目标感兴趣区的底物浓度。在对这些参数进行测量时，我们需要首先了解我们引入的示踪剂或人体内的某种底物血液中的浓度。核医学研究脑灌注的方法是动态测量局部组织中放射性示踪物的浓度，并应用动力学模型，根据测得的组织放射性示踪剂浓度 - 时间曲线，求得上述生理参数（图 6-3-7）。

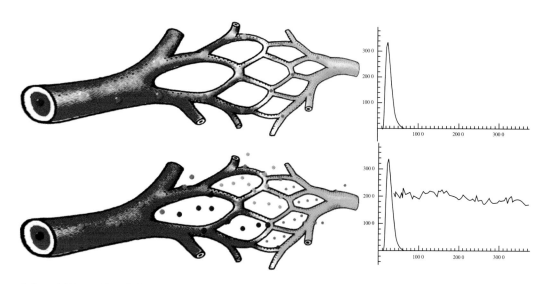

图6-3-7　对比示踪剂MRI信号变化，上图为血池内示踪剂的MRI信号变化情况。下图为部分漏出至组织间隙的示踪剂的MRI信号变化

其关键的技术与知识点如下：

- 房室灌注模型为血流动力学参数拟和的基础。
- FICKS 定律为所有交换率拟合算法的基础。
- MRI 序列选择与 MRI 信号 - 浓度对应关系。

MRI 信号与对比剂浓度之间的关系，随着成像序列的不同而异。由于各种数学分析模型都是以对比剂浓度变化为基础，因此了解不同序列中 MRI 信号与对比剂浓度的关系有重要的意义。MRI 常用 Gd-DTPA、Gd-BOPTA（Multihance）作为示踪对比剂，静脉团注高浓度时，可用于 T1、T2* 的序列，静脉滴注低浓度时，需要配合 T1 权重序列。Gd-DTPA 经过血管壁的过程为易化扩散。

（1）T_1 权重的序列：以 2D 扰相梯度回波序列为例，MRI 信号随对比剂浓度的变化关系见图 6-3-8。

当对比剂处于较低水平时，MRI 信号随对比剂浓度的增加以近似成线性的规律增加，当达到临界浓度后 MRI 信号随对比剂浓度的增加逐渐降低，并且临界浓度及峰值信号的值与序列参数相关。当确定对

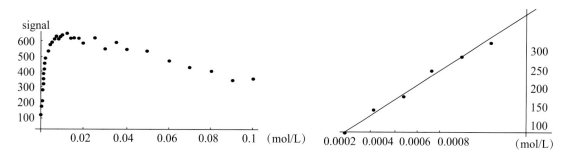

图6-3-8　左侧为MRI信号强度与对比剂浓度的对应关系，可见在低于0.008 ~ 0.012mol/L的区域，对比剂浓度与MRI信号强度呈右图的线性对应关系

比剂浓度的范围可由此关系求得图像上一点的对比剂浓度。

（2）以 T_2^* 权重的序列：配合团注法注射对比剂，在小血管内高浓度 Gd 的作用下，产生局部的顺磁性效应，缩短 T_2^*，造成局部的信号下降（图 6-3-9）。

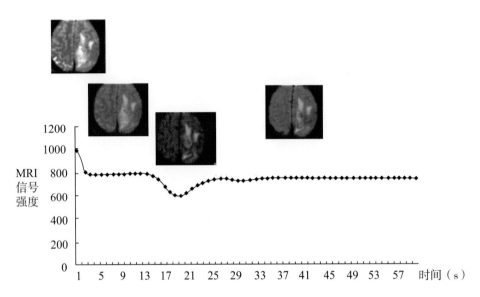

图6-3-9　灌注成像时间-信号强度曲线变化

曲线的纵坐标为 MRI 信号强度，横坐标单位为时间，单位为秒。可以看出曲线由第一次的高信号迅速形成稳态，然后在对比剂注入后形成信号下降，随着对比剂的通过，其信号逐渐上升并形成新的稳态。

下面分别对曲线的每一段变化的物理学机制进行介绍，分为第一稳态、对比剂相关曲线波动、第二稳态三个阶段进行。

其中脑灰质下降的程度比脑白质明显，在灌注成像的高峰时刻图像（PTI）上表现为图像整体信号强度水平的一过性下降，而脑灰质的下降更为明显（图 6-3-10）。PTI 上表现为明显的下降，从而形成一种新的关于脑血流动力学参数对比的图像。在一过性下降后，组织的信号强度恢复并重新恢复到新的基线水平，达到第二稳态。新的稳态水平低于对比剂通过前的稳态信号强度水平。其原理可能与顺磁性对比剂通过后，引起的组织 T2* 与 T1 弛豫短缩的综合作用结果。引起的 T2* 使基线水平下降，而对 T1 弛豫的短缩作用将引起基线水平的升高。Gd-DTPA 是血管内对比剂，不能通过完整的血脑屏障进入组织间隙，因此，不能与组织间隙内的氢质子发生作用，产生缩短 T1 的效应。因此，T2* 的作用得到了突出的表达。

其信号的变化率的对数与对比剂的浓度关系如下：

$$[c]=k\,ln\,(s_n/s_0)\,/\,TE \tag{6.3.5}$$

k 为比例常数，与场强、场均匀度、温度等外在环境有关。

（一）灌注成像获取灌注及微观交换率参数信息的数学基础

血流动力学信息的测量：

应用团注方法在单一房室模型中，对于单一房室，以及示踪剂为自由扩散时，P 为 1。

$$MTT = \frac{1}{f} \tag{6.3.6}$$

其中：

$$MTT = \frac{\int_0^\infty tc(t)dt}{\int_0^\infty c(t)dt} \qquad (6.3.7)$$

MTT 是浓度 - 时间曲线下面积形心的横坐标（当 ta = 0 时），如图 6-3-11。若由方程 6.3.6 得 MTT，由方程 6.3.7 就可计算出脑灌注 f。

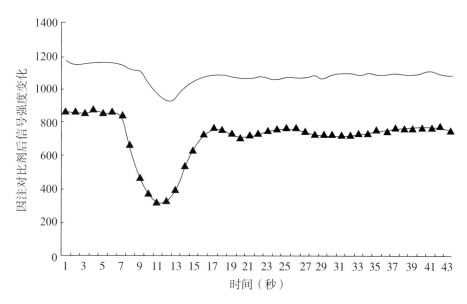

图6-3-10　△R2*-时间变化曲线。在对比剂首过时，会产生信号强度的一过性下降
图中-▲-表示皮层区的曲线变化，——表示白质区的曲线变化。

（二）常用灌注序列与应用

MRI 对灌注的分析方法主要有两种，一种是利用内源性示踪剂的动脉自旋标记技术（arterial spin labeling，ASL），另一种是使用外源性示踪剂，利用团注后首过动态增强成像，即 CE- 团注的灌注成像。

1．ASL 动脉自旋标记技术

（1）序列原型：FLASH（T1WI），EPI（T2* WI）。

（2）基本原理：首先，在成像平面上游使血液的自旋状态发生反转（即标记），待标记血进入组织，与组织发生交换后成像，所成图像（即标记像）包括原来的静态组织和流经成像区组织标记血的量，为了消除静态组织的信号，对感兴趣区进行另外一次未标记血成像（即控制像），只包括静态组织信号，标记像与控制像减影，所得的差值像只与流入成像平面的标记血有关。由于磁化强度或表观弛豫时间（apparent relaxation time）不同，就产生了灌注对比。此差值信号很小，一般为静态信号的 1%，因此动脉自旋标记技术的信噪比（signal-to-noise ratio，SNR）很小，需要进行多次采集，使信号平均。

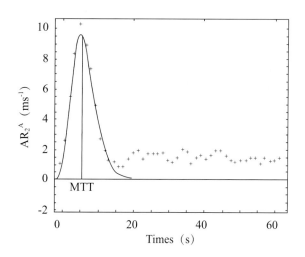

图6-3-11　MTT是曲线下面积左半等于右半的横坐标

（3）常用参数：CBF。

根据标记方法不同，分为两类：连续性 ASL 和脉冲式 ASL。

2．CE- 团注的灌注成像

（1）序列原型：FLASH（T1WI）、EPI（T2* WI）SE-EPI、GRE-EPI，后者临床最常用。

（2）脑部常用参数为：脑血容量（CBV），脑血流量（CBF）和平均通过时间（MTT）。

3．MRI 灌注成像序列选择原则

（1）按照图像的对比度可以分为 T1 权重的序列与 T2* 权重的序列。

（2）成像序列的时间分辨率：血流动力学参数与交换率的拟和需要的时间分辨率不同。按照时间分辨率上，在血流动力学参数的拟和过程中，需要提高时间分辨率，常规应小于 1 ~ 2s。在交换率信息提取时，需要根据拟和的具体方法来决定采取的参数，一般需要延迟 100s 以上，以获取足够的交换率信息，但是对时间分辨率要求不高。

（3）呼吸导航等技术在肾、肝等脏器的交换率测量时，需要使用以准确定位感兴趣区。

（4）EPI-FID 是 T2* 权重的典型序列。通过延长 TE，可以适当的增加 T2* 权重。EPI 具有最佳的时间分辨率，可实现亚秒成像。磁感应性伪影较重。图像变形与颅底部位形成盲区。

（5）SPGR 或 Trubo-FLASH 为 T1 权重的典型代表。时间分辨率较 EPI 稍差。但图像变形与伪影少。FLASH 图像质量优于 EPI，但对对比剂的敏感程度有限。增加翻转角与缩短 TE 有助于增加 T1 权重。

（6）IR- 反转恢复序列，通过调整 TI 时间，可以提高序列的 T1 对比度。

三、血管成像

磁共振血管成像（magnetic resonance angiography，MRA）根据是否利用对比剂，可分为两类：

（1）单纯依靠血液流动特性来实现的 MRA，包括时间飞跃法（time-of-flight technique，TOF）、相位对比法（phase contrast technique，PC）、EEG 门控法等。

（2）对比剂增强磁共振血管成像（contrast enhanced magnetic resonance angiography，CE-MRA）。本方法除了要依靠血液的流动外，还需要通过团注对比剂来实现 MRA。

上述两类方法的成像原理不同，但是大多数序列设计的基本原型都是快速小角度激发梯度回波序列（FLASH）或扰相梯度回波序列（SPGR），EEG 门控法可以配合快速自旋回波进行 MRA 成像。通过序列设计，系统要实现两方面的功能以显示血管的形态：减小血管外背景组织的信号强度；突显血管内不同流速血液的 MRI 信号。

（一）TOF法和PC法的血管成像

1．TOF-MRA 序列设计

时间飞跃法（time of flight，TOF）：MRI 血管成像是目前最常选用的血管成像技术之一。TOF 法能够显示头颈部、胸部、腹部和四肢的动脉和静脉。包括二维 TOF（2D-TOF）、三维 TOF（3D-TOF）。在成像中，系统要求成像的层面选择在与血流垂直的方向。

3D- TOF 的序列设计示意图见图 6-3-12。

通过上面的序列设计，系统实现了四个基本功能：

（1）减小血管外其他背景静止组织的信号强度；

（2）突显血管内不同流速的血液 MRI 信号；

（3）血流流动的准确定位；

（4）抑制反向血流干扰。

2D-TOF 的序列设计：

2D-TOF 与 3D-TOF 的序列设计原型相同，都是梯度回波，但在序列设计上存在很多不同点（见图 6-3-13）。

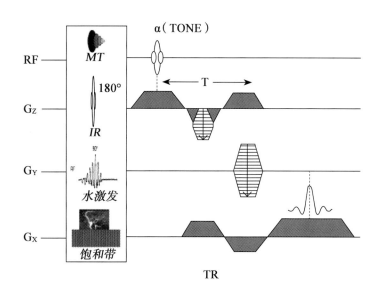

图6-3-12　3D-TOF MRA序列设计示意图

3D-TOF序列的TR时间范围为25~50ms，TE时间范围为2~7ms，射频翻转角度的范围为20°~40°

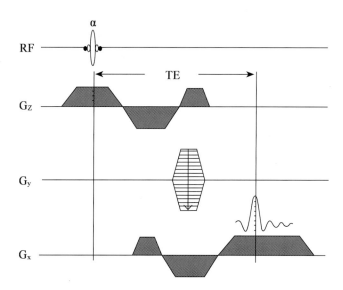

图6-3-13　2D-TOF的序列设计示意图

TR时间范围为20~30ms，TE时间范围为4~8ms，射频翻转角度的范围为50°~70°

2．PC-MRA 的序列设计

M_0 是 MRI 成像的物理对象，其具有幅度和相位。PC 法是利用了 M_0 的相位信息来进行成像与流速测量的技术。

MRI 相位对比法血管成像（PC-MRA）序列设计的关键技术要点包括：

- 流动编码梯度。
- 正向与反向流动编码梯度分别图像采集。
- 二次成像的后处理。

3D- TOF 的序列设计示意图见图 6-3-14：

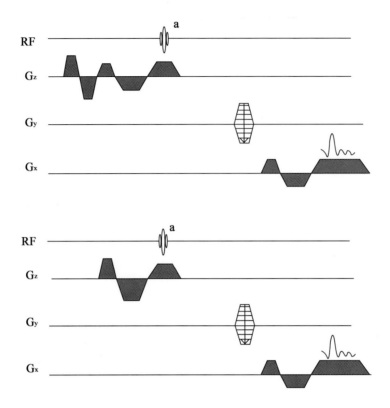

图6-3-14　PC-MRA序列示意图

层面选择梯度前设置方向相反大小相同的流动敏感梯度对（上行）。FE梯度可与其后的层面选择梯度合并，以缩短成像时间（下行）

　　PC法血管成像的序列设计，由两组序列组成。当2次成像获得的M$_{流动}$间相位差异为π时，M$_{流动}$的幅度差值最大，而静止组织Mxy的相位差仍然为0。所以在PC法-MRA时，一般采用正向与反向FE对，来分别获得2套图像，以获得血管内血流的最大信号，突显血管。

（二）CE-团注的血管成像

　　当对比剂以一定速度的团注形式经肘部较粗大静脉快速注入时，对比剂在动脉中的浓度与对比剂的注射速率成正比，与心输出量成反比。因此，可以通过提高注射速度和减低心率等方法来保证动脉内的对比剂浓度。一般情况下，血液的T$_1$值会被明显降低，比如在1.5T场强情况下，血液T$_1$值会由1200ms减小到50～150ms，明显低于脂肪的270ms。此时再利用快速梯度回波技术将受检血管显示出来，这就是CE-MRA法的基本原理。

　　团注准备的序列选择一般采用单次激发turbo-flash序列来实现第一个功能（图6-3-15），通过SPGR或IR-SPGR技术，参数范围为turbo-falsh，TR = 2～10ms，TE = 0.5～2ms，FA = 30°～60°。

（三）RARE序列的血管成像

　　分为不利用EEG和利用EEG两类。前者一般称为黑血序列（Black blood sequence），后者的典型代表为新血序列（Fresh Blood Imaging，FBI），是综合利用EEG以及流动补偿梯度进行血管成像的混杂技术。

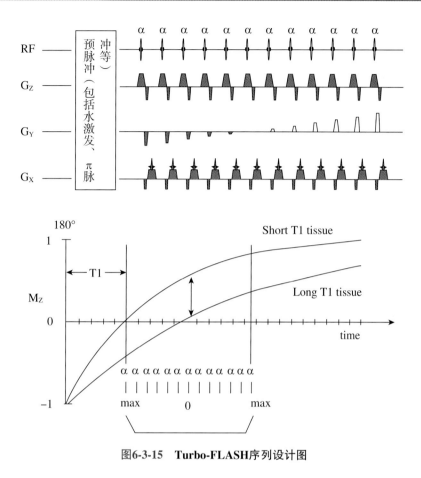

图6-3-15　Turbo-FLASH序列设计图

1．黑血技术

（1）SE 或 RARE 序列：在自旋回波序列与快速自旋回波中，都需要经历 π 脉冲的作用才能有效地形成回波。并且 SE 与 RARE 的 TR 间期一般较长，达到几百，甚至几千毫秒，因此会导致流动血液回波无法形成，表现为无信号区。由于流空效应，血液呈低信号或无信号，SE 与 TSE 及其变型序列（含 DIR）也因此被称为黑血序列。

在此，以简单的 SE 序列为例，说明黑血的产生机制。

SE 序列的特点在于 90°RF 激发与 180°RF 回波重聚。90°RF 与 180°RF 的间隔时间为 8 ～ 60ms 不等。按照动脉的流速，如果为 100cm/s，在最短的间隔时间 8ms 内，应该走行至少 0.8cm，而 MRI 成像的层面厚度一般选定在 0.5cm。因此受激发的血流 M 不会再被 180°RF 重新聚相位，最终表现为流空效应。流动较慢的静脉，如果以 20cm/s 流动，那么其在 10ms 内会流动 2mm。当然，在 T_2WI 上，即使流动只有 20cm/s，由于 TE 时间过长，导致 90°～ 180°脉冲间隔（TE/2）也在 60ms 左右。这样即使流动速度只有 10cm/s 的静脉，也会在被 90°RF 激发后，流出 6mm 时，才出现 180°RF 脉冲，因此在层厚为 5mm 的图像上也不会形成亮信号（图 6-3-16）。

（2）双反转恢复黑血序列（double inversion recovery，DIR）：序列设计包括预脉冲部与信号采集部。

预脉冲部采用宽频率激发范围的 180°射频脉冲。MRI 信号采集部分一般采用 RARE 或分段快速梯度回波技术（图 6-3-17）。

反转恢复序列中血液零点时间的计算：

$$TI = T_{1,bolld} \ln \left[2 / \left(1 + e^{-TR/T_{1,bolld}} \right) \right] \qquad (6.3.8)$$

预脉冲的两次 180° 脉冲的组合，第一个反转脉冲抑制血液信号，第二个反转脉冲抑制脂肪的信号。

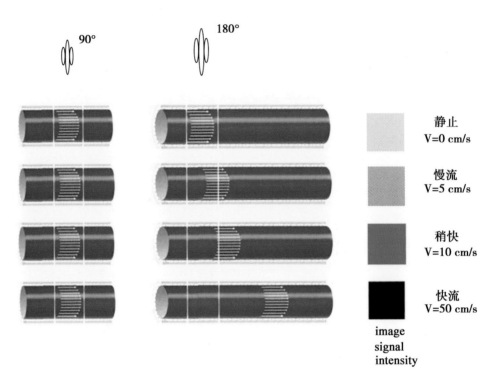

图6-3-16　不同流速血流在SE序列中的信号强度

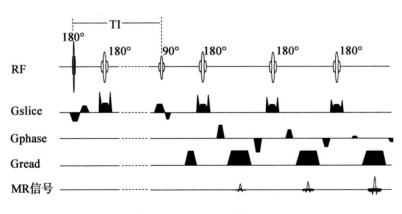

图6-3-17　DIR序列示意图

（3）磁敏感加权成像（susceptibility weighted imaging，SWI）：

SWI 的序列关键技术要点：

- 3D-SPGR 序列为基础序列，幅度图与相位图采集。
- 幅度图，通过设定稍长 TE（15 ～ 80ms）增加 T_2^* 权重。
- 相位图处理去除相位变化缓慢的背景区域，突出显示静脉等流动相关的相位变化区，获得蒙片。
- 将蒙片重叠于幅度图，进一步减低静脉区的 MRI 信号。

2．新血亮血序列

本法适用于末梢动脉血流流速较慢动脉 MRA。3D-TOF 法适于流速较快的动脉成像；2D-TOF 尽管对慢流敏感，但经常混杂静脉显影，不利于观察。为了获得人体末梢区域动脉内流速较慢区域的动脉成像，可以采用配合心电门控和毁损梯度来获得 RARE 序列血管成像，也称为新血成像（Fresh Blood Imaging，FBI）。本法的成像序列设定要点包括：

- 采用冠状或矢状位成像，使血流方向与读出方向一致。
- 配合 EEG 实现收缩期与舒张期的双期采集。
- 寻找到动脉期动脉信号被彻底毁损的读出梯度。
- 减影处理。

FBI 检查包括 2 个部分：准备部分和实际采集部分。

准备部分：利用不同大小的毁损梯度来寻找能够最大程度抑制动脉收缩期动脉信号的读出梯度值（图 6-3-18）。

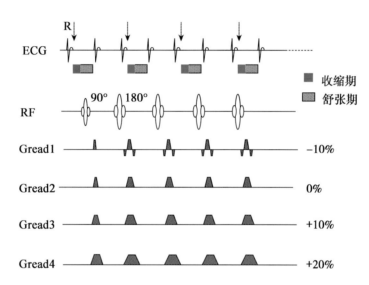

图6-3-18　附加在读出梯度上的损毁脉冲的强度从 − 10％以10％的幅度依次递增至40％，用单次采集法得到对应的不同流动去相位效应的六幅图像

四、脑功能成像

神经活动的最直接形式是生物电。脑电图（EEG）、电阻抗成像、脑磁图都是针对脑电或电相关特性的测量方法，目前这些方法尚无法克服准确进行空间定位的问题。PET 通过脑活动时生理生化代谢的改变可以反映脑区的活动情况，但是从空间分辨率以及无创性方面考虑，MRI 比 PET 具有更大的优势和发展潜力。

目前最为常用的 MRI 脑功能成像（BOLD）技术是 1990 年贝尔实验室的塞基·奥格瓦（S. Ogawa）提出的"血氧水平依赖法（Blood Oxygenation Level Dependent，BOLD）"。早先 MRI 也曾经从血流、生化代谢等角度探索了脑功能成像的可能性，但是从实用性、标准化、无创、高时间、空间分辨率、可重复性等角度考虑，BOLD 得到了业界的认可与延续发展。

（一）BOLD脑功能成像的生理基础与序列选择

1．BOLD 的生理基础

大脑皮质受到生理性刺激，局部神经元活动导致血流动力学的变化，使其局部能量代谢率上升，血管扩张。由于神经元本身并不储存所需的葡萄糖和氧气，当局部神经元活动时，为补充消耗的能量，其附近的血流会增加向兴奋脑区输送葡萄糖和氧气。如前所述，脑兴奋区局部血流中的氧分压相对升高、带氧血红蛋白（Hb）浓度增高，而附近无兴奋脑区脱氧血红蛋白（dHb）的浓度相对增高。HbO_2/ dHb↑是 MRI-BOLD 成像技术的生理基础。刺激开始时的 1 ~ 5s，dHb / HbO_2↑，局部磁化率（影响 T2*）会减小，但总体来看，仍然是 HbO_2/ dHb↑，因此，血液中带氧血红蛋白的浓度上升，相对的 BOLD 信号也会随之加强。

带氧血红蛋白与脱氧血红蛋白结构磁性特点：Hb 在脱氧状态下 dHb 的血红素铁为二价铁（Fe^{2+}），其外层有 4 个高速自旋、具有较大磁矩的不成对电子。这些不成对电子，使 dHb 具有与外源性顺磁性造影剂（如 Gd-DTPA）相似的顺磁性。dHb 的顺磁性能在其周围的水质子间建立起小的局部磁场，使组织毛细血管内外出现非均匀性磁场，该不均匀磁场可加快质子失相位从而缩短 T2 弛豫时间，MRI 信号下降。

2．MRI 序列选择

场不均匀造成的 MRI 信号衰减已经在第一章中有过详细介绍，T2* 是反映场不均匀造成的弛豫过程的量值。因此，在选择 MRI 成像序列时，需要应用对场不均匀敏感的序列，如 GRE、EPI 等。

根据拉莫尔方程，BOLD 法成像所得到的磁共振信号具有场强依赖性。如果血液的氧合水平不变，场强越高，dHb 弱顺磁性引起的毛细血管周围非均匀场的影响就会相对越小，而获得较强的信号（图 6-3-19）。这种效应一般被称为 BOLD 信号的场强依赖性，是 fMRI 研究多使用高场强的重要原因，同时图像的信噪比也大大提高。

此外，功能成像序列的选择直接关系到 BOLD 法 fMRI 的敏感性和特异性，要充分考虑到所用序列的时间、空间分辨率、扫描范围、敏感性和特异性、图像伪影及费用等。目前一般选用对 T2* 效应敏感的快速梯度回波（GRE）序列和平面回波成像（echo planar imaging，EPI）。

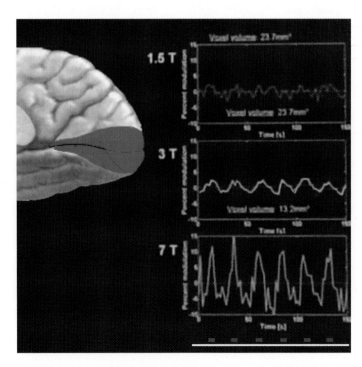

图6-3-19　同样的视觉刺激实验下，MRI信号变化的幅度从1.5 ~ 7T。在高场环境下，更有利于ER实验的观察

（1）单激发（single shot）EPI：可实现亚秒成像，因为 TR 相当于无限长，因此组织的 T1 权重被很好抑制。通过延长 TE 时间来获得更大的 T2* 权重。存在的问题是随着 T2* 权重的增加，顺磁性伪影也逐渐加重。同时，由于梯度快速切换而造成的涡流也使图像相对解剖像（SE-T1WI）发生变形，研究结果表明，层面内发生的是弹性变形。变形可以通过数学或图像后处理的方法来进行校正。通过改变采集的方式，如分段 EPI、螺旋式 K 空间采集、并行采集技术等都可以使得这些伪影减轻。

（2）分段 EPI：分段 EPI 的初衷是获得较短的 TE 时间，并尽量减少顺磁性伪影以及涡流造成的图像变形。但是在 fMRI 中，T2* 取决于 TE 的设定，因此，除非在变形非常严重的情况下，从序列设计以及脑功能成像的原理角度，不建议采用分段 EPI。

（3）快速梯度回波（GRE）：采用小角度激发 SPGR 或 FLASH，延长 TE 时间，缩短 TR，可以得到 T2* 权重的 GRE 图像。GRE 序列在 fMRI 中，存在着一定的自身矛盾性：从时间分辨率的角度，需要缩短 TR 来获得短的成像时间，以保证在 2 ~ 3s 时间内获得相应的图像；从 SPGR 的成像原理角度，短 TR 会造成组织的饱和现象，造成信号的下降。图像的信噪比（SNR）较低，且它对未饱和动脉血的流入效应敏感，层数也有限；3 ~ 6s 的成像时间对特征性显示脑激活的血流动力学改变还不够快。因此，快速梯度回波序列主要用于范围较小、部位明确的初级感觉皮质区，可产生较强、较准确的 fMRI 信号。

（4）结构像扫描：常规采用 SE-T1WI 扫描，层面的选择视研究目标而定，应用 MP-RAGE 等 3D-GRE 序列可以获得各向同性的 T1 权重图像。

从功能成像的设计刺激方案来看 fMRI 应该具有以下特点：

- 时间分辨率：准确的与设计方案相匹配的前提是快速成像。
- 重复采集：无论组块设计还是事件相关设计，都需要通过重复采集来获得兴奋区的 MRI 信号。此处需要考虑 SAR 因素。
- 伪影考虑：在 MRI 成像过程中，如受试者出现自发性运动、生理性运动和绝对 MRI 信号水平的漂移也可出现类似的信号强度增高。

具体成像参数的设定与对 fMRI 结果的影响：

- 成像体素大小：BOLD 法 fMRI 信号增加的幅度很小（主磁场场强 1.5T 时仅为 1% ~ 5%）。上升的幅度与多种因素有关，比如上述脑区兴奋的程度、T2* 权重、成像采集的像素大小、信噪比等。BOLD-fMRI 常采用的体素大小为 1 ~ 3mm，层厚为 5 ~ 10mm。大脑皮质神经活动的深度介于 1 ~ 3mm 厚的灰质中，因此，成像像素的大小应该在 3mm 以内，越薄效果越好。像素过大会包含周围的静态组织，出现部分容积效应。这一点，已经有学者证实。不过，像素的大小也不能无限制的缩小，体素变小导致图像信噪比降低，并且矩阵增加会延长采集的时间，将降低时间分辨率。
- 回波时间（TE）：在多数 fMRI 研究中，梯度回波采集的 TE 为 40 ~ 50ms、自旋回波采集的 TE 为 90 ~ 110ms。TE 的选择是图像信噪比与 T2* 权重两种因素权衡的结果。
- 翻转角（α）：EPI 选择一般是 90°RF。GRE 序列中，SPGR 为原型的序列中，α 应该取小角度，以获得足够的 T_2* 权重。

时间分辨率的考虑：影响时间分辨率的因素很多，包括信号采集和任务开关的速度、脑区被激活的时间、基线信号的标准差、信号反应起始时间的标准差、回到基线时间的标准差、从任务开始到结束整个反应时程的标准差，以及反应等待时间的范围等。

（二）脑功能成像的技术实现

BOLD 法脑功能成像（fMRI）的实验过程包括实验设计和数据处理两大部分。

1．实验设计与实施

● 确定实验系统（研究目标）：

设计刺激方案：根据不同研究目标采用不同的刺激方案，主要包括两种类型：一是组块设计（block design），二是事件相关设计（event related，ER）。

（1）组块设计：fMRI 组块设计实验主要基于认知减法范式的"基线 - 任务刺激"模式，设计的特点是以组块的形式呈现刺激，在每一个组块内同一类型的刺激连续、反复呈现。一般至少要两种类型的刺激，其中一类是任务（task）刺激，另一类是控制（control）刺激。每个刺激的持续时间范围是 16 ～ 60s，通常不超过 40s，因为刺激持续时间更短有利于捕捉高频率发生的脑活动。基于此，组块设计通过对比任务刺激和控制刺激引起的脑局部血流动力学改变，了解与任务相关的脑局部反应活动，常用于功能定位实验中。采用这种方法能够得到脑的激活图（active map）。相比于事件相关设计，组块设计更有利于统计学分析，但是由于组块设计的规律性和可预测性，会导致被测试者很快地适应刺激，甚至导致情绪和心情的不稳定，从而影响 BOLD 信号的精确度。

（2）事件相关设计：（或称单次实验，single trial），较传统的组块设计能更好地描述 BOLD 信号，可根据受试者的反应对刺激进行事后的分类。其主要特点是：基于实验任务和被试反应的选择性处理；反映脑局部活动的反应过程与规律。此种设计可应用于对事先无法控制和预测的行为的研究，能够对 BOLD 信号进行更加准确地描述。但其统计力较弱，因此在实际应用中应与区组设计结合。该实验设计主要涉及 2 个变量，即刺激呈现时间（Stimulus Duration，SD）和刺激间隔时间（InterStimulus interval，ISI）。ISI 一般以 SD- 为参照，不宜过短，从而避免前、后两次信号重叠。据报道，一般 SD 为 0.33 ～ 2s，ISI 为 2 ～ 30s。有学者研究发现，在用简单的感知觉和运动作任务时，当 SD 为 2s 时，最佳 ISI 为 10.8s，重复时间大约为 12s。现在一般 ER-fMRI 实验设计 SD 选为 1 ～ 2s，ISI 选为 12 ～ 16s。但因血流动力学变化为非线性方式，很难通过随机任务引起的血流动力学变化的线形重叠来解释。因此，对于不同认知和记忆等任务来说，最佳实验设计方案有待于对血流动力学变化、个体间等因素的进一步理解。

成像序列设计及相关参数选择：成像包括功能信息与图像的采集部分和解剖结构图像采集部分。

2．fMRI 数据后处理

fMRI 的图像后处理，是通过设定阈值使两种状态下的原始图像进行匹配减影，减影图像经过像素平均化处理后，使用统计方法重建可信的功能激发图像。目前常用的统计方法主要是相关分析、t 检验。通过这些后处理我们不但可以提高实验结果的可信度，并可有效地消除部分图像伪影。

获得功能成像的原始图像后，经过噪声抑制、图像配准、脑功能区的提取和标识等步骤，识别大脑受到生理性功能刺激前后皮质相关区域功能活动的信息。

（1）随机噪声和生理噪声的抑制：在 fMRI 的检查过程中，运动是造成噪声的主要原因之一，运动可分为受试者的生理性运动和自发性运动，生理性运动是脑搏动，脑搏动与心动周期相耦联。抑制自发性运动伪影（随机噪声）方法有两种：头颅固定装置和平滑配准法（频域空间的配准）。平滑配准法是在成像序列中编入导航回波以校正轻度图像错位。

（2）fMRI 图像的配准：配准（Registration）就是要找到两幅图像之间的转换关系 T，将检测到的脑功能区（浮动图像）转换到对应的解剖位置（参考图像）上，使具有相同解剖意义的点在 MRI 扫描前后的位置达到最大限度重合。

（3）功能区的提取和标识：通过数据的统计分析来区别脑激活时 MRI 信号强度的微小变化和电子物理噪声引起的信号波动。fMRI 数据分析中，概率理论和假设检验能区别噪声和脑激活引起的信号变化，统计学方法用来计算获得数据，支持某种假设的程度，经统计学检验具有显著性的像素点即为在刺激之后发生了变化的脑功能区。

受激活的脑功能区被提取出来之后，需要对其进行标识。所有功能性神经系统成像方法的难点在于分析多个受试者的激活结果，大脑外形、大小和 MRI 扫描取向的差异会影响多个受试结果的比较和分析。另外，激活的结果需要有一个共同参照，以显示准确的解剖定位如皮质的脑回，将不同的人脑投入标准空间的过程称为"空间标准化"。

（三）fMRI图像后处理软件包简介

目前国际上对脑功能成像后处理的常用软件包有 AFNI（analysis of functional neuroimages）、SPM（基于 Matlab）、MRIcro、FreeSurfer 等和商业软件 MEDx（集成了 SPM、FSL）、Brain Voyager（集成了 SPM、FreeSurfer）等。这里简要介绍一下应用简便、使用比较广泛的 SPM 软件包。

SPM（statistical parametric mapping）是专门为脑功能成像数据分析而设计的一个通用软件包，主要用于大脑反应的功能定位，是刻画脑病变和功能解剖的最常用工具。SPM 最初由英国的 Karl Friston 在1991 年提出，目前已经发展到 SPM 2、SPM5、SPM8 等版本。SPM 的主要目的是对被试间或被试内的不同成像结果进行比较，得出一个具有统计学意义的结果。它的图像由每个点的相关统计量所构成，也就是说，对功能成像的每个体素都进行统计学检验时，它们都有一个检验的统计量，通过这些值，即可做出 SPM 以显示脑激活的空间位置、范围和幅度。不同的统计学处理方法采用不同的统计量，因而得出不同的 SPM。例如，方差分析的统计量为 F 值，相应的 SPM 就是 F 阵列；而相关分析和 t 检验的统计量分别为相关系数（CC）和 t 值，则其 SPM 就分别由 CC 和 t 构成，我们用 SPMt 表示由 t 值构成的 SPM。SPM 主要优点是处理结果不受分析人员的主观影响，重复性好。目前，它已成为国际上应用最普遍、最权威的脑功能成像处理分析软件。

（韩鸿宾　吴仁华　沈智威　于　薇）

第7章

临床磁共振成像技术选择

- 颅脑 MRI 成像技术
- 脊柱 MRI 成像技术
- 心血管 MRI 成像技术
- 腹部 MRI 成像技术
- 盆腔 MRI 成像技术
- 骨关节 MRI 成像技术
- 五官 MRI 成像技术
- 儿科 MRI 成像技术
- 磁共振介入技术

第一节　颅脑MRI成像技术

- 中枢神经系统的磁共振成像相关解剖、生理与物理特性
- CNS 疾病分类及推荐扫描方案
- 不同技术方案临床应用举例

一、中枢神经系统的磁共振成像相关解剖、生理与物理特性

中枢神经系统（CNS），包括脑与脊髓。MRI 序列设计的主要任务就是根据各类 CNS 疾病的形态学异常、生理代谢异常的特点，选择合适的 MRI 序列及参数以达到以下目的：

- 显示病灶
- 分析疾病的发展程度
- 寻找病因
- 治疗评价

（一）CNS解剖学特点

1．大体解剖位置深藏于坚硬的颅骨与脊柱内的蛛网膜下隙内。

2．分灰质区和白质区（还存在部分灰白质混合区）。灰质区神经元细胞相对密集，如大脑皮质、脊髓灰质蝴蝶。白质区为神经纤维密集区，如半卵圆中心、锥体束等。

3．脑白质在 1.5 岁前，处于生理发育阶段。

4．由前、后循环供血（颈内动脉／椎动脉），交通动脉连接，并与颈外动脉存在潜在侧支代偿循环通路。

（二）CNS生理学特点

1．支配人体各类神经活动的中枢。直接反映为生物电产生与传导，间接表现为相应脑区血流量与血氧水平的变化。

2．血脑屏障起到防御功能，无淋巴系统。

3．脑脊液（CSF）由脑室内脉络丛来源，经流各个脑室、蛛网膜下隙、蛛网膜颗粒回流入静脉。脑脊液发生与心动周期耦联的搏动，脑、脊髓也相应发生搏动。生理条件下，CSF 对脑脊髓起防止机械性震荡冲击的保护作用。

（三）CNS正常及病变组织的磁共振成像相关物理特性

1．关于 T_1、T_2

（1）成人灰质与白质相比，灰质呈稍长 T_1，稍长 T_2，新生儿除了髓鞘形成的几个区域外，灰白质信号对比与成人相反。

（2）在出生 3 个月和 12 个月左右，灰质与白质分别为 T_1 与 T_2 上呈现等信号的关键时期，之后，逐渐向成人的脑质信号演变，在 18 个月左右完成对比度的转换。

（3）脑脊液表现与水类似的长 T_1、长 T_2 信号。

2．关于扩散　脑灰质具有相对的各向同性，发育完善的白质区具有明显的各向异性。

3．关于流动因素　脑动静脉内血流流动、脑脊液的流动对成像存在影响。

4．脑组织为抗磁性物质，对磁场影响不大，随年龄增长（老年性），或病理状态下（病理性）铁质沉积时会产生顺磁性效应而使局部组织的弛豫时间缩短。

5．脑组织含有的化学成分

（1）N-乙酰天门冬氨酸（NAA）：化学位移 2.02ppm，NAA 存在于神经元中，是公认的神经元的一种标志。

（2）胆碱（Cho）：化学位移 3.2ppm，是胞膜磷脂代谢的组成成分，也是乙酰胆碱和磷脂酰胆碱的前体。

（3）肌酸（Cr）：化学位移 3.03ppm/3.94ppm，包括 Cr、磷酸肌酸的 γ-氨基丁酸、赖氨酸和谷胱甘肽。维持脑细胞的能量依赖系统。Cr 峰在疾病时亦维持一定的稳定性，因而通常作为对照值。

（4）乳酸（Lac）：Lac 双重线出现于 1.32ppm；第二峰出现于 4.1ppm。双重线（doublet）是相邻质子J偶联的结果。此峰十分接近水共振峰，因而常被抑制。TE 为 272ms 时 Lac 曲线凸出于基线上；而 TE 为 136ms 时，Lac 双重线倒转于基线下。

（5）肌醇（MI）：MI 波峰出现于 3.56ppm。MI 是激素敏感型神经感受器的一种代谢产物。

（6）谷氨酸（Glu）和谷胺酰胺（Gln）：化学位移介于 2.1 ~ 2.5ppm 之间。Glu 是兴奋性神经递质，在线粒体代谢中起作用；γ-氨基丁酸是 Glu 的重要产物；Gln 对神经递质的灭活和调节发挥作用，这两种代谢物可同时发生共振，其波谱用总和表示。

（7）脂质（Lip）：短 TE 采集时可见化学位移 0.8、1.2、1.5 和 6.0ppm。

（8）丙氨酸（Ala）：波峰出现于 1.3 ~ 1.4ppm 之间，可能由于 Lac 的存在而模糊。与 Lac 相似，Ala 波峰当 TE 由 136ms 变为 272ms 时发生倒转。

（四）CNS常规扫描序列

现将所有临床使用的颅脑 MRI 扫描技术分类列表如下（表 7-1-1），技术员及临床医生可根据疾病特点及不同的临床诊断需求来任意选择扫描方案，或自行组合不同扫描技术。

表 7-1-1　临床使用的颅脑 MRI 扫描技术

编号	类别	序列	轴位	矢状位	冠状位	斜冠状	3D	首选序列类型 0.3~0.5T	首选序列类型 1.5T~3T
A	常规形态学扫描	T2WI	+	+				FSE	FSE
		T1WI	+						
		抑水序列	+					IR-FSE或FLAIR	
B	扩散成像		+					EPI-DWI	EPI
C	出血敏感序列扫描		+					FLASH-2D	FLASH -2D 或SWI
D	灌注扫描		+					EPI-FID	EPI
E	增强扫描	T1WI	+	+	+				FLASH-2D
F	MRS								
G	BOLD								EPI-FID

方案一：颅脑常规平扫（A）

（1）适用情况：发现病灶，根据病灶特点决定进一步扫描方案。

（2）序列：T2 加权快速自旋回波序列（T2WI TSE）

T1 加权快速小角度激发梯度回波序列（T1WI FLASH 2D）

T2 加权快速自由水抑制成像（T2WI Dark-Fluid IR）

（3）序列特点及技术要领：快速成像序列特点参见第六章第二节。扫描方向常规包括矢状位及轴位，如怀疑海马病变，可加扫冠状位观察。若患者躁动，可通过实施刀锋采集来减小运动伪影。

方案二：颅脑平扫 + 扩散加权（DWI）扫描（A+B）

（1）适用情况：有急性卒中临床表现、欲明确是否有急性缺血性脑梗死的患者。

（2）序列：在上述颅脑常规平扫的基础上进行扩散加权成像，代表序列为平面回波 - 自旋回波序列（EPI-SE）。

（3）序列特点及技术要领：EPI 技术是目前临床实际应用中最快速的扫描技术，能够在几十毫秒的时间内获得图像重建所需的原始 K 空间数据，特异性的显示脑内水分子扩散受限的区域，明确急性缺血病灶。对于躁动的患者同样可以使用。序列介绍参见第七章第二节。

方案三：颅脑平扫 + 扩散加权（DWI）+ 磁敏感加权（SWI）扫描（A+B+C）

（1）适用情况：有急性卒中临床表现、欲鉴别急性缺血性脑梗死和脑出血的患者。并能快速明确常规颅脑 MRI 平扫不能发现的颅内小出血灶。

（2）序列：在上述方案二的基础上加磁敏感序列扫描，以扰相梯度回波序列（3D-SPGR）为基础，同时采集幅度图与相位图。

（3）序列特点及技术要领：SWI 具有对微细静脉显示的能力，由于其重 T2* 的特点，使出血以及钙化等局部顺磁性变化明显的区域均呈现低信号。在急性脑血管病发作患者怀疑颅内有微出血灶时，可加扫此序列。但 SWI 存在的问题是特异性差，静脉与出血以及小的钙化区分存在困难。可应用双回波 SPGR 半定量的测量顺磁性，对出血与钙化的鉴别有更大帮助。序列介绍参见第七章第三节。

方案四：颅脑常规平扫 + 增强 + 灌注（PWI）扫描（A+D+E）

（1）适用情况：常规平扫不能明确病灶性质，欲了解病灶血供情况，对脑血管病或潜在脑缺血患者了解颅内血流动力学情况。

（2）序列：在行常规颅脑平扫之后，进行如下序列扫描：

- 三维磁化准备快速梯度回波序列（T1WI-3D-MPRAGE）
- 高压注射器注入造影剂 Gd-DTPA
- 平面回波序列灌注成像（T2*WI EPI-FID）
- 三维磁化准备快速梯度回波序列（T1WI-3D-MPRAGE）

（3）序列特点及技术要领：T1WI-3D-MPRAGE 具有较高的空间分辨率和时间分辨率，信噪比高，能显示人脑内部精细解剖结构，并可进行任意方向的三维重建。T2*WI EPI-FID 具有最佳的时间分辨率，可实现亚秒成像。成像数据信息经过计算机后处理和数学模型拟合后，可获取颅内血流动力学和微观物质交换率的信息。序列介绍参见第六章第一节。

方案五：颅脑波谱成像（MRS）（F）

（1）适用情况：适用于脑组织内代谢物和生化出现异常的疾病，如颅脑先天或后天的代谢异常、变性和中毒等疾病。

（2）序列：磁共振波谱的采集方式可以分为三种：第一种是利用表面线圈的射频场非均匀的获得局域波谱，这种技术简单，但它局限于采集靠近体表的解剖区域的波谱，也不能灵活地控制区域形状和大小；第二种方法是通过 MRI 图像确定感兴趣区，然后利用磁场梯度和射频脉冲结合进行选择激励；第三种是化学位移成像，也是一种需要利用磁场梯度的定位技术。具体技术介绍详见第七章第二节。

方案六：脑功能成像（BOLD-fMRI）（G）

（1）适用情况：适用于欲了解颅脑在各种生理和病理情况下的血氧代谢水平，目前主要处于实验室研究阶段，临床应用开展较少。

（2）序列：一般选用对 T2* 效应敏感的梯度回波序列（GRE）和平面回波成像（echo planar imaging，EPI）。目前常用的是单次激发 EPI 序列。

（3）序列特点及技术要领：脑功能成像扫描需考虑成像速度、因重复采集导致的 SAR 值升高和伪影的问题。单次激发 EPI 序列可以实现亚秒成像，并可通过延长 TE 时间来获取更大的 T2* 权重。与此同时，T2* 权重导致的顺磁性伪影和梯度快速切换导致的图像变形可以通过改变采集的方式如分段 EPI、螺旋式 K 空间采集、并行采集技术等来减轻。具体技术方案参见第七章第四节。

方案七：特殊部位成像：颅脑血管成像（MRA）

（1）适用情况：明确颅内血管是否存在异常病变，如动脉粥样硬化、血管畸形、血管瘤及烟雾病等。

（2）序列：包括两类：一是单纯依靠血液流动特性来实现的 MRA，如时间飞跃法（TOF）、相位对比法（PC）、ECG 门控法等；另一类是对比剂增强磁共振血管成像（CE-MRA）。上述两类方法的成像原理不同，但是大多数序列设计的基本原型都是快速小角度激发梯度回波序列（FLASH）或扰相梯度回波序列（SPGR），ECG 门控法可以配合快速自旋回波进行 MRA 成像。具体成像技术方法参见第七章第三节。

方案八：特殊部位成像：颅脑扩散张量成像（DTI）

（1）适用情况：怀疑脑白质纤维束有异常病变的患者。

（2）序列：以扩散加权成像平面回波-自旋回波序列（EPI-SE）为序列基础，但需设置 2 个或 2 个以上的扩散敏感系数 b 值，方能进行扩散张量 D 值的测量。具体序列介绍参见第七章第三节。

方案九：特殊部位成像：颅神经

（1）适用情况：怀疑有颅神经病变，例如听神经瘤、三叉神经肿瘤等。

（2）序列：以结构成像序列为基础，重点显示细微解剖结构，并要求能有任意角度三维重建能力。推荐采用 T1WI MP-RAGE 或 T2WI 3D-CISS 序列。

方案十：特殊部位成像：海马

（1）适用情况：怀疑有海马病变，主要是海马体积改变的 AD。

（2）序列：以结构成像序列为基础，重点显示冠状位，并要求能有任意角度三维重建能力。推荐采用 T1WI MP-RAGE 序列。

二、CNS 疾病分类及推荐扫描方案

临床和影像科医生可以根据各类 CNS 疾病的形态学异常、生理代谢异常的特点，选择个性化的 MRI 序列及参数（表 7-1-2）。

表 7-1-2　CNS 疾病分类

分类	疾病	建议扫描方案	分类	疾病	建议扫描方案
先天畸形	Chiari畸形	A方案，必要时根据具体解剖结构加扫MP-RAGE或3D-CISS序列	外伤	脑对冲伤	A+C方案，明确出血灶
	胼胝体发育不全			硬脑膜外血肿	
	Dandy Walker综合征			硬脑膜下血肿	
	菱脑融合			外伤性蛛网膜下隙出血	
	先天性小脑蚓发育不良			脑挫裂伤	
	前脑畸形			弥散性轴索损伤	
	小头畸形			颅内疝综合征	
	异位脑灰质			外伤性脑水肿	
	巨脑回、多小脑回和无脑回			外伤性脑缺血	
	脑裂畸形			外伤颅内动脉夹层	
	神经纤维瘤病			外伤颅外动脉夹层	
	von Hippel Lindau			外伤性颈内动脉海绵窦瘘	
	结节性硬化症		蛛网膜下隙出血和动脉瘤	动脉瘤破裂蛛网膜下隙出血	A+C方案，明确出血灶
	脑面血管瘤病			非动脉瘤破裂蛛网膜下隙出血	
	脑脊膜血管瘤病			表面铁质沉着病	
	基底细胞痣综合征			囊状动脉瘤	
	遗传性出血性毛细血管扩张			假性动脉瘤	
	脑颅皮肤脂肪过多症			动脉粥样硬化性梭形动脉瘤	
	Cowden综合征			非动脉粥样硬化性梭形动脉瘤	
	神经皮肤黑皮症			血泡样动脉瘤	
脑血管疾病	颅内出血	方案三，可同时明确脑缺血与脑出血情况，必要时可加扫方案D明确脑内血流灌注情况	脑肿瘤	弥漫性低级星形细胞瘤	以A+E方案为主，根据病变成分选择不同扫描技术
	动脉粥样硬化			小儿脑干神经胶质瘤	
	永存三叉神经动脉			多形性成胶质细胞瘤	
	镰状红细胞病			大脑神经胶质瘤病	
	烟雾病			毛细胞性星形细胞瘤	
	原发性动脉炎			多形性黄色星形细胞瘤	
	系统性红斑狼疮			室管膜下巨细胞性星形细胞瘤	

分类	疾病	建议扫描方案	分类	疾病	建议扫描方案
脑血管疾病	脑淀粉样蛋白病		脑肿瘤	少突胶质细胞瘤	
	CADASIL			间变少突胶质细胞瘤	
	缺氧缺血性脑病			胶质母细胞瘤	
	缺血性脑梗死			室管膜瘤	
	腔隙性脑梗死			脉络丛乳头状瘤	
	低血压脑梗死			神经节神经胶质瘤	
	静脉窦血栓			发育不良性小脑神经节细胞瘤	
	皮层静脉血栓			促结缔组织增生婴儿神经节神经胶质瘤	
	脑深静脉血栓				
血管畸形	动静脉型血管畸形	A+C方案，明确出血灶，增强扫描及血管成像明确血管情况		DNET	
	硬脑膜动静脉瘘			中枢神经细胞瘤	
	大脑大静脉畸形			松果体瘤	
	发育静脉畸形			成松果体细胞瘤	
	颅骨膜血窦			髓母细胞瘤	
	海绵状血管畸形			PNET	
	毛细血管扩张症			神经母细胞瘤	
脑内囊性病变	蛛网膜囊肿	方案二		神经鞘瘤	
	胶样囊肿			神经纤维瘤	
	皮样囊肿			成血管细胞瘤	
	表皮样囊肿			血管外皮细胞瘤	
	神经胶质的囊肿			原发性中枢神经的淋巴瘤	
	扩大的血管周隙			血管内淋巴瘤	
	松果体囊肿			白血病	
	脉络丛囊肿			生殖细胞瘤	
	室管膜囊肿			畸胎瘤	
	脑穿通性囊肿			胚胎性癌	
	神经管原肠囊肿			实质转移瘤	
感染及脱髓鞘疾病	先天性巨细胞感染	以A+E方案为主		副肿瘤综合征	
	先天性艾滋病		后天性中毒代谢变性疾病	低血糖症	方案一为主，AD可行BOLD脑功能检查，ALS可行DTI检查
	先天性疱疹			核黄疸	
	链球菌B脑膜炎			药物滥用	
	柠檬酸细菌脑膜炎			甲状腺功能减退症	
	脑膜炎			基底节钙化症	
	脑室炎			酒精性脑病	
	疱疹性脑炎			肝性脑病	

续表

分类	疾病	建议扫描方案	分类	疾病	建议扫描方案
感染及脱髓鞘疾病	脑结核 神经系统囊虫病 寄生虫病 莱姆病 艾滋病脑炎 真菌病 多发性硬化 急性播散性脑脊髓炎 亚急性硬化性全脑炎	以A+E方案为主	后天性中毒代谢变性疾病	急性高血压脑病 慢性高血压脑病 自发性颅内压增高 一氧化氮中毒 渗透脱髓鞘综合征 放化疗脑病 硬化症 癫痫持续状态 老年脑	方案一为主，AD可行BOLD脑功能检查，ALS可行DTI检查
先天性变性代谢疾病	亚急性坏死性脑病 MELAS 黏多糖累积症 神经节苷脂沉积症 异染性脑白质营养不良 肾上腺脑白质营养不良 枫糖尿症 尿素循环障碍 戊二酸尿症Ⅰ型 海绵样白质营养不良 婴儿型脑白质营养不良 Van der Knaap脑白质病 哈-斯综合征 亨廷顿病 豆状核变性	以A+F方案为主，必要时加方案B明确脑缺血情况		阿尔茨海默病（老年痴呆） 多发梗死性痴呆 额颞叶痴呆 克罗伊茨费尔特-雅各布病 帕金森病 多系统萎缩症 肌萎缩侧索硬化 华勒（氏）变性 肥大橄榄变性	

三、不同技术方案临床应用举例

（一）方案A+特殊部位形态扫描

适用疾病举例：针对脑肿瘤，形态学显示是基本要求，除了上述常规序列外，对于微细与微小结构显示：

1. 精细解剖结构的显示上仍然推荐采用3D序列，如显示内听道肿瘤的CISS，在判断肿瘤的准确部位上具有重要价值。

2. MP-RAGE由于无层间隔，任意方向重建的优点在微小病灶的显示上具有价值，尤其在需要增强检查明确的肿瘤诊断上（图7-1-1）。

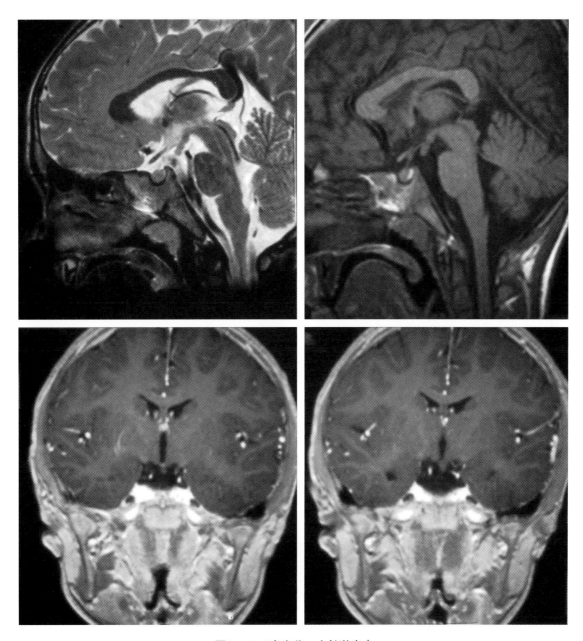

图7-1-1　2岁患儿，生长激素↑

灰结节错构瘤，MPR多方向重建病灶位于乳头体前方，显示清楚。下图为增强MP-RAGE图像，病灶无明显强化

（二）方案A +特殊物质成分显示

适用疾病举例：

1. 含有钙化成分　在部分先天发育性疾病中，如神经皮肤综合征中结节性硬化以及 Sterge-Weber 中存在钙化成分，以及部分具有钙化特征的肿瘤，包括生殖细胞瘤、少突胶质细胞瘤、脑膜瘤、颅咽管瘤等。应用磁敏感性成像都会有助于病灶性质的判断。CT 在显示钙化及显示颅骨结构改变与破坏上具有优势，MRI 可以通过 $T2^*WI$ 来显示钙化灶的存在，但是在定性方面较差。

2. 含有脂肪成分　在部分含脂肪成分的脑肿瘤如畸胎瘤、脂肪瘤等，采用压脂序列可有助于对脂肪成分的判断。

（三）方案A +C

适用疾病举例：适用于显示出血或不同时期血肿。

1．MRI 对慢性期血肿的显示优于 CT。

2．MRI 对出血原因的显示优于 CT ［如动脉瘤、血管畸形、烟雾病（moyamoya）、肿瘤卒中］。

3．T_2^*WI 对微小出血显示有优势，如小腔隙出血灶、海绵状血管瘤、脑淀粉样变性（见图 7-1-2）。

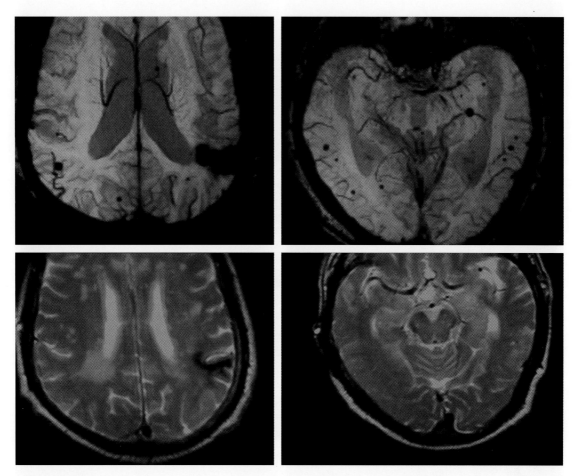

图7-1-2　脑淀粉样变性，男74岁，反复失语，上行为SWI，显示多数皮白质交界区的低信号小出血灶。下行为T2WI，多数病灶不可见。左顶叶陈旧出血吸收

（四）方案A+F

适用疾病举例：针对能产生异常生理代谢物质的脑肿瘤，采用 MRS 可以有效地检测异常代谢物质的类别，辅助诊断。针对脑肿瘤，MRS 和 MRI 相结合不仅能提高诊断的准确性，而且有利于分辨良、恶性，能检测治疗效果和估计预后。

1．间变型星形细胞瘤在显示病变范围上 MRS 较 MRI/CT 增强更好。

2．脑膜瘤 MRS 可有特征性改变：Cho ↑，NAA ↓，特征性的 Ala 峰（图 7-1-3）。

3．肿瘤恶性程度越高，Cho、Lac 和 Lip 越↑。Lip 峰分析时需要首先排除被周围脂肪组织污染所导致的 Lip 峰存在。

4．神经外胚层肿瘤有时还能检测到甘氨酸，较胶质瘤高。

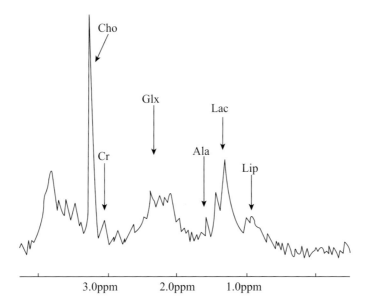

图7-1-3　脑膜瘤，**PROBE/SV示Cho峰明显升高，NAA峰显著降低至几乎消失，并可见Glx波群，较低的Ala及较高的Lac 双尖峰**

　　5. 成神经节细胞瘤、垂体瘤部分检测到牛磺酸，具有一定的特征性。

　　6. 脑外肿瘤与转移瘤因缺乏神经组织，NAA↓。

（五）方案A+B（即方案二）

　　适用疾病举例：部分脑肿瘤如原发淋巴瘤、原始神经上皮瘤PNET、脑膜瘤、表皮样囊肿，部分先天代谢异常疾病如线粒体脑病，缺血性脑卒中急性期，部分脑脓肿病灶表现为水分子扩散受限，DWI 呈高信号。对于缺血性脑卒中急性期病灶表现为 DWI 高信号，ADC 降低，DWI 与 PWI 的不匹配区常提示缺血半暗带存在，可为溶栓治疗提供依据。ADC 及 DWI 变化与常规 MRI 结合可判断病灶的新旧程度（图 7-1-4、图 7-1-5、图 7-1-6）。

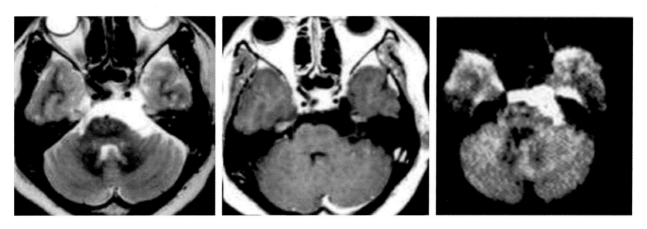

图7-1-4　环池占位，表现为脑脊液信号病灶，邻近脑质受压，增强扫描无明显强化，扩散加权像表现为高信号，手术证实为表皮样囊肿

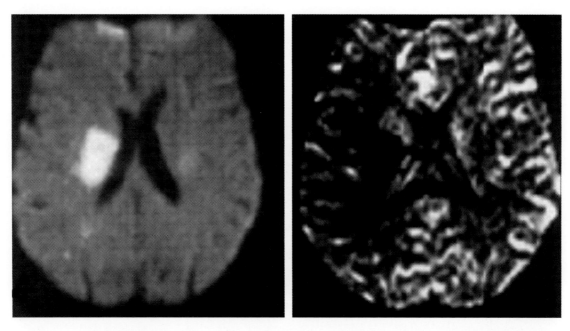

图7-1-5　右图灌注参数图（rCBV）显示rCBV异常区大于扩散异常区（左图），提示缺血半暗带存在

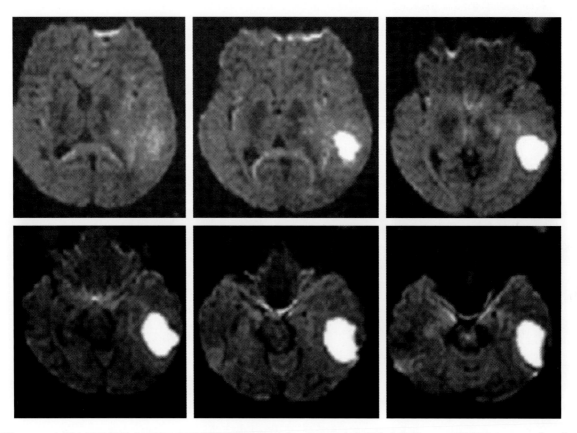

图7-1-6　左侧中耳化脓性中耳炎，累及颅内，脑脓肿形成，在DWI上表现为高信号，ADC值低为$5.65 \times 10^{-4} \text{mm}^2/\text{s}$

（六）方案A+D+E（即方案四）

适用疾病举例：对于细菌性或病毒性脑膜炎，增强扫描可见室管膜炎和蛛网膜炎而引起的室管膜和脑膜明显强化，经常导致脑积水。典型结核表现为基底脑膜炎，基底池软脑膜明显强化。关于增强扫描：MRI 与 CT 不同，MRI 扫描时正常脑膜呈不同程度增强。在高场及超高场 MRI 上，脑膜的强化更加明显。在疾病诊断时，这一征象必须与病史结合考虑（见图 7-1-7）。

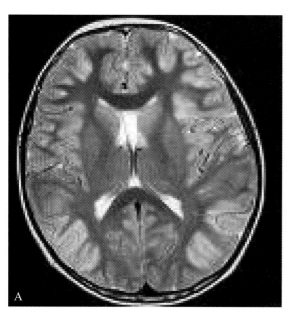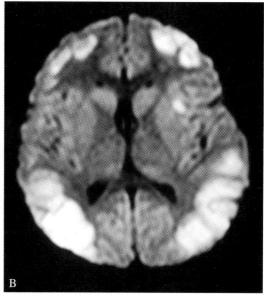

图7-1-7　病毒性脑炎。图A、B分别为轴位T_2WI和DWI，大脑半球皮质肿胀，广泛T2WI高信号。额叶、颞顶枕部、左基底节区弥散受限

（韩鸿宾　马　军　谢　晟）

第二节　脊柱MRI成像技术

- 脊柱的磁共振成像相关解剖、生理与物理特性
- 脊柱的 MRI 扫描设备的选择和患者的准备
- 脊柱常见病变推荐扫描序列及临床应用举例

一、脊柱的磁共振成像相关解剖、生理与物理特性

脊柱是由 24 块椎骨、1 块骶骨和 1 块尾骨借骨连接形成，构成躯干的中轴。脊柱内有椎管，内容纳脊髓及其被膜等。成人脊柱有颈、胸、腰、骶 4 个生理弯曲，其中颈曲和腰曲凸向前，胸曲和骶曲凸向后。上下两个椎弓根之间的椎间孔有脊神经和血管通过。

（一）脊柱解剖学特点

1. 椎体

（1）颈椎：椎体较小横断面呈椭圆形，矢状位颈椎稍前凸弯曲，从颈 3 至颈 7 椎体逐渐变宽增大。

（2）胸椎：椎体横断面呈心形，椎体前面凸，后面凹。横径和前后径大致相等。从上至下胸椎椎体大小逐渐增加。

（3）腰椎：椎体横断面呈肾形，椎孔大呈三角形。腰椎椎体横径大于前后径。

2．椎体之间的连接

（1）前纵韧带：前纵韧带为全身最长的韧带，上起枕骨下至第1、2骶骨是一条连续性坚强的纤维束。

（2）后纵韧带：位于椎体后面，细而坚韧，为上起颅底、下达骶骨的连续性纤维结构黄韧带，是连接邻位椎弓板的韧带，呈黄色膜状，由弹力纤维构成。

（3）椎间盘：由透明软骨终板、纤维环及髓核三部分组成。

3．椎管　椎弓根为成对的短圆柱结构，中部为海绵骨，边缘以致密的皮质骨包绕。椎弓根连接椎体和上、下关节突之间的关节柱。通过椎弓根的横轴位可显示由骨包绕的完整的椎管，弯曲与脊柱弯曲一致。

4．硬膜　硬膜由致密结缔组织构成。硬膜在椎管内为管状袋囊，称为硬膜囊，硬膜囊上端附于枕大孔边缘，下端在S2水平附近，硬膜向上延伸到颅内为硬脑膜，并与颅骨的内层骨膜结合在一起。

5．蛛网膜　蛛网膜系一层薄而有光泽的半透明膜，主质为纤维结缔组织，其间夹有少量弹力纤维，位于硬脊膜与软脊膜之间。蛛网膜与软脊膜之间形成蛛网膜下隙。

6．软脊膜　软脊膜是一层薄而有血管、神经分布的被膜，较软脑膜坚厚，贴附在脊髓表面并随其表面沟、裂而伸展。

7．脊髓　脊髓的外形呈扁圆形的长柱，全长有两处膨大：颈膨大始自第3颈髓至第2胸髓，在第6颈髓处最粗；腰膨大始自第9胸髓至脊髓下端，与第12胸髓相对处最粗。脊髓的上端与延髓相连接，相当于枕大孔或第1颈神经小根处，脊髓的最下端逐渐变细而呈圆锥形称脊髓圆锥。

（1）颈髓：横轴位呈椭圆形，支配上肢的脊髓段，形成从颈4～胸1的颈膨大。

（2）胸髓：胸段硬膜囊比脊髓明显大，胸髓略圆。在上胸椎，脊髓段要比相对应的脊椎高2个平面；在下胸椎，脊髓要比相应的脊椎高3个平面。

（3）马尾：脊髓在L1水平已终了，而由脊髓节段发出的脊神经仍在椎管内垂直下行一段距离，才能从相应的椎间孔突出。这些神经根在脊髓下端聚集成一大束，称之为马尾。

8．动脉

（1）椎动脉：向上经过颈椎横突孔再经寰椎后弓的椎动脉沟入颅。右侧血管可能较左侧略细。血管在常规SE序列中几乎无信号。

（2）脊髓前动脉：供应灰质前半部的2/3及部分前索和外侧索，其为终末支，容易发生缺血性病变。脊髓后动脉供应后1/3脊髓，为节段性动脉。

（3）椎静脉系：包括椎内、外静脉丛和椎体静脉三个部分，整个系统无瓣膜。在常规扫描时，静脉丛MRI表现可因血流速度和方向不同而变化。使用Gd-DTPA增强扫描，静脉丛显示为均匀性高信号。

9．神经孔道

（1）颈椎间孔：在椎体侧面，有一个卵圆形或圆形横突孔，左比右侧稍大。椎动脉和小静脉丛从颈2～6的横突孔通过。

（2）胸腰椎间孔：是由前面的椎体和椎间盘、外侧的椎弓根、后面的棘突和椎板组成。

（二）脊柱生理学特点

典型的脊柱椎骨有3个初级骨化中心：每侧椎弓各1个，椎体1个。椎弓的骨化中心出现于横突根部，骨化向后到达椎弓板和棘突，向前到椎弓根及椎体后外侧部，向两侧到横突，向上和向下到关节突。骨化中心首先出现在胚胎第9～10周下胸部，于第12周向头、尾侧延伸于第2颈椎。

1．椎管　椎管的弯曲与脊柱的弯曲一致，由枕骨大孔向下通至骶孔。椎管在颈部最宽，颈膨大以下变窄，在腰椎区又扩大，然后逐渐变窄。

2. 脊髓　脊髓是由原始的神经管进化发育而来的。脊髓的主要功能是上传下达，即向大脑传达人体对内外环境的感知，同时把大脑所作出的反映信号传达至效应器官，而产生运动。同时作为人类神经系统的第 2 中枢神经，完成一些简单的反射活动。

（三）脊柱正常及病变组织的磁共振成像相关物理特性及影像特点

1. 椎体　随着年龄的增长，骨髓腔内脂肪成分增多，T1 加权像呈弥漫性及斑点状高信号，而 T2 加权像则呈中等信号强度。

2. 韧带　含水量低，T1WI、T2WI 均为明显低信号。

3. 椎间盘　SE 序列 T1 加权像椎间盘中部比周围部分信号强度略低，外周部分纤维环与前后纵韧带汇合处信号强度更低。SE 序列 T2 加权像信号强度对比相反，即正常椎间盘中心部分信号高，而周围部分低，呈"馅饼状"。梯度回波序列椎间盘信号比相邻椎体高且十分均匀。

4. 脊髓　T1 加权像为高信号，脑脊液为低信号。颈髓 T2 加权像为低信号。T1 加权像显示脊髓大小及形态最佳，脊髓信号较脑脊液高，形成鲜明对比。横轴位脊髓为椭圆形或卵圆形。

5. 神经根　神经根及神经根节周围因有脑脊液，T2 加权像表现为高信号。能显示脊髓内部结构和经过蛛网膜下隙直至椎间孔的背、腹侧神经根。每个椎间孔均由线条状低信号包绕。由于马尾神经区无脊髓，周围作为"造影剂"的高信号脑脊液可清楚显示马尾神经的轮廓。

二、脊柱的MRI扫描设备的选择和患者的准备

（一）设备的选择

1. 低场、高场的选择应用　低场强 MRI 机可满足脊柱常规病变的诊断要求。一般来说，高场的 MRI 成像系统具有更高的信噪比，允许扫描层面更薄，脂肪抑制效果更好，因此更适合于脊柱的 MRI 检查，特殊序列、高质量的薄层图像及增强扫描更适合在高场强机上进行。但随着低场 MRI 技术的进步，利用低场 MRI 机也能获得高质量的图像。

2. 线圈的选择　可以选择专用线圈，而在新型的高场 MRI 机上一般都配置有颈胸腰联合相控阵线圈，简称 CTL 线圈（GE、飞利浦）或 Tim 线圈（西门子）。胸椎、腰椎扫描采用 CTL 线圈或 Tim 线圈，一般选用三组线圈（一般为 6 个单元）即可，选用的线圈的单元数目不宜过多，否则将会带来伪影。颈椎选择线圈时应注意，单纯检查颈椎不要同时增加颈前线圈，这样可以减少来自颈前软组织的运动伪影，一般选用最上面的两组线圈（一般为 4 个单元）。

（二）患者的准备

除扫描禁忌证外一般患者无需特殊准备，检查前除去一切金属物（包括皮带、拉链、胸罩等），有需要闭合线圈的，应将线圈闭合严密。取仰卧位，尽可能减少患者与线圈间的距离，保持胸、腰椎在同一矢状水平，不可人为造成脊柱侧弯，影响胸椎或腰骶椎全长在同一矢状层面显示。对于有宫内节育器的女性患者，可能会造成伪影影响骶椎和下腰椎的观察，增加回波链及读出带宽有助于减少金属伪影。如特别需要可先行把节育器取出，目前临床新型节育器没有明显的伪影，可以接受 MRI 检查。

（三）脊柱的MRI扫描常规扫描序列

临床常用的脊柱 MRI 扫描技术分类及序列见表 7-2-1，技术员及临床医生可根据疾病特点及不同的临床诊断需求来任意选择扫描方案，或自行组合不同扫描技术（表 7-2-2）。

表 7-2-1　脊柱 MRI 扫描常规

		颈椎	胸椎	腰椎
采集中心		对准下颌联合下缘	位于胸骨正中心	位于脐上3cm
矢状位	T1WI、T2WI	定位中心水平在颈4水平	定位中心水平在胸6、7之间	定位中心水平在腰3水平
	相位编码方向	上下方向	上下方向	上下方向
	编码方向选择目的	选择"无相位卷褶"技术，以减少脑脊液流动及吞咽带来的伪影，增加前后方向的空间分辨力	选择"无相位卷褶"技术，以减少脑脊液流动、呼吸运动伪影的伪影及大血管搏动伪影，增加前后方向的空间分辨力	选择"无相位卷褶"技术，以减少脑脊液流动、呼吸运动伪影的伪影及大血管搏动伪影，增加前后方向的空间分辨力
横轴位	T2WI	定位线应平行于椎间盘	定位线应平行于椎间盘	定位线应平行于椎间盘
	相位编码方向	从左向右	从左向右	从左向右
	编码方向选择目的	以减少吞咽及颈部血管搏动的影响	以减少脑脊液流动、呼吸运动及大血管搏动伪影的影响	以减少脑脊液流动、大血管搏动伪影的影响

表 7-2-2　脊柱扫描方案选择

编号	类别	加权	横断面	冠状面	矢状面	压脂	首选序列
A	常规形态学扫描	T1WI	+	+	+/-		SE
		T2WI	+				FSE
B	增强扫描	T1WI	+	+	+/-	最佳断面	SE
C	颅颈交界区（畸形）成像	薄层T2WI	+	+		最佳断面	FSE
D	脊髓震荡伤及椎间盘病变	DWI			+		FSE
E	神经根鞘病变	MRM		+			

方案 A：MRI 平扫

（1）适用情况：用于发现病灶，根据病灶特点决定进一步扫描方案。

（2）序列：FSE T2WI 和 SE T1WI。

（3）序列特点及技术要领：患者仰卧位固定，扫描方向常规选择横断面、矢状面，需要时加扫冠状面。

方案 B：MRI 增强扫描

（1）适用情况：平扫发现病变后，进一步判断病变血供、显示病变范围。

（2）序列：SE T1WI；经静脉注入对比剂 Gd-DTPA。

（3）序列特点及技术要领：患者仰卧位固定，通常是在平扫的基础上进行增强 T1WI，扫描方向常规选择横断面、矢状面、冠状面，对比剂采用 Gd-DTPA，一般用量为 0.1mmol/kg 体重，于最佳断面上联合使用脂肪抑制技术能提高病变与周围组织的对比度而使病变显示更清晰。

方案 C：颅颈交界区（畸形）成像

（1）适用情况：临床怀疑或排除颅颈交界区畸形的患者。

（2）序列：采用横轴位（T2WI）薄层冠状（T2WI）薄层扫描。

（3）序列特点及技术要领：患者仰卧位头部固定。扫描方向为横断面、冠状面。于最佳断面上联合使用脂肪抑制技术能提高病变与周围组织的对比度而使病变显示更清晰。

方案 D：脊髓震荡伤及椎间盘病变

（1）适用情况：脊髓震荡伤及椎间盘病变。

（2）序列：DWI 序列。

（3）序列特点及技术要领：患者仰卧位固定；扫描方向常规选择矢状面 + 轴位。

方案 E：神经根鞘病变

（1）适用情况：神经根鞘病变。

（2）序列：MRIM 序列。

（3）序列特点及技术要领：患者仰卧位固定；扫描方向常规选择冠状面。磁共振脊髓成像术（Magnetic Resonance Myelogram，MRM）有利于显示腰椎间盘突出症患者脊髓及神经根受压状况。

三、脊柱常见病变推荐扫描序列及临床应用举例

（一）脊柱常见疾病及发生区域的推荐扫描方案

见表 7-2-3。

表 7-2-3　脊柱常见疾病的扫描方案应用

部位	疾病	扫描方案
颈椎	颅颈交界区（如寰枢关节脱位）	C
腰背部	皮毛窦、脊柱裂	A+B+C
脊柱	脊柱外伤、脊髓震荡伤	A+D
	先天发育畸形（如侧弯）	A+C
	骨肿瘤（占位或转移）	A+B+高场（T2WI压脂）、低场（STIR）
椎管	硬膜外病变	A+B+高场（T2WI压脂）、低场（STIR）
	髓外硬膜下	A+B+F
	神经根鞘病变	A+B+E
	终丝脂肪瘤	A+高场（T1WI、T2WI压脂）、低场（STIR）
脊髓	占位性病变	A+B+高场（T2WI压脂）、低场（STIR）
	炎性病变及脱髓鞘病变	A+B+高场（T2WI压脂）、低场（STIR）
	脓肿或占位病变（如腰大肌脓肿）	A+B+C

注：增强扫描时要做矢状位、冠状位及横轴位扫描，并且至少有一个序列要加脂肪抑制。

某些特殊疾病的检查方法：

（1）平山病：选用颈椎被动屈曲位，最佳角度为 35°，显示被动过屈位时出现颈椎背侧硬脊膜前移征象。

（2）臂丛神经损伤：扫描范围上下（颈 4～胸 2）、前后（椎体前缘和椎管后缘）。对于臂丛神经节前神经根的观察，采用轴位扫描，对于节后神经部分采用方案 C。

（二）不同技术方案临床应用举例

方案 A

适用疾病举例：见图 7-2-1。

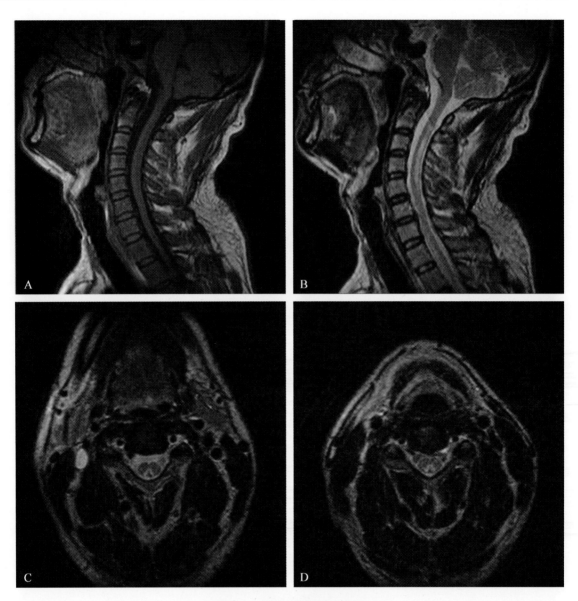

图7-2-1　脊髓亚急性联合变性

A：矢状T1WI；B：矢状T2WI；C、D：横轴位T2WI；可见脊髓侧索、后索出现T1等、T2条带状高信号影

方案 A+B

适用疾病举例：见图 7-2-2。

方案 A+ 特殊序列扫描

适用疾病举例：见图 7-2-3。

方案 A+C

适用疾病举例：见图 7-2-4。

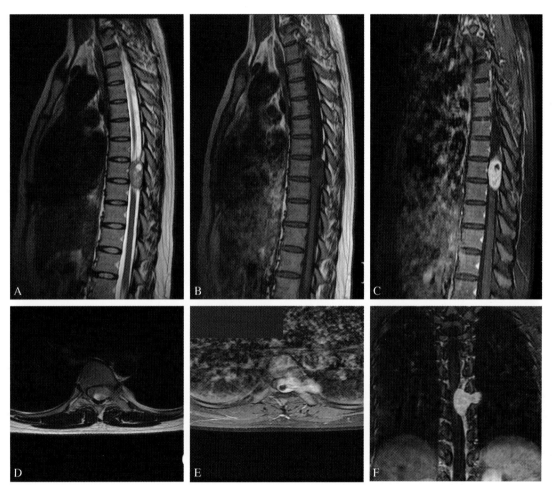

图7-2-2　神经鞘瘤，病变呈哑铃状，位于椎管内髓外硬膜下，呈T1低、T2高信号影，增强扫描呈不均匀强化伴囊变坏死
A：矢状T2WI；B：矢状T1WI；C：矢状T1WI压脂增强；D：横轴位T2WI；E：横轴位T1WI压脂增强；F：冠状T1WI压脂增强

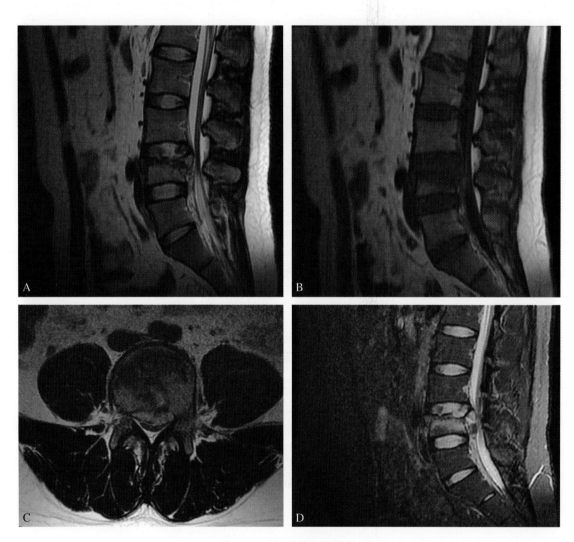

图7-2-3 腰4椎体压缩骨折

A：矢状T2WI；B：矢状T1WI；C：横轴位T2WI；D：矢状压脂T2WI。可见典型的椎体楔形变，椎体内的骨小梁断裂，T1WI呈低信号影，T2压脂序列呈片状高信号影

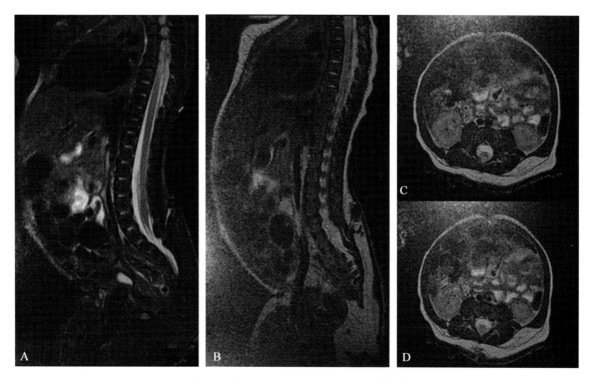

图7-2-4　腰部皮毛窦患者，行A+C方案扫描

A：矢状T2WI；B：矢状T1WI；C～D：横轴位T2WI。可见椎管与皮肤之间形成瘘道，瘘管呈T2高、T1略低信号影，局部椎板结构结合CT

（韩鸿宾　石建成　范东伟）

第三节　心血管MRI成像技术

- 心脏的 MRI 成像技术
- 大血管 MRI 检查技术

一、心脏的MRI成像技术

（一）心脏的磁共振成像相关解剖、生理与物理特性

1. 心脏的结构与解剖　心脏是内含血液、分为四腔的肌性器官，与两大血管相连。

心脏分为四腔：①右心房：壁薄，表面光滑。右心耳呈三角形。②右心室：近似三角形，上部呈圆锥状，与主肺动脉相连。③左心房：左心耳基底部较窄，状如手指。④左心室：略呈狭长形，肌壁约为右心室肌壁厚度的三倍。

主动脉根部有三个膨出，称为主动脉窦。

心包是包裹心脏及大血管根部的锥形囊，分为外层的纤维心包和内层的浆膜心包两部分。

冠状动脉分布在心外膜下和心肌壁内、外，将血液转运到心脏毛细血管床。冠状动脉主要分支为左、右冠状动脉，分别发自升主动脉根部的主动脉窦部。

2. 心脏的血液循环与MRI相关特点

心脏由两套连续的系统组成，右侧心腔接受来自上、下腔静脉及冠状窦的血液，将其泵入肺循环；左侧心腔接受来自肺静脉的含氧血液并将其泵入主动脉，经循环系统流向全身。

"泵"是心脏最主要的生理特征，心脏 MRI 成像基于对心脏的"制动"技术，包括：心电门控技术克服心脏搏动；呼吸门控技术控制呼吸运动；抑制血流相关伪影。

3．心脏正常及病变组织的磁共振成像相关物理特性及影像特点

（1）心肌：

正常：在 SE 序列 MRI 图像上，心肌为中等信号强度，类似骨骼肌的信号强度，呈"灰白色"，明显区别于周围心外膜下脂肪的高信号和相邻心腔内血流的低／无信号。

病变：

1）心肌厚度异常：MRI 可直接显示心肌壁厚度，如陈旧心肌梗死时，可见局部心肌变薄；而在肥厚型心肌病时，可见心室壁增厚。

2）心肌信号异常：

①心肌信号强度异常——心肌缺血时 MRI 信号强度改变主要与局部心肌的含水量和供血动脉的完整性有关。缺血心肌在心肌灌注首过图像上表现为信号正常或降低；梗死心肌在心肌灌注延迟期呈高信号。心肌病时，MRI 心肌活性扫描可见心肌内异常高信号区。

②心肌连续性中断——MRI 在多角度成像上观察到房／室间隔心肌信号连续性的中断，提示有房／室间隔的缺损。SE 序列表现为间隔缺损处局部无心肌信号，GRE 序列 MRI 电影序列可见缺损处有异常血流信号影。

3）心肌运动异常：MRI 电影序列能够动态显示心肌壁的运动情况。如心肌梗死时，局部室壁变薄，甚至形成室壁瘤，表现为局部无运动或反向运动（矛盾运动）。此外还可应用心肌标记技术准确评估局部心肌的运动情况。

4）心肌占位：心肌肿瘤在 T1WI、T2WI 上多呈异常信号肿块。

（2）心腔：

正常：在亮血及黑血序列上表现为均匀一致的血液信号。

病变：

1）心腔大小异常：MRI 在获取标准的心脏长、短轴位像后可准确测量各心腔径线，各种先天性、后天性心脏病均可表现为不同程度的房、室腔增大，如扩张型心肌病表现为心腔内径普遍扩大。

2）心腔信号异常：心腔内异常信号可见于心脏肿瘤和心腔内血栓，如左心房黏液瘤，SE 序列 T1WI 上瘤体多呈均匀或不均匀的中等信号，T2WI 上为不均匀偏高信号，其形态随心动周期而改变。此外，瓣膜狭窄或关闭不全及间隔缺损时显示心腔内有异常血流信号。

（3）心包：

正常：在高信号的纵隔及心包周围脂肪间的线状低信号影。

病变：

1）心包缺损：多为局限性缺损，常发生于左侧。心包渗出——多为渗出性心包炎所致，心包内液体异常增多，SE 序列 T1WI 呈低信号，而在出现血性积液或心包积血时，亦表现为中、高信号，T2WI 上呈均匀高信号。

2）心包增厚／钙化：常见于缩窄性心包炎，MRI 显示心包呈不规则增厚，以右心侧多见，其厚度大于 4mm，甚至超过 20mm。增厚的心包在 SE 序列 T1WI 上呈中等或低信号，心包钙化表现为斑块状极低信号影。

3）心包肿块：心包原发肿瘤少见，主要见于转移瘤。

（二）心脏MRI成像的设备和硬件要求

1．线圈　心脏线圈应选择高密度的相控阵线圈，相控阵线圈可明显提高图像质量和空间分辨率，

数据采集通道以 8 个以上为宜。使用并行成像技术可使成像速度提高 2 ～ 4 倍。线圈的摆放建议以第 4 肋间隙为线圈中心，以保证心脏及主动脉根部处于有效的检测范围内。

2．心电门控　对不断运动的心脏进行图像采集是通过心电门控实现的。心电门控包括心电门控（ECG）、指端脉搏门控（PG）和心电矢量门控（VCG）三种。

（1）ECG：通过选择 ECG 的 QRS 波作为触发标记，同步控制方式包括前瞻性和回顾性两种。

（2）PG：是一种简易的门控方式，信号采集滞后于心脏搏动 200ms 左右，不能反映真实的心脏运动。

（3）VCG：同时采集多通道 ECG 信号重聚 VCG，其 QRS 环与磁共振产生的噪声不同，而且可以获得可靠的 R 波，VCG 不依赖患者的心率及心电轴方向，不受磁共振扫描产生的噪声影响，可准确获得正确的门控信号。

3．呼吸门控　呼吸运动是继心脏搏动之后影响心脏成像的第二大因素，对图像质量产生重要的影响。克服呼吸伪影可以采取以下方法：

（1）屏气采集：随着心脏快速成像序列的研发及应用，使得图像在一次屏气（15s）内获取成为可能。屏气扫描的不足之处在于患者每次屏气的幅度可能不一致，特别是在多层面多次屏气采集时，图像层面间会产生位置差。因此需要事先训练患者屏气，并且保持屏气幅度的一致。

（2）呼吸导航技术：该技术将一导航束置于肺和肝交界面（通常置于右膈顶），对膈肌的运动进行监测，在每一心动周期信号采集前使用导航回波，使右膈顶运动高度实时显示，并根据膈顶位置计算激发容积的位置，使每个心动周期所激发的容积相同，从而消除呼吸和心脏运动伪影。此技术主要用于冠状动脉 3D 血管成像。

（三）心脏MRI检查的常规切面

MRI 为多方位成像，可获得任意平面断层的图像，能清晰显示心脏、大血管的解剖结构，常用扫描体位及正常表现为：

1．横轴位　为最基本的心脏切层，呈不典型的"四腔心"断面，并为其他的心脏 MRI 检查体位提供定位图像。

2．冠状位　能够较好的显示左心室腔及左心室流出道、主动脉窦和升主动脉的形态、走行，并能显示左心房、右心房后部的上腔静脉入口形态。

3．矢状位　不同心型的心脏矢状切面心腔及心壁的形态结构变异较大，因此矢状位主要用于心脏 MRI 扫描的定位。

因心脏自身的轴向与人体体轴不一致，只有根据心脏固有轴向成像才能更确切的显示心脏的形态和功能，心脏长轴位及短轴位是两种常用的体位。

在横轴位上，沿左室心尖至二尖瓣中点的连线成像即可获得平行于室间隔的长轴位（两腔心）亦称心室长轴位（图 7-3-1A）。在两腔心上沿左室心尖至二尖瓣中点连线获得垂直于室间隔的长轴（四腔心），亦称水平长轴（图 7-3-1B）。以双长轴像作为定位图像，沿垂直于室间隔方向成像，即短轴位（图 7-3-1C ～ D）。

一般心脏 MRI 成像层厚为 8 ～ 10mm，间隔依诊断需要可定为 0 ～ 10mm 不等，矩阵为 256×256 或 128×256。

（四）检查前准备及患者的选择

1．患者检查前准备
（1）祛除体外一切金属异物如钥匙、硬币等。
（2）心率控制：心率要慢且保持匀齐。在没有禁忌证的前提下检查前 20 分钟给予患者 β 受体阻滞剂。

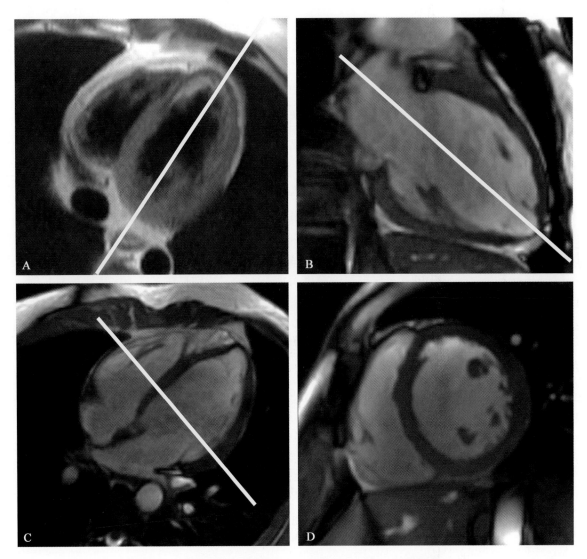

图7-3-1 心脏特有体位成像方式（A黑血序列；B～D亮血序列）

A：在横轴位上，沿左室心尖至二尖瓣中点的连线成像即可获得平行于室间隔的长轴位（两腔心）；B：在两腔心上沿左室心尖至二尖瓣中点连线获得垂直于室间隔的长轴（四腔心）；C：在垂直于室间隔的长轴图像上，沿垂直于室间隔方向成像，获得短轴位像；D：心脏短轴位像

（3）呼吸训练：训练患者在呼气末屏气，以最大程度保持膈肌位置的恒定。

（4）心电放置：避免将电极放置在肋骨或乳腺等阻抗较高的组织。①ECG：4个电极分别放置在左/右锁骨中线第2、第5肋间隙；②VCG：3个电极放置在胸骨左缘第2、4肋间隙和肋弓下缘，另一个电极放置在左锁骨中线第5肋间隙心尖位置。连接后确认心电信号基线平稳，R波清晰，避免杂波。

（5）患者前臂静脉留置套管针备。

（6）肺心病及屏气时间短的患者，必要时可在检查时吸氧。

2．适应证和禁忌证

（1）适应证：缺血性心脏病、先天性心脏病、心脏瓣膜病、心肌病等。

（2）禁忌证：心脏起搏器或铁磁金属植入者、幽闭恐惧症患者、呼吸衰竭或心功能不全不能屏气者，以及心律不齐者。

（五）心脏常规扫描序列

临床常用的心脏 MRI 扫描技术方案见表 7-3-1，技术员及临床医生可根据疾病特点及不同的临床诊断需求来任意选择扫描方案，或自行组合不同扫描技术。

心脏 MRI 的基本检查序列可分为两大类：自旋回波序列及梯度回波序列，根据图像中血流的信号特点，又分别形象地称为黑血序列及亮血序列。

1．自旋回波磁共振成像（SE）序列

SE 序列成像可获得不同心动周期同一时相的黑血图像，TSE 序列具有明显的流空效应，是目前常用的黑血序列之一。TSE 及 HASTE 序列可良好显示心脏大血管的解剖细节。

2．快速梯度回波（GRE）序列

目前 Turbo FLASH 及 True FISP 序列应用最为广泛。1.5.3 平面回波技术（EPI）预脉冲可增加 EPI 的 T1 权重，反转恢复 EPI，对缩短 T1 弛豫时间的 MRI 对比剂非常敏感，目前 EPI 技术已用于心肌灌注成像及心脏形态、电影成像。

（六）心脏扫描序列及其应用

方案 A：心脏形态检查

（1）适用情况：心脏基本扫描序列，用于显示心脏形态、毗邻关系、心腔大小和心肌厚度。

（2）序列：黑血序列 SE、TSE、HASTE；亮血序列 GRE。

（3）序列特点及技术要领：黑血序列成像可清晰显示心腔内及心肌的细微结构，尤其 TSE 单层心脏成像具有较高的空间分辨率，HASTE 序列可一次屏气短时间内多层成像，快速显示心脏结构。亮血序列如 True FISP，可一次屏气短时间内多层成像，显示心脏结构，亦可电影成像显示心动周期内不同时相的心脏结构。

通常采用黑血序列，无间隔扫描，首先对心脏进行标准轴、矢、冠三个方向的成像，观察心脏解剖结构，心腔及大血管的形态与位置关系，心房、心室的连接关系及大血管与心室的连接关系等。之后，再根据疾病的特点采用亮血（图 7-3-2）或黑血序列不同扫描平面显示心脏各解剖部位。心脏结构检查，尤其是先天性心脏病的结构检查（图 7-3-3），并无统一标准，扫描平面的选择，取决于操作者本身，因此，对于这类疾病的显示，操作者本身对疾病的认识尤为重要。如心脏肿瘤或肿瘤样病变，需根据肿瘤位置及大小选择层面及层厚，注意增强扫描应与平扫层面相同。

方案 B：心脏功能检查

（1）适用情况：评价左、右室心功能。

（2）序列：心脏 MRI 电影成像，心肌标记 MRI 电影。

（3）序列特点及技术要领：目前的心功能检查需要扫描连续的左室短轴位 MRI 电影，具体方法如前所述。MRI 电影成像可清楚地显示心动周期内各时相心内膜及心外膜的边界，通过后处理软件可计算出如 EF 等反应心脏功能的指标。心肌标记 MRI 电影，可对层面内以及经层面室壁运动的测量及室壁增厚的测量进行准确性修正，从而对局部室壁厚度、收缩期室壁增厚情况、室壁运动及室壁变形的判断更为准确。

方案 C：心肌灌注

（1）适用情况：判断心肌缺血，评价冠状动脉支架和搭桥术疗效。

（2）序列：EPI 序列，turbo FLASH 序列。

（3）序列特点及技术要领：目前常用 IR-turbo FLASH 序列，具有平面内空间分辨率高、顺磁性伪影小的优点，直接反映心脏的生理代谢过程。顺磁性造影剂（Gd-DTPA），能够缩短组织 T1 弛豫时间，

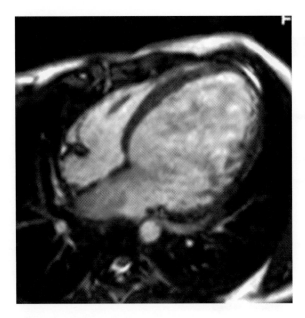

图7-3-2　扩张性心肌病

亮血序列四腔位：左心室腔明显扩大呈球形，室间隔呈弧形凸向突向右室，心肌普遍变薄，左室游离壁侧肌小梁粗大

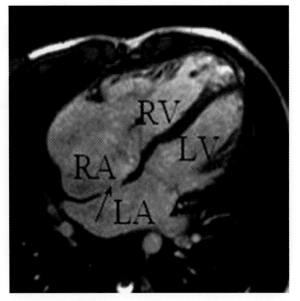

图7-3-3　房间隔缺损

亮血序列四腔位：↑显示房间隔连续中断，右心房室增大（RA：右心房，RV：右心室，LA：左心房，LV：左心室）

所以当含造影剂的血流通过心肌时，使心肌呈现高信号。灌注图像的采集应在舒张期进行。具体方法为经肘静脉注入适量造影剂 GD-DTPA（0.04mmol/kg），流速 5ml/s，并追加 20ml 生理盐水，打药同时反复快速扫描多层心脏短轴位，范围包括心底至心尖，新近的磁共振机型也支持长轴位图像采集，层厚 8～10mm，间隔依左室大小而定。在对比剂到达心脏之前采集 4～5 次至基线信号平稳，作为基线信号，共进行 50 次短 / 长轴成像。扫描后关注 5 个时期：造影剂在右室 - 造影剂到达左室 - 左室开始灌注 - 左室灌注高峰 - 再循环期（图 7-3-4）。心肌灌注表现为 3 种形式：心肌灌注正常，可逆性心肌灌注减低，固定性心肌灌注减低。梗死心肌易出现固定性心肌灌注减低，而心肌缺血更易表现为可逆性心肌灌注减低。

　　方案 D：心肌灌注药物负荷实验

　　腺苷（双嘧达莫）负荷实验是常用的检测心肌缺血的方法。

　　原理为：腺苷具有扩血管作用，注入腺苷后，正常冠状动脉可扩张，而狭窄冠状动脉不能进一步扩张，其供血区心肌血供较正常区域减少。

　　方法为：自肘静脉注入腺苷 [0.56μg/（kg·min）] 后 3 分钟，腺苷的扩血管效应达到峰值，此时自另一侧肘静脉注入造影剂，同时进行心肌灌注扫描，以观察造影剂首过灌注时在心肌的分布情况（图 7-3-5）。然后间隔 15 分钟，再行静息心肌灌注（如负荷心肌灌注无异常可省略静息灌注）。

　　检查禁忌证：急性心肌梗死（3 天内）；不稳定心绞痛；严重高血压；哮喘或严重的阻塞性肺病；房室传导阻滞 > Ⅱa。

　　方案 E：延迟增强

　　（1）适用情况：评价存活心肌。

　　（2）序列：turbo FLASH。

　　（3）序列特点及技术要领：GD-DTPA 为血管外造影剂，在造影剂注入后延迟一定时间（正常心肌中造影剂排空的时间）进行心脏逐层扫描，此时，仅异常心肌（心肌坏死、纤维化等）中有造影剂存留，表现为高信号，称为心肌延迟强化。方法为经肘静脉注入适量造影剂 GD-DTPA（0.2mmol/kg），流

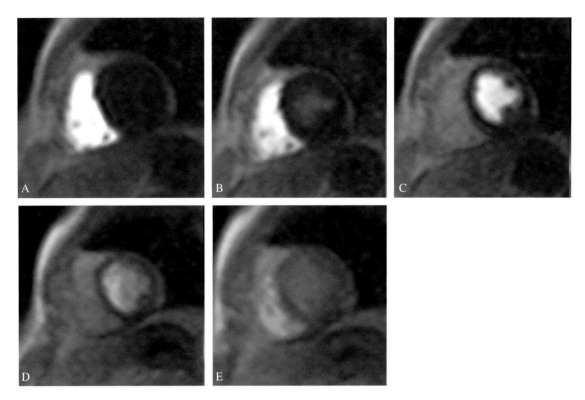

图7-3-4　正常心肌灌注图像
一健康成人左室短轴心肌灌注图像（同一层面），从左至右为造影剂在右室－造影剂到达左室－左室开始灌注－左室灌注
高峰－再循环期五个时期，提示心肌灌注均匀

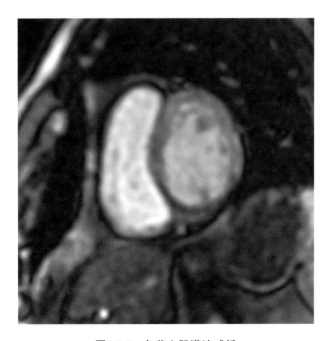

图7-3-5　负荷心肌灌注减低
左心室心肌灌注高峰期，短轴位示后间隔壁及下壁心
肌灌注减低

速 2ml/s，并追加 20ml 生理盐水，延迟 5～15 分钟后，平行于室间隔长轴、垂直于室间隔长轴的切面各 3 层，垂直于室间隔的短轴切面 6～8 层，层厚 8mm，无间隔。通过对长轴及短轴切面的综合观察，结合左室心肌 17 节段划分法，即可对异常延迟增强区域做出定性及定位诊断。心肌梗死时，延迟强化按冠状动脉血供范围进行分布，从心内膜到心外膜逐渐加重，分为心内膜下强化（图 7-3-6A）、透壁强化（图 7-3-6B）和混合型强化（图 7-3-6C）。

方案 F：小剂量多巴酚丁胺负荷实验

在正性肌力药物的刺激下，存活心肌收缩力增加，而瘢痕组织无反应。目前，最常用的鉴别存活心肌的负荷药物是多巴酚丁胺。小剂量多巴酚丁胺可使冬眠心肌的收缩力呈剂量相关性增加，对心率、血压影响小，心肌耗氧无明显增加。

禁忌证：不稳定心绞痛；既往有持续的室性心动过速；心房纤颤；心功能不全，EF ≤ 20%；心肌病；严重的心脏瓣膜病；血压 > 220/120mmHg。

负荷实验需要心电监护，要连续监测心率、心律、血压及临床症状。

用防磁输液泵从静脉注入多巴酚丁胺，剂量为

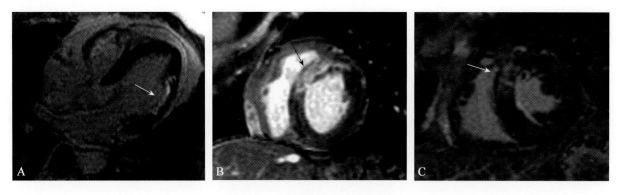

图7-3-6　心肌梗死延迟强化分型

A：左室外侧壁心肌心内膜下强化，心外膜下可见未强化的存活心肌；B：前间隔壁心肌透壁强化；C：前间隔心肌延迟强化，信号混杂

10μg/（kg·min），静脉滴注 5 分钟后开始扫描左心室电影，采集两腔心、四腔心电影各 3 层，短轴面电影 6 ~ 8 层，层厚 8 mm，间隔 2 mm。左心室短轴电影至少包括二尖瓣、乳头肌、心尖部 3 个水平。

方案 G：血流评价

（1）适用情况：心脏瓣膜病。

（2）序列：Flash-through plane。

（3）序列特点及技术要领：应用 PC 法可以测量狭窄瓣口后的血流速度，包括平均血流速度、峰值血流速度、平均血流量、净前向血流量等。根据简化的 Bernoulli 方程计算跨瓣压差，从而估测主动脉瓣狭窄的程度。测量平面应垂直于血流方向；最好应用回顾性 R 波触发，血流采集窗放于心电图 R-R 间期 +R-R 间期的 20% ~ 30% 的时间点上，可以包括舒张末期的血流速度。在屏气时间长的情况下，采集窗值为 R-R 间期减去 50 ~ 100ms。

方案 H：冠状动脉

（1）适用情况：冠状动脉起源异常，评价冠状动脉狭窄（限于研究阶段）。

（2）序列：黑血序列，亮血序列，对比增强。

（3）序列特点及技术要领：亮血序列中梯度回波稳态自由进动序列（SSFP）已成为主导，SSFP 在 X、Y、Z 三个方向均施加相位重聚梯度，并保持纵向磁化矢量恒定，从而实现信号的稳态和较高的信噪比。因图像对比主要依赖于组织结构的 T2/T1 比值，受血流速度的影响较少。对比增强法指经静脉注入对比剂，利用其缩短血液 T1 弛豫时间的特性，配合快速梯度回波扫描抑制背景信号。对比剂能够增加图像信噪比和对比噪声比、减少慢血流所致伪影、提高成像速度。以上序列均用于冠状动脉管腔成像。黑血序列属自旋回波序列，通过施加双反转脉冲消除感兴趣区内的血流信号，以凸显管壁和心肌组织。双反转脉冲使用层面选择和非层面选择两个 180° 预脉冲抑制血流信号，在此基础上施加选择性脂肪反转脉冲，即三反转脉冲，同时抑制血流和脂肪信号，用于冠状动脉管壁成像。均需结合心电、呼吸门控。

方案 I：3D CE MRA（详见血管章节）

（七）心脏常见疾病分类及推荐扫描方案

见表 7-3-1。

表 7-3-1　心脏常见疾病的临床分类及扫描方案

分类	疾病	建议扫描方案	MRI征象特点
先天性心脏病	房/室间隔缺损	A+B	黑血或亮血序列示间隔连续性中断。心室长轴位（即四腔位）是最佳体位，辅以薄层为宜（3～5mm）。间接征象为心腔增大，主肺动脉扩张。 心脏电影：心房水平可见异常血流低信号。对于单纯房间隔缺损可以通过测定左、右心室心排出量，计算分流量。
	动脉导管未闭	A+B+I	心脏形态：黑血序列横轴位及左斜矢状位，可直接显示主动脉峡部与左肺动脉起始部间经动脉导管直接相连通。间接征象为左心房室增大，升主动脉、主肺动脉及左、右肺动脉扩张。 心脏电影：显示分流方向，并对分流量进行定量分析。 3D CE MRA：经MIP或MPR重建示主动脉峡部与左肺动脉起始部间经动脉导管直接相连通。
	法洛四联症	A+B+I	心脏形态：黑血及亮血序列横轴位和斜冠状位可以显示右室漏斗部、肺动脉瓣环、主肺动脉及左右肺动脉主干的发育及狭窄程度。横轴位、四腔位及心室短轴位可以清楚显示嵴下型室间隔缺损，右心室壁肥厚。对于并存肌部小室间隔缺损可采用薄层步进的扫描方法。在横轴位和心室短轴位上显示升主动脉扩张并可判定主动脉骑跨程度。 心脏电影：显示肺动脉瓣环发育大小、瓣叶数目及开放程度；室间隔缺损分流方向，评价右心室功能。 3D CE MRA：MIP及MPR重建，可明确、直观显示两大动脉空间关系、尤其是显示主肺动脉、左右肺动脉主干及分支的发育情况和狭窄程度。
缺血性心脏病	心肌缺血	A+B+C+D+E±I	心脏形态：多无明显改变。 心脏运动：正常或节段性室壁运动异常。 心肌灌注：减低、缺损。 延迟增强：正常。
	急性心肌梗死	A+B+C+E	心脏形态：急性心肌梗死后24小时即可观察到T2WI图信号强度的增加，7～10天之内梗死区呈高信号强度。然而在急性期梗死心肌周围存在明显水肿，所以高信号面积大于真正的梗死范围。亚急性期心肌信号异常面积与梗死范围大致接近。 心脏运动：急性心肌梗死心肌厚度变薄、收缩增厚率减低，收缩运动功能低下、无运动或不协调运动。心肌灌注：减低、缺损或正常。 延迟增强：可逆性及不可逆性心肌损伤均有可能出现延迟增强。
	慢性心肌梗死	A+B±F±D+E	心脏形态：慢性期由于梗死心肌瘢痕形成，水分含量较低，故T2WI图像心肌信号强度低于正常心肌组织。 心肌灌注：减低、缺损或正常。 延迟增强：仅见于不可逆梗死组织。 心脏运动：心肌厚度变薄、收缩增厚率减低或消失，收缩运动功能低下、无运动或反向运动。 心肌梗死并发症：室壁瘤，左室附壁血栓，室间隔穿孔，二尖瓣关闭不全和心功能不全

续表

分类	疾病	建议扫描方案	MRI征象特点
瓣膜病	狭窄	A+B+G	瓣膜的形状、大小、瓣叶厚度、赘生物及活动度。 PC法：进行狭窄前、后的血流速度测量，可以测量平均血流速度、最大血流速度、前向血流量，反向血流量等。
	关闭不全	A+B+G	瓣膜的形状、瓣叶大小、厚度及活动度。 反流量测量：①半定量法；②血流测量定量法；③ MRI容积测量定量法。
心肌病	肥厚型心肌病	A+B±D+E	心脏形态：准确显示心肌肥厚的部位和程度。SE序列肥厚心肌的信号在T1WI、T2WI上同正常心肌。极少情况下肥厚心肌在T2WI上可呈混杂信号。 心脏功能：异常肥厚心肌收缩期增厚率降低，而正常心肌增厚率正常或代偿性增强。电影"双口位"上，肥厚心肌向左心室流出道凸出引起梗阻，收缩期二尖瓣前叶向室间隔前向运动，可见收缩期左心室流出道至主动脉腔内的条带状低信号喷射血流。收缩期左心房内可见起自二尖瓣口的低信号血流，提示二尖瓣反流。 心肌灌注：腺苷（双嘧达莫）负荷试验可诱发心肌缺血。 延迟增强：肥厚心肌部可见斑片状增强改变，提示纤维化或瘢痕组织。
	扩张型心肌病	A+B±D+E	心脏形态：左心室或双侧心室腔扩张，左室多呈球形。室壁厚度均一，多在正常范围。SE序列上心肌信号在T1WI、T2WI上多表现为等信号，少数病例T2WI上可有混杂信号。可见附壁血栓。 心脏功能：左心室或双侧心室弥漫性室壁运动功能降低，收缩期心肌增厚率、收缩功能普遍下降。 心肌灌注：多无异常，偶见下壁、心尖部灌注缺损。 延迟增强：多无异常，有时仅见弥漫性轻度增强或不均匀增强。
	心肌致密化不全	A+B±D+E	心脏形态：常规SE序列上，室壁受累段心肌均见增厚，并可分为两层：内层心肌致密化不全（非致密化心肌层）增厚，信号不均匀，其内可见网状或栅栏状排列的肌小梁结构；外层致密化心肌层变薄，信号强度同正常心肌呈均匀等信号。小梁陷窝内可有血栓。 心脏运动：心室舒张期，非致密化心肌内可见多发、粗大的肌小梁及充满血液深陷的小梁隐窝，收缩期小梁隐窝可萎陷、消失，心肌变得"致密"，或小梁隐窝仅变形、缩小，亦可无变化。室壁运动可正常或节段性室壁运动异常。 心肌灌注：透壁性或心内膜下心肌灌注缺损。 延迟增强：心内膜下心肌强化、透壁强化或伴肌小梁强化。
	致心律失常性右室心肌病	A+B+E	心脏形态：右心室游离壁变薄。SE序列可见高信号提示脂肪（加选抑脂序列），低信号提示纤维化。 心脏功能：右心室短轴和长轴像可以显示作为"心肌发育不良三角区"的右心室前壁漏斗部、右心室下壁和心尖部的瘤样突出。节段性心室壁运动异常，矛盾运动为主，也可见心室壁运动普遍减弱。

续表

分类	疾病	建议扫描方案	MRI征象特点
心脏肿瘤	黏液瘤	A+B+C+E	T1WI呈中、高信号，边缘多光整可有分叶，在T2WI加权像呈高信号，信号不均匀，强化也不均匀。 75%的黏液瘤发生于左心房，大多有蒂附着于房间隔，随运动脱入左心室。
	脂肪瘤	A+B+C+E	T1WI呈均匀一致高信号，T2WI呈中等偏高信号。增强扫描不被强化。抑脂序列用于区分脂肪组织和亚急性出血。
	横纹肌瘤	A+B+C+E	常多发，位于心肌内。T1WI呈中到高信号，T2WI呈中等信号。与周围心肌同步强化。
心包疾病	心包积液	A+B	心脏形态：在T1WI上呈低信号，在T2WI上呈高信号。当积液中含有较多蛋白质或血液成分时，在T1WI上信号增高。
	缩窄性心包炎	A+B	心包增厚可为普遍性，也可为局限性，慢性患者，增厚的心包表现为低信号；而亚急性者，则呈现高信号。当合并钙化时，表现为在增厚心包内的无信号。

（八）不同技术方案临床应用举例

方案 A+B+C+E

（1）适用情况：心肌梗死病史明确，可根据需要选用小剂量多巴酚丁胺负荷实验（F）评价有无存活心肌。

（2）序列特点及技术要领：注意掌握负荷扫描的禁忌证，有心功能不全的患者不宜进行负荷实验，同时尽量减少扫描时间，随时关注生命体征。

临床应用举例见图 7-3-7。

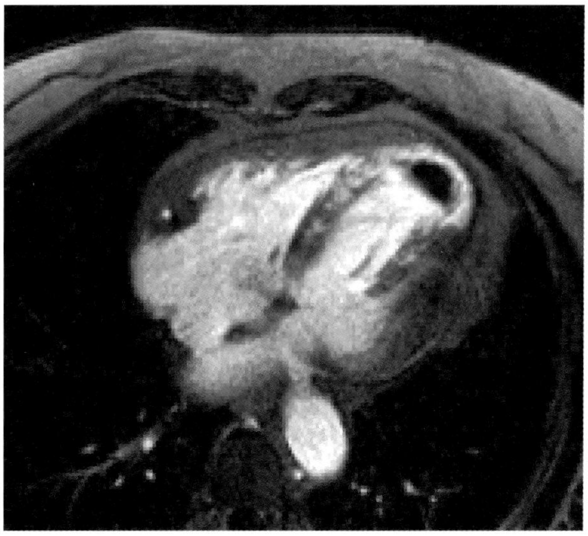

方案 A+B+G

（1）适用情况：心脏瓣膜病。

（2）序列特点及技术要领：完成常规检查体位后要根据需要选用切面显示各瓣膜的形态及反流量。

临床应用举例见图 7-3-8。

方案 A+B+E

（1）适用情况：心肌病。

（2）序列特点及技术要领：注意观察左心室流出道（双口位）有无梗阻。

临床应用举例见图 7-3-9。

二、大血管MRI检查技术

（一）大血管MRI检查方法分类及原理

（详见第六章第三节中"血管成像"），本节仅讨论 CEMRA 成像技术方面的问题。

图7-3-7　患者男，56岁，陈旧性心肌梗死2年。近2个月出现劳累后胸痛，双下肢肿

心电图示：$V_1 \sim V_3$导联Q波，诊断为冠心病，心肌梗死室壁瘤形成。左心室心腔扩大，心尖部、间隔壁心肌透壁强化，并见心尖部室壁瘤并血栓形成

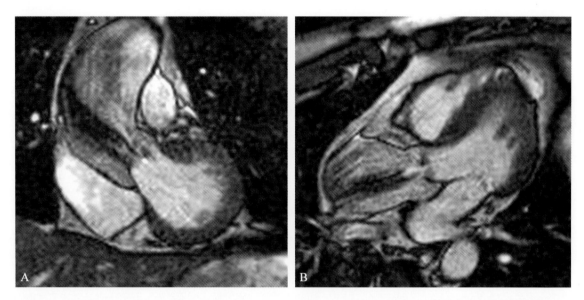

图7-3-8 患者，男，67岁，胸闷、气短二十年余，近半年症状加重。临床听诊可闻及主动脉瓣区Ⅲ级收缩期杂音，诊断为主动脉瓣狭窄

A：亮血序列主动脉瓣电影，可见"喷射征"，于收缩期呈自主动脉瓣向主动脉方向的条束状低信号区

B：双口位（同时观察左心室流入道及流出道，即同时观察二尖瓣及主动脉瓣）电影可见"喷射征"，于收缩期呈自主动脉瓣向主动脉方向的条束状低信号区

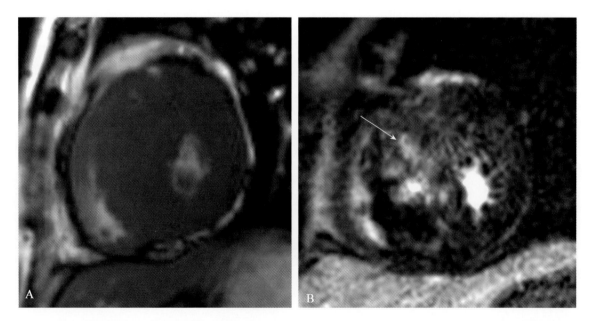

图7-3-9 患者，男，41岁，劳力时头晕、气短、乏力1年，心电图电轴左偏。有心肌病家族史，诊断为肥厚型心肌病

A：为亮血序列左室短轴位电影图像，显示左室前壁、间隔壁心肌不均匀肥厚

B：为相同层面延迟强化成像，肥厚的室间隔内可见点、片状高信号的异常强化灶，多位于肥厚心肌的中层

（二）CEMRA检查技术

1. 检查前准备

（1）屏气训练：磁共振增强MRA成像对于患者呼吸配合要求较高。要求患者吸气后屏气扫描，吸

气幅度控制在患者最大吸气幅度的 50% ~ 70%。扫描时要求患者屏气的同时，胸、腹部不能发生运动，若屏气状态不好会导致图像产生呼吸伪影，干扰成像及诊断的准确率。

（2）建立静脉通道：用 20 ~ 22G 套管针，在上肢前臂静脉或肘正中静脉建立静脉通道，增强时应用双筒高压注射器注射。

（3）体位：适应于检查和连接高压注射器的体位。

2．硬件要求

1.5T 或以上的中高场磁共振扫描机。

3．对比增强触发时间选择

3D CE MRA 确定开始注射对比剂与开始扫描之间的延迟时间是检查中非常重要的一环。然而，对比剂从注射部位（通常为肘静脉）到达兴趣区的时间（对比剂到达时间）变化很大。例如腹主动脉，健康年轻人对比剂到达时间平均 15s，健康老年人 20 ~ 25s，心脏病或主动脉瘤患者 25 ~ 35s，而严重心功能衰竭患者 40 ~ 50s。因此，确定对比剂到达兴趣血管的峰值时间是 3D CE MRA 成功的关键。下列三种方法可以选择最佳扫描延迟时间。

（1）对比剂团注试验技术（Test bolus）：对比剂团注试验是确定对比剂在兴趣血管内达到峰值时间的最好方法。根据 3D CE MRA 数据采集时对比剂用量和速度，使用 1 ~ 2ml 钆对比剂和 15 ~ 20ml 生理盐水，用高压注射器以 2 ~ 4ml/s 速度团注，注射同时在兴趣血管区进行快速梯度回波序列单层面连续采集，一般每秒 1 幅，共 30 ~ 50s。然后，通过视觉或时间 - 信号曲线测算出对比剂到达峰值时间。根据 K 空间的填充方式不同，确定扫描延迟时间：

线性填充方式扫描延迟时间 = 对比剂到达峰值时间 -3/8× 采集时间+ 1/2× 对比剂团注时间。

中心填充方式扫描延迟时间 = 对比剂到达峰值时间。

反中心填充方式扫描延迟时间 = 对比剂到达峰值时间 -2/3× 采集时间。

椭圆中心填充方式扫描延迟时间 = 对比剂到达峰值时间。

反椭圆中心填充方式：扫描延迟时间 = 对比剂到达峰值时间 -8/9× 采集时间。

（2）自动对比剂团注检测：当注射钆对比剂时，为了快速采集和重建血管图像，采用 2D 梯度序列检测对比剂到达兴趣血管，即 MRI 透视或对比剂团追踪技术。当发现对比剂到达兴趣血管时，操作者将 2D 梯度回波成像转换成 3D MRA 序列，开始中心 K 空间采集。这种方法更加可靠地保证对比剂在动脉内达到峰值后采集中心 K 空间数据。这种技术一般可用于颈动脉成像。

（3）快速动态 MRA：近年开发的更高梯度场的 MRI 机可以更快的速度采集三维数据，最短采集一组三维数据仅用 2 ~ 3s。这样实现了快速动态或时间分解 3D CE MRA。这足够快到可以分别显示动脉及静脉像。如手及前臂的血管成像，从增强前期、动脉期、毛细血管期、静脉期等各期图像，达到对扫描部位的动态成像。

4．图像后处理

3D CE MRA 获得的是连续三维容积数据。为了更好地显示血管或血管病变，需用多种后处理技术对原始数据进行图像重建，这包括：

（1）最大信号强度投影（Maximum intensity projection，MIP）和亚容积 MIP；

（2）多平面重建（Multiplaner reformatting，MPR）；

（3）表面阴影再现（Shaded surface display，SSD）；

（4）仿真内镜技术。

MIP 图像可获得类似于 X 线血管造影图像，其主要优点是可从不同角度显示血管解剖和病变，是最常用的后处理方法。对 3D CE MRA 的原始图像或 MPR 图形的分析对显示局部病变或血管腔内情况极为重要。例如，显示局限性动脉狭窄或主动脉夹层内膜破口。内插（Interpolation）技术可提高图像的空间分辨力，该技术是将一个较小的数据矩阵的相邻两个数据中插入一个中间值数据，但图像重建时间相应延长是其不足。

（三）不同血管对比增强MRA检查技术临床应用

1．主动脉对比增强MRA检查技术参数

（1）基本准备：

A．建立静脉通路。

B．进行呼吸训练。

C．患者采取仰卧位足先进，双上臂上举，高压注射器与静脉套管针连接，以4ml/s注射生理盐水，观察静脉通路是否通畅，保证增强时静脉通路通畅。

（2）对比剂的流速和总量：

流速：3 ~ 4ml/s；总量：18 ~ 28ml；以同一流速追加20ml生理盐水。胸、腹主动脉瘤采用大流速、大流量团注对比剂，其他主动脉疾病诊断一般采取3ml流速注射对比剂。

（3）技术参数：

A．TR：一般应＜3ms

B．TE：1 ms左右

C．翻转角：25°左右

D．层厚：1.3 ~ 1.6mm

E．矩阵：256×256

主动脉对比增强MRA检查结果见图7-3-10。

2．肺动脉与肺静脉对比增强MRA检查技术参数

（1）基本准备：

A．建立静脉通路。

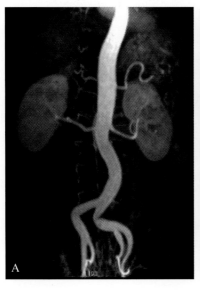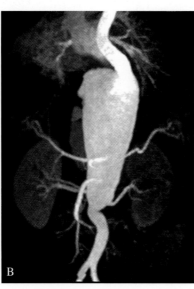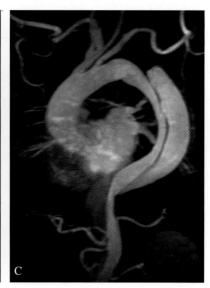

图7-3-10　主动脉对比增强MRA

A：正常腹主动脉CE MRA，常规流速3ml/s 总量25ml

B：腹主动脉瘤CE MRA，需增加造影剂总量，提高流速

C：胸主动脉夹层 CEMRA　造影剂总量适当增加，常规流速

B．进行呼吸训练。

C．患者采取仰卧位足先进，双上臂上举，高压注射器与静脉套管针连接，以 4ml/s 注射生理盐水，观察静脉通路是否通畅，保证增强时静脉通路通畅。肺动脉扫描触发时间以主肺动脉达到峰值为佳。肺静脉扫描以左心房对比剂充盈为触发时间。

（2）对比剂的流速和总量：

流速：3 ~ 4ml/s；总量：15 ~ 20ml；以同一流速追加 20ml 生理盐水。

（3）技术参数：

A．TR：一般应＜ 3ms

B．TE：1 ms 左右

C．翻转角：25°左右

D．层厚：1.3 ~ 1.5mm

E．矩阵：256×256

肺动脉与肺静脉对比增强 MRA 检查结果见图 7-3-11。

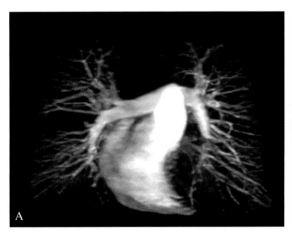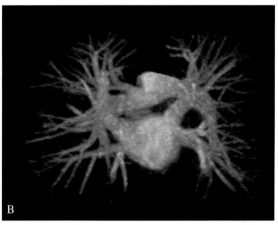

图7-3-11　肺动脉和肺静脉对比增强MRA

A：正常肺动脉 CEMRA　肺各叶段血管正常显影

B：正常肺静脉 CEMRA 双侧肺静脉汇入左心房，开口正常

3．颈动脉对比增强 MRA 检查技术参数

（1）基本准备：

A．建立静脉通路。

B．进行呼吸训练。

C．患者采取仰卧位头先进，上臂呈解剖位置，高压注射器与静脉套管针连接，以 4ml/s 注射生理盐水，观察静脉通路是否通畅，保证增强时静脉通路通畅。扫描触发时间以颈总动脉达到峰值为佳。

（2）对比剂的流速和总量：

流速：2 ~ 3ml/s；总量：12 ~ 18ml；以同一流速追加 20ml 生理盐水。

（3）技术参数：

A．TR 一般应＜ 3ms

B．TE：1 ms 左右

C．翻转角：25°左右

D．层厚：1.3 ~ 1.5mm

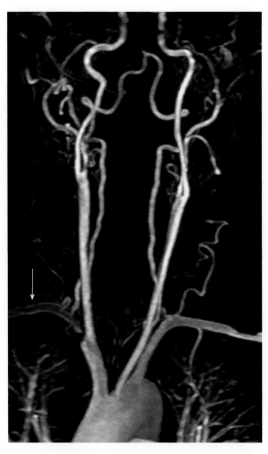

图7-3-12　颈动脉对比增强MRA

右侧锁骨下动脉狭窄（箭头），狭窄以远血管未见对比剂充盈

E．矩阵：256×256

颈动脉对比增强 MRA 检查结果见图 7-3-12。

4．下肢动脉对比增强 MRA 检查技术参数

（1）基本准备：

A．建立静脉通路。

B．进行呼吸训练。

C．患者采取仰卧位足先进，双上臂上举，高压注射器与静脉套管针连接，以 4ml/s 注射生理盐水，观察静脉通路是否通畅，保证增强时静脉通路通畅。

（2）采用下肢专用线圈或多种线圈组合（如：腹主动脉及髂动脉部分运用腹部线圈，大腿及小腿部分运用主磁体内的体线圈），分三段扫描。

（3）如果可选择 K 空间填充方式，应根据患者的年龄、心功能和病情综合考虑，三次分段扫描采用不同的 K 空间填充方式，有利于更好的下肢动脉成像。比如：第一段扫描为腹主、髂动脉部分，因为流速低，为提高血管信号强度，可采用顺序填充方式；第二段扫描为股动脉部分，因为扫完第一段时要经过移床需 5s 左右时间，因此当扫描第二段时，股动脉中的对比剂已经充盈的很好了，故采用中心填充方式；第三段扫描时需再次移床，因此对于心功能正常且病情不太重的患者血管已经充分显影，为防止过多的静脉回流造成污染，尽量采用椭圆填充方式扫描，但对于病情重，如小腿和脚已经发生坏疽，就要尽量延时扫描，应采取反椭圆填充方式，还可以采取第三段扫描两次的方式。

（4）对比剂的流速和总量：

下肢 MRA 因扫描时间长，近心端血管与远心端血管直径变化较大等原因，对比剂注射采取两个阶段不同流速的注射。第一阶段对比剂流速：1.3～1.5ml/s；第二阶段对比剂流速 0.5～0.7ml/s；总量 13～15ml（第一阶段）+15～20ml（第二阶段）；以第一阶段对比剂流速追加 20ml 生理盐水。

（5）技术参数：

A．TR 一般应＜ 3ms

B．TE：1 ms 左右

C．翻转角：25°左右

D．层厚：1.3～1.5mm

E．矩阵：256×256

下肢动脉对比增强 MRA 检查结果见图 7-3-13。

5．下肢静脉对比增强 MRIV 检查技术参数

（1）基本准备：

A．建立静脉通路（双侧足背静脉）。

B．患者采取仰卧位足先进，双上臂置于身体两侧，呈解剖体位，高压注射器与静脉套管针连接，以 4ml/s 注射生理盐水，观察静脉通路是否通畅，保证增强时静脉通路通畅。

（2）采用下肢专用线圈或多线圈组合，分三次分段扫描。

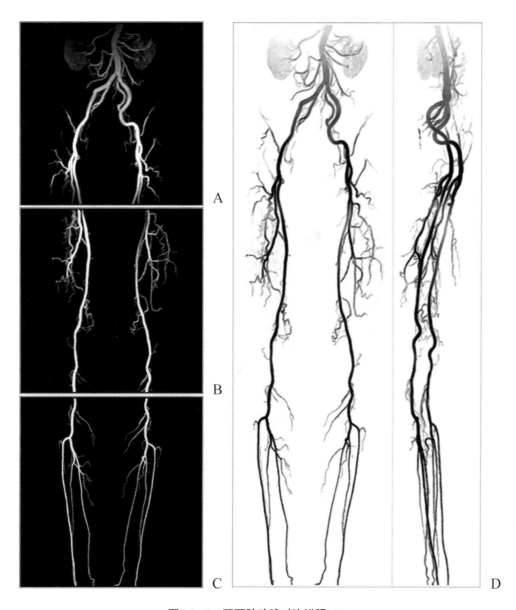

图7-3-13　双下肢动脉对比增强MRA

采用三段步进式扫描方式，图A：腹主动脉—股动脉段；图B：股动脉—腘动脉段；图C：腘动脉-胫动脉、腓动脉远段；图D：后处理三段拼接后正、侧位像，类DSA图像

　　（3）扫描时采用稀释对比剂注入双侧下肢静脉，延时15s自足侧向心侧分三段采集，不经过体循环，直接静脉成像。混合比例：1（对比剂）：10（生理盐水）；混合液总量：每侧100ml左右，双侧以同一流速同时推注；流速：1.2～1.5ml/s。

　　（4）技术参数：

　　A．TR一般应＜3ms

　　B．TE：1ms左右

　　C．翻转角：25°左右

　　D．层厚：1.3～1.5mm

　　E．矩阵：256×256

（范占明　于　薇　宋国军）

第四节　腹部MRI成像技术

- 腹部磁共振成像生物学基础
- 腹部常用序列和特殊技术
- 腹部各脏器疾病分类及推荐扫描方案
- 不同技术方案临床应用举例

一、腹部磁共振成像生物学基础

腹部主要包括消化系统、泌尿系统、生殖系统等多个系统。由于呼吸运动、心脏搏动、腹部大血管搏动、胃肠道蠕动等的影响，选择合适的 MRI 扫描序列，达到显示病灶、寻找病因、分析疾病的进展程度、评价疗效等目的。

（一）腹部解剖学特点

1. 肝　肝是人体最大的内脏器官，位于右上腹部。肝的分叶以肝静脉为依据。以肝中静脉所在纵行平面将肝分为左右半肝，尾叶为单独的一段。

肝为双重供血：75% ~ 80% 来自门静脉，20% ~ 25% 来自肝动脉。

2. 胰腺　胰腺位于上腹部腹膜后，是外分泌和内分泌混合腺体。胰腺大体解剖上分为头、钩突、颈、体和尾五部分。

3. 脾　脾位于左上腹外上部，边缘有切迹或呈分叶状，是一个富血供的实质性脏器，质软而脆。

4. 肾　肾为成对的扁豆状器官，位于腹膜后脊柱两旁浅窝中。肾纵轴上端向内、下端向外，肾纵轴与脊柱所成角度为 30° 左右。

5. 肾上腺　肾上腺位于肾周间隙的 Gerota 筋膜内，是紧贴肾前上极并由肾周脂肪包绕的成对器官。肾上腺内外肢宽度一般仅 2 ~ 3mm，很少超过 5mm。

6. 胃肠道　胃肠道在解剖学上主要分为四段，即口腔、食管、胃和肠。

7. 腹部血管　腹部主要的大血管有腹主动脉、腹腔干、肾动脉、肠系膜动脉、脾动脉、肠系膜静脉、脾静脉、门静脉及下腔静脉。

（二）腹部脏器磁共振成像生物特性

1. 胆管、胆囊、胰管和泌尿系统及胃肠道内流动相对缓慢的液体，可以用重 T2 加权像进行水成像。

2. 呼吸运动对成像影响很大，其次为大血管搏动的影响，进行序列设计时必须尽量减小或消除这种运动的影响，快速成像序列、屏气扫描、呼吸补偿、流动补偿和相位编码方向的调整等均有助于消除上述影响。

空腔脏器因含有空气，图像对比很差，因此限制了 MRI 对胃肠道疾病的诊断。

（三）腹部各脏器正常MRI表现

1. 正常肝的 MRI 表现　正常肝实质信号均匀，肝的 T1 和 T2 较脾为短，因此，在 T1WI 肝的信号较脾高，在 PDWI 上肝的信号略低于脾，在 T2WI 上肝的信号强度明显低于脾。由于肝细胞内含有大量蛋白质和粗面内质网，导致肝了在 T1WI 上具有较高信号，而肝内胆管和血管在 T1WI 上通常表现为低信号，T2WI 上胆管常为高信号。在 GRE 脉冲序列图像上，血管可以表现为高信号。

2．正常胆道系统 MRI 表现　胆囊为卵圆形，壁薄而均匀，正常厚度为 1～2mm，＞3mm 为异常，＞5mm 肯定为增厚，胆囊长径 4～5cm。胆囊在 MRI 上的信号强度取决于胆汁的化学成分，其内充满浓缩胆汁时，呈短 T1、长 T2 信号。胆总管最大直径＜10mm。

3．正常胰腺 MRI 表现　在 TIWI 上，胰腺信号强度与肝相似，T2WI 上信号强度与肝相似或略高。腹膜后脂肪对于胰腺轮廓的显示很重要。胰腺后方无浆膜覆盖。脾静脉位于胰腺体尾部的后方，是辨别胰体重要的解剖标记。

4．正常脾的 MRI 表现　脾的 T1、T2 弛豫时间比肝和胰腺长，其信号均匀，易于辨认。

5．正常肾上腺的 MRI 表现　正常肾上腺在 MRI 的 SE（包括 FSE）脉冲序列的 T1WI 和 T2WI 上，都表现为均匀的低信号，因肾上腺体积非常小，髓质仅占肾上腺总量的 10%，所以 MRI 无法辨别肾上腺的皮、髓质结构。研究显示，增强扫描肾上腺呈明显均匀强化，其强化持续的时间较长（＞30min）。

6．正常肾的 MRI 表现　T1WI 上肾周脂肪呈短 T1 信号，肾清晰可辨。肾皮质含水量比肾髓质少，T1 值略短，呈一圈齿状中至高信号带，与髓质分界清楚，T2WI 也可分辨皮髓质，但不如 T1WI 清晰。肾内贮存的尿液呈长 T1、长 T2，增强扫描不同时期具有不同的强化特点。

二、腹部常用序列和特殊技术

（一）腹部常用序列和特殊技术

见表 7-4-1。

表 7-4-1　腹部常用序列和特殊技术

编号	类别	序列	轴位	矢状位	冠状位	3D	呼吸触发	呼吸补偿	空间预饱和	流动补偿	首选序列类型 0.3～0.5T	首选序列类型 1.5T～3T
A	常规形态学扫描	T2WI	+	+	+		+		+	+	FSE	FSE
		T1WI	+					+				SPGR 或 SE
B	水成像	MRCP MRU	+	+	+	+						SS-FSE 或 HASTE
C	脂肪抑制	T1WI	+	+	+			+				SPGR-IP-OP 或化学饱和
		T2WI	+	+	+		+					化学饱和
D	增强扫描	T1WI	+	+	+				+			SPGR、FLASH
E	血管成像	T1WI	+	+	+	+						SPGR
F	扩散成像	DWI	+								EPI-DWI	EPI
G	灌注扫描	PWI	+			+					EPI-PWI	EPI
H	波谱成像	MRS							+			STEAM、PRESS

（二）常用扫描方案

方案一：腹部常规平扫（A）

（1）适用情况：发现病灶，诊断疾病，或根据病灶特点决定进一步扫描方案。

（2）序列：双回波 T1 加权快速小角度激发梯度回波序列（T1WI SPGR）、T1WI SE T2 加权快速自旋回波序列（T2WI　FSE）。

（3）序列特点及技术要领：线圈用相控阵线圈；扫描方向常规包括冠状位及轴位，根据病变特点可加扫矢状位或斜位。T1WI 常规采用 SPGR 序列，屏气扫描；无法配合者可用 SE 序列。

方案二：腹部平扫 +MRCP 扫描（A+B）

（1）适用情况：有梗阻性黄疸临床表现，欲明确梗阻部位及梗阻程度的患者。

（2）序列：在上述腹部常规平扫的基础上进行 MRCP 成像，常用序列为 SS-FSE 或 HASTE。

（3）序列特点及技术要领：MRCP 为重 T2 加权像，可显示静态液体组织，对胆道梗阻的显示满意，且操作简单易行。

方案三：腹部平扫 +MRCP+ 脂肪抑制序列（A+B+C）

（1）适用情况：有梗阻性黄疸临床表现，欲观察病灶内有无脂肪成分、去除脂肪高信号伪影等。

（2）序列：在上述方案二的基础上加脂肪抑制序列；可在 T1WI、T2WI 像中采用化学饱和技术，亦可用同反相位成像。

（3）序列特点及技术要领：可鉴别病灶中是否含有脂肪；薄层 T1WI 脂肪抑制序列观察胰腺病变有明显优势。

方案四：腹部常规平扫 + 增强扫描（A+D）

（1）适用情况：常规平扫不能明确病灶性质，欲了解病灶血供情况及观察腹部血管情况。

（2）序列：在行常规腹部平扫之后，用高压注射器注入造影剂 Gd-DTPA，进行动脉期、门脉期及延时期 T1WI 抑脂成像。

（3）序列特点及技术要领：通常采用 bolus 方式注射 Gd-DTPA，选用 SPGR（FLASH）T1WI 序列。先做平扫，平扫后行动脉期、门脉期、平衡期及延时期动态增强扫描。

方案五：腹部血管成像（E）

（1）适用情况：明确腹部血管是否存在异常病变，如动脉粥样硬化、血管畸形、血管瘤、动脉夹层及门脉、下腔静脉栓子形成等。

（2）序列：包括两类：一是单纯依靠血液流动特性来实现的 MRA，如时间飞跃法（TOF）、相位对比法（PC）、ECG 门控法 IFIR；另一类是对比剂增强磁共振血管成像（CE-MRA）。

方案六：腹部弥散成像（F）

（1）适用情况：肝内占位性病变的诊断与鉴别诊断；肝脓肿和肝肿瘤坏死囊性变的鉴别诊断；观察腹腔及腹膜后淋巴结；评价肾功能。

（2）序列：包括自旋回波扩散加权成像（SE-DWI）、平面回波扩散加权成像（EPI-DWI）和稳态自由进动扩散加权成像（SSFP-DWI）。

方案七：腹部波谱成像（G）

（1）适用情况：肝弥漫性病变；酒精性肝病；肝细胞肝癌；肝、肾移植。

（2）序列：磁共振波谱的采集方式可以分为三种：第一种是利用表面线圈的射频场非均匀的获得局域波谱，这种技术简单，但它局限于采集靠近体表的解剖区域的波谱，也不能灵活地控制区域形状和大小；第二种方法是通过 MRI 图像确定感兴趣区，然后利用磁场梯度和射频脉冲结合进行选择激励；第三种是化学位移成像，也是一种需要利用磁场梯度的定位技术。

三、腹部各脏器疾病分类及推荐扫描方案

（一）肝常见疾病分类及推荐扫描序列

见表 7-4-2。

表 7-4-2　肝常见疾病分类及扫描序列

分类	疾病	建议扫描方案	分类	疾病	建议扫描方案
弥漫性病变	脂肪肝	A+C方案，必要时加D，同相位、反相位	外伤	肝破裂	A+C方案，必要时加D
	肝纤维化			肝包膜下血肿	
	肝硬化				
炎性病变	胆管炎性肝脓肿	A+B方案，必要时加扫D、F	肝肿瘤	肝细胞癌	A+C+D方案，怀疑淋巴结转移加F
	血源性肝脓肿			肝内胆管细胞癌	
	淋巴源性肝脓肿			肝母细胞瘤	
	门静脉炎性肝脓肿			肝血管肉瘤	
	各种原因所致肝炎			肝血管平滑肌脂肪瘤	
血管性病变	肝梗死	A+D，必要时+E		肝血管瘤	
	肝静脉梗阻症			肝转移瘤	
	门静脉高压			肝腺瘤	
	布加综合征			肝囊腺瘤、癌	

（二）胆道系统常见疾病分类及推荐扫描序列

见表 7-4-3。

表 7-4-3　胆道系统疾病分类及扫描方案

分类	疾病	建议扫描方案	分类	疾病	建议扫描方案
胆石症	胆囊结石	A+B方案	炎性病变	胆囊脓肿	A+B+F方案；必要时加D
	胆囊结石伴急性胆囊炎			胆囊胆管炎	
	胆囊结石伴慢性胆囊炎			胆囊炎	
	胆管结石			胆管炎	
	胆管结石伴胆管炎		穿孔	胆囊穿孔	A+B方案
	胆管结石伴胆囊炎			胆管穿孔	
外伤	胆囊破裂	A+B方案	胆系肿瘤	胆囊癌	A+B+D方案。
	胆管破裂			胆管癌	
先天畸形	先天性胆总管囊肿	A+B方案			

（三）胰腺常见疾病分类及推荐扫描序列

见表 7-4-4。

表7-4-4　胰腺常见疾病分类及扫描方案

分类	疾病	建议扫描方案	分类	疾病	建议扫描方案
囊性病变	胰腺囊肿	A+B+C方案	胰腺肿瘤	胰岛细胞瘤	A+B+C+D方案
	胰腺假性囊肿			胰腺癌	
炎性病变	急性胰腺炎	A+B+C方案		胰腺内分泌恶性肿瘤	
	慢性胰腺炎			胰腺转移瘤	
	胰腺脓肿		外伤	胰腺破裂	A+C方案

胰腺 MRI 常规检查与肝相仿，但有其特点：

（1）层厚为 3 ～ 5mm；

（2）T1WI 比 T2WI 更重要。胰腺检查最重要的序列为脂肪抑制 T1WI，一般选用二维或三维扰相 GRE T1WI 序列。

（3）动态增强扫描：与肝动态增强扫描类似，但层厚应该更薄，动脉期时相可比肝动态增强动脉期延后 5 ～ 8s。

（四）脾常见疾病分类及推荐扫描序列

见表 7-4-5。

表 7-4-5　脾常见疾病分类及扫描方案

分类	疾病	建议扫描方案	分类	疾病	建议扫描方案
脾功能亢进	脾大	A方案	外伤	脾破裂	A+C方案，必要时加D
血管性病变	门静脉高压	A+C方案，必要时加D、E		脾包膜下血肿	
	脾梗死			脾扭转	
脾功能减退症	无脾（术后或先天）	A方案	肿瘤	霍奇金病	A方案，必要时加D
	脾萎缩			非霍奇金淋巴瘤	
炎性病变	脾脓肿	A+C方案，必要时加D		血管瘤	

（五）肾常见疾病分类及推荐扫描序列

见表 7-4-6。

表 7-4-6 肾常见疾病分类及扫描方案

分类	疾病	建议扫描方案	分类	疾病	建议扫描方案
先天畸形	孤立肾	A+B方案，必要时加扫D	外伤	肾破裂	A+B+C方案，必要时加扫D
	马蹄肾			肾包膜下血肿	
	双肾盂输尿管			输尿管断裂	
	异位肾		梗阻性和反流性尿路病	肾盂积水伴盂管交接处狭窄	A+B方案
炎性病变	急性肾小球肾炎	A方案		肾盂积水伴输尿管狭窄	
	慢性肾小球肾炎			肾盂积水伴肾盂、输尿管结石	
	急性肾盂肾炎		尿石症	肾结石	A+B方案
	慢性肾盂肾炎			输尿管结石	
	肾周脓肿		肾肿瘤	肾癌	A+B+D方案
血管性病变	肾动脉狭窄	A+D方案，必要时加E		肾盂癌	
	胡桃夹综合征			输尿管癌	
				肾血管平滑肌脂肪瘤	

肾的 MRI 常规检查及动态增强扫描所用的序列与肝相同，不同之处在于：

（1）常采用横断面扫描与冠状面扫描相结合，必要时加扫矢状面；

（2）FSE T2WI 的 T2 权重较重，TE 一般宜选择在 120 ～ 150ms；

（3）冠状面一般宜采用 3 ～ 5mm 的薄层。

没有梗阻和扩张的输尿管一般在 MRI 显示不佳，因此输尿管 MRI 检查主要用于尿路积水的诊断。一般先利用 MRU 进行检查，发现梗阻部位后在局部进行薄层扫描，序列同肾 MRI。

（六）肾上腺常见疾病分类及推荐扫描序列

见表 7-4-7。

表 7-4-7 肾上腺常见疾病分类及扫描方案

分类	疾病	建议扫描方案	分类	疾病	建议扫描方案
肾上腺增生性疾病	肾上腺皮质增生	A+C方案	肾上腺肿瘤	肾上腺腺瘤	A+C+D方案
	肾上腺髓质增生			肾上腺腺癌	
				嗜铬细胞瘤	
				肾上腺髓脂瘤	

肾上腺检查常规应该包括横断面和冠状面，一般成像参数同肝，不同之处为需要进行 3 ～ 5mm 的薄层扫描。以 T1 加权像显示最理想，SE 序列的 TR 值以 500ms 或以下较为合适，如果受到心脏搏动与呼吸运动伪影干扰过重，TR 可选用 300ms 或更短，NEX 采用 4 次会改善成像质量。肾上腺体积较小，肾上腺腺瘤也往往很小，MRI 最好采用连续扫描，或选用尽可能小的扫描间隔。腺瘤应用同反相位的价值较大。

（七）胃肠道常见疾病分类及推荐扫描序列

见表 7-4-8。

表7-4-8　胃肠道常见疾病分类及扫描方案

分类	疾病	建议扫描方案	分类	疾病	建议扫描方案
溃疡	胃溃疡	A+C方案	外伤	胃肠道破裂	A+C方案，必要时加扫D
	十二指肠溃疡				
炎性病变	急性出血性胃炎	A+C方案	胃肠道肿瘤	胃癌	A+C+D方案
	慢性浅表性胃炎			小肠癌	
	慢性萎缩性胃炎			结肠癌	
	十二指肠炎症			胃肠道平滑肌瘤	
	胃和十二指肠息肉			胃肠道间质瘤	
	急性阑尾炎伴弥漫性腹膜炎				
	急性阑尾炎伴腹膜脓肿				

检查前的准备：同胃肠道气钡双重造影。常规于检查前一天，口服泻药，检查前禁食、水4～6小时。结肠、直肠检查需在检查前清洁灌肠。

对比剂：常用对比剂分为以下两类：

（1）阴性对比剂：目前应用较多的有气体、硫酸钡混悬液、超顺磁微粒（OMP）、黏土混合物、PFOB、AMI-121等。这类造影剂主要是缩短 T2 值，降低信号强度。

（2）阳性对比剂：主要有 Gd-DTPA、Mn-chloride、Mn-DPDP、正铁柠檬酸胺（FAC）等。阳性对比剂缩短 T1 和 T2，主要为 T1WI 对比剂，可明显增强信号强度。

四、不同技术方案临床应用举例

方案 C

适用疾病举例：见图 7-4-1。

方案 C+D

适用疾病举例：见图 7-4-2。

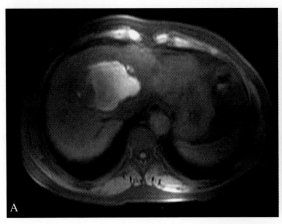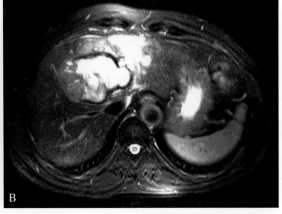

图7-4-1　肝癌并出血

脂肪抑制T1 WI（A）、T2WI（B）像上肿块出血均呈高信号

方案 D

适用疾病举例：见图 7-4-3。

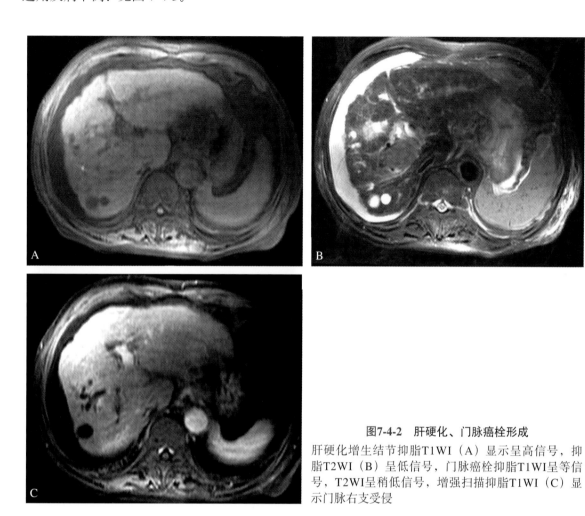

图7-4-2　肝硬化、门脉癌栓形成

肝硬化增生结节抑脂T1WI（A）显示呈高信号，抑脂T2WI（B）呈低信号，门脉癌栓抑脂T1WI呈等信号，T2WI呈稍低信号，增强扫描抑脂T1WI（C）显示门脉右支受侵

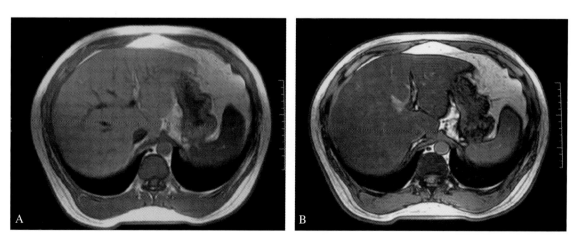

图7-4-3　脂肪肝

同反相位成像，与同相位图像（A）相比反相位图像（B）显示肝信号明显降低

方案 B

适用疾病举例：见图 7-4-4。

方案 A

适用疾病举例：见图 7-4-5。

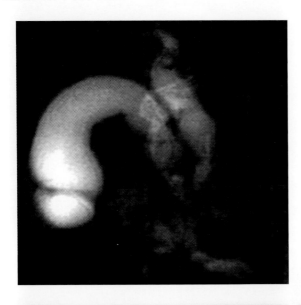

图7-4-4　先天性胆总管囊肿，MRCP显示胆总管明显扩张

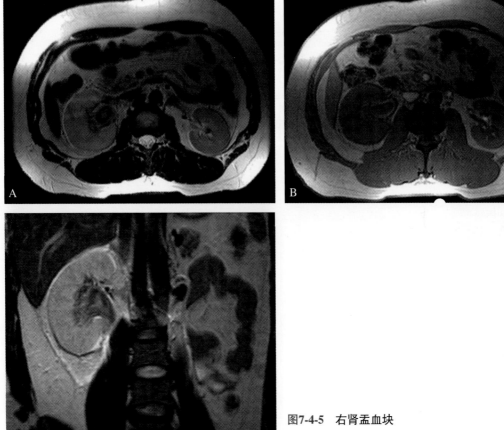

图7-4-5　右肾盂血块

T1WI（A）、T2WI（B、C）均呈混杂信号

（郭顺林　辛仲宏　皮金才）

第五节　盆腔MRI成像技术

- 生殖系统解剖生理特点及其与磁共振成像相关物理特性
- 常规扫描序列及推荐扫描方案
- 盆腔疾病分类及推荐扫描方案
- 不同技术方案临床应用举例

盆腔由盆膈和尿生殖膈组成。多以髂嵴间线作为盆腔的上口。盆腔内主要容纳泌尿生殖器官和消化道末端部分。本节主要介绍盆腔男女性生殖系统的 MRI 成像技术。

一、生殖系统解剖生理特点及其与磁共振成像相关物理特性

（一）男性生殖系统解剖学特点

1．前列腺　由前叶、后叶、内叶和两个侧叶组成；可分为三个带：中央带、边缘带和过渡带（尿道周围带）。

2．精囊腺　位于腹膜外膀胱后直肠前、前列腺上方，是双侧对称性长椭圆形结构，由一迂曲的盲管构成。

（二）男性生殖系统生理学特点及其与磁共振成像相关的物理特性

前列腺随年龄增大而增生。正常前列腺周围带位于后外部，呈新月形，两侧对称。T1WI 为均匀中等信号，T2WI 可见前肌纤维质、中央叶、外围叶。正常前列腺外周带 DWI 为均匀高信号、中央带为均匀等或低信号。

横轴位 T2WI 像是观察前列腺的最佳位置，可以清楚显示前列腺各带结构及信号特点；其次是矢状位和冠状位，矢状位可以显示前列腺和周围结构的解剖关系。

（三）女性盆腔解剖学特点

1．子宫　分为子宫体和子宫颈部。子宫体分为子宫内膜和子宫肌层。

2．卵巢　位于子宫两侧，包裹在阔韧带的后下缘。

3．输卵管　输卵管在子宫上缘两侧，长约 10cm，正常不能显示。

（四）女性盆腔生理学特点

1．卵巢　育龄期妇女卵巢随月经周期发生变化，包括：卵泡的发育、卵泡破裂、排卵、黄体的形成与退化及白体形成。

2．子宫　子宫体大小、各层结构的厚度在经前期、生育期及经绝期均不同。正常排卵周期子宫内膜平均厚度变化：经前子宫内膜＞排卵后＞排卵前＞经末和月经期。

3．子宫颈　与子宫体不同，子宫颈受月经周期的影响较小。

（五）正常女性盆腔磁共振成像相关的物理特性

1．子宫　T1WI 上子宫各层为无明显差别的中等度信号。T2WI 上子宫体分为不同信号强度区。子宫体分为子宫内膜和子宫肌层：①子宫内膜在 T2WI 上呈高信号，位于子宫体中部。厚度呈周期性变化，

在 2 ~ 10mm。②子宫肌层可分为内侧的结合带和外侧的外带，结合带是 MRI 上的解剖名称，是指 T2WI 上高信号的子宫内膜与中等信号的肌层之间的一条低密度带，T2WI 上肌层外带信号明显高于结合带。

MRI 动态增强扫描早期，子宫内膜与子宫肌层间的薄层组织由于血供丰富，出现轻度细线状强化，即内膜下强化带。随时间延迟子宫呈渐进均匀强化。

子宫内膜在 DWI 上呈高信号，肌层为均匀等信号。在 DWI 矢状位图像可以清晰显示宫颈三层结构：①颈管内膜呈明显高信号；②结合带呈明显的低信号；③肌层信号与子宫肌层相同呈中等信号。

2. 卵巢、输卵管　T1WI、T2WI 上卵巢的实质和间质部分均呈低或中等信号。卵巢周边的卵泡 T1WI 呈低或中等信号、T2WI 呈高信号。正常各年龄组均可见卵巢囊样结构（包括滤泡、黄体、白体和表面包涵性囊肿），年轻者多见。囊肿在 T1WI 为等至低信号，T2WI 为明显高信号，囊壁厚度为 1 ~ 2mm，多数囊壁的信号低于基质。增强后卵泡无强化，为边界清楚、内壁光整的大小不等的圆形低信号影。DWI 卵巢显示为圆形或类圆形略不均匀的稍高信号。

3. 胎盘（妊娠）　正常胎盘呈均匀饼状，T1WI 呈均匀等信号，T2WI 为略高信号，与子宫壁之间无异常信号。增强扫描富血供胎盘明显强化。

4. 盆底结构及动态功能　进行单次激发的快速自旋回波（SS-FSE）序列或 SS-TSE 序列成像时，患者采用仰卧位，屈膝并尽可能外翻，尽量模拟膀胱截石位。取正中矢状位进行 SS-FSE 成像，平静状态下成像 1 次，嘱咐患者做最大幅度 Valsalva 动作 * 时屏气，成像 2 ~ 4 次。以正中矢状位图像画线测量。

* 注：Valsalva 动作：深吸气后紧闭声门，再用力做呼气动作，呼气时对抗紧闭的会厌。

二、常规扫描序列及推荐扫描方案

见表 7-5-1。

表 7-5-1　盆腔常规 MRI 扫描序列

序列编号	类别	扫描序列	轴位	矢状位	冠状位	3D	首选序列类型 0.3 ~ 0.5T	1.5T ~ 3T
A	常规形态学扫描	T2WI（抑脂）	+	+	+		FSE	FSE
		T1WI	+					
B		FS T1W	+				FSE	FSE
C	DWI		+	+			EPI	EPI
D	动态增强	LAVA	+	+				LAVA
	延迟增强	T1WI	+	+	+			
E	MRS		+					
F	水成像					+		

方案 A：盆腔常规平扫

（1）适用情况：发现病灶，根据病灶特点决定进一步扫描方案。

（2）序列：T2 加权快速自旋回波序列（T2WI　FSE）；

T1 加权快速小角度激发梯度回波序列（T1WI FSPGR 2D 或 FLASH）；

FSE T2WI、SE T1WI、T1WI FSPGR FS。

（3）序列特点及技术要领：8 通道腹部相控阵线圈，线圈的中心正对耻骨联合，下腹部压迫以抑制呼吸运动，扫描前嘱患者身体保持不动，平静呼吸；扫描方向常规包括矢状位及横轴位、冠状位，频率编码为上下方向，FSE T2WI 扫描方向包括矢状位及横轴位、冠状位，需加脂肪抑制，冠状位抑脂 T2 扫描，添加局部匀场。注意冠状位 FOV 不宜过大以防脂肪抑制不均匀。SE T1WI、T1WI FSPGR FS 只需轴位扫描；横轴位、矢状位、冠状位扫描基线在三平面定位片上定位，扫描范围包括整个盆腔；层厚（4 ~ 5mm），层间距（1mm）。

方案 B：FS T1WI 扫描

（1）适用情况：卵巢病灶 T1WI 高信号，明确是出血或脂肪成分。子宫占位 T1WI 高信号，明确是出血或脂肪变性。精囊 T1WI 高信号，明确是否血精。

（2）序列：SE T1WI 或 T1WI FSPGR 扫描加脂肪抑制。

（3）序列特点及技术要领：扫描方向以横轴位为主，频率编码为上下方向，SE T1WI 或 T1WI FSPGR 扫描加脂肪抑制；其他要求同方案 A。

方案 C：扩散加权（DWI）

（1）适用情况：前列腺、子宫颈、子宫内膜病变、盆腔淋巴结的检出和定性。

（2）序列特点及技术要领：通常是在方案 A 的基础上进行扩散加权（DWI）扫描，扫描方向以轴位为主，对于子宫颈、子宫内膜病变应加矢状位 DWI 扫描，b 值为 600 ~ 1000s/ mm²，选择不同的 b 值扫描，比如 b 值为 300s/ mm²、600s/ mm²、900s/ mm² 分别扫描一次；建议加并行采集技术，FOV 必须大于解剖，为了保证 SNR，采用多个 NEX。

方案 D：盆腔增强扫描

（1）适用情况：平扫发现软组织肿块，欲了解病变强化方式、血供情况、侵犯范围时。

（2）序列：LAVA。

（3）序列特点及技术要领：通常是在方案 A 基础上进行增强 LAVA 多起动态增强扫描，LAVA 是容积采集技术，图像质量较高；前列腺、精囊腺、卵巢病变扫描方向常规选择横轴位，子宫、宫颈扫描方向常规选择矢状位；增强后肿块的信号强度反映肿块的灌注、血管通透性、对比剂流入及流出等药物动力学情况；根据血流动力学模型可得出肿块内感兴趣区的信号强度 - 时间曲线，感兴趣区选择应避开肿块内囊变和血管区。

方案 E：波谱成像（MRS）

（1）适用情况：适用于前列腺组织内代谢物和生化出现异常的疾病。

（2）序列特点及技术要领：前列腺波谱扫描时，患者需作肠道准备。具体方法与放射科钡灌肠检查的患者准备相同；应用用前列腺波谱专用脉冲序列—PROSE，波谱扫描的高分辨率解剖图像必须是 T2 加权像。也可以使用脂肪抑制的 T2 加权像，此时 TR 值必须增加至 4800，注意 T2 加权像扫描必须是垂直位，即横轴位。使用六个方向上的高选择性饱和脉冲，定位是前列腺波谱分析结果精确的重要影响因素，定位像选择显示前列腺周围带最下端的层面。在定位图上点击鼠标左健，出现感兴趣区后，将其移至前列腺区域，调节至完全包括周围带，然后向前列腺上面方向换层，直至包括全部的周围带。注意每换一层，都要调节感兴趣区的大小，使其恰好包括周围带，而不含有周围的脂肪及直肠内的气体，这样就完成了波谱的三维容积定位。然后进行前列腺波谱预扫描，分析 AutoPrescan（自动预扫描）结果：线宽应 ≤ 15，水抑制应 ≥ 98%，如果线宽值过高，最主要的原因是定位及饱和带的放置不合理。此时应将此序列复制后，重新编辑定位及饱和带，然后再做预扫描。扫描结束后用专用软件进行分析。

方案 F：输卵管水成像

（1）适用情况：卵巢、输卵管积水与盆腔囊性病变鉴别。

（2）序列：重 T2WI 水成像。

（3）序列特点及技术要领：线圈及患者准备同方案 A，根据人体内液体具有长 T2 弛豫值的特性，采用快速自旋回波（FSE）序列、SS-FSE 序列或 SS-TSE 序列获得重 T2 加权像，即长重复时间（TR）和长回波时间（TE）。冠状位扫描，在横轴位 T2 序列上定位，扫描范围包括卵巢、输卵管。

三、盆腔疾病分类及推荐扫描方案

见表 7-5-2。

表 7-5-2　盆腔疾病分类及建议 MRI 扫描方案

分类	疾病	建议扫描方案	分类	疾病	建议扫描方案
前列腺	炎症	A+D	宫颈	宫颈癌	A+C+D
	良性增生	A+C+D+E		宫颈囊肿	A+D
	前列腺癌	A+D+C+E	卵巢	功能性囊肿	A+C+D
精囊腺	血精性精囊炎	A+D；血精+B		积水、脓肿	A+D+F
	肿瘤	A+C+D		肿瘤	A+C+D
子宫体	子宫内膜癌	A+C+D	输卵管	积水	A+D+F
	子宫内膜息肉	A+C+D		脓肿	A+D+F
	子宫平滑肌肿瘤	A+C+D；T1WI高信号时+B		异位妊娠	A+B+D
	子宫肉瘤	A+C+D	妊娠	胎盘	A+D
	葡萄胎	A+C+D	盆底	女性盆腔器官脱垂	A
	恶性滋养细胞肿瘤	A+C+D			
	子宫腺肌瘤	A +D			

四、不同技术方案临床应用举例

方案 A+C+D+E

适用疾病举例：见图 7-5-1。

方案 A+C+F

适用疾病举例：见图 7-5-2。

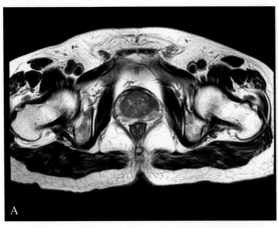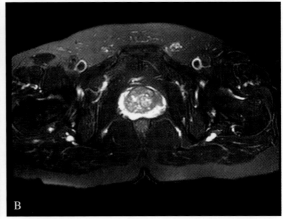

图7-5-1　患者，男，69岁，尿频，排尿困难半年，前列腺特异抗原（PSA）23ng/ml，诊断为前列腺癌

图A、B分别为横断面T1WI和T2WI，左侧外周带高信号区内见斑点状T2WI低信号结节，T1WI呈等低信号，包膜完整

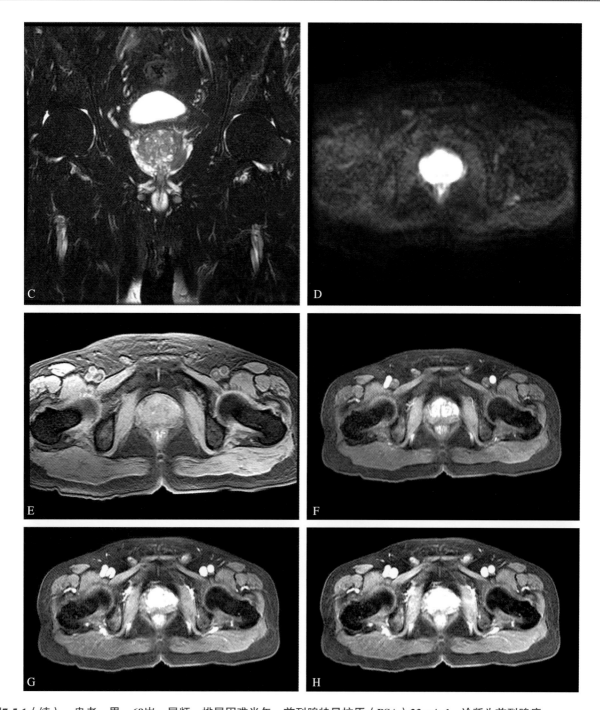

图7-5-1（续）　患者，男，69岁，尿频，排尿困难半年，前列腺特异抗原（PSA）23ng/ml，诊断为前列腺癌

图C为冠状面T2WI；图D为横断面DWI，本例病变与外周带高信号分界不清；图E～I为横断面动态增强扫描图像，显示肿块动脉期强化，强化程度随时间延迟逐渐减低

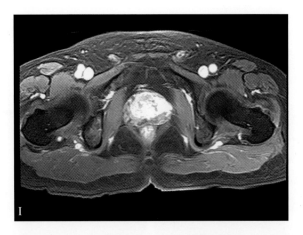

图7-5-1（续） 患者，男，69岁，尿频，排尿困难半年，前列腺特异抗原（PSA）23ng/ml，诊断为前列腺癌
图E～I为横断面动态增强扫描图像，显示肿块动脉期强化，强化程度随时间延迟逐渐减低

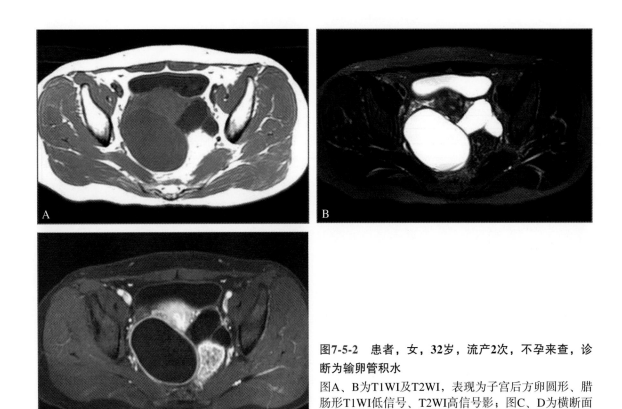

图7-5-2 患者，女，32岁，流产2次，不孕来查，诊断为输卵管积水

图A、B为T1WI及T2WI，表现为子宫后方卵圆形、腊肠形T1WI低信号、T2WI高信号影；图C、D为横断面及冠状面增强图像，可见病变壁均匀环形强化，其内为均匀液性信号，未见强化

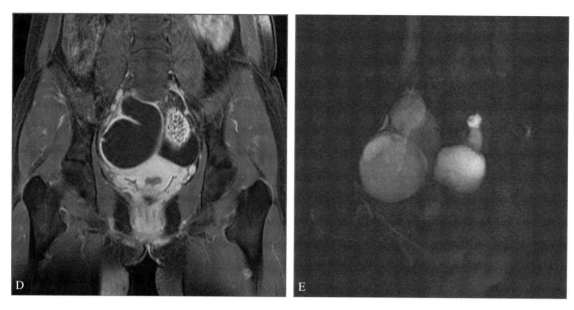

图7-5-2（续） 患者，女，32岁，流产2次，不孕来查，诊断为输卵管积水

图C、D为横断面及冠状面增强图像，可见病变壁均匀环形强化，其内为均匀液性信号，未见强化；图E为MRI水成像，可清晰显示输卵管积水的全貌

（刘爱连 吕德勇 张树旸）

第六节　骨关节MRI成像技术

- 概论
- 肩关节 MRI 成像技术
- 肘关节 MRI 成像
- 腕关节 MRI 成像
- 髋关节 MRI 成像
- 膝关节 MRI 成像
- 踝关节 MRI 成像
- 不同技术方案临床应用举例

一、概论

（一）MRI的优势

1．优异的软组织对比能力。

2．任意方向成像。

3．无创。

4．可以直观地观察肌肉、韧带、肌腱、骨髓、关节软骨及周围神经的状况。

因此在骨关节相关疾病的诊断中占有重要地位。

（二）骨关节MRI成像难点

1．成像范围小但结构众多、解剖关系复杂、形态多不规则，且走行方向变化多样。

2．由于 MRI 机孔径的限制，并且大多数关节在 MRI 成像机内呈偏中心位置，扫描时场不均匀性会造成脂肪抑制的不均匀及信噪比下降。

3．由于外伤或疼痛，患者常常不能达到常规成像体位或造成移动伪影。

4．骨关节成像时，线圈的选择和患者的体位并不是固定不变的，常常要根据患者的体型、检查时的疾病状态等因素做出合理的选择及组合。

上述各点就要求在骨关节成像时对于患者摆位、线圈的选择及序列、参数的选择给予较其他部位更多的关注。从成像的角度看，可能是难度仅次于心脏成像的部位。因此要想得到高质量的骨关节 MRI 图像应考虑以下几点：

（1）病变的组织类型及局部解剖特点。

（2）对于具体的病例及临床需求选择合适的射频线圈。

（3）合理设定成像参数，突出病变与正常组织的对比。

（三）骨关节MRI成像中的扫描方案优化原则

在骨关节系统的成像过程中，尽管有许多参数可以调整，但扫描方案的优化应兼顾以下几点：信噪比、空间分辨率、组织对比、伪影的控制、扫描时间。

一个好的扫描方案应该是在上述几点之间寻找最佳的平衡。对于骨关节系统，足够的分辨率十分重要，尤其是对于半月板及软骨等结构的观察，因此对于选定的线圈应该在保持足够的 SNR 的前提下，尽量提高分辨率。一套完整的检查方案以不超过 30 分钟为宜。频率编码方向上常规应该可以达到 512 矩阵，这有助于软骨病变及其他细微病变的显示。尽管增加相位编码方向上的矩阵也能改善图像细节，但增加相位编码步数将增加扫描时间，因此相位方向上的分辨率不必过高。可以依被成像部位的外形合理设置相位编码方向。

（四）骨关节系统磁共振成像相关解剖、生理与物理特性概述

1．骨关节系统包含有骨质（骨皮质及骨松质）、软骨、韧带、肌腱、肌肉、血管及神经等诸多组织。这些组织具有的质子密度及弛豫时间差异很大。韧带、肌腱及半月板、关节盂、髋臼缘等组织含水量较低并含有大量胶原成分，因此在大多数序列中均呈现为低信号。因此对于上述组织成像时就应注意 TE 时间的选择。

2．骨关节系统中的透明软骨、半月板及肌腱等组织结构致密且排列有序，因此容易产生魔角效应，表现为当 TE 较短时，上述结构表现出高信号。因此容易与撕裂及退变等相混淆。魔角效应主要发生于腕关节、踝关节及肩袖部位的肌腱、半月板及透明软骨内。

3．骨是坚硬的结缔组织，成年人长骨的骨干中央为骨髓腔，其中包含有红骨髓、黄骨髓和血管。红骨髓是具有造血功能的软组织；黄骨髓主要成分为脂肪组织（80%）。

4．骨髓的发育　出生时，骨骼内所含的均为红骨髓，从幼儿时期到青年时期，红骨髓逐渐演变成黄骨髓。在长骨的两端由于有软骨覆盖而缺乏骨膜，骺板处的软骨细胞增殖形成软骨细胞柱，并将成熟的细胞推向骨干的中部。

（五）常规序列在骨关节成像中的作用及价值

1．SE 序列　虽 T1WI 的 SE 图像广泛应用，参数设置为 TR500 ～ 800ms，TE10 ～ 20ms，它可以显示关节结构及大体形态上的改变，在骨髓病变的诊断中具有不可替代的作用。

2．FSE 序列　FSE 序列是骨关节中最常用的技术，主要是 PDWI 及 T2WI，PDWI SNR 相对较高，对于半月板及韧带撕裂的诊断准确性很高，T2WI 的 FSE 序列对于骨髓水肿及关节软骨表面的病变显示较好。FSE 在骨关节系统新生物的检出中也是最常应用的序列，联合应用脂肪抑制技术可以防止遗漏骨髓病变。

3．梯度回波序列　梯度回波序列可以提供 T1WI、PDWI 及 T2*WI 等图像对比，其中 T2*WI 图像对于出血、钙化及少量的气体更敏感。梯度回波序列可以三维成像，对于微小结构的评价具有显著优势。

3D SPGR 序列是对于关节软骨的评价准确性最高的方法。对于腕关节的扫描，常作为常规序列。这对于三角纤维软骨及腕骨间韧带的评价十分必要。但其成像时间长。

4．脂肪抑制技术　最常用的脂肪抑制技术是化学性脂肪饱和（FS），其图像质量及 SNR 均令人满意。虽然 STIR 的 SNR 较低。但在以下几种情况时需要选择 STIR 技术：

（1）局部存在金属物质，如前交叉韧带重建术后；

（2）成像范围局部匀场较困难，如胸廓入口处；

（3）低场扫描仪。

二、肩关节MRI成像技术

（一）肩关节解剖学特点

肩关节为全身最灵活的球窝关节，可作屈、伸、收、展、旋转及环转运动，具有灵活性运动的机能。

1．肩袖　肩袖是由冈上肌、冈下肌、小圆肌及肩胛下肌的肌腱相互融合成的板状联合腱，深层纤维与关节囊相交织。具有悬吊肱骨、稳定肱骨头、协助三角肌外展上臂的作用。正常的肩袖肌腱表现为均匀的低信号。

2．盂唇　是位于关节盂外围的一圈纤维软骨环，在所有序列中均表现为低信号，类似膝关节的半月板。

3．滑囊　肩关节周围滑囊很多，最重要的是肩峰下 - 三角肌下滑囊，小儿时它们互不相通，成人时两个滑囊相交通，统称为肩峰下 - 三角肌下滑囊，它与关节腔不相通。正常情况下 MRI 上不显示，肩袖撕裂、滑囊炎及肌腱炎时可见高信号的液体聚集。

（二）患者体位

肩关节扫描时通常患者仰卧位，患肢呈中立位，即患侧上肢置于体侧，呈自然伸直状态，掌心朝向躯体一侧。摆位时必须最大限度保持患者在最舒服的体位，同时采用合理的制动措施，这是保证高质量 MRI 图像的关键。另外，摆位时使预成像一侧的关节尽量靠近磁体中线，最大限度地将检查的关节置于磁体的物理中心，这包括水平方向和上下方向，这是确保更佳脂肪抑制效果的关键。对于疼痛较为剧烈的患者及小儿可进行必要的止痛及镇静治疗。特殊体位有外展外旋位（abduction and external rotation, ABER），应用于肩关节 MRI 造影中，患者仰卧，将患侧上肢的手掌枕于头下，掌心向上。扫描定位平行于肱骨长轴并垂直于肩峰。对于关节盂唇病变和肩袖后上部撕裂敏感。

（三）成像方向及范围

肩关节的常规扫描方案应包括轴位、矢状位及冠状位三个方位图像。

一般情况下应首先进行横轴位扫描，范围上缘包括肩锁关节，下缘应达关节盂下缘以下。然后以轴位相为基础进行冠状位及矢状位的定位，冠状位平行于冈上肌肌腱长轴，矢状位垂直于冈上肌肌腱长轴方向。因此肩关节的冠状位及矢状位实际上为斜冠状位及斜矢状位。

肩关节的轴位像对于关节盂唇的观察最佳，有助于显示肩胛下肌及冈下肌肌腱的病变。而冠状位是观察冈上肌肌腱和关节上盂唇的最佳位置。矢状位有利于喙肩弓及肩袖的观察。

（四）线圈选择

多选用表面线圈，如果有专用相控阵线圈效果更佳。

（五）肩关节常规扫描序列

临床常用的肩关节 MRI 扫描技术分类及序列见表 7-6-1，技术人员及临床医生可根据疾病特点及不同的临床诊断需求选择扫描方案，或自行组合不同扫描技术。

表 7-6-1　肩关节常规扫描序列

编号	类别	序列	轴位	斜矢状位	斜冠状位	3D	首选序列类型 0.3～0.5T	首选序列类型 1.5T～3T	序列参数设置原则
A	常规形态	PDWI	+[a]	+	+		FSE	FSEb+FS	减少回波链长度，增加扫描矩阵，延长TE时间以减少blurring伪影
		T2WI					FSE	FSE	
		T1WI	+[a]	+	+		SE	SE	
B	增强扫描	T1WI	+	+	+		SE	SE+FS	
C	关节造影	T1WI			+			SE/FSEc+FS	为缩短扫描时间可以用短回波链的FSE序列代替SE
		PDWI	+	+	+			FSE	
		T2WI			+			FSE+FS	
D	ABER	T1WI+FS						SE	扫描方位详见患者体位部分
E[b]	钙化	T2*WI					GRE	GRE	
	盂唇	T2*WI	+			+	GRE	GRE	小FOV
F	动态增强扫描	T1WI	+				FLASH	FLASH/Turbo FLASH	梯度回波或磁化准备的快速梯度回波，后者可获得更高的时间分辨率

[a]可只选择其中一个序列；[b]特殊结构或成分

下面以高场 MRI 为例对各方案加以简单介绍。

方案一：肩关节常规平扫（A）

（1）适用情况：发现病变，根据病变特点决定进一步扫描方案。

（2）序列：脂肪抑制质子密度加权快速自旋回波序列（FS PDWI FSE）；

　　　　　T1 加权自旋回波序列（T1WI SE）；

　　　　　T2 加权快速自旋回波序列（T2WI FSE）。

（3）序列特点及技术要领：扫描方向常规包括轴位、斜矢状位及斜冠状位，合理摆位、正确设定扫描方位是关键。

方案二：肩关节造影（C）

（1）适用情况：关节盂唇损伤及部分肩袖损伤。

（2）序列：脂肪抑制 T1 加权自旋回波序列（FS T1WI SE）；

　　　　　质子密度加权快速自旋回波序列（PDWI FSE）；

　　　　　脂肪抑制 T2 加权快速自旋回波序列（FS T2WI FSE）。

（3）序列特点及技术要领：有创，应合理选择适应证、避免将空气注入关节腔引起磁化率伪影。

方案三：肩关节平扫 + 增强扫描（A+B）

（1）适用情况：肩关节炎性病变、占位性病变及部分滑膜病变。

（2）序列：脂肪抑制 T1 加权自旋回波序列（FS T1WI SE），需在行常规肩关节平扫（A）之后，高压注射器注入对比剂，进行增强扫描（B）。

（3）序列特点及技术要领：施加脂肪抑制有利于提高病灶与周围组织的对比。在评价滑膜增生性病变时，注射对比剂后应立刻扫描，以避免对比剂向关节腔内扩散，有利于更好地区分强化的滑膜和不强化的关节液。

方案四：肩关节平扫 + 特殊结构、成分显示（A+E）

（1）适用情况：关节盂病变、含有钙化成分的病变如钙化性肌腱炎、游离体等。

（2）序列：在行常规肩关节平扫（A）之后，施加序列 T2* 加权梯度序列（T2*WI GRE）。

（3）序列特点及技术要领：三维小 FOV 的 T2* GRE 序列的轴位像，对于关节盂的评价较好，但这一序列的磁敏感伪影较大，用于术后评价时受限制。

方案五：肩关节造影 +ABER（C+D）

（1）适用情况：对于关节盂唇病变，尤其是前下盂唇和肩袖后上部撕裂敏感。

（2）序列：在行常规肩关节造影（C）之后，施加（D）序列。

（3）序列特点及技术要领：ABER 的定位要准确。

方案六：常规平扫 + 动态增强扫描 + 增强扫描（A+F+B）

（1）适用情况：对于骨及软组织肿瘤的血供情况进行评估及病变良、恶性的鉴别，为活检穿刺提供必要信息。

（2）序列：常规肩关节平扫（A）之后，经高压注射器注入对比剂，马上进行动态增强扫描，序列为 T1 加权的梯度回波或磁化准备的快速梯度回波（FLASH/Turbo FLASH），最后进行增强扫描（B），序列为脂肪抑制的 T1 加权自旋回波序列（FS T1WI SE）。

（3）序列特点及技术要领：动态增强扫描时合理选择成像平面，注射速率要足够快（3 ～ 5ml/s），采集时间不少于 3 分钟。

（六）肩关节常见疾病分类及推荐扫描方案

肩关节常见疾病分类及推荐扫描方案见表 7-6-2。

表 7-6-2 肩关节常见疾病分类及扫描方案

分类	疾病	扫描方案	分类		疾病	扫描方案
肩袖病变	肩袖撕裂（全层）	A	骨肿瘤	良性	成软骨细胞瘤	A/A+B/ A+F+B
	肩袖撕裂（部分性）	A/C/C+D			骨软骨瘤	
	肩袖钙化性肌腱炎	A+E			软骨瘤	
	肩胛下肌断裂	A			骨巨细胞瘤	
	肩袖修复术后	A			骨样骨瘤	
	粘连性关节囊炎	A			血管瘤	
	Bankart损伤	A/C/A+E			成骨细胞瘤	
	盂唇撕裂	A/C/C+D		恶性	软骨肉瘤	A+B/ A
	盂肱韧带撕裂				尤文肉瘤	+F+B
	肩关节后方骨化	A/A+E/C			骨肉瘤	
	（Bennett损伤）				淋巴瘤	
二头肌肌腱病变	二头肌肌腱炎	A			纤维肉瘤	
	二头肌肌腱撕裂	A			骨髓瘤	
	二头肌肌腱脱位	A/A+E			脂肪瘤	
骨性结构病变	肩峰撞击	A	软组织肿瘤	良性	硬纤维瘤	A
	肩峰骨	A			黏液瘤	A+B/A+F+B
	肩锁关节关节炎	A			血管瘤	
	缺血坏死	A/A+B			纤维瘤病	
	骨软骨损伤	A			良性神经鞘瘤	
	肱骨大结节骨折	A			恶性纤维组织细胞瘤	
	肩关节脱位	A		恶性	脂肪肉瘤	A+B/A+F+B
关节炎	骨性关节炎	A			恶性神经鞘瘤	
	类风湿关节炎	A/A+B			纤维肉瘤	
神经压迫综合征	四边孔压迫综合征	A			平滑肌肉瘤	
	肩胛上神经压迫综合征				滑膜肉瘤	

三、肘关节MRI成像技术

（一）肘关节的磁共振成像相关解剖、生理与物理特性

1. 骨性结构　肘关节由三个骨性结构组成，肱骨下端由肱骨小头和滑车构成，分别与桡骨头和尺骨构成关节，桡骨头与尺骨桡切迹也构成关节。

2. 关节囊　肘关节囊前后壁薄弱，分别由肱肌和肱三头肌提供辅助支持，关节囊内外侧壁分别与内侧、外侧副韧带融合。

3. 韧带　尺侧副韧带与桡侧副韧带复合体是肘关节内外侧的辅助支持结构。关节内外翻损伤时可导致上述韧带及关节囊撕裂。

（二）患者体位

1. 常规体位　通常情况下患者取仰卧位，肘关节置于身体一侧，掌心朝上，并采取适当的固定措施以抑制肢体活动。冠状位时侧副韧带、屈肌总腱及伸肌总腱的显示最佳。摆位时尽量使成像一侧的肘关节尽量靠近磁体中线。

2. 超人位（superman position）患者俯卧位，患侧上肢上举过头，掌心朝下。可使肘关节位于磁体中线区，脂肪抑制效果会得到改善。也可采用仰卧位，掌心朝上的体位。

3. 患者因疼痛或挛缩而使关节伸直受限时，也可以采用俯卧位，肘关节屈曲位置于头顶的体位进行扫描。临床实际工作中应根据患者的病情、年龄及体形等具体情况合理选择体位。

（三）线圈选择

肘关节成像最好选用高场扫描仪结合表面线圈，通常都会取得满意效果。对于小儿可采用腕关节线圈。要求成像范围较大或患者体形高大时，膝关节线圈也可作为一种选择，尤其是当患者的患肢不能完全伸直或采用俯卧位患肢上举的体位时。

（四）扫描方位及范围

肘关节的常规扫描方案应包括轴位、矢状位及冠状位。

理想的轴位图像应该是肘关节完全伸展时垂直于肱骨及尺骨、桡骨的长轴成像，成像范围由肱骨干骺端上方至桡骨粗隆以下。冠状位及矢状位在轴位图像上定位。冠状位平行于肱骨上髁连线，而矢状位垂直于肱骨上髁连线。矢状位的 FOV 可以较大，以避免二头肌腱由于退缩超出扫描范围。

（五）肘关节常规扫描序列

临床常用的肘关节 MRI 扫描技术分类及序列见表 7-6-3，技术人员及临床医生可根据疾病特点及不同的临床诊断需求选择扫描方案，或自行组合不同扫描技术。

表 7-6-3　肘关节常规扫描序列

编号	类别	序列	轴位	矢状位	冠状位	3D	首选序列类型 0.3~0.5T	首选序列类型 1.5T~3T	序列参数设置原则
A	常规形态	PDWI	+	+			FSE STIR	FSE+FS	轴位FOV尽可能小，而层厚、间隔及TR可适当增加
		T2WI		+				FSE STIR	
		T1WI			+			FSE	
					+	+			
					+		GRE		
					+		FSE		
B	增强扫描	T1WI	+	+			SE	SE+FS	
C	关节造影	T1WI	+	+				SE+FS	
		PDWI	+	+	+			FSE+FS	
D[a]	游离体	T2*WI		+				GRE	
E	动态增强扫描	T1WI	+				FLASH	FLASH/Turbo FLASH	梯度回波或磁化准备的快速梯度回波，后者可获得更高的时间分辨率

[a]特殊结构或成分

下面以高场 MRI 为例对各方案加以简单介绍。

方案一：肘关节常规平扫（A）

（1）适用情况：常规扫描、发现病变，根据病变特点决定进一步扫描方案。

（2）序列：脂肪抑制质子密度加权快速自旋回波序列（FS PDWI FSE）；

T1 加权自旋回波序列（T1WI SE）；

反转恢复 T2 加权快速自旋回波序列（T2WI FSE STIR）。

（3）序列特点及技术要领：扫描方向常规包括轴位、矢状位及冠状位，合理摆位、正确设定扫描方位是关键。

方案二：肘关节造影（C）

（1）适用情况：多数情况下不需要进行肘关节造影检查，在以下情况下可选择使用：①不伴有关节积液时游离体的显示；②关节囊是否破裂；③骨、软骨骨折稳定性的评价。

（2）序列：脂肪抑制 T1 加权自旋回波序列（FS T1WI SE）；

脂肪抑制质子密度加权快速自旋回波序列（FS PDWI FSE）。

（3）序列特点及技术要领：为有创检查，应注意合理选择适应证。

方案三：肘关节平扫 + 增强扫描（A+B）

（1）适用情况：肘关节炎性病变、占位性病变及部分滑膜病变。

（2）序列：脂肪抑制 T1 加权自旋回波序列（FS T1WI SE），需在行常规肘关节平扫（A）之后，高压注射器注入对比剂，进行增强扫描（B）。

（3）序列特点及技术要领：施加脂肪抑制有利于提高病灶与周围组织的对比。在评价滑膜增生性病变时，注射对比剂后应立刻扫描，以避免对比剂向关节腔内扩散，有利于更好的区分强化的滑膜和不强化的关节液。

方案四：肘关节平扫 + 特殊结构、成分显示（A+D）

（1）适用情况：关节游离体的显示。

（2）序列：在行常规肘关节平扫（A）之后，施加（D）序列 T2* 加权梯度序列（T2*WI GRE）。

（3）序列特点及技术要领：这一序列的磁敏感伪影较大，用于术后及外伤评价时受限制。

方案五：常规平扫 + 动态增强扫描 + 增强扫描（A+E+B）

（1）适用情况：对于骨及软组织肿瘤的血供情况进行评估及病变良、恶性的鉴别，为活检穿刺提供必要信息。

（2）序列：T1 加权的梯度回波或磁化准备的快速梯度回波（FLASH/Turbo FLASH），需常规平扫（A）之后，经高压注射器注入对比剂，马上进行动态增强扫描（E），最后进行增强扫描（B），序列为脂肪抑制的 T1 加权自旋回波序列（FS T1WI SE）。

（3）序列特点及技术要领：动态增强扫描时合理选择成像平面，注射速率要足够快（3 ~ 5ml/s），采集时间不少于 3 分钟。

（六）肘关节常见疾病分类及推荐扫描方案

肘关节常见疾病分类及推荐扫描方案见表 7-6-4。

表 7-6-4　肘关节常见疾病分类及扫描方案

分类	疾病	扫描方案	分类		疾病	扫描方案
软组织炎性病变	肱二头肌桡骨囊滑囊炎	A	关节炎		骨性关节炎	A/A+D
	鹰嘴滑囊炎（矿工肘）	A			类风湿关节炎	A/A+B
	滑膜皱襞	A/C	感染性病变		骨髓炎	A+B
肌腱病变	内上髁炎（高尔夫球肘、投掷肘）	A	骨肿瘤	良性	骨样骨瘤	A+B/A+E+B
	外上髁炎（网球肘）	A			骨软骨瘤	
	二头肌肌腱断裂	A			骨巨细胞瘤	
	三头肌肌腱断裂				软骨瘤	
韧带损伤	内侧副韧带损伤	A			软骨黏液样纤维瘤	
	外侧副韧带损伤				淋巴瘤	
	关节后脱位			恶性	骨肉瘤	A+B/A+E+B
	小球队员肘、投掷肘				Ewing 肉瘤	
周围神经病变	尺神经卡压	A			骨髓瘤	
	桡神经卡压				软骨肉瘤	
	正中神经卡压				纤维肉瘤	
	滑车上肘肌	A			结节性筋膜炎	
骨创伤	喙突骨折	A	软组织肿瘤	良性	脂肪瘤	A+B
	桡骨小头骨折	A			良性周围神经鞘瘤	A
	关节游离体	A+D			黏液瘤	A+B/A+E+B
	鹰嘴骨折				血管瘤	
	外侧髁骨折				恶性纤维组织细胞瘤	
	肱骨小头骨折	A		恶性	脂肪肉瘤	A+B/A+E+B
	髁上骨折				纤维肉瘤	
	内侧髁骨折				恶性周围神经鞘瘤	
					滑膜肉瘤	

四、腕关节 MRI 成像技术

腕关节相对其他四肢关节更小，并且其骨及软组织结构众多、解剖关系复杂，因此成像时 FOV 很小，一般情况下不超过 12cm，在如此小的 FOV 下获得高分辨率的图像对于扫描仪的硬件要求较高，因此腕关节的检查建议选用高场扫描仪。

（一）腕关节的磁共振成像相关解剖、生理与物理特性

1. 三角纤维软骨复合体（TFC）　由三角纤维软骨、尺腕半月板、尺侧韧带、桡尺掌侧韧带等组成。常常被形容为手腕的半月板。

2. 韧带　腕关节韧带众多且相对纤薄，其附着情况和纤维走行方向复杂。

3. 腕管　腕管是一个较大的纤维骨性鞘管，桡侧、尺侧及背侧均为腕骨组成，掌侧为腕横韧带。腕

管内有拇长屈肌腱、指浅屈肌腱、指深屈肌腱等9条肌腱及正中神经及其伴行的血管通过。

（二）患者体位

1. 常规体位　患者仰卧，患肢自然伸直置于身体一侧，掌心朝上或朝下，这种体位患者较为舒适，可以耐受较长时间的检查。缺点是成像部位为主磁场边缘，脂肪抑制效果不佳，图像信噪比下降。

2. 超人位　患者俯卧位，患侧上肢上举过头，掌心朝下。可使肘关节位于磁体中线区，脂肪抑制效果及信噪比会得到改善，但这种体位时患者很不舒服，图像质量可因运动伪影而下降。

3. 双侧腕关节成像体位　患者俯卧位，双侧上肢上举过头，双侧掌心朝下置于头正交线圈或头部相控阵线圈内，采取适当固定措施保持稳定。常用于早期类风湿关节炎的诊断或需要双侧对照时。

（三）线圈选择

可选用7.62cm（3英寸）表面线圈或柔软表面线圈，双侧同时检查时可选用头正交线圈或头部相控阵线圈。如果有专用线圈效果更佳。

（四）成像方位及范围

常规扫描方案应包括轴位、矢状位及冠状位三个方位图像。冠状位能够清晰显示各腕骨的解剖结构，是观察三角纤维软骨复合体和腕骨间韧带的最重要方位，矢状位可以观察腕骨的相对位置，主要用于诊断关节不稳，轴位像能够清晰显示腕管解剖，主要用于诊断腕管综合征和下尺桡关节不稳。尽管T2* GRE序列的图像对于三角纤维软骨复合体退变所致的信号改变最敏感，但实际工作中FS PD FSE序列更常用，因为这一序列中高信号的关节液与低信号的韧带之间的对比更佳。轴位的STIR或FS PD FSE序列主要用于显示腱鞘炎、腱鞘囊肿、腕管综合征及局部新生物。手掌及腕部解剖结构最佳观察方位见表7-6-5。

表 7-6-5　手掌及腕部解剖结构的观察方位

解剖结构	成像平面		
	轴位	矢状位	冠状位
尺、桡骨远端	+		+
尺、桡远侧关节	+（旋前或旋后）		+
腕部近端软组织	+	+（最适合腱鞘囊肿）	
腕管	+		
手舟骨、钩骨		+	+
其他腕骨	+		+
掌骨、指骨	+	+（平行与骨质长轴的斜矢状位）	
手部软组织	+		
肌腱	+	+	
韧带	+		+

（五）腕关节常规扫描序列

临床常用的腕关节MRI扫描技术分类及序列见表7-6-6，技术人员及临床医生可根据疾病特点及不同的临床诊断需求选择扫描方案，或自行组合不同扫描技术。

表 7-6-6　腕关节常规扫描序列

编号	类别	序列	轴位	矢状	冠状	3D	首选序列类型	序列参数设置原则
A	常规形态	PDWI	+	+	+		FSE+FS	薄层厚，小FOV，TR时间要足够长
		T2WI	+				FSE	
		T1WI	+		+		SE	
		T1WI			+	+	GRASS/SPGR/	
							FLASH+FS	Siemens独有
					+	+	DESS	
B	增强扫描	T1WI	+	+	+		SE+FS	
C	关节造影	T1WI	+	+	+		SE +FS	
		T2*WI			+	+	GRE	
		PDWI/T2WI			+		FSE+FS	
D	类风湿关节炎成像	T1WI			+		SE	双侧同时成像
		T2WI	+				FSE+FS	
		PDWI			+		FSE+FS	
		C+ T1WI	+		+		SE+FS	
E[a]	TFC	T2*WI		+		+	GRE	
F	动态增强扫描	T1WI	+				FLASH/Turbo	梯度回波或磁化准备的快速梯度回
							FLASH	波，后者可获得更高的时间分辨率

[a]特殊结构或成分

下面以高场 MRI 为例对各方案加以简单介绍。

方案一：腕关节常规平扫（A）

（1）适用情况：发现病变，根据病变特点决定进一步扫描方案。

（2）序列：脂肪抑制质子密度加权快速自旋回波序列（FS PDWI FSE）；

　　　　　　T1 加权自旋回波序列（T1WI SE）；

　　　　　　T2 加权快速自旋回波序列（T2WI FSE）；

　　　　　　T1 加权的三维扰相 GRE 序列（FS 3D SPGR）。

（3）序列特点及技术要领：扫描方向常规包括轴位、冠状位，必要时加扫矢状位。合理摆位、正确设定扫描方位是关键。冠状位层厚不超过 3mm。

方案二：腕关节造影（C）

（1）适用情况：临床怀疑舟月韧带、月三角韧带及三角纤维软骨损伤时，或平扫不能确定时。

（2）序列：脂肪抑制 T1 加权自旋回波序列（FS T1WI SE）。

（3）序列特点及技术要领：有创检查，应注意合理选择适应证。

方案三：腕关节平扫＋增强扫描（A+B）

（1）适用情况：腕关节炎性病变、占位性病变及滑膜病变。

（2）序列：在行常规腕关节平扫（A）之后，高压注射器注入对比剂，进行增强扫描（B），序列为脂肪抑制的 T1 加权自旋回波序列（FS T1WI SE）。

（3）序列特点及技术要领：施加脂肪抑制有利于提高病灶与周围组织的对比。

方案四：腕关节平扫 + 特殊结构、成分显示（A + E）

（1）适用情况：TFC 退行性改变。

（2）序列：在行常规腕关节平扫（A）之后，施加序列 T2* 加权梯度序列（T2*WI GRE）。

（3）序列特点及技术要领：这一序列的磁敏感伪影较大，用于术后评价时受限制。

方案五：腕关节类风湿关节炎成像（D）

（1）适用情况：主要用于评价类风湿关节炎时滑膜病变情况。

（2）序列：T1 加权自旋回波序列（T1WI SE）；

脂肪抑制质子密度加权快速自旋回波序列（FS PDWI FSE）；

脂肪抑制 T2 加权快速自旋回波序列（T2WI FSE）；

脂肪抑制 T1 加权自旋回波序列（FS T1WI SE），需高压注射器注入对比剂后进行增强扫描。

（3）序列特点及技术要领：注射对比剂后应立刻扫描，以避免对比剂向关节腔内扩散，有利于更好的区分强化的滑膜和不强化的关节液。

方案六：常规平扫 + 动态增强扫描 + 增强扫描（A+F+B）

（1）适用情况：对于骨及软组织肿瘤的血供情况进行评估及病变良、恶性的鉴别，为活检穿刺提供必要信息。

（2）序列：常规平扫（A）之后，经高压注射器注入对比剂，马上进行动态增强扫描（F），序列为T1 加权的梯度回波或磁化准备的快速梯度回波（FLASH/Turbo FLASH），最后进行增强扫描（B），序列为脂肪抑制的 T1 加权自旋回波序列（FS T1WI SE）。

（3）序列特点及技术要领：动态增强扫描时合理选择成像平面，注射速率要足够快（3 ~ 5ml/s），采集时间不少于 3 分钟。

（六）腕关节常见疾病分类及推荐扫描方案

腕关节常见疾病分类及推荐扫描方案见表 7-6-7。

五、髋关节 MRI 成像技术

（一）髋关节的磁共振成像相关解剖、生理与物理特性

1．解剖　髋关节属杵臼关节，髋臼缘被纤维软骨性的髋臼唇包绕，1% ~ 14% 的受检者可没有盂唇结构。股骨头圆韧带起自股骨头凹，止于髋臼。其内含小动脉，提供股骨头凹临近骨质的血供。

2．血供　股骨头的大部分区域由旋股内侧动脉及旋股外侧动脉供血，在外伤时特别容易造成损伤，发生缺血性坏死。

（二）患者体位

髋关节的摆位相对较为简单，只需患者仰卧位置于主磁场的中心即可，需要注意的是应尽量使患者两侧髋关节对称，即双侧髋关节位于同一平面。可使双腿内旋（两侧拇趾靠拢）这样图像上的双侧大转子和软组织影更加对称，有利于对比观察。

（三）线圈选择

通常选择相控阵体线圈成像，对于婴幼儿可以选择更小的线圈，如头部正交线圈或表面线圈。对于临床怀疑髋臼唇损伤的患者可只进行患侧关节的扫描，这时可选择信噪比相对较高的表面线圈或双侧耦

联线圈，同时采用小 FOV 进行扫描可获得更高的空间分辨率。

表 7-6-7　腕关节常见疾病分类及扫描方案

分类		疾病	扫描方案	分类		疾病	扫描方案
创伤	骨创伤	桡骨远端骨折	A	骨肿瘤	恶性	血管内皮瘤	A+B/A+F+B
		尺骨茎突骨折				纤维肉瘤	
		腕骨骨折				软骨肉瘤	
	软组织损伤	远侧尺桡关节不稳	A			恶性纤维组织细胞瘤	
		舟月韧带撕裂	A/C/A+E			Ewing 肉瘤	
		月三角韧带撕裂				淋巴瘤	
		尺腕邻界综合征	A			骨肉瘤	
		三角纤维软骨退变/撕裂	A/A+E			转移瘤	
		关节囊损伤	A/C	软组织肿瘤	良性	腱鞘囊肿	A+B
		肌腱损伤（肌腱撕裂、肌腱炎）	A			血管球瘤	A+B/A+F+B
		肌肉损伤				腱鞘巨细胞瘤	
缺血性坏死		舟骨缺血坏死	A			血管瘤	
		月骨缺血坏死				神经纤维瘤	
神经压迫综合征		腕管综合征	A			黏液瘤	
		尺神经压迫	A			脂肪瘤	
关节病		退行性骨关节炎	A			滑膜肉瘤	A
		类风湿关节炎	D		恶性	恶性神经鞘瘤	A+B/A+F+B
		色素沉着绒毛结节性滑膜炎	A+E			纤维肉瘤	
骨肿瘤	良性	内生软骨瘤	A+B/			横纹肌肉瘤	
		骨巨细胞瘤	A+F+B			恶性纤维组织细胞瘤	
		骨样骨瘤				平滑肌肉瘤	
		动脉瘤样骨囊肿				脂肪肉瘤	
		骨软骨瘤				骨髓炎	
		成骨细胞瘤		感染性病变			A+B
		软骨黏液样纤维瘤					
		骨纤维缺损					

（四）成像方位及范围

首先三方向定位相扫描，然后冠状位 T1WI 扫描，采用 SE 序列，4mm 层厚，无间隔。此图像对于股骨头缺血坏死及骨髓异常的诊断尤为必要。然后进行轴位相扫描。矢状位只在股骨头缺血坏死范围的定量测量及盂唇损伤等情况下进行扫描。怀疑软骨损伤时 3D 的 SPGR 序列的准确性可达 90% 以上。对于髋臼唇的病变，可以采用进行斜矢状位及斜冠状位扫描，定位方法为在标准冠状位图像上平行于股骨颈扫描获得斜矢状位图像（也有作者称之为斜轴位像），以这一斜矢状位为定位相，垂直于髋臼前后唇连线扫描即获得斜冠状位图像。斜矢状位上前后唇显示较好，斜冠状位对上下髋臼唇显示最佳。此外还可以进行髋臼的辐射成像。

（五）髋关节常规扫描序列

临床常用的髋关节 MRI 扫描技术分类及序列见表 7-6-8，技术人员及临床医生可根据疾病特点及不同的临床诊断需求选择扫描方案，或自行组合不同扫描技术。

表 7-6-8　髋关节常规扫描序列

编号	类别	序列	轴位	矢状	冠状	3D	首选序列类型 0.3～0.5T	首选序列类型 1.5T～3T	序列参数设置原则
A	常规形态	T1WI	+		+			SE	高场MRI上FS脂肪抑制不均匀时也可采用STIR
		T2WI	+				FSE（STIRb）	FSE/FSE+FS[a]	
		PDWI	+					FSE+FS	
B	增强扫描	T1WI	+	+	+		SE	SE+FS	
C	关节造影	T1WI	+	+	+			SE/ +FS	建议采用表面线圈结合小FOV，斜矢状位及斜冠状位采集
		PDWI			+				
		T1WI				+		SPGR/FLASH	
D[b]	钙化/出血	T2*WI	+				GRE	GRE	
	髋臼唇	T1WI	+					SPGR/ FLASH	
	骨髓	T2WI			+	+	FSE STIR	FSE STIR	
E	单侧髋臼成像	T1WI			+		SE		同关节造影（C）
		T2WI	+	+	+			FSE+FS	
F	动态增强扫描	T1WI	+				FLASH	FLASH/Turbo FLASH	梯度回波或磁化准备的快速梯度回波，后者可获得更高的时间分辨率

[a]可只选择其中一个序列；[b]特殊结构或成分

下面以高场 MRI 为例对各方案加以简单介绍。

方案一：髋关节常规平扫（A）

（1）适用情况：发现病变，根据病变特点决定进一步扫描方案。

（2）序列：T1 加权自旋回波序列（T1WI SE）；

脂肪抑制质子密度加权快速自旋回波序列（FS PDWI FSE）；

脂肪抑制 T2 加权快速自旋回波序列（T2WI FSE）。

（3）序列特点及技术要领：扫描方向常规包括轴位、冠状位，合理摆位、正确设定扫描方位是关键。

方案二：髋关节造影（C）

（1）适用情况：主要用于髋臼唇及关节软骨的病变。

（2）序列：脂肪抑制 T1 加权自旋回波序列（FS T1WI SE）；

脂肪抑制 T1 加权的三维扰相 GRE 序列（FS 3D SPGR）。

（3）序列特点及技术要领：斜矢状位及斜冠状位扫描，应注意合理选择适应证。

方案三：髋关节平扫 + 增强扫描（A+B）

（1）适用情况：髋关节炎性病变、占位性病变及部分滑膜病变。

（2）序列：在行常规髋关节平扫（A）之后，高压注射器注入对比剂，进行增强扫描（B），序列为脂肪抑制的 T1 加权自旋回波序列（FS T1WI SE）。

（3）序列特点及技术要领：施加脂肪抑制有利于提高病灶与周围组织的对比。在评价滑膜增生性病变时，注射对比剂后应立刻扫描，以避免对比剂向关节腔内扩散，有利于更好地区分强化的滑膜和不强化的关节液。

方案四：髋关节平扫 + 特殊结构（髋臼唇）显示（A + D）

（1）适用情况：主要用于髋臼唇及关节软骨的病变。

（2）序列：在行常规髋关节平扫（A）之后，施加（D）序列脂肪抑制 T1 加权的三维扰相 GRE 序列（FS 3D SPGR）。

（3）序列特点及技术要领：三维采集。

方案五：常规平扫 + 动态增强扫描 + 增强扫描（A+F+B）

（1）适用情况：对于骨及软组织肿瘤的血供情况进行评估及病变良、恶性的鉴别，为活检穿刺提供必要信息。

（2）序列：常规平扫（A）之后，经高压注射器注入对比剂，马上进行动态增强扫描（F），序列为 T1 加权的梯度回波或磁化准备的快速梯度回波（FLASH 或 Turbo FLASH），最后进行增强扫描（B），序列为脂肪抑制的 T1 加权自旋回波序列（FS T1WI SE）。

（3）序列特点及技术要领：动态增强扫描时合理选择成像平面，注射速率要足够快（3 ~ 5ml/s），采集时间不少于 3 分钟。

（六）髋关节常见疾病分类及扫描方案

髋关节常见疾病分类及推荐扫描方案见表 7-6-9。

表 7-6-9　髋关节常见疾病分类及扫描方案

分类	疾病	扫描方案	分类		疾病	扫描方案
缺血坏死	股骨头缺血坏死	A	髋臼唇病变		髋臼唇撕裂	A/A+C/E
发育异常	髋臼发育不良	A			髋臼唇旁囊肿	A
骨髓病变	一过性骨质疏松	A	骨肿瘤	良性	骨软骨瘤	A+B/ A+F+B
感染性病变	骨髓炎	A+B			骨样骨瘤	
	结核				骨巨细胞瘤	
关节炎	骨性关节炎	A/A+D			成软骨细胞瘤	
	类风湿关节炎	A/A+B		恶性	转移瘤	A+B/ A+F+B
肌肉	股直肌扭伤	A			软骨肉瘤	
	臀中肌扭伤				骨肉瘤	
	腘绳肌腱炎				淋巴瘤	
	梨状肌综合征				脊索瘤	
	髂腰肌滑囊炎				Ewing肉瘤	
	弹响髋综合征				骨髓瘤	
					纤维肉瘤	

分类	疾病	扫描方案	分类		疾病	扫描方案
骨创伤	股骨头骨折	A	软组织肿瘤	良性	脂肪瘤	A
	股骨颈骨折			恶性	硬纤维瘤	A+B/
	髋臼骨折				脂肪肉瘤	A+F+B
	髋关节脱位				滑膜肉瘤	
	撕脱骨折					

六、膝关节MRI成像技术

（一）膝关节的磁共振成像相关解剖、生理与物理特性

1．半月板　是位于股骨髁和胫骨平台之间的纤维软骨。在MRI图像上呈低信号，分内、外两块，内侧者较大呈C形，外侧者较小呈O形。

2．前交叉韧带　前交叉韧带起于与胫骨内侧髁相邻的髁间前区无关节面处，向后上走行，止于股骨外侧髁的内侧。走行较平直或轻度下凹。MRI上表现为带状或扇形，其内可见条纹状结构，大约有4条。

3．后交叉韧带　起自胫骨髁间棘后区，向前上走行，附着于股骨内侧髁的外侧面。走行接近矢状位。

4．内侧副韧带　是关节囊的内侧支持结构，与关节囊紧密结合，内侧副韧带附着于关节囊。起源于股骨内侧髁距关节约5cm处，止于胫骨干骺端内侧距关节面6～7cm处。

5．外侧副韧带　关节囊外侧的主要支持结构，与关节囊之间留有间隙。起源于股骨外上髁，止于腓骨头。

（二）患者体位

膝关节检查时患者通常取仰卧位，患肢适当固定。可选择患肢轻度外旋（15°～20°），以使前交叉韧带平行于矢状位。或中立位，扫描定位线加角度（斜矢状位扫描）。也可以行标准矢状位扫描。屈曲10°左右，有利于评价髌股关节。髌股关节动态成像时采用俯卧位。

（三）线圈选择

根据配置不同可选择专用正交线圈、表面柔性线圈及相控阵线圈。髌股关节动态成像时选择可将双侧膝关节同时包括的体线圈。

（四）成像方位及范围

膝关节成像应包括矢状位、冠状位及轴位。矢状位及冠状位的层厚应不超过4mm。在膝关节疾病的诊断矢状位尤其重要，是诊断半月板及交叉韧带病变最重要的依据。冠状位是诊断内外侧副韧带病变的主要依据。横轴位是评价髌股关节病变的最好方位。辐射状扫描必要时可以作为补充，是以半月板中心为扫描中心点放射状成像，需选择梯度回波序列。

（五）膝关节常规扫描序列

临床常用的膝关节MRI扫描技术分类及序列见表7-6-10。

在低场 MRI 上由于水和脂肪的共振频率相差不大，一般无法进行化学脂肪抑制，可以选择 STIR 序列代替，对于术后局部金属伪影较大的患者的术后评价，也可以选择 STIR 序列。

表 7-6-10　膝关节常规扫描序列

编号	类别	序列	轴位	矢状	冠状	3D	首选序列类型 0.3～0.5T	1.5T～3T	序列参数设置原则
A	常规形态	PDWI	+[a]	+	+			FSE[c]+FS	c减少回波链长度，增加扫描矩阵，延长TE时间以减少blurring伪影
		T2WI		+			FSE（STIR[b]）	FSE	
		T1WI	+[a]		+		SE	SE	
B	增强扫描	T1WI	+	+	+		SE	SE+FS	
C	关节造影	T1WI		+	+		SE	SE/ +FS	
D	辐射成像			+		+		SSFP/FISP	
E[F]	钙化	T2*WI		+				GRE	e应当保持TE时间最短以减少由于T2*效应导致的SNR下降。同时选择最佳的翻转角及TR时间以优化SNR及图像的对比
	出血	T2*WI		+				GRE	
	软骨	T1WI		+		+		SPGR[e]/ FLASH	
		T2map[d]						SE	
		延迟增强[d]							
		T2WI							
	骨髓							FSE STIR	
F	动态成像			+				FEISTA/TureFISP	
G	动态增强扫描	T1WI		+			FLASH	FLASH/Turbo FLASH	梯度回波或磁化准备的快速梯度回波，后者可获得更高的时间分辨率

[a]可只选择其中一个序列，[b]根据实际情况选择是否扫描STIR序列，[c]特殊结构或成分，[d]非常规应用序列。

下面以高场 MRI 为例对各方案加以简单介绍。

方案一：膝关节常规平扫（A）

（1）适用情况：发现病变，根据病变特点决定进一步扫描方案。

（2）序列：脂肪抑制质子密度加权快速自旋回波序列（FS PDWI FSE）；

　　　　　T1 加权自旋回波序列（T1WI SE）；

　　　　　T2 加权快速自旋回波序列（T2WI FSE）。

（3）序列特点及技术要领：扫描方向常规包括轴位、矢状位及冠状位，合理摆位、正确设定扫描方位是关键。

方案二：膝关节造影（A+C）

（1）适用情况：多数情况下不需要进行膝关节造影检查，在以下情况下可选择使用：①半月板术后怀疑残留半月板再次撕裂；②软骨病变的显示；③常规扫描不能确诊的半月板撕裂。

（2）序列：脂肪抑制 T1 加权自旋回波序列（FS T1WI SE）。

（3）序列特点及技术要领：可分为直接法和间接法（弥散法）两种，间接法操作简单，但诊断效能不如直接法。直接法为有创检查，应注意合理选择适应证。

方案三：膝关节平扫 + 增强扫描（A+B）

（1）适用情况：膝关节炎性病变、占位性病变及部分滑膜病变。

（2）序列：在行常规膝关节平扫（A）之后，高压注射器注入对比剂，进行增强扫描（B），序列为脂肪抑制的 T1 加权自旋回波序列（FS T1WI SE）。

（3）序列特点及技术要领：施加脂肪抑制有利于提高病灶与周围组织的对比。在评价滑膜增生性病变时，注射对比剂后应立刻扫描，以避免对比剂向关节腔内扩散，有利于更好的区分强化的滑膜和不强化的关节液。

方案四：膝关节平扫 + 特殊结构、成分显示（A+E）

（1）适用情况：含有钙化成分的病变，如钙化性肌腱炎、游离体及色素沉着绒毛结节性滑膜炎。

（2）序列：在行常规膝关节平扫（A）之后，施加（E）序列 T2* 加权梯度序列（T2*WI GRE）。

（3）序列特点及技术要领：这一序列的磁敏感伪影较大，用于术后评价时受限制。

方案五：髌股关节动态成像（F）

（1）适用情况：主要用于髌股关节不稳定的评价。

（2）序列：平衡式稳态自由进动序列（FEISTA）或 TureFISP。

（3）序列特点及技术要领：髌股关节的不稳定最常出现于关节屈曲 5°~ 30°的范围内，而在关节完全伸直或屈曲超过 30°时又表现为正常状态。因此重点应放在完全伸直到屈曲 30°的范围内。一般常双侧同时成像以利于对比观察。

方案六：常规平扫 + 动态增强扫描 + 增强扫描（A+G+B）

（1）适用情况：对于骨及软组织肿瘤的血供情况进行评估及病变良、恶性的鉴别，为活检穿刺提供必要信息。

（2）序列：常规平扫（A）之后，经高压注射器注入对比剂，马上进行动态增强扫描（G），序列为 T1 加权的梯度回波或磁化准备的快速梯度回波（FLASH/Turbo FLASH），最后进行增强扫描（B），序列为脂肪抑制的 T1 加权自旋回波序列（FS T1WI SE）。

（3）序列特点及技术要领：动态增强扫描时合理选择成像平面，注射速率要足够快（3 ~ 5ml/s），采集时间不少于 3 分钟。

（六）膝关节常见疾病分类及扫描方案

膝关节常见疾病分类及推荐扫描方案见表 7-6-11。

七、踝关节MRI成像技术

（一）踝关节的磁共振成像相关解剖、生理与物理特性

1. 韧带　分三组，韧带复合体由胫腓前后韧带及胫腓骨间韧带组成；外侧韧带由距腓前韧带、距腓后韧带、跟腓韧带组成；三角韧带由胫距前、后韧带、胫跟韧带、胫舟韧带、胫韧带组成。

2. 腓骨肌腱　作用是辅助足跖屈和外翻，腓骨长、短肌位于小腿外侧，两肌皆起于腓骨体的外侧面跟腱。为足部最长和最坚韧的肌腱，起自腓肠肌和比目鱼肌腱联合处，止于跟骨后部，如血供减少，易发生断裂。

（二）患者体位

最常用也最舒适的体位是患者仰卧，下肢伸直，踝关节自然放松，置于中立位。中立位时踝关节会存在固有的 10% ~ 20% 的跖屈和 10% ~ 30% 的外旋，这种轻度的跖屈在检查足中后部的肌腱时有利于魔角效应的消除。辅以必要的制动措施防止关节向内、外过度旋转。

表 7-6-11　膝关节常见疾病分类及扫描方案

分类	疾病	扫描方案	分类		疾病	扫描方案
半月板	盘状半月板	A	髌股关节病变		髌骨软化	A+E
	半月板退变	A/A+E			髌股关节不稳定	F
	半月板撕裂	A/A+C/D	关节病		骨性关节炎	A/A+E
	半月板囊肿	A			类风湿关节炎	A+B
	半月板关节囊分离	A/D			色素沉着绒毛结节性滑膜炎	A+E
	半月板术后	A/A+C	骨肿瘤	良性	骨软骨瘤	A+B/ A+G+B
韧带	前交叉韧带撕裂	A			骨巨细胞瘤	
	前交叉韧带重建术后	A/A+B			动脉瘤样骨囊肿	
	后交叉韧带撕裂	A			软骨瘤	
	内侧副韧带撕裂	A/A+E			骨样骨瘤	
	外侧副韧带撕裂	A			成软骨细胞瘤	
	髂胫束综合征	A			软骨黏液样纤维瘤	
	后外侧复合体损伤	A		恶性	骨肉瘤	A+B/ A+G+B
骨、软骨结构病变	软骨损伤	A+E			软骨肉瘤	
	剥脱性骨软骨炎	A/A+E			网状细胞肉瘤	
	骨梗死	A/A+E			纤维肉瘤	
	自发性骨坏死	A			Ewing 肉瘤	
	髌骨骨折	A	软组织肿瘤	良性	腘窝囊肿	A
	外侧胫骨平台骨折	A			血管瘤	A+B/ A+G+B
	股骨髁骨折	A			硬纤维瘤	
肌腱、滑膜病变	髌腱炎	A/A+E			腱鞘巨细胞瘤	
	滑膜炎	A/A+B		恶性	脂肪肉瘤	A+B/ A+G+B
	内侧滑囊炎	A			纤维肉瘤	
	髌上滑囊炎				滑膜肉瘤	
	髌腱/股四头肌撕裂				横纹肌肉瘤	
	滑膜皱襞综合征					

（三）线圈选择

最常见的线圈是正交线圈，也可以选择柔软的表面包裹式线圈，如果有专用的相控阵线圈信噪比会更好。在某些需要双侧同时扫描进行对比时可选择头线圈。

（四）成像方位及范围

首先采集三方位定位像，然后采集轴位图像，以轴位相为基础进行冠状位及矢状位的定位，轴位相扫描通常在矢状位定位像上定位，扫描平面平行于距骨上缘，扫描范围由胫骨下段至跟骨下缘水平。选择轴位相内外髁显示良好的平面进行冠状位及矢状位的定位，冠状位扫描平面平行于内外髁连线，矢状位扫描平面垂直于内外髁连线。因此与肩关节一样，踝关节的矢状位及冠状位实际上是斜矢状位及斜冠状位。对于一些特定的损伤部位扫描方案可进行一定的调整，如怀疑跟腱损伤时可只扫描轴位像和斜矢状位，冠状位对于诊断帮助不大。对怀疑跟腓韧带及肌腱损伤的患者轴位相可以调整为垂直于肌腱的斜横轴位。

（五）踝关节常规扫描序列

临床常用的踝关节 MRI 扫描技术分类及序列见表 7-6-12。

表 7-6-12　踝关节常规扫描序列

编号	类别	序列	轴位	斜矢状	斜冠状	3D	首选序列类型		序列参数设置原则
							0.3～0.5T	1.5T～3T	
A	常规形态	T1WI	+		+		FSE（STIR）	SE	冠状位层厚不宜过大，小FOV及高分辨率有助于距骨顶及胫骨远端软骨显示
		T2WI		+				FSE	
		PDWI	+	+	+			FSE+FS	
B	增强扫描	T1WI	+	+	+		SE	SE+FS	
C	关节造影	T1WI	+	+	+			SE/ +FS	很少应用
D[a]	钙化及出血骨髓	T2*WIT2WI	+				GRE	GRE	
					+		FSE STIR	FSE STIR	
E	跟腱成像	T1WI	+	+				SE	
		T2WI	+	+				FSE+FS	
F	动态增强扫描	T1WI	+				FLASH	FLASH/Turbo FLASH	梯度回波或磁化准备的快速梯度回波，后者可获得更高的时间分辨率

a特殊结构或成分

下面以高场 MRI 为例对各方案加以简单介绍。

方案一：踝关节常规平扫（A）

（1）适用情况：发现病变，根据病变特点决定进一步扫描方案。

（2）序列：T1 加权自旋回波序列（T1WI SE）；

　　　　　　脂肪抑制质子密度加权快速自旋回波序列（FS PDWI FSE）；

　　　　　　T2 加权快速自旋回波序列（T2WI FSE）。

（3）序列特点及技术要领：扫描方向常规包括轴位、冠状位，合理摆位、正确设定扫描方位是关键。

方案二：踝关节造影（C）

（1）适用情况：常规踝关节扫描可以解决绝大多数临床问题，关节造影很少应用，作用也不像其他关节造影那样肯定。

（2）序列：脂肪抑制 T1 加权自旋回波序列（FS T1WI SE）；

　　　　　　脂肪抑制 T1 加权的三维扰相 GRE 序列（FS 3D SPGR）。

（3）序列特点及技术要领：斜矢状位及斜冠状位扫描，应注意合理选择适应证。

方案三：踝关节平扫＋增强扫描（A+B）

（1）适用情况：踝关节炎性病变、占位性病变及部分滑膜病变。

（2）序列：在行常规髋关节平扫（A）之后，高压注射器注入对比剂，进行增强扫描（B），序列为脂肪抑制的 T1 加权自旋回波序列（FS T1WI SE）。

（3）序列特点及技术要领：施加脂肪抑制有利于提高病灶与周围组织的对比。在评价滑膜增生性病变时，注射对比剂后应立刻扫描，以避免对比剂向关节腔内扩散，有利于更好的区分强化的滑膜和不强化的关节液。

方案四：跟腱成像（E）

（1）适用情况：主要用于跟腱损伤的诊断。

（2）序列：T1 加权自旋回波序列（T1WI SE）；

T2 加权快速自旋回波序列（T2WI FSE）。

（3）序列特点及技术要领：注意调整扫描方位，完整显示跟腱的走行。

方案五：常规平扫 + 动态增强扫描 + 增强扫描（A+F+B）

（1）适用情况：对于骨及软组织肿瘤的血供情况进行评估及病变良、恶性的鉴别，为活检穿刺提供必要信息。

（2）序列：常规平扫（A）之后，经高压注射器注入对比剂，马上进行动态增强扫描（F），序列为 T1 加权的梯度回波或磁化准备的快速梯度回波（FLASH/Turbo FLASH），最后进行增强扫描（B），序列为脂肪抑制的 T1 加权自旋回波序列（FS T1WI SE）。

（3）序列特点及技术要领：动态增强扫描时合理选择成像平面，注射速率要足够快（3 ～ 5ml/s），采集时间不少于 3 分钟。

（六）踝关节常见疾病分类及扫描方案

踝关节常见疾病分类及推荐扫描方案见表 7-6-13。

八、不同技术方案临床应用举例

（一）方案A

适用疾病举例：常规扫描可发现病灶，根据病灶特点决定进一步扫描方案（图 7-6-1）。

（二）方案A+特殊物质成分、结构显示（T2*WI GRE）

适用疾病举例：

1．含有钙化成分的病变　如钙化性肌腱炎、游离体等。

2．少量出血的检出　肌肉损伤等。

3．特定疾病的定性诊断　色素沉着绒毛结节性滑膜炎等（图 7-6-2）。

4．特殊结构的显示　关节盂唇、三角纤维软骨。

（三）方案A+特殊物质成分（脂肪）显示（脂肪抑制序列）

适用疾病举例：脂肪瘤（图 7-6-3）。

（四）方案A+特殊物质成分、结构显示（3D T1WI FLASH）

适用疾病举例：软骨病变的显示（图 7-6-4）。

表 7-6-13　踝关节常见疾病分类及扫描方案

分类	疾病	扫描方案	分类		疾病	扫描方案
肌腱病变	跟腱炎	E	关节病变		退行性骨关节炎	A
	跟腱撕裂				类风湿关节炎	A/A+B
	胫骨后肌腱撕裂	A			色素沉着绒毛结节性滑膜炎	A+D
	胫骨前群肌腱撕裂					
	腓骨肌腱病变（脱位/半脱位、损伤）				痛风性关节炎	A+B
韧带相关病变	距腓前韧带撕裂	A	骨肿瘤	良性	骨软骨瘤	A+B/A+F+B
	跟腓韧带损伤				非骨化性纤维瘤	
	韧带复合体损伤				骨样骨瘤	
	三角韧带损伤				骨巨细胞瘤	
	前外侧撞击综合征	A/A+B			动脉瘤样骨囊肿	
	前方撞击综合征	A			单纯骨囊肿	
	后方撞击综合征	A/A+B			内生软骨瘤	
	跗骨窦综合征	A		恶性	骨肉瘤	A+B/A+F+B
骨折	踝骨骨折	A			Ewing肉瘤	
	距骨骨折				软骨肉瘤	
	跟骨骨折				血管内皮肉瘤	
	足舟骨骨折				纤维肉瘤	
	跖骨骨折				淋巴瘤	
	三角骨综合征	A			造釉细胞瘤	
骨缺血坏死	距骨缺血坏死	A/A+B			骨髓瘤	
	足舟骨缺血坏死		软组织肿瘤	良性	血管球瘤	A+B/A+F+B
周围神经压迫	跗骨管综合征	A			纤维瘤病	
软组织损伤及劳损	跟腱滑囊炎	E			腱鞘巨细胞瘤	
	足底腱膜炎	A		恶性	恶性纤维组织细胞瘤	A+B/A+F+B
	骨筋膜间室综合征	A/A+D			滑膜肉瘤	
	小腿肌肉损伤				透明细胞肉瘤	
	跖肌损伤				上皮样肉瘤	
感染性病变	骨髓炎	A+B			横纹肌肉瘤	
	软骨黏液纤维瘤					

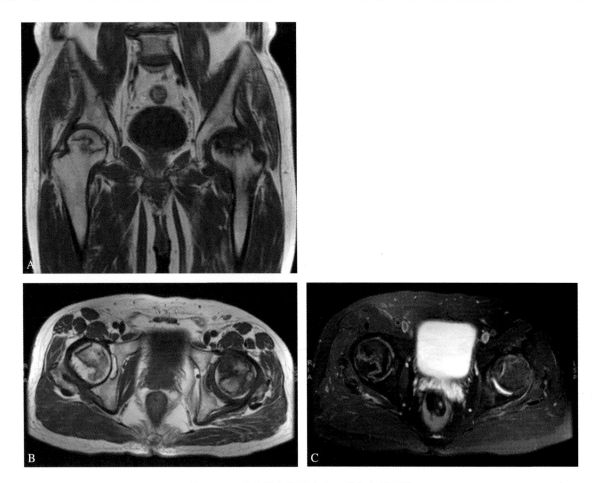

图7-6-1　双髋缺血坏死患者，常规扫描图像

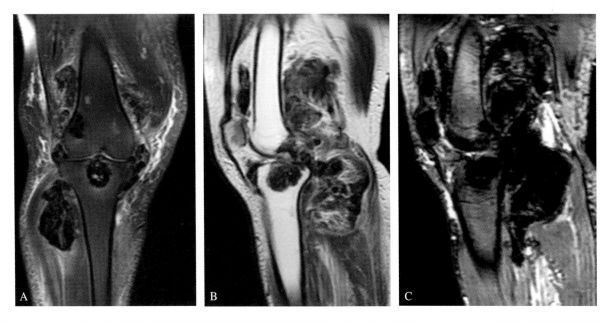

图7-6-2　女，56岁，手术证实的色素沉着绒毛结节性滑膜炎病例，由左至右分别为FS T2WI FSE冠状位图像及矢状位SE T1WI、T2*WI GRE图像，T2*WI GRE显示含铁血黄素沉着所致大片低信号区

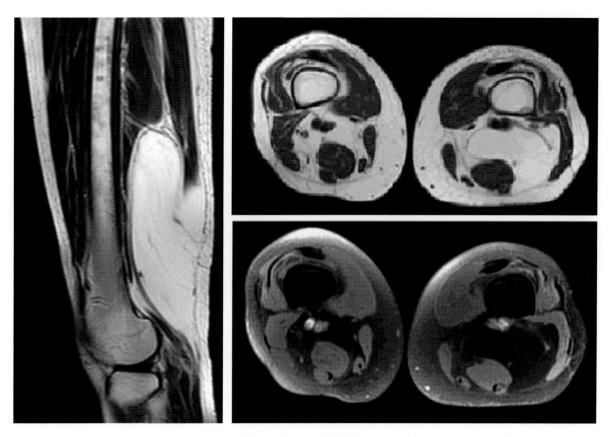

图7-6-3　大腿脂肪瘤患者，大腿后侧短T1长T2信号于脂肪抑制序列上被抑制，从而得出确定性诊断

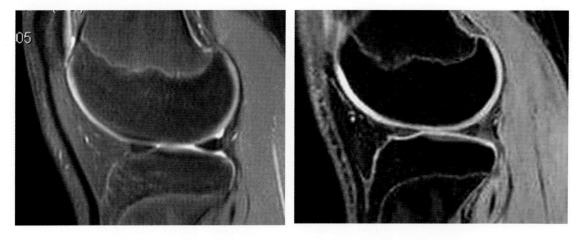

图7-6-4　FS T2WI FSE序列与 3D FLASH 序列对关节软骨显示的对比

（五）方案A+C

适用疾病举例：

1．关节盂唇、半月板见图 7-6-5 及三角纤维软骨损伤的诊断。

2．关节周围结构的评价：肩袖损伤、腕部韧带损伤及肘关节囊是否破裂。

3．关节软骨病变。

4．骨软骨骨折稳定性的评价。

5．半月板术后怀疑残留半月板再次撕裂、肘部无关节积液时关节游离体的显示。

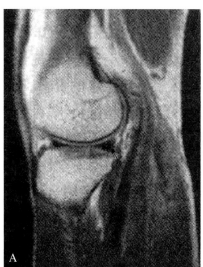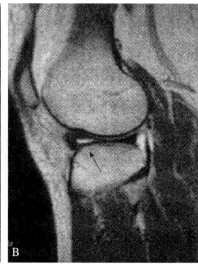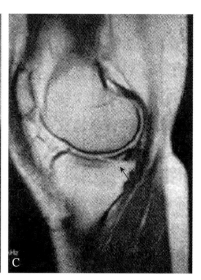

图7-6-5　半月板撕裂

A：示半月板后角内斜行高信号造影剂，并与关节囊缘相连
B：半月板前角内可见水平状高信号造影剂，前方为半月板囊肿
C：半月板后角内斜行达下关节面的高信号造影剂填充

（六）方案A+B+F+DWI

适用疾病举例：

1．良、恶性骨/软组织肿瘤（见图 7-6-6）。

2．类风湿关节炎。

3．痛风性关节炎、骨髓炎、滑膜炎及其他累及滑膜病变。

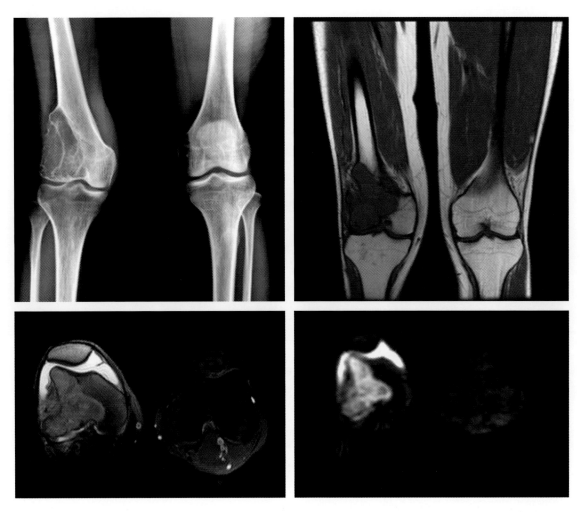

图7-6-6　男，27岁，右侧股骨干骺端骨巨细胞瘤，由右至左分别为X线平片，冠状位T1WI，轴位 FS T2WI FSE及DWI图像

（孙万里　万福林　岳云龙）

第七节　五官MRI成像技术

- 眼部 MRI 成像技术
- 耳和颞骨 MRI 成像技术
- 鼻和鼻窦 MRI 成像技术

一、眼部MRI成像技术

（一）眼部的磁共振成像相关解剖、生理与物理特性

1. 眼部解剖学特点　眼是由两个眼球及其附属器、视路和视中枢组成的视觉器官。
眼球由眼球壁和眼球内容物两部分组成。眼球壁分三层，外层前 1/6 为角膜、后 5/6 为巩膜；中层为葡萄膜，由后向前依次为脉络膜、睫状体、虹膜；内层为视网膜。眼球内容物包括房水、晶状体和玻璃体三种透明物质。

眼附属器包括眼睑、结膜、泪器、眼外肌和眼眶。

视路由六部分组成，即视神经、视交叉、视束、外侧膝状体、视放射和视皮质。视神经又包括球壁段、眶内段、管内段、颅内段。

2．眼部生理学特点及其与磁共振成像相关的物理特性

（1）眼球 MRI 信号特点：角膜和巩膜主要为纤维成分，在 T1WI 和 T2WI 均呈略低信号；脉络膜含血管成分多、视网膜含神经成分多，在 T1WI 和 T2WI 上二者均呈中等信号、且信号相似，故不易区分。角膜因眼球运动伪影显示不佳，而巩膜与脉络膜、视网膜可以区分。房水和玻璃体 99% 的成分为水，T1WI 呈低信号、T2WI 呈高信号。晶状体由 65% 的水和 35% 的蛋白质组成，皮质部内蛋白质成分为聚合状态，故在 T1WI 和 T2WI 上均呈中等信号；而核部内蛋白质为沉淀状态，因此在 T1WI 和 T2WI 上均呈低信号。在房水、玻璃体和晶状体的衬托下，T1WI 和 T2WI 均为中等信号的虹膜、睫状体显示清楚。

（2）眼睑和结膜 MRI 信号特点：T1WI 和 T2WI 显示眼睑皮肤、肌层、纤维层及结膜为中等信号，眼睑皮下组织因含有大量脂肪，在 T1WI 和 T2WI 上均呈高信号。

（3）泪腺 MRI 信号特点：腺体组织在 T1WI 上呈中等信号、在 T2WI 上呈略高信号。

（4）眼外肌 MRI 信号特点：在 T1WI 和 T2WI 上均呈中等信号。

（5）眼眶 MRI 信号特点：眼眶皮质骨在 T1WI 和 T2WI 上均呈低信号，骨髓腔内黄骨髓在 T1WI 和 T2WI 上均呈高信号，而 T1WI 和 T2WI 显示眶骨膜、眶隔膜、球筋膜为中等信号。

（6）眶内脂肪 MRI 信号特点：在 T1WI 和 T2WI 上均呈高信号。

（7）视神经 MRI 信号特点：T1WI、T2WI 均呈中等信号，视神经周围的硬膜下腔和蛛网膜下隙 T1WI 呈低信号、T2WI 呈高信号。

（8）眼部血管 MRI 信号特点：在 T1WI 和 T2WI 上均呈条状低信号。

（二）常规扫描序列及扫描方案

临床常用的眼部 MRI 扫描技术分类及序列见表 7-7-1，技术员及临床医生可根据疾病特点及不同的临床诊断需求来任意选择扫描方案，或自行组合不同扫描技术。

方案 A：MRI 平扫

（1）适用情况：用于发现病灶，根据病灶特点决定进一步扫描方案。

（2）序列：FSE T2WI 和 SE T1WI。

（3）序列特点及技术要领：8 通道头部相控阵线圈，患者仰卧位头部固定，扫描前嘱患者眼球保持不动；扫描方向常规选择横断面、冠状面，需要时加扫双侧斜矢状面；横断面扫描基线在矢状定位像上应平行于视神经眶内段，冠状面扫描基线在矢状定位像上应垂直于视神经眶内段，双侧斜矢状面扫描基线在横断面定位像上应平行于双侧视神经眶内段；FOV 要小，一般为 180 mm × 180 mm ～ 220 mm × 220 mm；层厚较薄（4mm），层间距较小（0.5mm）。

方案 B：MRI 增强扫描

（1）适用情况：平扫发现病变后判断病变血供、显示病变范围时。

（2）序列：SE T1WI。

（3）序列特点及技术要领：通常是在平扫的基础上进行增强 T1WI，线圈 / 体位及注意事项同方案 A，扫描方向常规选择横断面、冠状面，需要时加扫患侧斜矢状面；于最佳断面上联合使用脂肪抑

制技术能提高病变与周围组织的对比度而使病变显示更清晰；扫描基线、FOV、层厚和层间距要求同方案 A。

表7-7-1　眼部MRI常规扫描序列

编号	类别	加权	横断面	冠状面	斜矢状面	压脂	3D	首选序列 1.5～3.0T
A	常规形态学扫描	T1WI	+	+	+/-			SE
		T2WI	+					FSE
B	增强扫描	T1WI	+	+	+/-	最佳断面		SE
C	动态增强扫描						+	FSPGR
D	视神经成像						+	STIR
E	眶尖和海绵窦区成像	薄层T1WI	+	+				FSE
		薄层T2WI	+					FSE
		增强T1WI	+	+		+/-		SE
F	颈部加压成像	T1WI	+	+				SE
G	第Ⅲ～Ⅵ对颅神经成像						+	FIESTA-C
H	单侧眼球成像	T1WI	+	+	+/-			SE
		T2WI	+					FSE
		增强T1WI	+	+	+	最佳断面		SE
		动态增强					+	FSPGR

方案 C：MRI 动态增强扫描

（1）适用情况：平扫发现软组织肿块，欲了解病变强化方式、血供情况、侵犯范围时。

（2）序列：3D-FSPGR 序列。

（3）序列特点及技术要领：通常是在平扫的基础上进行，线圈 / 体位及注意事项同方案 A，扫描方向常规选择横断面或选择显示肿块的最佳断面；FOV、层厚和层间距要求同方案 A；对比剂用量为 0.1mmol/kg 体重，注射流速为 2～3ml/s；在静脉注入对比剂后全过程利用 FSPGR 序列连续采集所获得的一系列图像，增强后肿块的信号强度反映肿块的灌注、血管通透性、对比剂流入及流出等药物动力学情况；根据血流动力学模型可得出肿块内感兴趣区的信号强度 - 时间曲线，通过分析曲线可以帮助判断肿块的良、恶性，感兴趣区的选择应避开肿块内囊变和血管区；扫描后常规进行横断面、冠状面和患侧斜矢状面的 SE T1WI 扫描，在显示肿块的最佳断面上联合使用脂肪抑制技术。

方案 D：视神经成像

（1）适用情况：临床怀疑视神经病变需进行排除诊断时。

（2）序列：STIR 序列。

（3）序列特点及技术要领：线圈 / 体位及注意事项同方案 A，扫描方向常规选择冠状面，扫描基线在矢状定位像上应垂直于视神经眶内段；STIR 是一种最简单的脂肪抑制技术，对脂肪信号抑制彻底且受磁场均匀性的影响较小，可观察视神经形态、信号改变及脑白质病变；层厚 3mm，层间距 0.3mm。

方案 E：眶尖、海绵窦区成像

（1）适用情况：怀疑眶尖、海绵窦区病变时。

（2）序列：FSE T1WI、FSE T2WI 平扫，SE T1WI 增强扫描。

（3）序列特点及技术要领：线圈 / 体位及注意事项同方案 A，扫描方向常规选择横断面、冠状面，扫描基线、FOV 要求同方案 A，与方案 A 不同的是要求层厚更薄（3mm）和层间距更小（0.3mm）；再经静脉注射对比剂 Gd-DTPA 进行增强扫描。

方案 F：颈部加压扫描

（1）适用情况：临床怀疑眼部静脉曲张时。

（2）序列：采用 SE T1WI 序列。

（3）序列特点及技术要领：患者俯卧位头部固定，扫描前患者颈部缠绕血压计臂带；颈部加压前行常规平扫，扫描方向和参数同方案 A；然后向血压计臂带内充气对颈部加压（给予压力约 5kPa），再次行横断面、冠状面 SE T1WI 扫描，建议先扫冠状面，如患者不能坚持可不行横断面扫描；通过对比颈部加压前后眼眶肿块大小的变化来判断有无静脉曲张。

方案 G：第Ⅲ、Ⅳ、Ⅴ、Ⅵ对颅神经成像

（1）适用情况：临床怀疑上述颅神经病变时。

（2）序列特点及技术要领：

①脑池段：采用三维快速平衡稳态成像（3D-FIESTA），层厚 0.8 mm，无间隔，采集范围为脑干区。采集所得三维数据均传输至后处理工作站，运用 MPR 技术，沿着眼球运动神经走行方向进行任意层面重组。

②海绵窦段：横断面和矢状面定位，行静脉注射对比剂 Gd-PDTA 后增强扫描，冠状面成像，基线垂直于鞍底，范围为海绵窦前后缘，成像序列为 SE T1WI，层厚 2.0 mm，层间距 0.4 mm。

③眶内段：相控阵 7.62cm（3 英寸）双眼表面线圈，横断面和矢状面定位，扫描前嘱患者眼球保持不动；行单眼斜冠状面增强扫描，参考基线与视神经眶内段长径垂直，范围前至晶状体、后达海绵窦前部，成像序列为 FSE T$_1$WI，层厚 2.0 mm，层间距 0.4 mm。

方案 H：单侧眼球成像

（1）适用情况：临床怀疑单侧眼球病变时。

（2）序列：平扫 SE T1WI、FSE T2WI，SE T1WI 增强扫描；平扫发现单侧眼球肿块时先用 3D-FSPGR 序列行动态增强扫描，再用 SE T1WI 对横断面、冠状面、患侧斜矢状面扫描。

（3）序列特点及技术要领：相控阵 7.62cm（3 英寸）双眼表面线圈，扫描前嘱患者眼球保持不动；扫描方向同方案 A，层厚 3 ～ 3.5mm，层间距 0.5mm，FOV 小（100mm × 100 mm）；在平扫基础上进行增强扫描，常规选择横断面和冠状面，需要时加扫斜矢状面；动态增强扫描要求同方案 C。

（三）常见疾病分类及推荐扫描方案

见表 7-7-2。

（四）不同技术方案临床应用举例

方案 A+C+B

适用疾病举例：见图 7-7-1。

表 7-7-2　眼部疾病分类

先天或发育性病变	眼部结构缺损，小眼球	方案A
	第Ⅲ～Ⅵ对颅神经先天发育异常	方案F
	永存原始玻璃体增殖症	方案A+B
	Coats病	
	皮样囊肿和表皮样囊肿	
	神经纤维瘤病I型	
	骨纤维异常增殖症	
血管性和淋巴管性病变	静脉曲张	方案G
	毛细血管瘤	方案A+C+B
	海绵状血管瘤	
	淋巴管瘤	
	血管内皮细胞瘤	
	血管外皮细胞瘤	
炎性、淋巴增生性和代谢性病变	非特异性炎性假瘤	方案A+B或A+E或A+C+B
	淋巴增生性病变（包括淋巴瘤）	
	结节病	
	视神经炎	方案A+D
	甲状腺相关性眼病	方案A
感染性病变	蜂窝织炎	方案A+B
	骨膜下脓肿	
	眼内炎	
肿瘤	视网膜母细胞瘤	方案A+C+B或方案H
	葡萄膜黑色素瘤	
	视路胶质瘤	
	视神经鞘脑膜瘤	
	泪腺良性和恶性上皮性肿瘤	
	神经鞘瘤和神经纤维瘤	
	横纹肌肉瘤	
	转移瘤	
	其他肿瘤如相邻部位肿瘤累及	方案A+B
其他	外伤：骨折、出血、眼球破裂和异物	方案A（金属异物是禁忌证）
	视网膜脱离	方案A+B
	眼球结核	

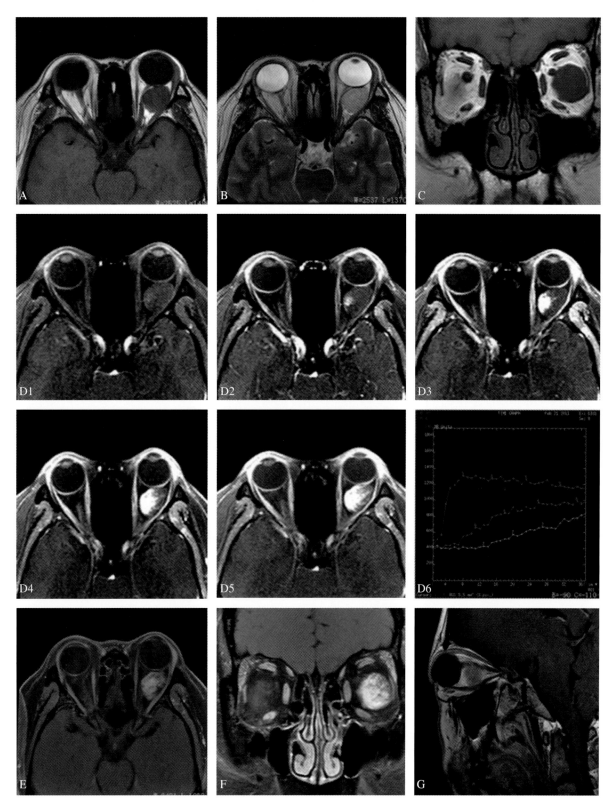

图7-7-1 患者，女，41岁，左眼突出1年，行眼眶CT检查发现左眼眶占位性病变

图A、B分别为横断面T1WI和T2WI，在高信号眼眶脂肪的衬托下清楚显示左眼球后方肌锥内间隙的类圆形肿块影，T1WI呈略低信号，T2WI呈高信号，边界清楚，边缘光滑，相邻视神经、外直肌受压；图C为冠状面T1WI，显示肿块位于视神经的颞下方；图D1～D5为横断面动态增强扫描图像，显示肿块呈渐进性强化；图D6病灶内不同感兴趣区的动态增强信号强度-时间曲线；图E、F、G分别为增强后横断面（压脂）、冠状面（压脂）和左斜矢状面T1WI，显示肿块边界更加清晰，肿块内部呈不均匀强化

二、耳和颞骨MRI成像技术

（一）耳和颞骨的磁共振成像相关解剖、生理与物理特性

1．耳和颞骨解剖学特点　耳部包括外耳、中耳、内耳三大部分。

外耳包括耳廓和外耳道。中耳包括鼓室和咽鼓管，鼓室腔内听骨链由 3 块听小骨组成，外侧以鼓膜与外耳道分隔，向前经咽鼓管与鼻咽相通，向后经鼓室窦与乳突气房相通。内耳位于颞骨岩部内，由骨迷路、膜迷路组成，包括耳蜗、前庭和半规管三部分。内听道管腔呈直管状或漏斗形，少数为壶腹状；管径大小通常在 3 ～ 10mm，双侧差异应在 2mm 以下。管内通过听神经（包括耳蜗神经、前庭上、前庭下神经）、面神经内听道段和基底动脉的内听道支（即迷路动脉），这些神经血管被包在同一硬膜鞘内，神经周围有蛛网膜下隙。

颈内动脉岩骨段在颈动脉管内走行，分为升段和水平段。颈静脉球位于颈静脉球窝内，为颈内静脉与乙状窦接合的膨大部。

2．耳和颞骨生理学特点及其与磁共振成像相关的物理特性

外耳、中耳和内耳的骨性结构和气体无信号。耳廓和外耳道的轮廓由于高信号皮下脂肪的衬托而显示清楚。颞骨岩部、乳突部的未气化区域因含脂性骨髓，在 T1WI 上呈高信号、在 T2WI 上其信号强度与相邻颅底骨相近。内耳膜迷路内淋巴在 T1WI 呈中等信号、T2WI 呈高信号，MRI 可清楚显示耳蜗、前庭、半规管和前庭导水管。内听道内的神经在 T1WI 和 T2WI 上均呈等信号，在周围脑脊液衬托下显示清楚。颈内动脉和颈静脉球在 T1WI、T2WI 均呈低信号的血管流空影。

（二）常规扫描序列

临床常用的耳部 MRI 扫描技术分类及序列见表 7-7-3，技术员及临床医生可根据疾病特点及不同的临床诊断需求来任意选择扫描方案，或自行组合不同扫描技术。

表 7-7-3　耳和颞骨 MRI 常规扫描序列

编号	类别	加权	横断面	冠状面	斜矢状面	压脂	3D	首选序列 1.5～3.0T
A	常规形态学扫描	T1WI	+	+/-				FSE
		T2WI	+	+	+/-	最佳断面		FSE
B	增强扫描	T1WI	+	+	+/-	最佳断面		FSE
C	内耳水成像						+	FIESTA-C或CISS

方案 A：MRI 常规平扫

（1）适用情况：发现病灶，根据病灶特点决定进一步扫描方案。

（2）序列：FSE T2WI 和 FSE T1WI。

（3）序列特点及技术要领：8 通道头部相控阵线圈，患者仰卧位头部固定。扫描方向常规包括横断面、冠状面，需要除外面神经病变时加扫患侧斜冠状面和斜矢状面。横断面扫描基线在矢状定位像上平行于前联合与后联合的连线、在冠状定位像上平行于双侧颞叶底部，扫描范围从弓状隆起到乳突尖；冠状面扫描基线在横断面定位像上垂直于大脑中线结构的连线、在矢状定位像上垂直于前联合与后联合的连线，扫描范围从鼻咽后壁到枕骨大孔前缘；斜冠状面扫描基线在横断面定位像上平行于内听道、在矢

状定位像上垂直于面听神经内听道段的连线，扫描范围从鼻咽后壁至第四脑室后缘；斜矢状面扫描基线在横断面定位像上垂直于面听神经，扫描范围从桥臂至半规管外缘。扫描层厚较薄，为 2 ～ 3mm，层间距为 0 ～ 0.5mm。FOV 为 180 mm × 180 mm ～ 240 mm × 240 mm。

方案 B：MRI 增强扫描

（1）适用情况：常规平扫发现病变判断病变血供、显示病变范围时，或治疗后复查时。

（2）序列：经静脉注射对比剂 Gd-DTPA 后行 FSE T1WI 扫描。

（3）序列特点及技术要领：扫描方向选择横断面、冠状面（在显示病变最佳断面压脂），面神经病变需加扫斜冠状面或斜矢状面 T1WI。序列主要参数同平扫 T1WI。

方案 C：MRI 内耳水成像

（1）适用情况：临床怀疑或排除内耳迷路及内听道疾病的患者。

（2）序列：采用三维平衡式稳态自由进动序列（3D-FIESTA-C 或 CISS 序列）。

（3）序列特点及技术要领：8 通道头部相控阵线圈，患者仰卧位头部固定。扫描方向为横断面扫描，范围从弓状隆起到乳突尖。在常规横断面、冠状面 T1WI、T2WI 扫描后，行 3D-FIESTA-C 序列扫描。主要扫描参数为：TR 4.7ms，TE 1.4ms，FOV200mm×200mm，翻转角（FA）采用 55°，NEX 为 2，层块厚度（slab）为 32 ～ 50mm，层厚 0.8mm，矩阵 320×320。

（三）常见疾病分类及推荐扫描方案

见表 7-7-4。

表 7-7-4　耳和颞骨疾病分类

分类	疾病	建议扫描方案
外耳道疾病	外耳道闭锁	首选CT
	外耳道外生性骨疣	
	外耳道骨瘤	
	坏死性外耳道炎	方案A+B
	外耳道胆脂瘤	
	外耳道阻塞性角化病	
	炎症后外耳道内侧部纤维化	
	外耳道癌	
中耳乳突先天疾病	鼓室、乳突窦发育不良	首选CT
	听小骨畸形	
	前庭窗和（或）蜗窗闭锁	
	颈内动脉异位、永存镫骨动脉	
	中耳先天性胆脂瘤	方案A+B
中耳乳突感染和炎症	急性中耳乳突炎	首选CT
	急性中耳炎合并脓肿	
	慢性中耳炎破坏听小骨	
	慢性中耳炎合并鼓室硬化	
	获得性胆脂瘤	
	中耳胆固醇肉芽肿	方案A+B

分类	疾病	建议扫描方案
中耳乳突肿瘤	中耳腺瘤	方案A+B
	中耳神经鞘瘤	
	中耳脑膜瘤	
	副神经节瘤	
	中耳横纹肌肉瘤	
中耳其他异常	脑膜脑膨出	方案A
	听小骨假体	首选CT
内耳先天疾病	迷路未发育	首选CT
	共腔畸形	
	囊状耳蜗前庭畸形	
	Mondini畸形	
	大前庭水管综合征或大内淋巴囊	方案A
内耳感染和炎症	膜迷路炎	方案A+B或A+C
	耳梅毒	首选CT
	骨化性迷路炎	
内耳肿瘤	迷路内神经鞘瘤、内淋巴囊肿瘤	方案A+B
内耳其他异常	人工耳蜗植入	首选CT
	半规管裂	
	耳硬化症	
	迷路内出血	方案A
桥小脑角-内耳道肿瘤和肿瘤样病变	脑膜瘤、听神经瘤、面神经鞘瘤、转移瘤	方案A+B
	表皮样囊肿、蛛网膜囊肿、神经结节病	
岩尖疾病	岩尖骨髓不对称	方案A
	岩尖脑膜脑膨出	
	岩尖黏液囊肿	方案A+B
	岩尖胆脂瘤	
	岩尖炎	
	岩尖积液	
	岩尖胆固醇肉芽肿	
	岩尖区原发恶性肿瘤如软骨肉瘤、脊索瘤	
	岩尖区转移瘤	
颞骨内面神经变异	面神经延长	首选CT
	面神经脱垂	
颞骨内面神经麻痹	Bell麻痹	方案A+B

续表

分类	疾病	建议扫描方案
颞骨内面神经肿瘤	神经鞘瘤	方案A+B
	脑膜瘤	
	腮腺恶性肿瘤侵犯	
颞骨其他疾病	脑脊液耳漏	方案A+C
	颞骨骨折	首选CT
	颞骨骨纤维异常增殖症	
	颞骨Paget病	
	颞骨骨硬化症	
	颞骨放射性骨病	

（四）不同技术方案临床应用举例

方案 A+C

适用疾病举例：见图 7-7-2。

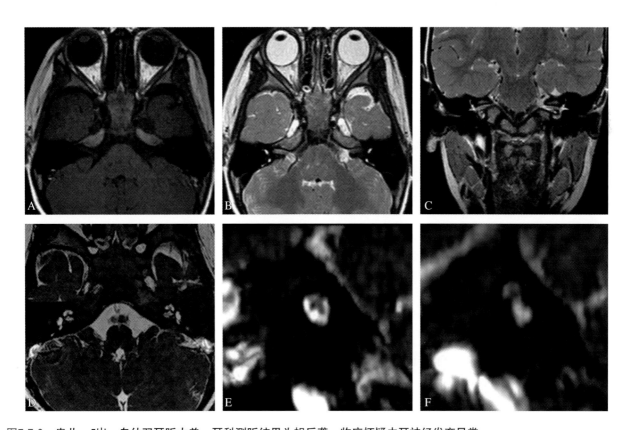

图7-7-2　患儿，5岁，自幼双耳听力差，耳科测听结果为蜗后聋，临床怀疑内耳神经发育异常

图A、B、C分别为横断面T1WI、T2WI和冠状面T2WI，显示双侧内听道窄，蜗神经显示不清；图D为横断面内耳水成像原始图像，在蜗神经走行区未见蜗神经显示；图E、F分别为左、右内听道的内耳水成像斜矢状面重建图像，左、右蜗神经未见显示

三、鼻和鼻窦MRI成像技术

（一）鼻和鼻窦的磁共振成像相关解剖、生理与物理特性

1. 鼻和鼻窦解剖学特点　鼻部包括外鼻、鼻腔和鼻窦。

外鼻由鼻骨、鼻软骨、附着皮肤组织构成。鼻腔由鼻中隔分为左、右两半，每侧鼻腔分为鼻前庭和固有鼻腔两部分，鼻前庭由鼻翼围成，固有鼻腔有顶壁、下壁、内壁和外壁四个壁。顶壁与颅内以菲薄的筛骨水平板相隔，为脑脊液鼻漏和鼻内病变向前颅窝内扩展的常见部位。鼻窦左右对称分布，共有四对，即双侧上颌窦、筛窦、额窦和蝶窦，各窦的大小、形态、发育差异较大，且有较多先天变异。

2. 鼻和鼻窦生理学特点及其与磁共振成像有关的物理特性

正常鼻腔、鼻窦内含气，在 MRI 上不显信号。鼻腔和鼻窦黏膜在 T1WI 和 T2WI 上均为中等信号。鼻部皮质骨在 MRI 呈无信号的黑色线条状，髓质骨 T1WI 呈高信号。鼻面部皮下、翼腭窝、颞下窝和上颌窦后脂肪间隙 T1WI、T2WI 均呈高信号。鼻部肌肉组织 T1WI 和 T2WI 均呈中等信号。

（二）常规扫描序列

临床常用的鼻和鼻窦 MRI 扫描技术分类及序列见表 7-7-5，技术员及临床医生可根据疾病特点及不同的临床诊断需求来任意选择扫描方案，或自行组合不同扫描技术。

表7-7-5　鼻和鼻窦MRI常规扫描序列

编号	类别	加权	横断面	冠状面	矢状面	压脂	3D	首选序列 1.5～3.0T
A	常规形态学扫描	T1WI	+	+				FSE
		T2WI	+	+/-	+/-			FSE
B	增强扫描	T1WI	+	+	+/-	最佳断面		FSE
C	动态增强扫描						+/-	FSPGR
D	MRI水成像	重T2WI		+		+	+	FSE

方案 A：MRI 常规平扫

（1）适用情况：用于临床怀疑或排除鼻 - 鼻窦病变的患者。

（2）序列：采用 SE 或 FSE 序列。

（3）序列特点及技术要领：采用 8 通道头部相控阵线圈，患者仰卧位头部固定。扫描方向常规包括横断面、冠状面 T1WI 和 T2WI。横断面扫描基线平行于硬腭，冠状面扫描基线垂直于硬腭。扫描范围上界为额窦上缘，下界为上颌窦下壁。层厚 4mm，层间距 0.5mm。

方案 B：MRI 增强扫描

（1）适用情况：常规平扫发现非占位性病变判断病变血供、显示病变范围时，或病变经治疗后随访复查时。

（2）序列：代表序列为 FSE。

（3）序列特点及技术要领：在上述常规平扫的基础上静脉注射 Gd-DTPA，并联合使用脂肪抑制技术进行 T1WI 增强扫描。增强扫描方向常规选择横断面、冠状面，需要时加扫矢状面，在显示病变最佳断面压脂。

方案 C：MRI 动态增强扫描

（1）适用情况：常规平扫发现占位性病变判断病变强化方式、病变血供、显示病变范围时。

（2）序列：代表序列为 3D-FSPGR。

（3）序列特点及技术要领：在上述常规平扫的基础上用高压注射器经静脉注射 Gd-DTPA 行 3D-FSPGR 序列扫描，扫描方向选择显示病变的最佳断面，一般选择横断面。层厚较薄，为 3mm，层间距为 0，有利于小病灶显示及保持较高信噪比。

方案 D：MRI 水成像

（1）适用情况：临床有头部外伤史、怀疑或排除脑脊液鼻漏的患者。

（2）序列：代表序列为 FSE 重 T2WI。

（3）序列特点及技术要领：在上述常规平扫的基础上行冠状面 FSE 序列扫描，选择长 TR 和长 TE 使采集图像的信号主要来自于水样结构即图像中突出水的高信号，有助于脑脊液鼻漏的诊断及漏口的显示。且选用三维采集，获得薄层原始图像（层厚 1.5mm），无层间距，减少漏诊率，原始图像还可以进行图像后处理。

（三）常见疾病分类及推荐扫描方案

见表 7-7-6。

表 7-7-6　鼻和鼻窦疾病分类

分类	疾病	建议扫描方案	分类	疾病	建议扫描方案
先天疾病	后鼻孔闭锁	方案A	恶性肿瘤	鳞状细胞癌	方案A+C+B
	脑膜膨出及脑膜脑膨出			未分化癌	
	鼻胶质瘤			非霍奇金淋巴瘤	
炎性病变	鼻窦炎（包括真菌性鼻窦炎）	方案A+B		嗅神经母细胞瘤	
	鼻息肉			小涎腺恶性肿瘤	
	鼻硬结病			黑色素瘤	
	韦格纳肉芽肿			横纹肌肉瘤	
	黏液囊肿			软骨肉瘤	
良性肿瘤	骨瘤	首选CT		转移瘤	
	骨化性纤维瘤		其他疾病	骨纤维异常增殖症	首选CT
	内翻性乳头状瘤	方案A+C+B		骨折	
	血管瘤			脑脊液鼻漏	方案A+D联合CT
	神经鞘瘤				

（四）不同技术方案临床应用举例

方案 A+C+B

适用疾病举例：见图 7-7-3。

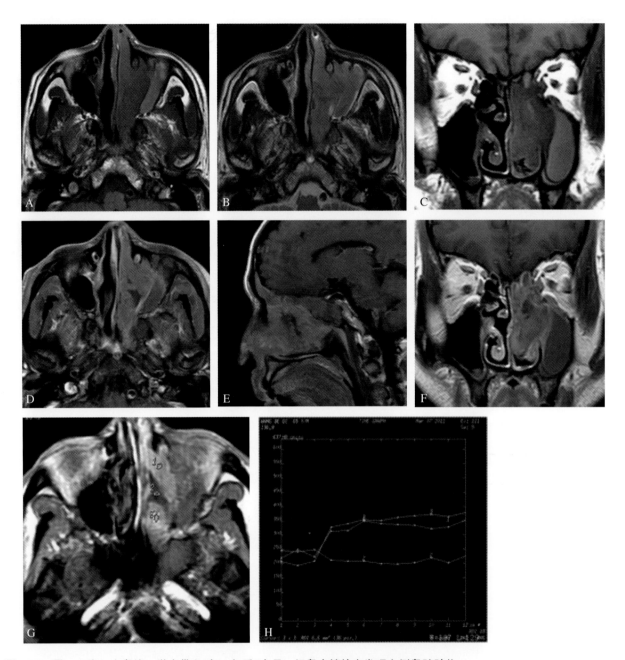

图7-7-3　男，65岁，左鼻堵、涕中带血1年，加重2个月，经鼻内镜检查发现左侧鼻腔肿物

图A、B、C分别为横断面T1WI、T2WI和冠状面T1WI，显示左鼻腔、上颌窦口不规则形软组织肿块影，呈等T1等T2信号，边界较清楚；图D、E、F分别为增强后横断面（压脂）、矢状面和冠状面T1WI，显示肿块增强后呈不均匀强化；图G为横断面动态增强扫描图像，图中标出的1、2、3处为选取的病灶内三个感兴趣区；图H为图G中所示三个感兴趣区的动态增强信号强度-时间曲线，可帮助判断病变良、恶性

（鲜军舫　陈晓丽　魏鼎泰）

第八节　儿科MRI成像技术

- 儿童生理和解剖特点
- 儿童 MRI 检查的基本原则和成像策略
- 儿童 MRI 技术

一、儿童生理和解剖特点

1．形体小，制动差，清醒状态下往往不能配合检查。

2．儿童年龄跨度包括 0 岁到 18 岁，不同年龄组、个体间、甚至个体内存在差异，各年龄组身体发育阶段及情况均不相同。

3．儿童器官小，解剖结构分辨不如成人清晰，需要更高的分辨率来提高成像质量。

4．儿童具有发育过程不断成熟特点，组织信号会随着发育过程而发生改变。

5．儿科疾病可发生在全身各个器官系统，涵盖畸形、变异、感染、肿瘤和退行性改变等诸多方面。

6．儿科疾病和先天胚胎发育、生长过程等相关，具有与成人完全不同的疾病谱，诊断思路、影像特征也存在不同。

以上特点决定了儿童 MRI 成像从起点就比成人困难，儿童 MRI 技术没有一个相对统一的标准，视具体病情、累及器官及年龄决定。成人 MRI 检查方法和参数并不能完全复制用于儿童。

二、儿童MRI检查的基本原则和成像策略

（一）儿童MRI检查的安全问题

1．对于无表达能力和不能合作的婴幼儿，大多数需要镇静后进行检查。

2．使用高场强设备时，除需要进行听力的保护外，应当尽量减少使用较高 SAR（特异吸收率）值的扫描。体重的输入应保证真实。

3．必须使用 MRI 设备兼容的电极片，并保证接触良好，否则极有可能灼伤患儿。

4．对于高热患儿应当在降温后再行检查，以避免使体温进一步升高。检查时不能对患儿做过多的保暖和紧束，以避免影响身体散热。

在实际应用中发现，相近的身体条件下儿童 SAR 值虽近似，但个体的表现差异较大，无法做到阈值的量化。合理的 SAR 值设置还待进一步研究。

（二）患儿检查前准备

1．环境镇静：音频与视频等娱乐设施、对扫描仪的预参观、模拟扫描仪内的练习。

2．6 个月以下的婴儿，可以尝试在正常进食后、自然睡觉期间进行扫描。

3．6 ～ 8 岁以下的儿童和自然镇静失败患儿的 MRI 检查需要麻醉师、专门培训的护士以确保安全有效的深度镇静及必要时的全身麻醉。

4．国内大多数儿童的镇静采用口服 10% 水合氯醛（0.5 ml/kg，最大量 10ml），或稀释 1 ～ 2 倍后行灌肠。也可使用肌内注射苯巴比妥钠注射液镇静。体重较大需要镇静的患儿（或 3 岁以上）服药前可以预先剥夺睡眠。

5．需要增强扫描和腹部扫描检查的患儿应禁食、水 4 ～ 6 小时以上，以避免患儿注射对比剂后出现

副反应导致呕吐物呛入气道，及胃肠道内容物对于腹部成像的干扰。

6．检查盆腔及脊柱的婴幼儿应去除浸湿的尿布。

7．检查盆腔直肠、膀胱、子宫占位性病变的患儿应提前插好肛管和导尿管作为定位标记。先天性无肛的患儿，检查盆底肌肉时，应在体表肛门隐窝处做图像上可识别的标记。

（三）儿童MRI成像策略

由于不同年龄患儿身体器官的差异大，儿童 MRI 检查需随时进行个体化检查序列及参数的调整；根据患儿病情发展情况及诊断需要，在信噪比、对比度、采集时间和消减运动伪影之间找到一个较好的平衡点，尽可能在最短的时间内获得满足诊断的高质量图像。所以儿科影像学医生应该与技术员合作进行儿童的 MRI 扫描，以便在扫描过程中对实时的疾病情况进行分析和确定扫描方案（图 7-8-1）。

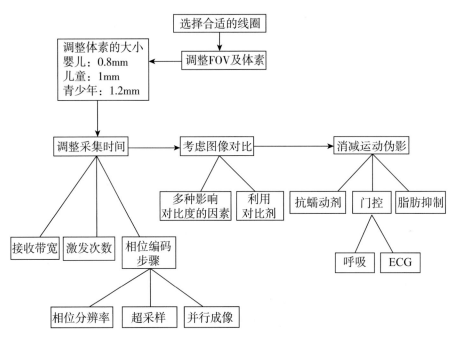

图7-8-1   儿科MRI检查技术调整方案

1．选择合适的扫描仪

儿童 MRI 成像，考虑到 SAR 值的限制，新生儿和低体重儿建议使用 1.5T，五官、骨关节方面，序列调整后可以使用 3.0T 而不会超出 SAR 值的限制。对于新生儿、8 个月以内婴儿（脑髓鞘化评估主要依靠 T1 像）的颅脑及脊髓检查，推荐选用 1.5T 而非 3T。

2．选择合适的线圈

儿童 MRI 检查应该尽可能使用多通道线圈，选择与患儿器官或成像解剖区域大小相匹配的线圈。尽量使用儿童专用线圈；如果没有，可考虑线圈间的灵活替代，如成人的头线圈用于新生儿的腹部成像。

3．FOV 及体素的调整

不同年龄的儿童，同一解剖部位大小变化很大，因此，每次采集前须小心调整矩阵大小。儿童越小，解剖结构越细小，体素应该越小。如果成人在读出方向上（频率编码方向）体素大小为 1.2mm，儿童应该减小至 1.0mm、婴儿为 0.8mm。

4．采集时间的调整

急症及无法制动和镇静的患儿必须考虑缩短采集时间以减少运动伪影。但是由于 SNR 的损失，快速成像应该谨慎使用。

5．优化图像的对比度

一般通过改变脉冲序列参数和应用合适的对比剂来优化 MRI 图像的对比。

6．图像的权重与对比

使用较宽的权重谱并且儿科影像学医生实时参加扫描过程，以便视具体情况随时调整图像的对比。

7．经静脉的含钆对比剂

儿童常规用量一般按 0.1 ~ 0.2mmol/kg 体重计算；最大单次剂量 0.2 ~ 0.3mmol/kg。脑垂体增强（非动态增强）按 0.1mmol/kg 体重计算。常规（非动态、血管、灌注）增强时，大多数神经系统病变注药后在 45min 时间内皆可以保持良好的强化效果，所以对延迟时间要求并不严格。必须识别高危患儿和评估危险因素，如肾小球滤过率很低（<30 ml/min/$1.73m^2$）的患儿，钆剂有促发肾源性系统性纤维化的风险。

8．运动伪影的消减

缩短采集时间可以减少运动伪影。不能屏气的患儿可采用呼吸门控；或在自由呼吸状态下，应用其他策略，如脂肪抑制。胸部尤其纵隔的诊断成像，经常需要在心电门控下获得。如果呼吸和心电门控是不可能的，那么可以考虑改变相位编码方向，这取决于病灶的位置或关注的解剖部位。可以使用抗蠕动剂来消减胃肠道蠕动相关的伪影。

三、儿童MRI技术

（一）儿童中枢神经系统MRI技术

MRI 已经成为儿科神经系统的主要检查方法，目前，MRI 是在活体观察髓鞘化进程的唯一检查方法，是显示脑发育畸形最敏感的方法，特别是复杂畸形发生的判断具有重要价值。对儿科常见的后颅窝肿瘤、下丘脑及垂体肿瘤明显优于 CT。

1．儿童脑发育过程、解剖以及 MRI 特点

脑发育可分为 6 个阶段，是一个连续而又相互重叠的过程。

小儿脑 MRI 影像，必须考虑到脑的生长发育过程。尤其在出生后 2 年内，其 MRI 信号取决于脑灰质与脑白质水分含量的改变和白质髓鞘化进程。在正常情况下，各部位信号，在不同时期，随年龄而变化。

2．儿科头颅常用 MRI 检查序列

矢状位 T1WI 或 T2WI、横轴位的 T1WI 及 T2WI，以及横轴位 FLAIR 基本是头颅扫描的常规序列。疑缺血缺氧、（超）急性脑梗死、脑肿瘤、脑白质病变、颅内感染性等疾病时加做横轴位 DWI。对于脑裂畸形、前脑无裂畸形，视－隔发育不良，室旁软化灶等的显示，冠状位扫描很有帮助。癫痫患者，海马的评价，斜冠状位的高分辨薄层扫描是必要的。怀疑脑出血、海绵状血管瘤等患儿，加扫 T2* 梯度回波序列，有条件的做 SWI。新生儿灰、白质对比差有时可加横断面 IR-TSE 或 IR-FSE 序列。灰质异位可加做双 IR-TSE 或 IR-FSE 单纯灰质成像或横断面 IR-TSE 序列。

3．新生儿颅脑成像技术

由于新生儿具有独特的特点，需要强调一系列的重要问题：

（1）安全性：除了 MRI 扫描室标准的安全注意事项外，早产儿易受低体温的伤害，血流动力学不稳定，可能需要呼吸支持。所以最好等待患儿条件稳定后进行 MRI 扫描。足月儿较早产儿发育更为成熟，对外界环境的适应能力也增强。检查及转运过程中，应该有一个有经验的新生儿医疗团队全程陪护，脉

率及氧饱和度是最基本的必要监测指标，要注意患儿的保暖、通气，并具备必要的抢救复苏装备。

（2）制动和镇静：一般情况下，大多数新生儿不必镇静，用襁褓安全包裹，并给予奶类食物。可用充满聚苯乙烯颗粒的袋子轻柔地固定住患儿头颅。如果需要镇静，则需要新生儿医疗团队在镇静期间全程监护。

（3）噪声控制：必须注意屏蔽过量的噪声。可以使用专门设计的蜡制的耳塞、耳机，以及聚苯乙烯头部固定器。

（4）MRI 扫描仪：3T 场强的扫描仪，组织 T1 弛豫时间延长，不利于 T1WI。新生儿颅脑成像一般选用 1.5T 扫描仪。

（5）MRI 扫描：新生儿脑组织内水分含量非常高，占 92% ~ 95%，而成人仅为 82% ~ 85%，这些水分在生命的前几个月明显减少，导致 T1、T2 弛豫时间的改变，在白质最明显。足月新生儿脑组织在 1.5T 下 T1 和 T2 值见表 7-8-1。一般采用专用的新生儿头线圈，也可以使用膝关节线圈代替。新生儿头颅小，所以使用小的 FOV，但这会降低 SNR。可以调整序列参数以获得较高质量的图像，然而需要延长采集时间，而这可能又会因患儿活动导致图像降级。对于绝大多数新生儿期的临床病例，T1 加权的自旋回波及 T2 加权的快速自旋回波序列为最佳的成像序列。早产儿具体参数见表 7-8-2。足月新生儿具体参数可相应做一定的调整。

正常足月新生儿头颅 MRI 扫描图像见图 7-8-2。

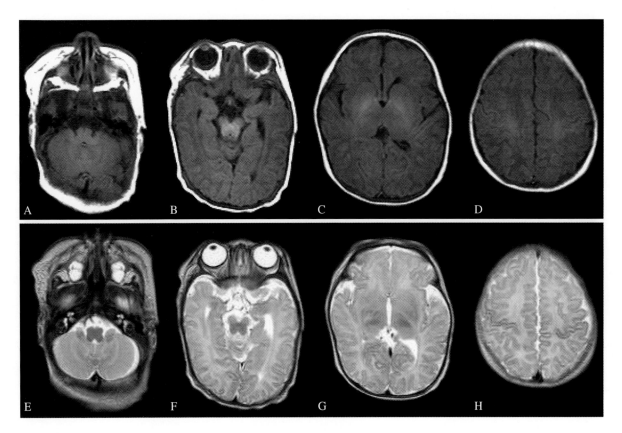

图7-8-2 男，3天，正常足月新生儿

图A~D为横轴位T1WI，示小脑上脚、脑干背侧、视放射、丘脑腹外侧、苍白球、内囊后肢后部、半卵圆中心中央部脑质呈高信号。图E~H为横轴位T2WI，示小脑蚓、脑干背侧、内囊后肢后部、丘脑腹外侧脑质呈低信号

表 7-8-1　足月新生儿脑组织 T1 和 T2 值（1.5T）

	T1（ms）	T2（ms）
脑灰质	1140～1500	100～206（基底节）
脑白质	1700～2300	130～394

表 7-8-2　早产儿的扫描参数（正交头颅线圈）（1.5T）

	TR（ms）	TE（ms）	Echo train length	FOV（mm）	Slice thickness（mm）	Scan time	Scan planes
T1 SE	800	13		180	4/0.4	3min52s	轴位；矢状位
T2 FSE	6000	200	13	180	3/0.3	5min12s	轴位±冠状位

大多数情况下新生儿头颅 MRI 在评价运动神经、弥漫性改变以及预后方面优于超声。T1、T2 加权像与 DWI 一起被认为是新生儿早期探查低氧缺血性脑病（hypoxic-ischemic encephalopathy，HIE）脑损伤的最佳组合。T1 加权像最适合于显示基底节和丘脑的损伤灶。DWI 最适合于显示梗死灶，明显的 ADC 值减低预示着不良的预后，但这一般只发生于出生的第一周内。常规 MRI 显示正常的早产儿脑，DWI 显示 ADC 值降低，预示预后不良，提示患儿可能会发展成脑室旁白质软化（PVL）。而这个时期对比增强像没有多大帮助。在 HIE 患儿，MRS 可显示 N- 乙酰天冬氨酸（NAA）降低，肌酸（Cr）降低，出现双峰状的乳酸（Lac）波以及胆碱（Cho）绝度浓度的下降。MRS 对于严重窒息足月新生儿的预后评估是很有价值的补充工具，主要表现为绝对的 NAA 及 Cho 浓度降低，尤其在基底节区域。反转恢复序列（FLAIR）在较大婴儿及儿童的脑成像中有极高价值，但在新生儿脑成像中无临床应用意义。

（二）儿童脊柱MRI成像技术

可使用脊柱线圈或脊柱阵列线圈应用于脊柱成像。在儿科，由于脊柱侧弯及后突等先天畸形很多见，故摆位时常常需要使用多种海绵垫、沙袋以及垫板，以获得线圈中心的最佳定位及良好的制动。常规包括矢状位的 T2WI、T1WI 和感兴趣区的横断面 T1WI 及 T2WI。可疑脂肪性病变时加扫矢状位压脂像。对于脊柱闭合不全合并肿瘤、肿瘤、感染以及炎症的评估，应该注射顺磁性的对比剂。冠状位对于脊柱旁肿物（神经纤维瘤，神经母细胞瘤）、脊柱侧弯以及脊髓纵裂畸形的评价大有裨益。

小婴儿脊柱的正常表现有些特殊。从出生到 1 个月，T1WI 显示低信号的已骨化的椎体与高信号的非骨化的软骨相接，有着小的低信号的椎间盘。在 T2WI，椎体已骨化和非骨化的部分都是低信号，而椎间盘是高信号。从 1～6 个月，椎体开始从外周向中心发生转化。因此，在 T1WI，椎体的外周是高信号，而椎体的中心及椎间盘仍旧是低信号。此时 T2WI 的表现同前。从 7 个月起，在 T1WI 上椎体是高信号而椎间盘是低信号；T2WI 依旧同前。

脊柱发育异常在儿科很常见。其中以脊柱闭合不全这一大类为主。脊柱闭合不全分为开放性脊柱闭合不全（脊膜膨出、脊髓脊膜膨出及脊髓膨出）（图 7-8-3），隐性脊柱闭合不全（皮毛窦，脊柱脂肪瘤，脂肪脊髓脊膜膨出，脊髓囊肿状突出，终丝栓系综合征，脊髓纵裂和尾端退化综合征）。MRI 可清楚显示脊柱先天发育异常时椎管内及其周围软组织的情况，CT 有利于明确脊柱骨的异常，两者结合能够全面准确地评估病情。此外，对于脊柱包括脊髓的炎性疾病、脱髓鞘疾病以及脊柱肿瘤等，MRI 均是非常适合的检查手段。

（三）儿童腹部成像技术

由于婴幼儿需要镇静或麻醉、麻醉的儿童需要禁食而不能应用肠道对比剂而致儿童腹部成像具有挑

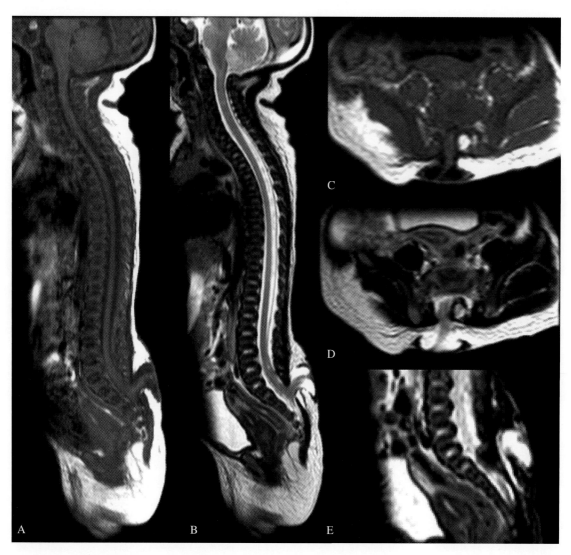

图7-8-3　女，2天，脊髓脊膜膨出

A，B分别为矢状位T1WI及T2WI。D、D为横轴位T1WI及T2WI。E为矢状位压脂的T2WI。可见骶2～3水平脊髓脊膜膨出，膨出包块未见皮肤覆盖；并可见脊髓圆锥低位、栓系。压脂像E是为了验证轴位上脊髓左侧异常信号影为椎管内脂肪瘤

战性。但是电离辐射的原因，CT正越来越多地被 MRI 所取代。儿童腹部 MRI、MRU 以及 MRA 已经成为非常重要的成像工具。新型对比剂的出现及不断发展的技术进步，将会拓宽 MRI 在儿童腹部的应用。

儿童腹部 MRI 成像在采集时间、空间分辨率、时间分辨率及信噪比等各个方面均需要优化，需要按照不同年龄、不同疾病及病情进行个体化调整。

1．儿童腹部 MRI 的适应证：

（1）腹部肿瘤及肿瘤样病变的诊断及鉴别诊断，术前评估，并发症的评估及随访

（2）肝胆管的成像。

（3）尿路成像，静态重 T2 水成像的 MRU 及注射对比剂的排泄性 MRU。

（4）复杂的泌尿生殖系统疾病和畸形（病例举例见图 7-8-4）。

（5）腹部大血管畸形，获得性血管病（如大动脉炎或动脉瘤）术前后评估。

（6）创伤或炎症并发症的评估。

（7）腹部器官移植后的评估。

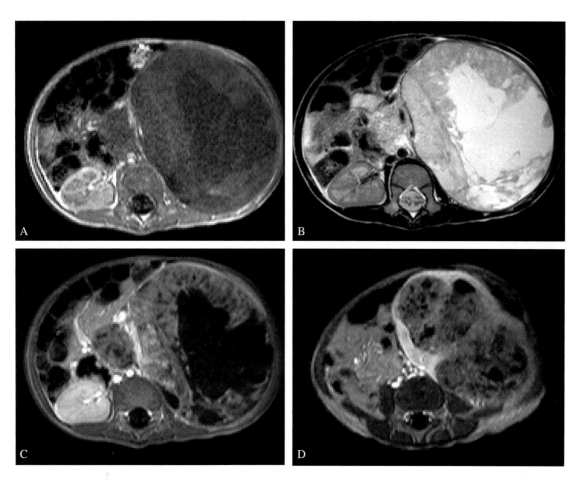

图7-8-4　男，1.5岁，左肾多发肾母细胞瘤

A为T1WI，B为T2WI，C和D为不同层面的增强T1WI。可见肿瘤因巨大，其内可见较大坏死囊区；但肿瘤实性部分呈稍长T1稍长T2信号强度，注射钆剂后轻度强化，D图中线病灶周围的明显强化带为残肾组织

2．儿童腹部MRI技术原则

（1）线圈和患儿体位：新生儿及婴幼儿腹部MRI检查，可选用头或膝关节线圈。较大年龄儿童可使用体部相控阵线圈，需将线圈固定以减少由于呼吸导致线圈移动而造成的伪影。使用头部、膝关节和体部相控阵线圈时患儿为仰卧位，应尽量保证患儿体位端正及舒适。

（2）扫描方案：儿童腹部检查多数不能应用屏气扫描技术。SS-FSE或HASTE序列图像采集时间短，无运动伪影，适合于不能合作的患儿，常规仅需要冠状位和轴位两个平面成像，盆腔、下尿路以及肿瘤性病灶时可以补充矢状位的图像。必要时可以进行扫描平面与靶器官的长轴一致扫描（如肾、血管结构）。

（3）参考序列：

① 快速的（各向同性的）3D序列在儿科腹部可以进行多平面重建。

② 平衡SSFP序列，如TRUFI可以快速可靠地获得成像目标的概观，运动伪影小，但探测病灶的能力相对有限。需要补充有或无脂肪抑制的T1和T2加权的快速自旋回波序列。HASTE或弛豫增强的快速采集（rapid acquisition with relaxation enhancement，RARE）重T2加权序列用于评价如生殖泌尿系统或胰胆管（MRI-cholangio-pancreatography，MRCP）。

③ 大儿童的灌注成像或血管造影序列可以在多次短的屏气内获得。可以选择可控机械通气获得呼吸控制来进行新生儿腹部检查。

④ MRCP，薄层（1mm 或更薄）、伴有横膈追踪的 3D 序列适宜于较小的儿童和婴儿。

⑤ 除了形态学的评估，顺磁性对比剂排泄性 MRU 可以定量地评估肾功能。然而，小婴儿肾发育不成熟，对比剂的动力学不同于较大的儿童，肾灌注及功能量化受到限制。

⑥ 腹部增强 MRA 检查中，不推荐婴儿和儿童使用双倍剂量技术。

⑦ DWI，BOLD 成像及 MRS 功能方面目前在儿科腹部的应用尚在评估研究阶段。

儿童腹部、盆腔肿瘤病灶的 MRI 扫描方案见表 7-8-3。

表 7-8-3　儿科腹部及盆腔肿瘤性病灶的典型 MRI 扫描方案

序列	采集平面	运动补偿	扫描时间（不包括门控触发）
STIR 或脂肪抑制的T2 SE	横轴位	除了盆腔外，呼吸门控/触发	4分钟
T2 SE	冠状位（盆腔用矢状位） 轴位（在盆腔增加冠状位和/或矢状位）	除了盆腔外，呼吸门控/触发	4分钟 3分钟
DWI	轴位	无	5分钟
脂肪抑制的T1 SE	轴位（对于盆腔中线病灶增加矢状位）	无	5分钟
经静脉注射对比剂后动脉期及门静脉期的3D扰相GRE	轴位或冠状位	屏气	30秒
注射对比剂后，脂肪抑制的T1 SE	轴位（对于盆腔中线病灶增加矢状位）	无	5分钟

（四）儿童骨关节MRI成像技术

随着 MRI 技术的不断发展和完善，MRI 在小儿骨关节病变诊断中的优势逐渐凸显，有些方面是 X 线和 CT 无法比拟的。关节囊内的一些细微结构、韧带组织、一些疾病的早期阶段、病变的不同阶段的变化，通过不同扫描序列的综合运用，MRI 能对上述诊断提供重要信息。常规序列包括：SE 序列的 T1WI、T2WI，T2W 压脂（STIR），GRE 序列及 DWI 等，增强的 T1WI。T1WI、T2WI、T2WI 压脂主要用于观察骨皮质、骨髓腔、骨小梁、纤维软骨、肌腱、韧带、横纹肌。GRE 序列主要用于观察关节软骨、含铁血黄素沉积等。扫描常常以矢状位、冠状位为主，辅以横轴位。MRI 在儿童骨关节损伤、骨缺血坏死、骨感染性疾病、骨肿瘤和肿瘤样病变、代谢性骨病以及血液病骨改变等方面均有重要的应用（图 7-8-5）。

（五）功能MRI技术在儿科的应用和展望

DTI 及纤维束示踪（fiber tractography）成像在新生儿低氧缺血性脑病（hypoxic-ischemic encephalopathy, HIE）、脑发育情况、儿童颅内占位性病变、脑缺血梗死、脑白质病以及精神病学等方面的评估及随访中均显示出很大价值。

MRS 对儿童脑肿瘤与非肿瘤性病变、脑内与脑外肿瘤、脑肿瘤良恶性程度、肿瘤术后复发与坏死以及原发与转移瘤的鉴别等均有很大的临床应用价值，并可用于对肿瘤病灶活检的定位。对于感染性脑病、缺血性脑病、脑白质病变以及遗传代谢性脑病等，MRS 均能提供补充的和有价值的诊断信息，有助于疾病的评估、治疗的监测以及预后的评价。在新生儿 HIE 的 ^{1}H MRS 分析中，Lac 峰增高、Lac/Cr 之比对该病的诊断及预后判定方面有重要的价值。^{1}H MRS 可评估肥胖儿童脂肪肝的浸润情况、监测减肥疗效。^{31}P MRS 由一系列含磷的物质峰组成，用于骨骼肌代谢性疾病能量代谢的研究，还可测定组织的 pH。

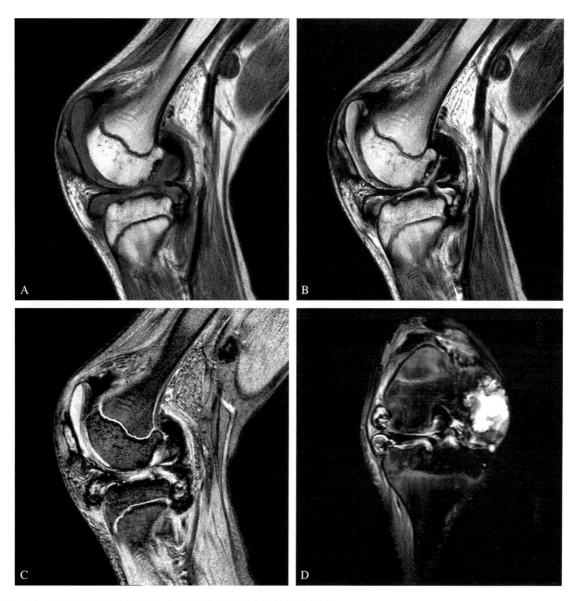

图7-8-5　男，13岁，血友病（B型）右膝关节反复出血致骨关节病变

A、B、C分别为矢状位T1WI，T2WI及 T2的GRE，D为冠状位T2压脂像（SPAIR）。可见右膝关节积液、滑膜增厚及大量含铁血黄素沉积，相邻关节软骨及骨破坏改变

ASL 的信噪比及分辨率较低，扫描时间较长，但在儿童信噪比要好于成人，由于无需注射对比剂、完全无创，在儿童有望有更好的应用。

功能 MRI 成像，尤其是静息态脑功能成像（rest function MRI，RS-fMRI）及其后处理的发展，在不合作及镇静儿童脑功能研究更有前景。

（彭　芸　王　俭　刘兰祥）

第九节　磁共振介入技术

- 磁共振介入的基本概念及系统组成
- 磁共振介入常用序列及临床应用

● 附录：磁共振介入常用序列参考

一、磁共振介入的基本概念及系统组成

（一）介入放射学

介入放射学（Interventional radiology）是在影像学方法的引导下，利用穿刺针、导管等介入器材，对疾病进行多种手段治疗或采集各种样本资料进行诊断的学科，是融医学影像学和临床治疗学于一体的重要学科，其特点是简便、安全、有效、微创、恢复快等。

目前介入手术的开展绝大多数都是以 X 线、超声或 CT 影像为依托。X 线和超声只能对病变部位作简单和粗略定位，临床应用极大受限。CT 扫描可提供高质量断层影像，引导准确，应用广泛，但因有辐射损伤，不能对手术进行实时监控。磁共振（MRI）成像具有良好的组织对比度和空间分辨率，可进行多参数、多平面和任意角度成像，而且安全无辐射损伤，是实施介入手术图像导航的很好手段，该技术称为"磁共振介入"（Interventional MRI，iMRI）。

磁共振介入技术发源于美国，处于该技术前沿的有哈佛大学医学院 Brigham 妇女医院（Harvard Medical School Brigham and Women Hospital）的国家图像导航中心（National Center for Image Guided Therapy）以及约翰-霍普金斯大学医学院等机构。当前比较可行的磁共振导航介入治疗系统解决方案是采用大开放度设计的磁共振系统，并结合介入导航和治疗系统，实现磁共振引导下的微创介入治疗。

磁共振介入目前主要应用于各种外科穿刺、引流、抽吸、氩氦刀冷冻治疗、放射性粒子植入治疗、椎间盘臭氧髓核融解术、功能性神经外科和立体定向神经外科等领域。伴随着磁共振成像技术日新月异的发展及先进三维治疗计划的实施，磁共振介入技术的未来前景令人期待。

（二）磁共振介入系统组成

磁共振介入系统通常包括专用磁共振成像系统、手术导航系统和介入治疗系统（表 7-9-1）。

表 7-9-1　系统各模块及功能描述

模块名称		模块描述
专用磁共振系统	磁共振成像系统	大开放度磁共振成像系统
	磁共振介入专用线圈	通常是使用柔性射频线圈，可以贴于患者病灶处，在提高手术便利性的同时，保证较高的图像质量。
	磁共振介入成像专用扫描序列	实现手术中的快速扫描；实现图像中手术器械的高对比度成像。
	手术器械联动控制扫描套件	由手术器械的空间方位自动控制磁共振扫描方向，实现对手术导航和介入治疗过程的近实时监控。
	图像校准与传输套件	保证所有磁共振图像中各个局部都能达到1mm的几何均匀度，并能在手术中实时更新扫描图像。
手术导航系统	手术器械跟踪系统	实时跟踪手术器械，将其空间坐标返回到导航控制平台并实时显示在手术室内的屏幕上。
	术中显示套件	医生在手术过程中通过观察这个屏幕，判断手术器械到位情况，实时调整手术器械角度和方位，实现介入手术导航。
	介入手术规划导航软件	综合各方信息进行手术的规划与导航
介入治疗系统	穿刺、引流、抽吸、氩氦刀冷冻治疗、放射性粒子植入治疗、椎间盘臭氧髓核融解术、功能性神经外科和立体定向神经外科以及心血管等介入治疗器械和系统。	

在实施磁共振介入手术时 MRI 屏蔽室充当手术室，介入治疗室内的控制台供医生进行介入治疗操作，手术室内还布置至少一套手术器械跟踪设备。在介入手术进行过程中，医生依据从室内屏幕上看到的导航图像，裸手进行操作或辅助定位装置来摆放手术器械，完成进针过程。手术器械到位之后，即可进行各种介入治疗（如穿刺、冷冻治疗、射频消融、粒子植入等）。在整个治疗过程中，依靠磁共振扫描进行图像的实时监控。完成介入治疗之后，还可以立即根据磁共振图像验证或评估介入治疗的效果。磁共振介入系统的各个模块的功能描述见表 7-9-1。

1. 介入磁共振成像系统类别

目前，用于介入的磁共振成像系统包括开放式低场磁共振成像系统（0.15 ~ 0.35T）、开放式中场磁共振成像系统（0.5 ~ 1.0T）和大孔径或混合式高场磁共振成像系统（1.5 ~ 3.0T）。

（1）开放式低场磁共振成像系统：见图 7-9-1。

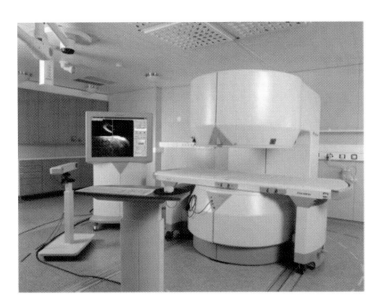

图7-9-1　包括一个开放式的0.23T 低场磁共振系统（Philips Medical Systems）、室内监视器、室内工作站、红外相机、固定的红外反射镜和脚踏以控制序列的扫描。磁共振成像系统和光学跟踪设备及软件集成在一起，用于实时显示和跟踪介入器械及其手术过程

（2）开放式中场磁共振成像系统（0.5 ~ 1.0T）：见图 7-9-2、7-9-3。

（3）高场磁共振介入成像系统（1.5 ~ 3.0T）：见图 7-9-4、7-9-5。

2. 磁共振介入治疗器械和装备

（1）磁共振活检器械：见图 7-9-6。

（2）冷冻消融系统：见图 7-9-7。

（3）磁共振乳腺活检设备：见图 7-9-8。

（4）磁共振前列腺穿刺定位系统：见图 7-9-9。

二、磁共振介入常用序列及临床应用

为了尽可能缩短手术时间并保证手术质量，与诊断 MRI 相比，iMRI 必须做到成像快速、定位准确和手术器械显影清晰。因为绝大多数患者都有术前诊断 CT 或 MRI 影像资料，因此，iMRI 要求在满足手术需求的前提下可以适当牺牲一些图像质量而尽可能节约时间。通常术中成像时间为 10 余秒至 20 余秒。

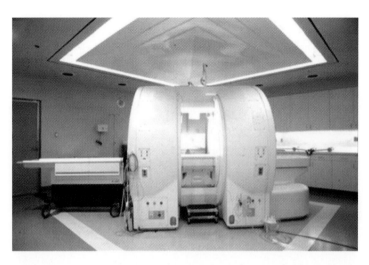

图7-9-2　开放式0.5T MRI（Signa-SP；General Electric Medical Systems，Milwaukee，Wisconsin）。利用开放式磁共振平台以及阵列乳腺线圈（MRI Devices，Waukesha，Wisconsin）可以进行乳腺的活检等介入操作

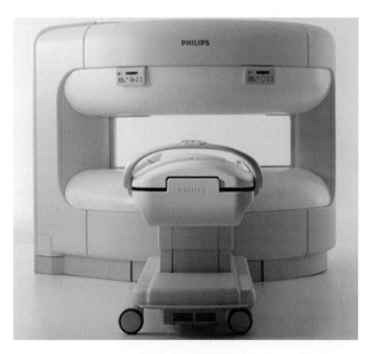

图7-9-3　Philips 1.0T 开放式Panorama MRI系统。该系统容许床前后和左右移动，特别适合磁共振经皮介入的需要。开放式的设计可以提供很大的空间来放置辅助定位装置以及穿刺针或消融针

对于胸部和腹部介入手术，必要时可以进行屏气扫描。

在 CT 导航介入中，金属穿刺针呈明显高密度影，显示直观明显。而磁兼容穿刺针在 MRI 图像上呈暗影显示，易被周边中等或低信号组织掩盖。因此在 iMRI 序列设计中必须考虑到如何提高对比度，使低信号针影与病灶及周边组织对比明显，方便手术操作。本节所述手术器械主要指磁兼容穿刺针，以下简称穿刺针或针。

前部章节已就各种磁共振成像序列做了较多的阐述，为避免重复，本节仅对介入手术中常用的一些序列及其特点进行简要说明。

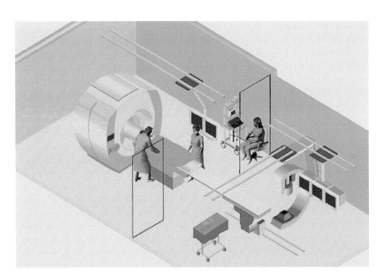

图7-9-4　高场磁共振成像/DSA血管造影混合介入成像系统。定制的床可以在DSA和MRI之间方便地移动，以适合血管介入和磁共振成像的需要

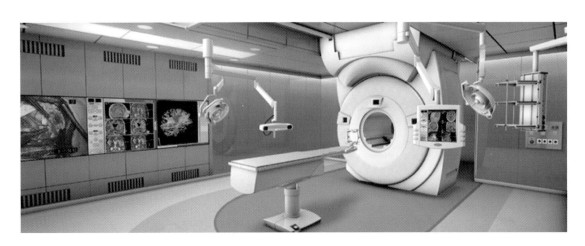

图7-9-5　神经外科介入治疗的术中磁共振系统。该磁共振磁体悬挂在房顶的滑轨上，可以在手术室和磁共振检查室之间移动，而患者保持静止不动，以满足手术/介入治疗和常规检查的需要。术中的大屏幕显示和光学定位跟踪系统用于实时显示和跟踪治疗过程中的介入器械的移动，并实时评估治疗的效果

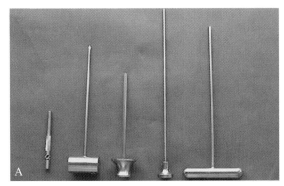
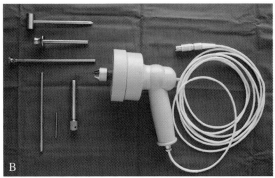

图7-9-6　磁共振兼容的骨活检套件（BoneBiopsyTM，Daum GmbH，Germany），包括两个不同尺寸的钻头（ϕ3 and 6 mm）并通过电钻连到光学跟踪系统

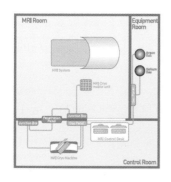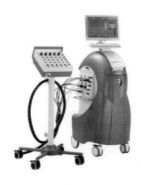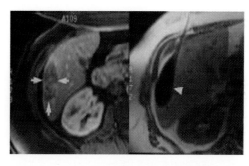

图 7-9-7　独特的、磁共振兼容的冷冻消融系统（Galil Medical，以色列）。该系统基于压缩的氩气、运用Joule-Thomson效应在冷冻针的前端产生极低的温度来灭活肿瘤细胞。温度传感器可以放在冷冻区实时监控温度的变化，以增强治疗的安全性和有效性。右图显示磁共振是很好的影像手段来引导冷冻消融针到肿瘤中，并显示冰球的边缘是否完全覆盖肿瘤

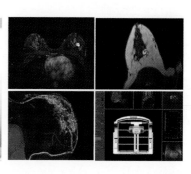

图7-9-8　乳腺活检的线圈、辅助定位支架和介入规划系统。左图显示用于乳腺活检的专用线圈；中图为乳腺活检辅助定位支架，其中支架的两片夹板用于固定乳腺，以减少在介入过程中移动，同时辅助定位活检针的放置。右图显示磁共振减影可以增强乳腺可疑病变的显示，并显示和其他组织的关系，准确引导活检针到达病变的位置

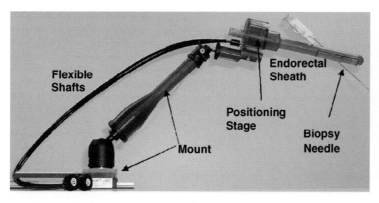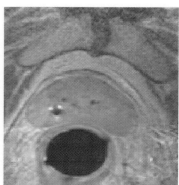

图7-9-9　左图显示磁共振前列腺活检定位装置（Johns Hopkins University），它包括一个固定平台、旋转进动装置、直肠内阵列线圈和活检针定位装置。右图磁共振图像显示活检针在前列腺上产生的信号缺失

（一）自旋回波（SE）

1. 特点　通过施加一个 90°射频脉冲后再加一个 180°的相位重聚脉冲，可以消除外磁场的不均匀性，以及内在的自旋 - 自旋相互作用，如化学伪影、磁敏感性伪影。

2. 临床应用　SE 序列 T1 加权像在常规扫描中使用较广，iMRI 常用序列中其最大优势是对解剖结构显示清晰细腻，可进行增强扫描。该序列对穿刺针没有伪影，因此针道显影浅细不明显。适于术前观察和术后评估，也用于术中。20 ～ 30 秒可成像 5 ～ 7 层（见图 7-9-10、7-9-11）。

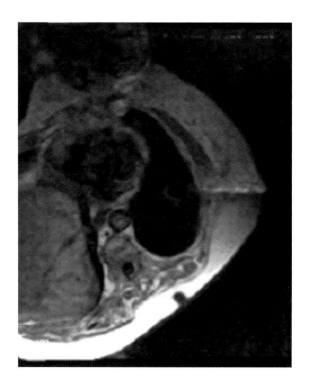

图7-9-10　SE序列T1W，左下肺癌MRI导航介入治疗（氩氦刀冷冻治疗），解剖及组织结构显示清晰。术中实时监控可见肿瘤冷冻中低信号冰球形成，针影显示较细

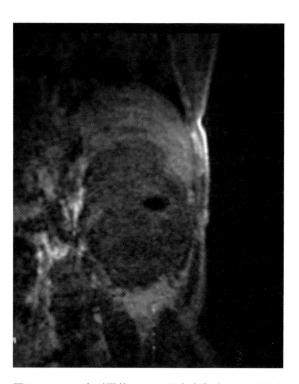

图7-9-11　SE序列冠状T1W，巨大右肾癌MRI导航介入治疗（氩氦刀冷冻治疗），肿瘤组织呈中等偏低信号，向上顶压肝。冷冻治疗中可见瘤体内低信号冰球形成，针影浅细

（二）快速自旋回波（FSE）

1. 特点　为多回波 SE 的快速扫描序列。一个 90°脉冲激发后跟随多个 180°相位重聚脉冲，即一个 TR 的时间内采集多个回波，以实现 SE 序列的快速扫描。

2. 临床应用　FSE 序列 T2 加权像对含液体成分及病变组织敏感，显示病变清晰。该序列对穿刺针没有伪影，因此针影浅细，不易观察。多用于术前或术后病变部位扫描。成像时间较长，20 ～ 30s 仅成像 3 ～ 4 层。

同 SE 序列比较，FSE/ T2W 对含水组织成分成像敏感、呼吸及运动伪影较重。较少用于术中导航（见图 7-9-12、7-9-13）。

（三）梯度损毁（Spoil Gradient，SPGR）

1. 2D SPGR

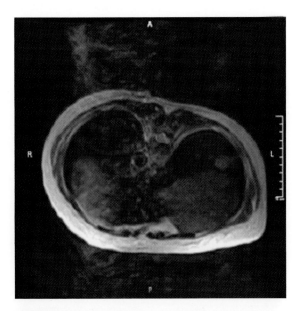

图7-9-12　FSE序列横断T2W，左肺下叶周围性肺癌，软组织对比分辨尚佳，解剖结构显示清晰

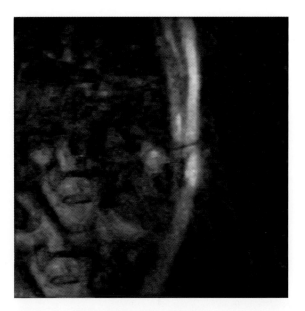

图7-9-13　同一病例FSE序列冠状T₂W，肿瘤呈长T2高信号，MRI导航穿刺活检，低信号针影浅细可见

（1）特点：SPGR采用一个部分翻转角 α（＜90°），施加射频损毁。应用该序列即使 TR 很短，横向磁化矢量也不会对下一个回波产生影响。因此可以有效缩短成像时间，便于术中快速扫描。

（2）临床应用：SPGR 的 T1 加权和 T2 加权均比较常用。应用该序列成像时穿刺针伪影较重，针影粗暗，有利于术中实时观察穿刺进针的方向和位置。多用于术中快速扫描以及腹部屏气扫描。3～5层成像时间 10 余秒。

同 SE 及 FSE 序列 T1W/ T2W 相比，SPGR 序列成像速度快、针影明显、呼吸及运动伪影小，但软组织对比度及分辨率较低（图 7-9-14，7-9-15）。

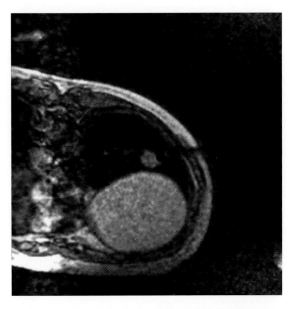

图7-9-14　SPGR序列T1W，右肺下叶周围性肺癌，MRI导航穿刺活检，穿刺针暗影针道粗且明显，术中可实时观察进针方向和定位，保证穿刺准确

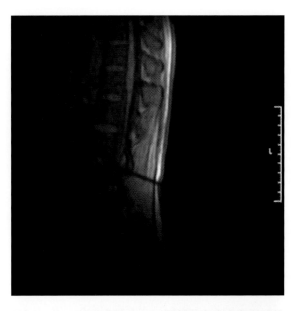

图7-9-15　SPGR序列T2W，腰椎间盘突出臭氧髓核消融治疗。椎间盘及椎管中脑脊液呈长T2高信号，针影及解剖结构显示清晰

2．3D SPGR

（1）特点：在 2D SPGR 成像机制中，射频是对单个选定的层面进行激发，逐层重建。3D SPGR 则是对一个选定的体积进行激发，然后重建出体积内的各层图像，具有较高的图像后处理功能。因此，在具有 2D SPGR 的特点的同时，能实现薄层（层厚＜ 1mm）扫描，高分辨率，同时获得较高的信噪比。

（2）临床应用：同 2D SPGR 一样，因扫描时间短暂、针影显示粗重，便于术中实时观察进针的方向和位置。因图像分辨率和信噪比较 2D SPGR 高，对精细解剖结构及病灶的显示较好。术中导航应用优势明显。多用于头部、腹部介入手术。7 ～ 10 层成像时间 20 余秒（图 7-9-16、7-9-17）。

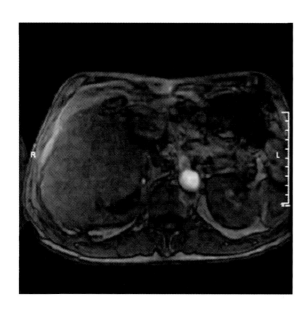 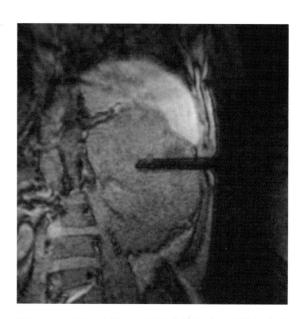

图7-9-16　**3D SPGR**，右肾巨大占位，肿瘤轮廓及周边解剖结构显示清晰，信噪比好，无伪影干扰

图7-9-17　同一病例MRI导航介入治疗，低信号穿刺针显示清晰，针影粗重

（四）自由稳态进动

1．特点　与 SPGR 相似，自由稳态进动（Steady State Free Precession，SSFP）也是 GRE（梯度回波）序列的一种。二者不同的是，SPGR 是将磁化矢量打散避免影响下一个回波采集，而 SSFP 则保留上一次的剩余磁化矢量。TR 和 TE 极小，TR ＜ 10ms，TE ＜ 5ms。成像速度快，信噪比高，可进行薄层扫描。但易受磁场不均匀性和运动的影响。2D SSGR/3D SSGR 的成像原理和特点与 2D SPGR/3D SPGR 相同。

2．临床应用　$T2^*$/ T1W 成像。与 SPGR 相比，穿刺针伪影较小，成像速度更快。T2* 序列水信号显影高亮。多用于颅脑、血管和水成像。术中导航应用较多。SSFP 2D 序列 5 ～ 7 层成像时间 10 余秒，SSFP3D 序列 15 ～ 20 层成像时间 20 ～ 30s（图 7-9-18、7-9-19）。

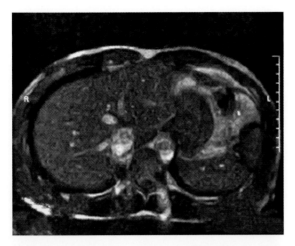

图7-9-18　SSFP 2D，肝薄层快速扫描，肝、脾、胃、腹主动脉及下腔静脉等解剖结构轮廓清晰。图像信噪比好，无伪影干扰

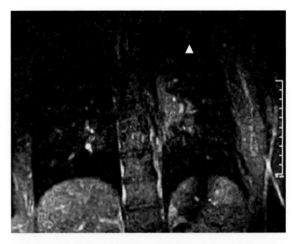

图7-9-19　SSFP序列T2*，左下肺门中心型肺癌。肿瘤呈中等偏高信号，轮廓显示清晰（△）

附录：磁共振介入常用序列参数

以 0.5T 介入磁共振为例，常用磁共振介入序列参数见表 7-9-2。

表 7-9-2　以 0.5T 介入磁共振为例，常用磁共振介入序列参数

	2D SE/ T1W	2D FSE/ T2W	2D SPGR/ T1W	3D SPGR/ T1W	2D SSFP T2*/ T1	3D SSFP T2*/ T1
TR（ms）	120	1800	22	22	9	9
TE（ms）	15	90	11	11	4.5	4.5
FA（degree）	N/A	N/A	75	75	60	60
BW（kHz）	20	20	20	20	62.5	62
FOV（mm）	300	300	300	300	300	300
Thickness（mm）	6	6	6	3	5	6
Matrix	256×160	256×160	256×192	256×192	256×256	256×192
NEX	1	1	1	1	1	1

（赵　磊）

第8章
磁共振成像质量控制与系统维护

- 磁共振设备的安装与调试
- 磁共振成像设备的冷却与屏蔽
- 磁共振成像装备的选购与临床应用
- 磁共振设备安装及使用过程中的安全与日常维护
- 磁共振设备的质量控制

第一节　磁共振设备的安装与调试

- 医用磁共振成像设备的安装流程
- 磁共振设备的场地准备
- 磁共振设备的安装

一、医用磁共振成像设备的安装流程

磁共振设备的安装场地要求非常严格，如果处理不当会影响整个设备的装机和调试，严重时甚至导致设备无法正常运行，造成装机工作的失败。在整个安装流程中，医院与设备厂家应当自始至终保持相互协调的合作关系。现将磁共振设备安装的主要流程总结如图 8-1-1 所示。

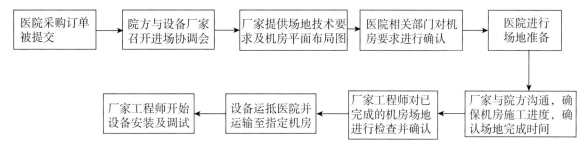

图8-1-1　磁共振安装流程图

在设备场地准备之初，应制定场地工作准备时间表（表 8-1-1），明确各项工作的参与人员，以保障工作顺利有序地进行。

表 8-1-1　磁共振场地工作准备时间表

序号	内容	参与人员	所需时间
1	磁共振室选址，环境评估，明确设备的运输路径 厂家工程师向院方提供详细的设备技术需求并作明确解释 厂家工程师绘制设备平面摆放设计图，院方审核并签字确认 院方明确项目负责人	院方领导 相关科室 厂家工程师	1～2天
2	明确屏蔽公司、空调公司以及水冷系统公司	医院负责人	根据实际情况而定
3	出具详细屏蔽土建施工图	屏蔽公司	屏蔽合同签订后7天
4	厂家工程师到医院，与院方共同明确具体施工操作	医院负责人、相关科室、施工方、厂家工程师	1天
5	土建，达到屏蔽公司进场条件	医院、施工队	根据实际情况而定
6	屏蔽工程（施工）	医院、屏蔽公司	30天左右
7	空调公司进场安装	医院、空调公司	根据实际情况而定
8	厂家工程师到医院，与院方进行最后的场地检查，明确运输及吊装方案	医院、厂家工程师	1天
9	磁共振到货联系吊装公司	厂家	
10	屏蔽测试	医院、专业检测单位	1天
11	磁共振进场及连接水冷系统	厂家工程师、运输吊装公司、水冷系统公司、屏蔽公司、医院	1～2天
12	磁共振安装及调试	厂家工程师、医院	4～6周

　　由于磁共振设备对场地及运输通路的要求较高，在实际准备工作中，医院设备管理科室（如医学工程处、设备处等）应与医院基建处、施工单位及厂家工程师随时沟通，并对实际施工情况进行监督。以保证设备的顺利进场及安装。

二、磁共振设备的场地准备

（一）外部环境要求

　　磁共振设备安装前期，医院要根据生产厂家给予的安装指导手册进行机房的设计规划。机房所在的位置必须保证在设备工作时，不会受外部干扰而影响磁场的均匀性，同时还要保证人员的安全和其他医疗设备的功能不受磁场影响。下面以 0.35T 和 3.0T 为例，简要说明磁共振设备对外部环境的要求。

　　1. 磁体的强磁场与周围环境中的大型移动金属物体可产生相互影响，通常离磁体中心点一定距离内不得有电梯、汽车等大型运动金属物体，具体限制请参见表 8-1-2 和表 8-1-3。

表 8-1-2 0.35T 对大型运动金属物体的要求

物体	与磁体中心点的最小间距（m）
火车	100
电梯	13
卡车，公共汽车	13
小汽车，小型货车，救护车	11
交流电源线	5
移动金属物体（＜181kg）	3

表 8-1-3 3.0T 对大型运动金属物体的要求

物体	与磁体中心点的最小间距（m）
移动金属物体＜181kg	3高斯线外
小汽车，小型货车，救护车	6.40（X，Y方向），7.92（Z方向）
卡车，公共汽车	7.47（X，Y方向），9.25（Z方向）
移动金属物体＞181kg电梯、火车、地铁等	提交给厂家工程师以做评估

2. 近距离的铁磁物质会影响磁共振设备磁场的均匀性，因此离磁体中心点一定范围内的所有铁磁质物质（包括建筑钢筋、下水道、暖气管道等）都必须提交给设备厂家的工程师进行评估（表 8-1-4）。

表 8-1-4 磁体对铁磁物质的要求

型号	距磁体中心的范围
0.35T	2m以外
3T	3m以外

3. 震动会影响磁共振设备的图像质量，因此磁体间要尽量远离以下震动源：停车场、公路、地铁、火车、水泵、大型电机等。

4. 磁共振设备场地附近的高压线、变压器、大型发电机等产生通过的电流会影响图像质量，如场地附近存在以上物体，必须提交设备厂家公司的工程师以做评估。

5. 若附近有其他磁共振设备，应确保两台磁共振设备的 3 高斯线没有交叉。

6. 磁共振设备产生的强磁场与周围的医疗设备会产生相互影响，设备厂家都会在场地文件中列出不同场强范围内可能受影响的设备，具体限制可以参照表 8-1-5。

表 8-1-5 不同场强可能影响的医疗设备举例

高斯（G）限制	受影响的医疗设备
≤0.5G	ECT
≤1G	PET-CT 医用显示器 直线加速器 CT 回旋加速器 超声诊断机 精密测量仪 碎石机 电子显微镜
≤5G	心脏起博器 生物刺激器 神经刺激器

（二）磁共振设备的电源及接地要求

磁共振设备的电源系统采用三相五线制，电压为 380V。由于磁共振扫描时对电源要求较高，设备功率大，所以供给磁共振设备的电源必须直接从医院主变电站接独立电缆至机房专用配电机柜。电缆的线径选择应预留一定的功率余量，电缆不宜过长，最好小于 100m。电缆的内阻不应超过 95mΩ，且三相不平衡小于 2%。配电柜内应包含三相火线保险、交流接触器、漏电保护器、零线线排、地线线排等。如果供电电源的波动较大，还需增加三相稳压电源或三相 UPS 电源。设备厂家在场地文件中会给出如下参数：

1. 系统电源的电压、频率及相应的偏差范围。

2. 设备的最大瞬时功率、连续功率、功率因数；设备最大瞬间峰值电流值、连续电流值以及推荐使用的最小过电流保护器的额定电流值。

3. 推荐使用的专用变压器的容量。

4. 配电柜、电缆及断路保护器的规格。

与磁共振设备配套的机房空调（功率通常为 40 ~ 50kW）、冷水机（通常为 20kW）、洗片机、照明及电源插座的用电必须与磁共振设备的用电分开，医院应根据上述设备的实际载荷单独供电。

磁体间内的电缆沟只供磁共振设备专用，必须做到表面平整，防水防油，远离发热源并避免温度剧烈变化。磁体间内严禁使用铁磁材质制作电缆槽。

在磁共振设备的场地准备中，系统接地设计是一项很重要的工作。电子设备的正常运行离不开合格的接地设计及实施，这也是操作人员的安全保证。系统接地主要包括以下几类：系统工作接地、安全保护接地、直流接地、防雷保护接地、屏蔽接地、综合接地等。

在磁共振设备机房的配套工程中，电源系统的保护接地、设备的工作接地和屏蔽系统的屏蔽接地是三个主要项目。接地设计有专门的国家技术标准，一般要求工作接地的电阻不大于 4Ω、安全保护接地电阻不大于 4Ω、防雷电接地电阻不大于 10Ω。实际工程设计必须参照磁共振设备的安装场地文件要求来进行，一般要求接地电阻不大于 2Ω，且越小越好。接地系统在设计时应注意分析以下几方面问题。

1. 接地电阻大小与土壤的电阻系数密切相关，土壤的性质、含水量、湿度、化学成分、物理性质对其电阻系数有很大影响。其中土壤性质对其影响最大，岩石、砂、泥土、水等不同性质土地的电阻系数相差几千至几万倍。

2. 理论上各种接地应该相互绝缘独立，但由于这样造价高、技术难度大，实际设计中往往采用其他折中办法。如交直流分开接地、各种接地与防雷接地独立、局部综合接地等。在磁共振设备接地设计时，设备工作接地与屏蔽接地必须相互独立。

3. 在设计中接地体和接地连线的材料、工艺都必须严格选定，否则将会因腐蚀、接地不良及内阻等问题影响其使用。

4. 接地连线及其地下布局也要根据地理环境因素综合考虑，一般有一字型、环型、矩型等布局方式。

（三）磁共振设备运输通道的要求

磁共振属精密医疗影像诊断设备，设备价值巨大，运输和吊装时应谨慎对待并严格遵守相关要求。医院和设备厂家必须考虑运输路径的路况和承重要求，以确保磁共振设备能顺利运抵安装现场。磁共振设备中磁体是所有部件中体积及重量最大的，必须考虑门窗、走廊的高度及宽度，应确保通往磁体间的通道平整，无障碍物。磁体运输及吊装前，设备厂家和吊装公司应同时到运输吊装现场实地查看环境状况，以确定最佳的运输吊装方案。在运输过程中，磁体在任何方向的倾斜角度都不得超过 30°。

另外，还需要考虑液氦灌装的通道。液氦一般由 250 ~ 500 L 容量的真空隔热的杜瓦罐装运到设备现场，运输通道的门和走廊要留有足够的宽度和高度，以便杜瓦罐能顺利通过，并能将虹吸管顺利插入杜瓦罐。

下面以两种型号的磁共振为例，简述其磁体间承重及运输通道的要求。

1. 0.35T

磁体自重 19,000kg，水平置于水泥基座上。扫描床重 591kg，用地脚螺栓固定于地面。固定位置处必须保证有 200mm 厚且标号不小于 C20 的混凝土层。此外还应考虑附属设备及人体的重量，医院需要聘请建筑结构工程师做承重和受力分析，以确保安全。磁体及检查床示意图如图 8-1-2 所示。

该型号设备的磁体最大包装尺寸为（长 × 宽 × 高）3290mm×3020mm×3210mm，最大带包装重量为 29,400kg。通常磁体间须预留（宽 × 高）2.8m×2.8m 开口以供磁体

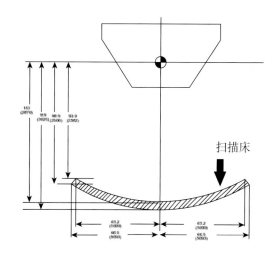

图8-1-2　磁体基座承重位置及扫描床位置示意图

进入。医院须确保通向磁体间的通道平整，无障碍物。通向磁体间的整个通道必须能满足磁体运输的承重要求，必要时需铺垫钢板以达到散力的目的。磁体净尺寸参见图 8-1-3。

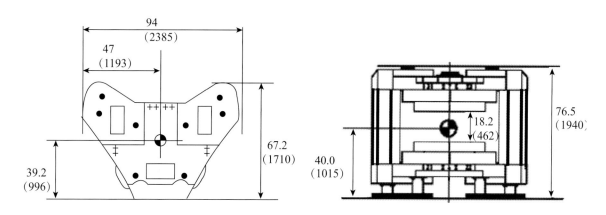

图8-1-3　0.35T磁体净尺寸示意图

2. 3.0T

磁体自重 11,020kg，扫描床自重 286kg，用地脚螺栓固定于地面（图 8-1-4）。固定位置处必须保证有 200mm 厚的、标号不小于 C20 素混凝土层。同样应酌情考虑附属设备及人体之重量。此外还应确保磁体正下方 3.3m 见方范围内的地面钢筋含量不超过表 8-1-6 的规定。

表 8-1-6　磁体正下方地面钢筋含量上限

距磁体中心点距离（mm）	距磁体下方地板距（mm）	钢筋含量限制（kg/m²）
1067	0	0
1143	76	9.8
1194	127	14.7
1321	254	39.2
1397	330	98.0

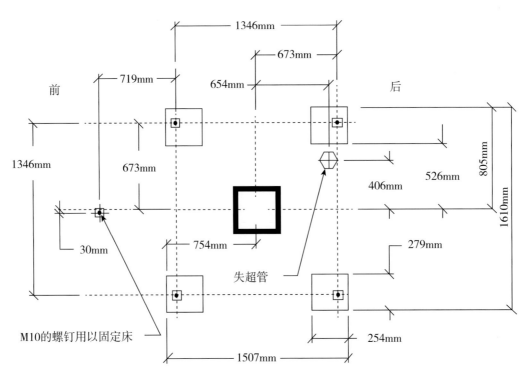

图8-1-4 磁体基座承重位置及扫描床的固定位置

该设备磁体的最大的包装尺寸为（长 × 宽 × 高）2895mm×2438mm×2534mm，带包装重量为 12,430kg。通常磁体间须预留（宽 × 高）2.8m×2.8m 开口以供磁体进入。应确保通向磁体间的通道平整，无障碍物，通向磁体间的整个通道必须能满足磁体运输的承重要求，必要时需铺垫钢板已达到散力的目的。磁体净尺寸参见图 8-1-5。

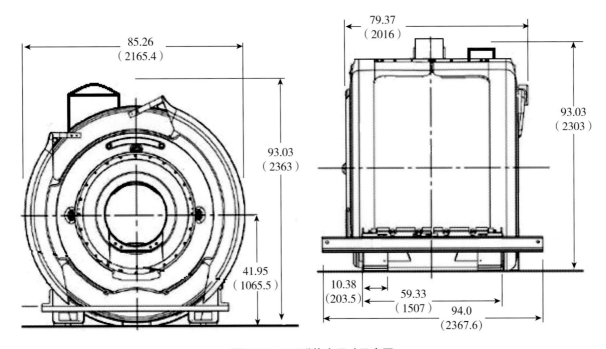

图8-1-5 3.0T磁体净尺寸示意图

（四）磁共振设备的散热量及机房的温湿度要求

磁共振设备对工作环境要求很高，过高或过低的温度、湿度将导致设备不能正常工作。因此，磁体间、设备机房应采用独立的专用机房空调，该类型空调具有恒温恒湿功能，并安装了独立双回路机组，可以保证 24 小时运转。磁体间和设备机房的温度应控制在 22℃ 左右，湿度控制在 40% 左右。在设计空调制冷容量时，应考虑磁共振设备工作时所释放出的热量及房屋空间的大小，制冷量要有一定预留。典型的磁共振机房的温湿度要求如表 8-1-7 所示。

表 8-1-7　典型磁共振机房的温湿度要求

	温度（℃）	温度变化率（℃/h）	湿度（%）	湿度变化率（%/h）	散热量（kw）
磁体间	15～21	≤3	30～60	≤5	2.8
操作间	15～32	≤3	30～75	≤5	1.45
设备间	15～32	≤3	30～75	≤5	20.1

磁共振机房的温度变化（例如从磁体底部到顶部）应控制在 3℃ 以内。医院应根据设备厂家的要求安装合适的机房空调。机房空调系统的运行效果与通风方式的设计密切相关。机房中通风系统的基本布局有以下几种方式：室内直吹式、上送侧回式、下送上回式、上送下回式、下送风自然回风式及混合式。在不同的设备摆位及机房空间条件下，要选择最优的通风系统的布局，但应注意在使用风道送风时，风道尺寸及其周边的密封保温设计对空调系统的总体制冷效果及冷风量有很大影响。因此，在选择空调设备时，还要考虑由于风道尺寸及布局造成的风量损失及其对制冷量的影响。另外，季节性因素对空调制冷效果的影响也不能忽视。

三、磁共振设备的安装

（一）磁体的运输及吊装

在磁体运输及吊装的过程中，不能发生跌落或碰撞，一旦导致磁体发生几何变形，将影响其均匀度，从而造成无法弥补的损坏甚至磁体报废。下面以 3.0T 为例，简要说明磁体运输及吊装所需的工具及注意事项。

如表 8-1-8 所示，为保证磁体能够顺利安装到位，应准备所需的运输吊装工具。磁体运输吊装前，吊装公司和设备厂家必须到吊装现场实地查看环境状况，以确定最佳吊装方案。如果磁体运输路径上需要铺设钢板，应保证有足够的搬运人员和运输机械（如叉车）。整个搬运过程要求平稳、安全。

在磁体运输吊装至指定机位前，应按照场地文件将补偿钢板放置到位，确保磁力线均匀。然后，由设备厂家的工程师标记磁体的位置。用吊车将磁体从集装箱顶部吊出，平稳放置于中转平台。使用专用运输工具将磁体运输至标记位置。磁体就位后，要使用千斤顶、防磁水平尺、硬橡胶垫（绝热用）和补偿钢板将磁体调至水平。

表 8-1-8　3.0T 磁体运输吊装工具清单

工具名称	数量	技术参数		使用目的
叉车	1	有效负荷	2吨	卸载或移动设备柜
吊车	1	有效负荷	20吨	卸载或移动磁体
吊臂	1	有效负荷	12吨	卸载或移动磁体
		吊点间距	2438mm	
吊带或钢丝绳	2	有效负荷	12吨	卸载或移动磁体
		最小长度	7320m	
"U"形吊环	4	有效负荷	4吨/个	卸载或移动磁体
千斤顶	4	有效负荷	4吨/个	抬升磁体
滚杠	若干	规格	直径 5 cm 左右，平行铺于钢板下	移动磁体到磁体间
钢板	1	规格	1500～1700mm宽，1600～1800mm长 厚度：负荷12 吨，滚杠平行铺于此钢板下	移动/定位磁体到磁体间
钢板	2	规格	1800mm 宽，2300mm 长 厚度，负荷12 吨	移动磁体时铺垫地面
枕木	若干	—		移动磁体时铺平地面
撬杠	4	规格长度适宜	—	移动/定位磁体到磁体间
坦克轮	4	—		移动/定位磁体到磁体间

（二）磁共振设备的系统布线及安装

　　磁共振设备的各组成部分如磁体、扫描床、设备机柜、主控台等是通过电缆、光纤等各种线缆连接，为了防止磁共振工作时产生的射频场的干扰，磁体间内的所有连线必须通过滤波盒（Filter box）转接后才能与操作间的设备相连接，其布线与装配必须严格遵循设备厂家的装机文档。

　　磁共振装机时所用的线缆分为以下五类：电源线、信号线、梯度场线缆、射频线缆以及地线。在布线时需注意以下几点：

　　1．为防止静电对电路板的损坏，必须首先接上所有地线，包括屏蔽独立接地线。

　　2．所有线缆要平行布置，不能交叉、截断，多余线可平行打折。尤其是射频线缆，如果不按规范布线将导致射频场的不均匀，出现图像大面积亮暗不均的故障。

　　3．光纤线缆，如各种门控光纤等不能打折和挤压，多余的光纤要绕成直径大于50cm圆环水平放置于磁体下方。如果光纤线缆被挤压，会导致光信号无法传输，门控信号消失，无法进行门控扫描。

　　4．用户自备设备的线缆（如背景音乐设备的音频线），一定要通过设备厂家提供的滤波器的预留端子接入，否则会对图像产生干扰。

（三）磁共振设备的启动

　　1．磁共振设备启动前的准备　在启动设备之前，应检查供电线路的电压及频率是否正常，测试所有急停开关是否正常，检查水冷系统管路连接是否正常。之后依次打开各路电源控制开关，启动氦压机，并检查氦压机压力。如果氦压机的压力低于正常范围，需要补充纯度为 99.999% 的氦。检查水冷系统的出水、回水压力，检查水温。检查液氦容量。

　　2．液氦的灌注　灌注液氦前，应根据需要补充的容量选择相应规格杜瓦罐运输液氦。灌装时，操作空间应宽敞通风，温湿度适宜，并有安全出口。灌装所需工具及防护用品如表8-1-9所示。

表8-1-9　液氨灌装所需工具及备品

工具及防护用品	用途
虹吸管	虹吸管从杜瓦罐上端插入，管口接近罐底，罐内液氦受压后通过虹吸管流入磁体
热枪	在灌装完毕后，用于除冰
石棉防护罩、防护衣、防护鞋、防护手套	灌装人员防护用品
99.999%高纯氦气	高纯氦气瓶与杜瓦罐联通并向其持续输送氦气，使杜瓦罐内液氦受压并通过虹吸管流入磁体

液氦灌装的操作要点：如果液氦容量较低，为了安全应先释放磁体线圈的电流后再补充液氦，释放方法是换插电极，插换动作要迅速而平稳，以防空气进入磁体导致结冰甚至失超。在释放和恢复电流前应将电极上的出气管与失超管短路，以防止释放和恢复电流时磁体内压力过高而失超。如果液氦容量较高，则可不释放电流而直接补充液氦。补充前，要先将磁体液氦挥发出口与氦气通路（回收通路或排空通路）之间的单向阀短路，然后将输氦管与失超管短路，使磁体内压力与大气压平衡。短路时间不能过长，以免空气进入磁体引起结冰甚至失超。当磁体罐内外压力平衡时，完全打开虹吸管的液调节阀，将其进液端缓慢插向液氦已平静的杜瓦罐底，当喷出的气体变为白色雾状时立即关小阀门，并迅速将出液口插入输氦管入口，并旋紧接管，此后通过观察磁体压力表的压力来调节进液阀大小。

常用杜瓦罐容量为100～500L，如需要补充的液氦量超过500L，则需数只杜瓦罐补充。此时，切忌将虹吸管从一只杜瓦罐拔出直接插入另一只，以免由于相对过热的虹吸管进入杜瓦罐使液氦急剧挥发，瞬时产生大量氦气将爆破膜冲破而发生失超。在输氦过程中如发现结冰，应立即关闭输氦阀，并用热枪加热处理，当问题解决后再继续输氦。如输氦管内发出尖锐的啸叫声，则说明杜瓦罐内的液氦已接近排空，此时应迅速关闭输氦阀，立即将虹吸管从输氦管内拔出，并将输氦管封口，单向阀复位。

3．励磁　励磁（Energizing the magnet）又叫充磁，是指超导磁共振设备在磁体电源的控制下逐渐给超导线圈施加电流，从而建立预定磁场的过程。励磁一旦成功，超导磁体就将在不消耗能量的情况下提供强大的、高度稳定的均匀磁场。

对于超导磁体，成功励磁的首要条件是建立稳定的超导环境。其次，要有一套完善的控制系统。该系统一般由电流引线、励磁电流控制电路、励磁电流检测器、紧急失超开关和超导开关等单元组成。另外，一个高精度的励磁专用电源也是不可缺少的。励磁前需要做的准备工作如下：

（1）补足致冷剂：超导环境刚建立时，由于低温容器的温度尚不稳定，致冷剂的挥发过快，有可能使液氦、液氮液面低于80%，应补足再励磁。

（2）建立磁体间的安全体系：要对有关的控制电路，尤其是紧急失超开关、磁体室氧监测器等部件进行检查，确保这些设备工作正常。

（3）安装磁场检测设备。

（4）现场清理：彻底清理现场，移走磁体附近的一切铁磁性物体，并准备好专用的无磁工具。

（5）设置危险标志：在磁体室外悬挂危险警示标志，防止植有心脏起搏器等人工体内植入物的患者误入。

励磁时还必须充分考虑突然增大的磁场对磁体本身的作用，比如大涡流的影响等。扰效应和磁锻炼行为等超导体的特殊性质，也是应该加以考虑的因素。励磁时，场强一定要控制在标准场强的最小值(B_0) min 和最大值(B_0) max 范围之内，且越接近其标准值(B_0)越好。因此，给超导磁体励磁不是一个简单的合闸过程。

励磁结束后获得的磁场叫做基础磁场（Basic field），即未经任何匀场处理的磁场。

4．患者扫描床的校准　在患者扫描床的整个运动路径上，扫描床与磁体外壳间距始终应在一定的范围内（3～8mm）。但由于外壳材料不平整、扫描床安装误差等原因，会导致磁体外壳与扫描床之间无法保持绝对的平行，床在运动时可能与磁体发生摩擦与碰撞。因此，需要对扫描床进行校准。由于扫描床会受到主磁场的影响，因此必须在励磁结束后进行校准。

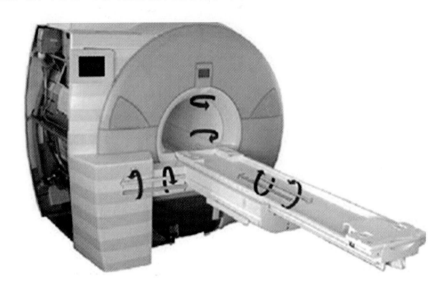

图8-1-6　患者扫描床校准示意图

如图 8-1-6 所示，扫描床可能在 X 轴轴向及 X 轴径向、Y 轴轴向及 Y 轴径向、Z 轴轴向及 Z 轴径向这六种方向上产生误差，通过调节磁体上预留的各个方向的调节螺栓，可以达到满意的效果。

5．匀场（Shimming Magnet）　磁共振设备匀场的方法有两种，即无源匀场和有源匀场。无源匀场是基础，其结果是永久性的，没有达到理想的无源匀场效果，有源匀场也就无从谈起。因此，做好磁共振设备安装时的无源匀场工作是十分重要的，其结果将直接影响整个设备的成像效果。

磁共振机房的周围环境是做好匀场工作的关键，有条件的医院应将机房远离其他建筑物而相对独立。如果设备机房在建筑群中，则应充分考虑建筑物中存在大量的磁性物质如钢筋、水管、大型用电设备等，因为无源匀场时需要把这些因素加以考虑从而得出最后的补偿结果。如果无源匀场后这些因素发生变化，则匀场效果也将发生改变，从而导致图像质量下降，甚至使一些特殊扫描技术无法运用。由于无源匀场是在设备安装时一次性完成的，因此，在无源匀场前，应先将以磁体为中心半径 15m 以内的外部环境固定下来，确保以后不再改变，方可进行无源匀场工作。

无源匀场是首先由计算机算出各方向上各点需补偿的场强偏差大小，并提供一个补偿方案。之后利用特制的金属片放入各方向的匀场补偿槽板内来实现。计算机得出的方案即每个方向上的槽板内每点需补偿的金属片尺寸及数量，用于贴补的金属片由设备厂家提供。首先要将各种规格的铁片按尺寸大小分类摆放整齐，根据计算机提供的方案一一对应地放入各方向的槽板内。此过程应由一名工程师独立完成，另一名工程师负责监督，以免放错。这一步工作在整个匀场工作中是最需要耐心的，一旦某一环节发生错误，可能导致匀场的前功尽弃。完成各方向槽板铁片放置工作后，将槽板放回原位，注意不可放错方向，等各方向上的铁磁性物质充分磁化后再进行第二次匀场工作，第二次匀场工作重复上述过程，完成后再进行第三次或第四次，直至匀场指标达到厂家要求。一般无源匀场不应超过四次，如四次匀场仍不能达到要求，就必须查找出原因，从第一次开始重做。在周围环境达到调试要求的前提下，无源匀场工作的关键在于要有足够的耐心和细致周到的工作态度。实践证明，只要不操之过急，急于求成，匀场工作可达到非常满意的效果。

有源匀场是利用匀场线圈产生的磁场来抵消主线圈的谐波磁场，从而改善磁场的均匀度。匀场线圈是一系列放在主线圈附近的辅助线圈绕组。匀场时，匀场电源提供匀场线圈所需的电流，当浸泡在液氦中的匀场线圈成为超导状态时，电源断开，此后不需要电源就能维持匀场状态。

第二节 磁共振成像设备的冷却与屏蔽

- 磁共振设备的冷却
- 磁场与射频场的屏蔽

一、磁共振设备的冷却

（一）低温及超导技术

低温通常是指低于摄氏零度。按低温的获得方法及应用情况可分为普冷（273K ～ 120K）、深冷（120K ～ 0.3K）、超低温（0.3K 以下）三个温区。普冷，通常称为制冷技术，它应用在空调、冰箱等方面。主要以氨、氟利昂等为制冷工质。通过高压液体的膨胀来得到低温，并通过液体的汽化获得冷量。深冷温区是利用 N_2、O_2、H_2、He 等气体为介质，通过节流或绝热膨胀来达到低温，使气体液化。0.3K 以下的超低温则需要用 ^{3}He 稀释制冷机及绝热去磁等方法来获得。在低温下物质的热学、电学和磁学性质均会发生巨大改变。例如固体比热容在某些温度下会突变；在足够低的温度下，原则上所有顺磁物质均可表现出铁磁性或反铁磁性；金属的导电性明显提高，而半导体的导电性则大大降低。

低温技术主要是研究深冷和超低温的获得，低温温度的控制和测量等。1853 年，焦耳 - 汤姆逊效应的发现是低温技术发展的重要里程碑。在随后的几十年里，N_2、O_2、H_2 纷纷被成功液化。1908 年，荷兰物理学家 Kamerlingh Onnes 用液氢预冷的节流效应首次液化了氦这一"永久气体"，获得了 4.2K 的低温。由于汞比其他金属更易提纯，他立即开始研究在这个温度范围内汞的电阻率变化。1911 年，Kamerlingh Onnes 发现随着温度的下降汞的电阻率不是平滑的下降，而是在 4.15K 下突然降到零，这是人们第一次看到的超导电性。这一发现引起了世界范围内的震动。在他之后，人们开始把处于超导状态的导体称之为"超导体"。超导体的直流电阻率在一定的低温下突然消失，被称作零电阻效应。导体没有了电阻，电流流经超导体时就不发生热损耗，电流可以毫无阻力地在导线中形成强大的电流，从而产生超强磁场。1933 年，荷兰的迈斯纳和奥森菲尔德共同发现了超导体的另一个极为重要的性质，当金属处在超导状态时，这一超导体内的磁感应强度为零。对单晶锡球进行实验发现：锡球过渡到超导态时，锡球周围的磁场突然发生变化，磁力线似乎一下子被排斥到超导体之外去了，人们将这种现象称之为"迈斯纳效应"。

在超导理论研究的同时，新超导材料开发也有了突破性的发展。在发现超导电性后的 40 年间，一批强磁场超导体如 V_3Ga、Nb_3Zr、Nb_3Sn、NbTi 等相继问世。超导材料有三个基本参量，即临界温度（Tc）、临界磁场（Hc）、临界电流（Ic），只要有一个参量超过临界值，超导材料就会失超。

1. 临界温度（Tc） 又称为转变温度，是指超导体电阻发生突变时的温度。临界温度是物质的本征参量。物质不同，其 Tc 值也不同。值得指出的是，类似于水银和铌（Nb）这样的金属，它们在常温下电阻很大，但在液氦温度下却呈现出超导性。

2. 临界磁场（Hc） 当外加磁场达到一定数值时，超导体的超导性即被破坏，物质从超导态转变为正常态。由此可见，超导体只有在临界温度和临界磁场下才具有完全抗磁性和完全导电性。

3. 临界电流（Ic） 理论上，电阻为零的金属就应该在很小的截面上通过无穷大的电流。然而，在一定的温度和磁场下，当物质中的电流达到某一数值后超导性也会遭到破坏，这一电流被称为临界电流。超导物理中还把每平方厘米截面上可通过的最大电流值称为临界电流密度，用 Ic 表示。

超导型磁体的磁场建立是在超导环境中由超导线圈通电而产生强磁场的。在理想状态下，磁场一旦建立，只要维持超导线圈的超低温环境，强磁场就长期存在。超导材料主要是铌、钛与铜的多丝复合线，它的工作温度为 4.2 K（-268.8℃）。目前普遍使用液氦作为制冷介质，为超导线圈建立和保持超导环境。

（二）液氦制冷原理与超导环境的形成

氦在通常情况下为无色、无味的气体；熔点 -272.2℃（25 个大气压），沸点 -268.785℃；密度 0.1785g/L，临界温度 -267.8℃，临界压力 2.26 大气压。氦是唯一不能在标准大气压下固化的物质。氦有两种天然同位素：^3He、^4He，自然界中存在的氦基本上全是 ^4He。普通液氦是一种很易流动的无色液体，其表面张力极小，折射率和气体差不多，因而不易看到。

建立超导环境的过程是首先将超导型磁体的绝热层抽真空，保持内部压力约为 0.001 Pa，然后将磁体预冷，把磁体液氦容器内温度降到接近 4.2K，最后在液氦容器中灌满液氦，使超导线圈浸泡在液氦中。因此，磁共振的超导线圈用浸泡在低温液氦中的方法以获得其正常工作的超低温环境，但由于结构支撑等多种因素，不可能完全阻止热传导，所以需用液氦以蒸发的形式带出导入的热量，以维持 4.2 K 的温度。为减少液氦的蒸发，磁共振设备配备了冷却系统，为液氦降温以减少其蒸发。

二、磁场与射频场的屏蔽

（一）磁场、射频场对外界环境的影响

磁共振设备的强磁场会对某些敏感设备和系统的功能造成影响，使其无法正常运转。在不同的场强范围内，可受到影响的设备也不相同。在 1 高斯线范围内，如影像增强器、电子显微镜、超声诊断机、CT 等设备会受到影响。在 5 高斯线范围内，心脏起搏器、生物刺激器、神经刺激器等设备会受影响。为了保证人员安全，在磁共振设备的机房设计时，必须将 5 高斯线限制在磁体扫描间范围内，并设置警告标志。

磁共振设备的生产厂家在场地文件中会给出磁体的高斯线分布图。医院需要根据设备的属性及要求，对机房进行合理的规划。下面举例给出两种不同场强磁共振设备的高斯线分布图（图 8-2-1、8-2-2）。

磁共振设备工作时，由于磁共振信号十分微弱，很容易受到周围环境射频信号的干扰，因此必须将磁共振设备安装在一个射频屏蔽室内。磁共振设备的生产厂家会在场地文件中给出相应设备的射频屏蔽

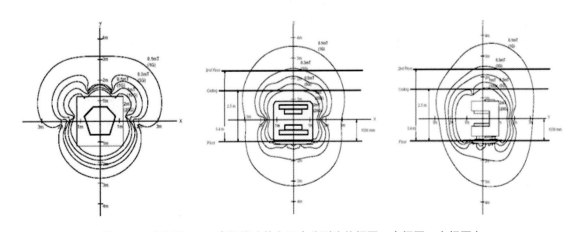

图8-2-1　磁共振 0.35T 高斯线（从左至右分别为俯视图、主视图、左视图）

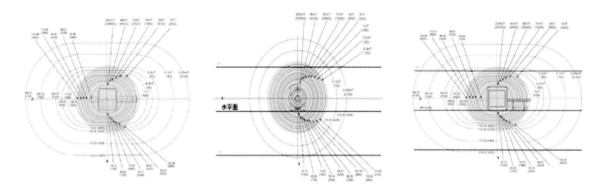

图8-2-2　磁共振3.0T高斯线（从左至右分别为俯视图、主视图、左视图）

要求。表 8-2-1 给出了上述三种不同场强磁共振设备的射频屏蔽要求。

表 8-2-1　三种磁共振设备射频屏蔽的要求

场强	射频屏蔽的要求
0.35T	5～25 MHz，电磁波衰减大于90dB
1.5T	15～128 MHz，电磁波衰减大于90dB
3.0T	10～150 MHz，电磁波衰减大于100dB

（二）磁场的屏蔽

由于磁共振设备要求磁场环境具有长期稳定性和均匀性，因此对设备周边环境的要求非常严格。磁共振设备的主磁场（B_0）的均匀性会被静态的铁磁物质（如钢制地板加强结构、钢结构横梁等）破坏，移动的铁磁物质（如汽车、火车、地铁、电梯等）则可以引起主磁场的波动，变压器、配电柜、高压线和其他电子设备中的电流变化则可干扰主磁场的稳定性。上述原因均可以导致磁共振设备磁场的不均，从而导致伪影、图像模糊等问题。

为了保证外界环境因素不对磁共振设备的磁场均匀性造成影响，同时也要防止磁体的 5 高斯线不对外界环境造成影响，必须对磁体间进行磁屏蔽改造。

磁屏蔽是指对直流或低频磁场的屏蔽。其原理是利用屏蔽体的高导磁率和低磁阻特性对磁通起磁分路作用，从而削弱屏蔽体内部的磁场。磁屏蔽不仅可防止外部铁磁性物质对磁体内部磁场均匀性的影响，还能大大削减磁屏蔽外部杂散磁场的影响。增加磁屏蔽是一种极为有效的磁场隔离措施。

磁屏蔽材料可以根据磁导率的高低划分为高磁导率及低磁导率两大类，分别以镍合金及铁合金（包括铁和钢）为代表。

高磁导率材料的特点是有很高的初始磁导率和最大磁导率，但高磁导率材料非常容易饱和，而且其温度敏感性高，因此难以处理，不适于制造大容量的磁体屏蔽体。铁或钢的最大磁导率可以达到5000，对一般的磁屏蔽可以满足要求，使 5 高斯线区缩小至理想范围之内。现在大多采用相对便宜、高磁饱和度的铁或钢来制作磁屏蔽体。

磁屏蔽可以分为有源屏蔽和无源屏蔽两种：

1. 有源屏蔽　有源屏蔽是指由一个线圈或线圈系统组成的磁屏蔽。与工作线圈（内线圈）相比，屏蔽线圈可称为外线圈。这种磁体的内线圈中通以正向电流，以产生所需的工作磁场；外线圈中则通以反向电流，以产生反向的磁场来抵消工作磁场的杂散磁场，从而达到屏蔽的目的。如果线圈排列合理或电流控制准确，屏蔽线圈所产生的磁场就有可能抵消杂散磁场。

2．无源屏蔽   无源屏蔽使用的是铁磁性屏蔽体，即上面所说的铁磁材料罩壳。根据屏蔽范围的不同，无源屏蔽又分为以下三种：

（1）房屋屏蔽：即在磁体室的四周墙壁、地面和天花板六面体中镶入 4 ~ 8mm 厚的钢板，构成封闭的磁屏蔽间。用材数量多，费用较高。

（2）定向屏蔽：若杂散磁场的分布仅在某个方向超出了规定的限度（如 5 高斯线超出规定范围），则可只在对应方向的墙壁中安装屏蔽材料，形成定向屏蔽。

（3）铁轭屏蔽：是指直接在磁体外周安装铁轭（导磁材料），并以铁轭作为磁通返回路径的屏蔽方法，也称自屏蔽体。自屏蔽可以有板式、圆柱式、立柱式及圆顶罩式等多种结构形式，各种结构的设计都应以主磁场的均匀度不受影响为目的。

（三）射频场的屏蔽

由磁共振设备的工作原理可知，外界射频信号会干扰微弱的磁共振信号，从而影响磁共振设备的图像质量。因此，磁体间除了要对磁场进行屏蔽设计，也必须要对射频场（电磁波）进行屏蔽设计。

电磁屏蔽的原理是利用导电性能和导磁性能良好的金属板或金属网，通过反射效应和吸收效应来阻隔电磁波的传播。目前，主要使用金属板或金属网来屏蔽电磁波。一般来说，金属网线越粗、网眼越小，屏蔽的效果越好。

当电磁波遇到屏蔽体时，大部分会被反射回去，其余小部分在金属内部被吸收衰减。但是，屏蔽金属在电磁场中会产生感应电流，为了不使屏蔽体本身成为一个较弱的二次辐射源，应将屏蔽体接地，把感应电流引入地下。因此，理论上在磁体间内侧利用黄铜制作一个完全封闭的立方体屏蔽罩（形成一个法拉第笼）并且接地良好，是可以达到对磁共振设备工作时产生的射频场的屏蔽要求的。

然而，实际要制造这样一个屏蔽罩是不可能的。磁体间必须有门、观察窗、通风口、照明线路入口以及失超管。磁体与设备间的其他系统机柜连接，必需通过电缆沟走线。磁体间屏蔽罩上的这些必需保留的开口以及这些开口处与屏蔽罩连接可能形成的缝隙是屏蔽的薄弱环节（一个屏蔽体的总体屏蔽效果是由屏蔽体中的这些薄弱环节决定的），要使屏蔽体的屏蔽效果达到某一个值，屏蔽体上的所有部位都要符合要求。例如某台磁共振设备要求屏蔽系统在 10 ~ 100MHz 时获得大于 100dB 的屏蔽效果，则屏蔽体上的所有组成部件均应达到这个水平的屏蔽效果，如果其中某一部分在组装时只达到了 50dB，则整个屏蔽系统的屏蔽效果将降到 50dB。实际上当一束电磁波接触到屏蔽体时，在屏蔽体表面会产生感应电流，屏蔽的一个作用是将这些电流在最小扰动的情况下送到大地。如果在电流路径上存在开口，则电流受到扰动势必要绕过开口。较长的电流路径带来了附加阻抗，在开口部位产生了电压降。这个电压在开口上感应出电场并产生辐射，当开口的长度达到电磁波波长的 1/4 时，就变成效率很高的辐射体，能够将整个屏蔽体接收到的能量通过开口发射出去。因此，缝隙开口等屏蔽的不连续性是在设计磁共振设备射频场屏蔽时必须要考虑的因素。

解决开口电磁波泄漏的一个方法是设置截止波导管。波导管是简单的金属结构，它具有高通滤波器的特性。波导管允许截止频率以上的信号通过，而低于截止频率的信号则被阻止或衰减。利用这个特性，可以设计波导管的截止频率使干扰信号的频率落在其截止区内，这样干扰信号就不能穿过波导管。换言之，波导管起到了电磁屏蔽的作用。在将截止波导管应用到屏蔽体上时，要注意以下几个问题：

（1）波导管必须是截止的：波导管对于在截止频率以上的电磁波没有任何衰减作用，因此至少要使波导的截止频率是所屏蔽频率的 5 倍。如果作为截止波导使用的金属管道的直径超过所设截止频率对应的最大直径，可以在波导管上加装一段蜂窝板材料。安装蜂窝板后，波导管道的直径可以增加到你所希望的任何尺寸，并能保持高的屏蔽效果。

（2）不能有金属材料穿过截止波导管：有些设计人员虽然注意了波导截止的问题，但是常常将金属材料穿过波导管，这些金属材料包括磁体间内的调节杆、电缆等。当金属材料穿过截止波导管时，会导致严重的电磁波泄漏。

（3）波导管的安装：波导管与屏蔽体的连接也是一个潜在的泄漏源，最可靠的方法是采用焊接。在屏蔽体上开一个尺寸与波导管截面相同的孔，然后将波导管的四周与屏蔽体连续焊接起来。如果波导管本身带法兰盘，则可以利用法兰盘将波导管固定在屏蔽体上。当然，必须在法兰盘与屏蔽体之间安装电磁密封衬垫。

以某台磁共振设备要求屏蔽系统在 10 ~ 100MHz 时获得大于 100dB 的屏蔽效果为例，磁体间屏蔽罩上不得有直径超过 350.52mm 的圆形开口和对角线长度超过 299.72mm 的矩形开口，同时波导管的直径（或对角线）与长度的比要小于 0.32。对磁体间必须预留的开口的制作方法如下：

1．失超管　失超管是用圆形不锈钢做的，从磁体中心一直通向室外，长度一般超过 3m，直径为 200mm，小于 350.52mm，直径与长度的比也远远小于 0.32。因此，除了在失超管穿过屏蔽罩处管外侧与薄层铜皮焊接完好之外，无需做特许处理。

2．通风口　磁体间的空调通风管一般采用铝材，对角线长度一般超过 299.72mm。因此在穿过屏蔽罩（过墙处）的一段采用蜂窝状的铜管，并且与屏蔽罩焊接牢固。

3．观察窗和屏蔽门　在观察窗的位置采用相互交叉的且与磁体间墙面铜皮连接完好的铜网来达到屏蔽果。一般情况下，屏蔽门采用不锈钢材质，在不锈钢内部贴以铜皮，这些铜皮在门安装时要与墙面的铜皮焊接完好，门扇与门框接触处都是需要特别注意，并且，屏蔽门一定要向外开启，以防止在出现失超时扫描室超压而打不开屏蔽门的情况发生。

4．照明　磁体间的照明电应采用直流电源。照明电缆在进入磁体间时要采用滤波器来进行转接。电源滤波器（以下简称滤波器）是由电感、电容等构成的无源双向多端口设备，起低通滤波器的作用，一个衰减共模干扰，另一个衰减差模干扰。滤波器能在阻带（通常大于 10kHz）范围内衰减射频能量，从而让工频无衰减或很少衰减地通过。

5．传导板　磁体与设备间内机组柜接的电缆在穿过屏蔽罩时也是必须特殊处理的，否则会导致屏蔽效果降低。在磁体间屏蔽的电缆开口处，一般会随机匹配一个传导板，其内部由很多信号滤波器组成，可以对除了有用信号以外的其他电磁波进行衰减。

第三节　磁共振成像装备的选购与临床应用

- 射频功率
- 射频线圈
- 梯度场
- 脉冲序列
- 计算机性能
- 功能软件

磁共振成像设备是大型贵重医学影像诊断设备，选购设备时都要进行多方考察、论证。近年来磁共振成像设备发展迅速，系统设备、技术方法、临床应用日新月异，机器品牌、种类逐渐丰富，这种情况一方面为设备的选购提供了更宽的选择空间，同时也增加了选择的难度。面对种类繁杂的各种设备，如何根据具体条件合理恰当的选择，往往使用户感到困惑。

一般在选购磁共振设备时，不同医院应首先根据各自医院基本状况如床位数、预计检查人次、应用范围等首先确立要购买设备的主磁场强度，它是衡量磁共振成像设备的主要指标。由于场强的提高要以更高的技术支持为前提，高场强系统往往其整体性能普遍提高，因此习惯上常以主磁场强度作为整个磁共振系统最具代表性的性能参数。

目前通常磁共振设备按主磁场强度分高场强和低场强，高场强为超导机型，场强强度高，磁场均匀性及稳定性好，以 1.5T 和 3.0T 为代表，目前国内应用最广泛的多为 1.5T 磁共振，该机具有磁场强度高、图像分辨力强、扫描速度快等特点，技术设备成熟，能进行全身各部位的成像，而 3.0T 磁共振具有更高的信噪比和分辨力，不仅能够进行常规全身各部位扫描，还能够进行特殊序列等科研应用，但该设备采购及维护成本高，大多应用于较大规模三甲医院。更高场强设备如 7.0T 等目前仅应用于科研。

低场强的磁体多为永磁型磁体，大部分场强一般为 0.2 ~ 0.35T，优点是采购成本低，安装场地要求较低，永磁型磁体不消耗能量，维护费用低，多为开放式设计，能够有效减轻患者压抑，可以方便应用于磁共振成像下介入操作等特点，但它的缺点是场强较低，对温度变化非常敏感，图像分辨力相对低，单个个体扫描时间长。但近几年由于磁共振厂商采用磁性更强的永磁合金材料，永磁型磁体的场强已从 0.35T 提高到 0.7T，图像质量和扫描速度也有较大提高。

另外在采购成像设备除考虑到设备场强因素外，还要针对相同场强设备其他不同主要参数进行选购，磁共振设备成像的主要参数还有：

一、射频功率

射频系统的主要功能是实施射频激励并收集 MRI 信号。影响因素包括发生功率、独立接收射频通道数、每通道采集带宽、射频线圈等。主要由射频功率放大器和射频线圈组成。功率放大是射频发射单元的主要功能。一般要求它不仅能够输出足够的功率，还要有一定宽度的频带和非常好的线性。一般来说，共振频率和射频吸收随着场强增加而升高，因此随着场强的增加磁共振成像需要更高射频能量配合。高场机器应用中要测量患者体重，以保证患者的射频吸收总量在安全限度之内。在场强一样的前提下，较大的射频功率可以保证体重较重的患者也能获得清晰图像。目前绝大多数公司在低场 MRI 系统上使用的射频功率为 5 ~ 10kW，中场系统为 10 ~ 15kW，高场系统一般为 15 ~ 25kW。

二、射频线圈

MRI 图像质量的好坏与射频线圈的性能有着极为密切的关系，因而该领域的发展也十分迅速。诸如多通道相控接收线圈技术，发射 / 接收线圈的适时动态去耦合技术，低噪声系数的前置放大器技术。此外，线圈的种类繁多，除射频线圈外，各厂家均有为不同需要研制的特殊部位的表面线圈。如乳腺线圈、膝关节线圈、直肠线圈等。医院在选购前应详细了解各种线圈的功能用途，选择时应视本单位临床实际情况及需求而定，以免造成资源浪费。

三、梯度场

包括梯度场强和切换率，梯度磁场的主要作用是完成 MRI 信号的空间定位，此外一些快速扫描序列及梯度回波也有赖于梯度场的作用。它的性能决定了扫描速度、空间分辨率以及图像几何失真度，良好的梯度性能也是一些特殊序列得以实现的前提。

描述梯度磁场的主要参数有：

1. 梯度场强　是指单位时间内磁场强度的差别，单位为 mT/M。在射频带宽一定的前提下，梯度场越强，就可以采用越薄的扫描层厚，即影响着系统的空间分辨率和最小 FOV。高场机器场强可达 40 ~ 60mT/M。

2. 切换率　是指单位时间及单位长度内的梯度磁场强度变化量，反映梯度场到达某一预定值的速度，单位是 mT/m/ms。切换率越高表明梯度场强变化越快，也即梯度线圈通电后梯度磁场达到预设值所需时间（爬升时间）越短，从而缩短扫描时间。

梯度场场强及切换率靠梯度线圈来实现，梯度线圈性能的提高对于 MRI 超快速成像至关重要，可以说没有梯度线圈的进步就不可能有超快速序列。高梯度场及高切换率不仅可以缩短回波间隙加快信号采集速度，还有利于提高图像的 SNR。近两年 MRI 系统的梯度场强和切换率明显提高，梯度性能明显提高。但需要指出的是过高的梯度性能参数将对患者产生有害刺激。特别是引起周围神经刺激，因梯度场强和切换率并不是越高越好，是有一定限制的。有些厂家推出双梯度系统，即在常规梯度基础上附加梯度线圈，通过两个梯度系统的叠加，在局部范围内达到较高的梯度场强。梯度系统的冷却方式一般采用风冷散热，近年由于梯度功率的增大，需要更加有效的散热措施，高场系统逐步采用水冷散热形式，前者方式简单，但噪声较大，且容易使梯度设备吸附灰尘。后者冷却效率更高、噪声降低，但需要额外附加制冷系统。

四、脉冲序列

前文已经叙述了影响磁共振信号强度的因素多种多样，我们可以调整的成像参数主要包括射频脉冲、梯度场和信号采集时间等，以及在时序上的排列构成不同的脉冲序列，从而达到不同的成像效果。磁共振成像脉冲序列非常复杂，现在不同厂商也设计出了种类繁多的各种成像脉冲序列，因为脉冲序列的构成需要梯度场的支持，所有一般永磁型 MRI 仅能提供大多常规自旋回波及梯度回波序列，而高场强则能够设计出较复杂的多种快速回波，以期达到更快扫描速度及更佳成像效果。

五、计算机性能

计算机的发展非常迅速，各厂家采用的硬件系统不尽相同，很难准确比较它们的好坏。一般通过重建速度、图像矩阵及硬盘容量等参数评价其性能。

六、功能软件

包括基本软件和选购软件。前者主要包括各种常规扫描序列及一般后处理，是系统的标准配置软件。后者主要是一些特殊扫描序列和后处理，如弥散、灌注、心脏与血管分析、波谱、功能成像、各种三维重建、自动移床等。需要指出的是，不同品牌或相同品牌不同系列型号的机器标准配置软件是不同的，很多选购软件的应用要依赖于相应的硬件平台，某些硬件的性能优势必须通过相应的软件来实现。这也说明磁共振设备的选购要以应用目的为指导，首先明确临床应用项目，根据这个软件选择相应的软、硬件，使系统真正满足应用需要，并得到充分的资源利用。

另外，目前除临床综合型机型外，各公司还相继推出专用于头颅、关节、心脏、血管（特别是肢体血管）等部位的专用 MRI 设备，其中有不少是由其他的较小的公司独立开发的小型专用 MRI 设备。此外还有针对科研推出的专用于小动物的 miniMRI。

总之，随着科技的进步，磁共振成像设备功能也越来越强大，各家医院应根据自身实际需要，选择合适的机型，既要使其功能保障临床应用，又不要盲目追求高投入造成资源的浪费。

第四节　磁共振设备安装及使用过程中的安全与日常维护

● 磁共振设备安装与使用过程中的安全
● 磁共振设备的日常维护

一、磁共振设备安装与使用过程中的安全

（一）强磁场对安全的影响

磁共振设备的安全性是一个必须重视的问题。在高强磁场的作用下，磁体附近的铁磁性物体极易受到吸引从而导致其他设备损坏或人员伤害。另外，受检患者体内的各种金属植入物也可能在磁场的作用下移位、发热或丧失功能。

在磁场中，一切铁磁性物体都可能成为投射物而给人体造成伤害。典型的铁磁性物质往往含有铁的成分，而且镍和钴等元素也具有较强的铁磁性，同样可以成为铁磁性投射物。显然，磁性越强的物体，其投射效应就越明显。磁体附近可能出现的铁磁性投射物如外科手术器械、氧气瓶、便携式医疗设备（患者监护仪、移动呼吸机）、担架、轮椅，以及受检者随身携带的各种金属物品如小刀、金属拉链、金属纽扣、指甲刀、钢笔、钥匙、硬币、饰物、发卡、手表、手机、助听器等，是最容易被患者误带入磁体的随身铁磁性物品。需要注意的是，非铁磁性金属物品虽然不会产生投射效应而造成某种伤害，但是能形成金属伪影而干扰图像。另外，具有磁性证件、卡片（如门禁卡、银行卡等）被误带入磁体间后会被强磁场消磁，导致无法使用。

总之，为了防止铁磁性投射物对设备的损坏和给人身安全带来威胁，磁共振室应建立一整套安全防范措施。例如，检查室周边应张贴或悬挂明显的警告及提示标志，在患者进入磁体间检查前明确告知其拿掉身上附带的金属物品等。在磁体间内开展维修作业时，必须使用专门的钛材质无磁工具，并应注意铁磁性工具和无磁工具不能混放。

除了磁体附近的铁磁性物体会因投射效应而导致安全问题外，接受磁共振检查的患者体内的存在铁磁性物体也会在磁力和磁扭矩的作用下发生移位或倾斜。此外，射频场产生的电磁波还可能使植入人体内的某些电子设备失灵。

体内植入物泛指通过医疗手段植入体内并长期停留体内的物体。义齿、动脉夹、手术固定钢板（钢钉）、人工股骨头、人工血管、心脏起搏器、心脏除颤器、人工心脏瓣膜、人工耳蜗、神经刺激器、骨增长刺激器、植入性药物泵、探查电极和避孕环等是最常见的体内植入物。根据它们在磁场中的表现，一般将其分为铁磁性和非铁磁性两大类。非铁磁性植入物又有金属性和非金属性之分。

磁共振设备对铁磁性体内植入物的影响主要表现在以下几个方面：

1．位置变化　即在磁场的强磁力及磁扭矩作用下体内植入物的转向或移位。

2．功能紊乱　即电子植入器件受到射频场的干扰而失去全部或部分功能。

3．局部升温　即扫描时过大的梯度场感应电流使植入物发热的现象。

上述影响可造成人体某种程度的生理损伤，如机械移位将导致组织拉伤和内出血，局部温度升高有可能使组织灼伤等。因此，在对患者体内植入物的磁特性还缺乏了解的情况下进行磁共振检查必须非常慎重，否则有可能造成严重的后果。

现代心脏起搏器是一种植入式电子刺激器件，用于产生异常心脏所需的兴奋脉冲。其输出电极直接刺激心肌，以维持心脏的正常节律。它常用不锈钢外壳封装，重量在 50 ～ 70 g 之间。磁场和射频场都可能干扰人工心脏起搏器的正常工作。由于心脏起搏器的种类很多、性能各异，其在磁共振扫描时受影响的程度和表现也就大不相同。总体来说，磁共振检查使心脏起搏器失效或停搏的原因可归结为位置移动、继电器闭锁或损坏、探测回路失灵、程序紊乱、异步操作模式禁止、电磁干扰过大以及引线感应电流的冲击等。此外，起搏器的电极引线如同一根天线，在梯度和射频的作用下可感应出相当大的电流，可能引起房（室）颤或灼伤心肌。

对于有金属异物侵入史的患者，体内可能存留诸如弹片、金属屑、铁砂等类型的金属碎片。进行磁

共振检查时，这些异物被磁场拉出或移动，会给人体带来极大的危险。因此，对体内有金属异物的患者，在进行磁共振检查前有必要进行 X 线设备的金属异物预检。

体内具有非铁磁性植入物的患者是可以接受磁共振检查的。但是，如果这类植入物属于金属性的，则可在图像中导致严重的金属伪影。

随着生物材料和生物医学工程技术的高度发展，体内植入物的种类日益增多。因此，大多数情况下要正确判断植入物的性质是困难的。有专家建议，为了磁共振检查的安全性，有必要在生物材料和植入产品上标明其磁共振兼容性，同时应提倡使用非铁磁性材料生产各种人工替代产品。

（二）液氦灌注中的安全事项

灌装液氦时必须由经过专业训练的人员进行操作，速度不能过快，尽量平稳充灌。由于液氦运输容器（杜瓦罐）中氦气温度高于 4.2K，压力较大，在充氦之前要先将灌中的压力泄掉，使其尽量接近大气压。如果操作人员忽视了这一点或液面计失灵，输液时会使液氦部分气化，氦气吹入磁体内会引起液氦大量挥发，并使容器内温度上升，可能引起失超。

另外，由于液氦温度极低，灌装时也应注意人员安全，要使用专用的工具及护具，防止作业中出现冻伤等危害。

（三）失超

超导磁共振设备的整个磁体线圈浸泡在液氦内，随着液氦挥发，虽有部分露出液氦面，但由于磁体罐内氦气温度与液氦接近而使其仍保持超导。当液氦减少到一定值，由于露出液氦面的超导线圈面积增加，与液氦有温差的氦气和磁体线圈发生热传导机会增多，引起磁体失超的可能性加大。因此维护低温环境对超导体而言是极其重要的工作。

磁通跳跃、线圈振动、电源输出电压纹波等因素也可能导致磁体发生失超现象。超导磁体失超将伴随出现过电压和发热等一系列问题，过电压可能会造成磁体绝缘材料的击穿，严重的局部温升会导致线材绝缘、线圈接头被熔化，从而造成磁体不正常运行甚至烧毁。

灌注液氦时，如果释放和恢复电流时磁体罐内压力过高，则可能导致高压氦气冲断爆破膜上导电金属条，使加热电阻加热，液氦大量挥发使磁体线圈部分失超，部分失超的线圈又产生大量热量，加剧液氦挥发，形成恶性循环直至完全失超。

当磁体失超时，大量氦气应通过失超管排放到扫描间外，因此应当确保失超管畅通。还应注意的是，磁体间大门应当设计为向外开启。因为如果磁体失超，液氦将快速且大量的挥发，一旦氦气无法通过失超管排出室外，短时间内磁体间内将充满氦气。只有大门设计为向外开启时，氦气才能冲开大门排出室外。反之，氦气产生的压力将可能导致大门无法开启，从而造成磁体间内的人员窒息等危害。

二、磁共振设备的日常维护

（一）辅助设备的日常维护

积极预防，合理维护是保障磁共振设备正常工作的有效途径，预防性维护能够将设备的故障隐患减少到最低程度。

1. 水冷系统的日常维护　水冷系统是磁共振设备正常工作的重要保障之一。水冷机组的循环水管长时间使用后由于腐蚀等原因会产生杂质，导致水流不畅，影响热交换的效率。另外，由于循环管道的渗漏、冷冻液的蒸发等因素引起冷冻液流失，也会导致水冷系统发生故障。水冷系统出现故障时氦压机会因温度报警而立即停机，从而导致冷头无法制冷，冷屏温度逐渐上升，辐射漏热增多，使液氦的蒸发成倍增加。因此，在磁共振设备的使用中需要定期对冷水机系统进行正常的维护和保养。

冷水机系统分为制冷系统和水系统，这两种系统的日常维护简述如下：

制冷系统：

（1）定期清洗冷凝器；

（2）定期检查压缩机的压力，如果压力达不到正常值，必须添加冷却剂；

（3）检查设备周围及设备上有无杂物，保证设备所处空间的通风散热；

（4）定期清洗散热片，保证冷水机组室外风机的散热。

水系统：

（1）检查系统内的水压是否处于正常值范围，低于正常值范围需要补充水，高于正常值范围需要释放水；

（2）要定期清洗过滤器，以免污垢及杂质流入磁共振设备的氦压机，而导致氦压机故障。

2．空调系统的日常维护　磁共振设备对磁体间、操作间、设备间的温度及湿度要求较高，因此必须保证空调系统的稳定运行。医院医学工程处（设备处）的工程师在每日的巡检中需要完成以下工作：

（1）记录空调显示的实际温度及湿度，并查看空调系统的运行记录。

专用机房空调系统具有记录一段时期内温、湿度曲线的功能，工程师可根据变化曲线及长期巡检记录总结出不同季节空调温、湿度变化的规律，从而更好地维护空调系统。例如，冬季室外气温较低，应当检查回流的低压制冷剂的压力，并在必要时补充制冷剂，从而预防压缩机低压报警。专用机房空调还可以保存故障记录，工程师可根据故障代码及说明做出及时的处理。例如空调压缩机故障，导致压力超过或低于预设的报警线。

（2）定期更换过滤网：空调系统的进风口处设置的过滤网可以有效地阻挡空气中的灰尘及杂物，保持空调内部的清洁与设备的稳定运行。但随着积聚在过滤网上的灰尘增多，会导致空调进风量的减少，工程师在巡检过程中要注意滤网积灰的情况，定期更换过滤网。

（3）定期更换加湿罐：加湿罐在工作时不断加热罐内水分促使其蒸发，使罐中不断积累水垢，当水垢积累到一定程度时可导致加湿罐故障，因此需要定期对加湿罐进行检查，发现水垢增多时要进行更换。

（4）定期检查室外风机：空调散热用的风扇（室外风机）长期处于露天环境中，工程师应当在巡检中查看风扇散热片是否清洁，并定期对散热赤片进行清洗。

（5）定期检查压缩机压力：压缩机内的制冷剂过多或过少都会导致压缩机故障，从而停机。因此，应定期检查压缩机的压力，使其保持在正常范围内。

（二）磁共振设备的日常维护

1．磁体的日常维护　对于没有配备4K冷头的超导磁共振设备，液氦容量是医院工程师每日例行的检查项目之一。如果液面过低，下降到设备所规定的最低临界点以下，一部分超导线圈就会露出液面，可能引起局部失超。一旦出现失超，磁体需要被重新冷却至液氦温度及重新励磁，该工作会耗费大量时间，给医院带来巨大的经济损失。因此在液面即将到达磁体所规定的最低临界液面时，必须及时通知设备生产厂家及液氦供应单位，及时充灌液氦。与设备生产厂家配合的液氦供应单位应具有雄厚的技术实力和良好的服务信誉度，因为液氦补充并不是一项简单的工作，需要液氦供应单工程师对设备生产厂家的磁体十分熟悉，并配以严谨的操作。

对于配备4K冷头的超导磁共振设备，虽然液氦消耗是一个缓慢的过程，但工程师同样需要每日观察液氦容量及磁体压力，以便及时发现如液氦消耗突然增加等异常现象。

在日常巡检工作中，冷头工作是否正常也是至关重要的一环。如果冷头不能正常工作，则会使热辐射加大，液氦的挥发率会成倍增加。冷头中的活塞、旋转阀都是运动部件，随时间推移会不断磨损，产生气密不严、制冷效率下降的问题。另外超期使用会使填料松漏，严重时会将活塞卡死在缸套中造成彻底报废，从而引起氦压升高，液氦气化泄漏，导致磁体失超。

氦压缩机组的吸附器的寿命一般为 10000 小时，吸附器是过滤氦气中油雾的重要部件，其好坏与否关系到冷头的使用寿命。氦气经过压缩机压缩后，气里面带有的油雾（压缩机需用油润滑），经过油滤器过滤掉大部分后剩下的完全依靠吸附器来吸附掉，而吸附器的主要成分是活性炭，一定时间后就会饱和，失去吸附作用，这样油就会跟随氦气污染管道，进入冷头并冷凝在冷头里，造成活塞急剧磨损。因此吸附器应定期更换，有利于延长冷头的使用寿命。

2．梯度、射频系统的日常维护　梯度及射频系统的正常运行，依赖于磁共振设备二级水冷系统的稳定工作。二级水冷系统分别为梯度线圈、机柜冷却风扇等组件提供持续的循环冷缺水。如果二级水冷系统发生故障，梯度、射频系统将不能正常运行，磁共振也将无法工作。

某些磁共振设备在梯度、射频系统有单独的冷水补充口。当需要补充冷却水时，会有提示灯报警，巡检工程师应当及时发现报警现象并补充冷却用水（蒸馏水）。另一种设计方式，是通过与循环水泵相连的供水管路添加冷却用水。在巡检过程中，应当检查冷却水循环水泵的工作情况，记录入水与出水压力。当压力降低时，应打开阀门用循环水补充，直至压力处于正常范围。

3．重建系统的日常维护　重建系统是磁共振设备的重要组成部分，来自磁体的原始数据只有通过重建系统的重建才能转变为可供诊断的 MRI 图像，因此磁共振设备的正常运行也依赖于重建系统的稳定工作。

简单来说，重建系统是一个安装了图像处理软件且性能强大的计算机系统。该系统对机房空调的稳定性要求很高，因此设备机房要保持稳定、适当的温度和湿度。除此之外，还要使计算机自身保持良好的散热性能。首先，设备机房要有清洁的环境，以防灰尘阻塞计算机进、出风口，影响其散热效率。其次，工程师在日常巡检工作中应当注意检查计算机的散热情况，定期清理计算机，更换散热能力降低的风扇。

4．控制系统的日常维护　控制系统是操作者与磁共振设备进行"人机对话"的平台。在完成患者摆位，并移位到磁体中心后，技师使用操作台启动磁体进行定位相扫描，之后选择扫描区域及扫描序列。扫描序列包含了梯度线圈、射频线圈、接收线圈等硬件的启动时序。磁共振在接到指令后协调各个部分进行扫描。

在各磁共振生产厂家的操作软件中，一般都集成了能够提供该设备各部分运行信息的模块。工程师可以通过操作台来实时查看如冷却、重建、梯度、射频等系统的工作状况。当发生故障时，也可以通过检查系统错误信息来判断故障位置及原因。

在巡检工作中，通过查看主控计算机记录的错误信息和系统信息，可以了解设备各部分的启动情况，从而在开机不成功的情况下分析导致故障原因并进行排除。当磁共振在运行中发生故障时，通过查看错误信息记录，有时可以帮助医院工程师自行排除故障。另外，医院工程师通过对错误信息的分析，不断积累经验，可以与设备厂家的技术支持人员进行沟通，在厂家工程师到场前，预判可能损坏的配件并给予告知，这样往往可以使厂家工程师"有备而来"，减少因设备故障导致的停机时间。

现将磁共振设备日常巡检中需进行的工作简单总结，如表 8-4-1 所示。

表 8-4-1 磁共振设备每日巡检内容

巡检项目	巡检内容
检查液氦容量	每日记录液氦量，统计液氦消耗率，及时发现异常现象
检查磁体压力	检查磁体压力，确保压力为正且在正常范围内
氦压缩机	检查压缩机高、低压，从而判断压缩机内氦气量是否正常。记录压缩机工作时间，判断氦压缩机是否有过停机
一级冷却系统	对于采用冷水机组提供一级冷却水的系统，巡检中应进行如下工作： 1. 检查各冷水机的运行状况，记录一级冷水水温，定期检查压缩机压力 2. 检查静压水箱水容量，并及时补水 3. 检查各水泵工作状态 4. 室外风扇工作状态，定期清洗散热片 对于采用制冷剂作为制冷媒质的一级冷却系统，巡检中应进行如下工作： 1. 检查冷却剂温度 2. 检查冷却剂压力 3. 检查散热风扇运行状况
二级冷却系统	检查是否需要补充二级冷水，检查水泵进、出水压力。
机房空调系统	查看空调运行记录，查看空调室外机，定期检查压缩机压力，检查过滤网清洁程度，检查湿化罐是否需要更换
重建系统	查看重建计算机的运行记录，检查计算机硬件设备的清洁情况
控制台	查看运行记录，及时发现错误信息，必要时使用系统软件检测各部件功能是否正常

第五节　磁共振设备的质量控制

- 磁共振设备的质量保证与质量控制
- 磁共振成像伪影及其序列设计矫正
- 技师、医学物理师（工程技术人员）、诊断医师对质量保证与质量控制的实施

一、磁共振设备的质量保证与质量控制

磁共振设备的质量保证（Quality Assurance，QA）和质量控制（Quality Control，QC）是指通过对相应 MRI 系统设备的安装、调试、运行和全过程管理和由此产生的可设计的信息等（包括图像），为始终保持相应 MRI 系统性能和应具有的相应 MRI 系统信息和图像质量，保证患者医疗、医生诊疗或其他研究的完成，提供符合图像等综合指标的系统措施。

磁共振设备 QA/QC 的目的是指通过相关措施以获得满足检查诊断要求的优质图像，并满足图像及其所有附带信息存储，传输和再使用的需要。优质图像是指磁共振图像具有合理信噪比、对比度、分辨率、定位等特点，并为诊断提供足够信息，同时图像在合理的伪影、变形、不均匀和模糊度下可解读。合理指的是在设备系统提供硬、软件条件范围内，技术操作者、影像医师和其他设备系统维修管护工程技术人员等认同的综合指标。再使用指的是图像和所有附带信息（包括检查技术信息等）能够按技术规定存储、传输、回传、再调阅，以满足医疗、法律、科研、教学等相关需要。

根据医疗质量管理经典著作《医疗质量评估与监测研究》中对医疗质量的分析，医疗质量可以概括为：医疗质量是对某个确定服务项目的特征进行规范，是对该服务项目的一种评判。这种服务可以分为

两部分：技术性和非技术性的（人际性）。技术性服务质量是在不增加风险的情况下使医学科学和技术的应用最大化地有利于健康，其水平表现为所提供的服务受益和风险之间所能达到的最佳平衡程度。对人际性关系的管理必须符合社会公认的个人交往的一般价值准则和特殊情形下的价值准则，对人际性关系的管理质量可以通过与这些价值准则、期望的符合程度进行衡量。

图像质量属于医疗质量的一部分，是图像的优劣程度，可以概括为：图像质量是对确定图像服务项目的特征进行规范，是对该服务项目的一种评判。这种服务同样也可以分为两部分：技术性和非技术性的（人际性）。前者是在不增加风险的情况下使影像医学技术和其产品的表现形式最大化地满足于患者医疗、相关医生的诊疗、法律需求及其他研究，并有利于健康，其水平表现评价标准为影像医学技术所提供图像等和风险成本之间所能达到的最佳平衡。对人际性关系的管理，主要体现医疗质量的以人为本的特性，既有规范的技术标准和水平，但又有不同的成像时间、地点、系统、管理、认识与要求、够用与满足等特点。这须符合社会公认的社会必须消耗平均成本和个人交往的一般价值准则和特殊情形下的价值准则。同样，该种人际性关系的管理质量可以通过与这些价值准则、期望的符合程度进行衡量。

磁共振设备 QA/QC 的实施是为了取得社会对医院医疗质量（包括人际性或软性的）的信任，满足医疗质量（也包括人际性或软性的）所提出的要求。为了提供这种信任，就要建立磁共振设备 QA/QC 医疗质量评价标准和指标体系，加大人际性或软性相关的医疗质量评价标准和指标体系（教育或措施），并对科室内部管理体系中的有关要素不断进行评价和审核，以证实该科室具有持续稳定的使医疗质量或图像满足规定要求的能力。

磁共振设备 QA/QC 的过程和功能的实现需要权威的质量管理组织结构和先进管理理念，需要建立最低可行的规章制度和指标评价系统，明确的质量管理目标。必须制定磁共振设备 QA/QC 的标准和规范要求，并将其标准和不断改善的标准应用于实践中。要严格按照规范化进行操作，娴熟预防性维护项目，发现专业修理以外的问题，使磁共振设备的各项指标和参数符合规定标准的技术要求，使系统处于安全、稳定、有效、准确的工作状态，最优化地发挥其各种性能。

目前，X 线成像系统（模拟与数字）、CT 成像系统以及超声成像系统已经具有相对完整的 QA/QC 评价方法与体系。但是，由于磁共振成像系统的复杂性、多环节性等因素，其 QA/QC 的实施过程和技术标准还没有完成。尤其是 fMRI、DTI 等高级成像技术的快速发展带来的相应的 MRI 系统的 QA/QC，对于欧美等发达国家，其研究也尚处于初级阶段。

20 世纪 80 ～ 90 年代，美国医学物理学会（American Association of Physicists in Medicine，AAPM）和美国放射学院（American College of Radiology，ACR）提出了的 QA/QC 基本的一些系列标准。AAPM 在 1990 年和 1992 年发布了 AAPM report no.18-Quality assurance methods and phantoms for magnetic resonance imaging 和 AAPM report no.34-Acceptance testing of magnetic resonance imaging systems 作为半官方测试标准。在两篇报告中，阐明了磁共振设备质量保证的重要性和必要性。在成像参数方面，报告列出了磁场均匀度、共振频率、空间分辨率、对比度等共三十多项的测试方法、工具和测试标准，同时强调了对 fMRI 等高级成像技术进行 QA/QC 的重要性并提出了个别可能的测试方法。此外，ACR 也在 1998 年发布了 Phantom Test Guidance for the ACR MRI Accreditation Program 和 Site Scanning Instructions for Use of the MRI Phantom for the ACR MRI Accreditation Program 两份文件。提出对磁共振设备进行图像质量测试为主的 QA/QC 时，应使用的体模和相应测试方法相结合等技术方面指导。并于 2002 年和 2004 年分别发布了 MRI 的 QA/QC 测试白皮书。可以看出，尽管欧美等发达国家针对 MRI 系统 QA/QC 已开展多年，但其工作仅集中在磁共振基本成像参数的检测方面。

我国于 2006 年发布了卫生行业标准《WS/T 263-2006 医用磁共振成像（MRI）设备影像质量检测与评价规范》，但是探讨和建立符合我国不同级别医院实际情况的磁共振设备的 QA/QC 标准，则是一个长期的系统工作。特别是在磁共振使用过程中，不同角色的人员（如诊断医师、技师、医学物理师、设备维护工程师等）其对应的 QA/QC 的标准不尽相同。

二、磁共振成像伪影及其序列设计矫正

在磁共振成像系统硬软件发展带来图像质量与成像速度不断改善与提高的同时，也给临床带来了更多种类的伪影（artifact），伪影的识别在疾病诊断和分析中至关重要。不能正确认识和鉴别伪影，会导致诊断的错误，给患者带来不必要的痛苦（图 8-5-1、8-5-2）。尽管，由于磁共振成像机器硬件因素或磁共振成像系统的工作环境因素，如外来射频干扰、环境湿度等产生的伪影无法完全去除和矫正，但认识并了解其产生的机制仍然是正确诊断疾病的重要前提，同时，通过序列设计以及数学算法等仍可以解决相当部分的伪影，有助于疾病的正确诊断。

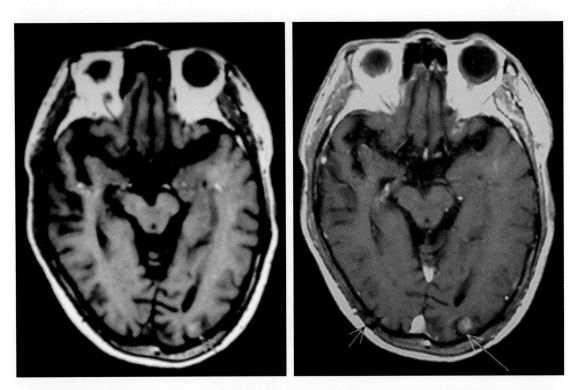

图8-5-1   患者乳腺癌病史5年，近日头痛，行**MRI**检查除外脑转移。轴位**T1WI**示左枕叶小高信号结节灶（白箭头），增强后明显强化，周边低信号环围绕

按照本书第一章中关于磁共振成像工作流程的介绍，MRI 的伪影基本可以分为磁场、射频发射、梯度定位系统相关伪影、数据采集与处理相关伪影、患者本身因素造成的伪影等。其中临床常见的多数伪影是可以通过序列设计来进行矫正与判断识别的。同时，许多伪影还是由多种因素共同作用的结果。临床诊断人员应能够判断其中部分伪影出现的原因，并做相应的处理，以去除伪影，提高诊断质量。

（一）磁场相关伪影及其序列设计矫正

1. 磁场相关伪影的表现与产生机制   磁场均匀性是 MRI 成像的最基本条件，磁体的磁场环境不稳定或磁场匀场效果不佳都会引起磁场均匀性的破坏。如有义齿的患者，颅脑扫描时，表现为图像变形拉长，以及边缘区的线样高信号（图 8-5-3）。这种现象产生的机制是什么呢？

义齿与真牙具有什么不同的性质会导致图像的变形呢？

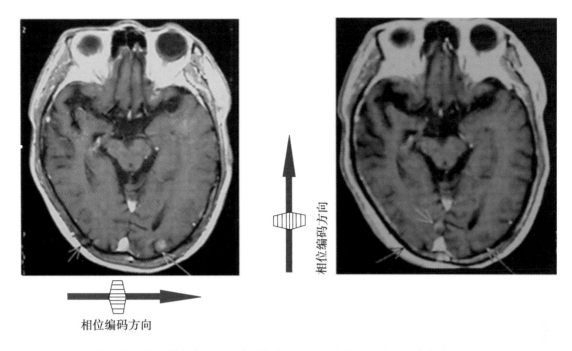

相位编码方向

相位编码方向

图8-5-2　同上病例，将相位编码方向从左右，改变为后前方向后，再次成像，脑实质内高信号病灶消失，强化结节出现在静脉窦前方，证实为血管搏动导致的相位编码误差伪影在相位编码方向上

义齿与真牙具有不同的磁性，不同磁性的物质对外在磁场的影响不同，这是产生上述伪影的直接原因。

物质的磁性可以理解为物质在外在磁场环境下所产生的与外在磁场相关的磁场特性。物质的磁性分为抗磁性、顺磁性、超顺磁性、铁磁性等。它们对外在磁场中磁力线的影响不同（图 8-5-4）。

磁性产生的基础是原子或分子周围的电子云。在原子核周围轨道中的电子具有轨道角动量和自旋角动量，具有动量的运动电核会产生磁场。带电核物质的磁性与其质量成反比，而原子核的质量比电子大 1000 倍以上，所以，原子核所产生的磁场与电子相比是非常微不足道的。尽管在磁共振成像时，原子核所产生的磁化强度矢量是 MRI 信号的最重要来源，但是，物质的磁性主要由原子或分子的电子云性状来决定的。

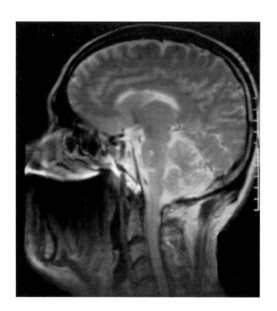

图8-5-3　金属义齿在MRI图像中表现为图像变形拉长，高信号亮线以及片状无信号区

比如在抗磁性物质，如 CH- 化合物中，电子云轨道中存在成对的电子，它们之间的自旋角动量相互抵消，而轨道角动量仍然起作用，在外在磁场的作用下，产生和主磁场相反的磁场。在物质内部所产生的磁场大小明显小于所处的外在磁场强度，如水分子在 1.5T（15 000G）的场强环境下，会产生大小为 0.015G，方向与主磁场相反的磁场。

顺磁性物质与抗磁性物质不同，具有不成对的电子，在外加磁场的作用下，电子顺着主磁场的方向排列，会产生与主磁场方向相同，但比抗磁性物质强 10^4 倍的磁场。比如，磁共振常用的对比增强剂 Gd 在 1.5T（15 000G）的磁场环境下会产生 150G 的附加额外磁场。

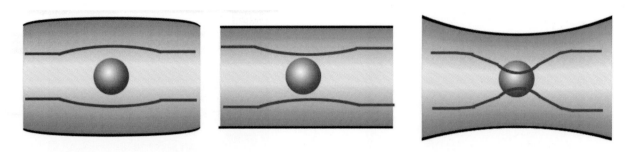

图8-5-4   抗磁性物质对磁力线的排斥作用（左图），顺磁性物质对磁力线的轻微吸引作用（中图），超顺磁性与铁磁性物质对磁力线的强烈吸引与变形作用（右图）

铁磁性物质在磁场的作用下将会产生与主磁场方向相同，大小比顺磁性物质大 10^4 倍的磁场。比如含铁的合金会在 1.5T 的磁场环境下产生 150 万 G 的磁场，已经大于成像系统的磁场强度。铁磁性物质因为在磁场作用下，内部结构发生了变化，所以即使离开外加磁场的环境时磁性仍然存在。

超顺磁性物质、顺磁性物质以及抗磁性物质都与铁磁性物质不同，在离开磁场环境后，由于内部结构没有发生相应的变化，因此，离开外加磁场后，不再具有产生磁场的特性。

一般用 χ 代表组织的磁感应性，用来表示单位体积物质在外加磁场的环境下所产生的磁场大小。可用下式表示：

$$B = B_0 + \chi B_0 \qquad\qquad (8.5.1)$$

按照上面的公式，如果主磁场强度越大，那么所产生的额外附加磁场强度就越大，同时，针对抗磁性、顺磁性、超顺磁性和铁磁性物质，其 χ 不同，也导致了局部所产生的额外附加磁场强度不同。人体大多数组织 χ 值为负值，它们属于抗磁性物质；金属钙剂（如 Gd-DTPA）属于顺磁性物质，其 χ 值为 +10；超磁性物质的 χ 值为 +5000，小的铁颗粒就属于这种类型；大的铁颗粒（比如义齿）是铁磁性物质的代表，它的 χ 值为 +25 000。

如第一章中所了解到的，MRI 成像的层面内空间定位是依靠在序列设计中施加额外的线性空间定位梯度来解决的，局部的磁场形状如图 8-5-5 所示，图中线性变化的梯度场中每一点都对应着空间读出方向上的每一条线的位置。如果邻近出现具有一定磁性的物质，所产生的磁场与原来的梯度编码磁场相叠加，结果使原本系统施加的定位梯度上梯度不同的 B、C 两点的梯度场强完全相同。这样，在通过傅立叶重建形成图像的过程中，系统认为 B、C 两点为同一位置，结果 B 点与 C 点的 MRI 信号叠加，并定

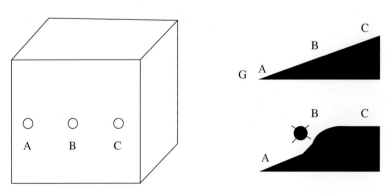

图8-5-5   MRI空间定位是依靠施加线性梯度场。ABC点原子核进动频率与外在磁场成正比，经过FT后可以按照频率来判断并区分出不同位置的MRI信号。当存在义齿等铁磁性物质时，线性梯度场被干扰变形，如图所示，B与C点所处的外在磁场强度一致，经过FT后，系统认为B点与C点是同一位置，结果B点与C点的MRI信号叠加，并定位于C点，而B点位置上没有任何信号，结果导致在MRI图像上部分区域信号明显增高，而部分信号明显下降的情况

位于 C 点，而 B 点位置上没有任何信号，A、B 两点间距离内的 MRI 信号将被认为是 A、C 两点间距离内的 MRI 信号产生，结果 A、B 两点间的 MRI 信号被明显拉长变形。

按照上面的结果，当存在铁磁性等干扰磁场均匀性的物质时，依据铁磁性物质所产生的磁场，以及这个额外磁场与系统定位梯度相互作用的结果不同，MRI 图像会相应地发生不同的图像变形。比如环形金属物周围引起的花瓣状变形（图 8-5-6）。

这种变形的程度与成像系统的场强大小有关。从公式（8.5.1）可以看出铁磁性等引起局部磁场变形的物质所产生磁场的大小与 B_0 成正比。所以，在临床高场磁共振机上铁磁性伪影比低场中更为明显。

人体进入成像视野后，由于人体多数组织具有抗磁性，同样会对磁场均匀性产生影响，只是影响的程度与铁磁性物质相比，效果甚微。成像系统在梯度线圈或匀场线圈施加额外校正电流（主动匀场）可以达到成像的

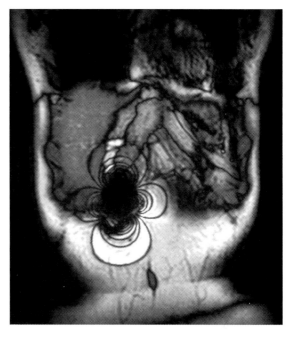

图8-5-6　皮下化疗泵所引起的花瓣样金属伪影

基本要求。不过，人体内部组织的磁性差异，也会产生额外微弱的梯度场，进而引起主磁场 B_0 的轻微变形。这种伪影多出现在体内两种磁性差异非常显著的区域，比如气颅交界处，肠气与腹腔脏器的交界处。

部分伪影是因为人体组织中的结构以一定的方式排列而引起，比如外侧半月板后角的同心圆状排列方式与主磁场发生作用，当外侧半月板后角内表面与主磁场成 55° 角时（魔角效应），会形成明显的高信号，而在 45° 和 65° 角时会引起稍高信号，在 0 与 90° 时不会出现高信号（图 8-5-7）。

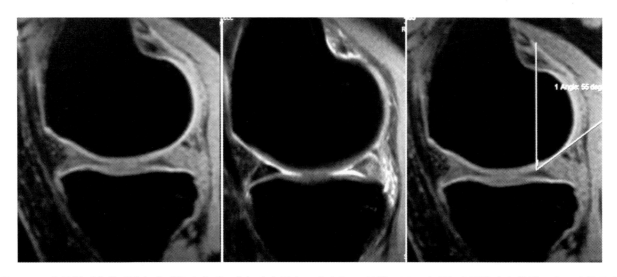

图8-5-7　半月板后角的后半与主磁场方向成55°角（右图），会在短TE的情况下，出现如左图的魔角伪影，表现为信号增高，局部结构无法显示（左图TE为2ms），而与主磁场方向成其他角度的半月板部分，均为低或灰信号。中图延长TE至9ms，魔角效应明显减轻

磁场不均匀会导致磁共振谱（MRS）谱线噪声加大，基线的抬高，代谢物峰被噪声湮没。中心移位与半高宽增大也反映着磁场不均匀的存在。

2. 磁场相关伪影矫正的序列选择原则　SE 序列与快速自旋回波序列由于 180° 脉冲的存在，对具有

固定取向的场不均匀具有良好的矫正能力。

快速自旋回波随着 ESP 的缩短，图像的变形会得到进一步的减轻。短 TE 时组织去相位时间相对较短，磁场相关伪影也会相对较轻。

在 SE 中，T2WI 及质子加权像中，由于 TR 较长，组织的纵向弛豫比较充分。而在 T1WI 时，由于 TR 较短，组织间的纵向弛豫不完全，此时，由于场强不均匀而造成的纵向弛豫差异会对成像局部区域的变形起到加重的作用。由于 GRE 支持短 TR 的设计，同样会因此而加重 GRE 中的图像变形。加之 GRE 与 EPI 都采用梯度回波成像，无法对这种取向固定的场不均匀性给予足够矫正，因此，图像的变形较重。

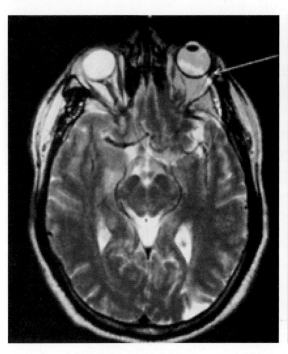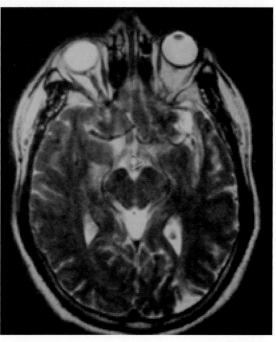

图8-5-8　金属义齿导致信号的丢失与高信号环，在GRE序列上，图像无法显示正常的解剖结构，应用 **TSE**序列后可见变形明显减少，局部解剖结构显示清楚，但仍能见到高信号环干扰，通过进一步缩短回波间距（**由10ms减至6ms**），可以进一步的减少伪影，右图中铁磁性伪影基本消失

减小层厚，可以减少层面选择方向上的去相位（图 8-5-8）。

当通过序列参数调整无法完全去除伪影时，可以考虑变换层面编码方向，如图 8-5-9。

（二）射频相关伪影

1．外来射频干扰　自然、社会环境中存在多种与 MRI 成像所用射频频率范围相重叠的情况，如电视台发射的射频信号、患者监测仪、无线电遥控装置、汽车发动机等。这些射频干扰如果没有有效的屏蔽和解决方法，将会对 MRI 图像质量产生严重影响，导致信号的丢失或背景噪声的明显增加（图 8-5-10）。在 MRI 检查室的设计与建设中，应该严格按照要求来进行射频屏蔽，以避免外界射频对成像质量的影响。同时，人体表面或内部的某些物体如金属物体等，也会对射频起到屏蔽作用，而导致局部 RF 场的不均匀。所以在临床工作中，临床医生和技术人员应该能够认识射频出现问题时的图像伪影表现和特点，分析图像质量下降的原因，并尽可能排除出现的问题，如扫描间门是否关严、患者身上是否有引起射频被屏蔽的物体等。

2．内源性剩余 RF 干扰　中心点或线状伪影：由于各种不同的原因，可能在理想的射频脉冲序列中会存在多种对相位编码线的干扰，导致中心点状或中心线状伪影。在第二章讲解扰相稳态进动 GRE 时就

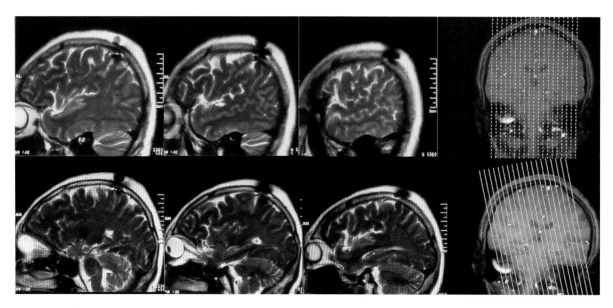

图8-5-9 头皮内金属颗粒，在矢状位（上排图），层面内相位编码方向（P-A方向）造成顶骨区颅骨双边征。通过改变带宽、减小ES等方法都无法去除该伪影，通过改变层面选择方向（斜矢状位，下排图），使颗粒与层面内相位编码方向平行，此时，颅骨的变形沿着相位编码方向而移出层面，颅骨下的脑实质结构得到显示，颅骨下脑实质无明显异常

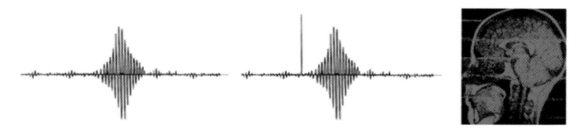

图8-5-10 外来射频引起K空间额外信号的重叠：正常情况下，MRI相位编码线具有一定的背景噪声，表现为基线锯齿样信号（左图）。而当有外来RF干扰时，表现为在读出过程中，MRI信号采集过程中，会采集到高尖峰干扰，尖峰干扰信号的出现频率取决于外来干扰RF。结果在图像上显示为沿着相位编码方向的亮线伪影

曾经说明在成像过程中，如果在下一条相位编码线采集前，存在横向残余的磁化矢量，会导致中心亮线伪影，在自旋回波中如果180°的射频脉冲不标准也会引起类似的表现，具体的原理可参考第二章。这种情况在多层面成像时经常会出现，这是因为射频脉冲轮廓不可能是非常理想的方波状，施加层面选择梯度后在选层方向的层面周围一定范围内会存在小于180°的射频作用存在，最终导致受激信号的存在，因为受激回波未受任何频率与相位编码，因此会出现在图像的中心零点区。改变快速自旋回波中180°脉冲的相位，可以去除中心亮点伪影。

  3. 射频强度空间分布不均匀性伪影 射频发射的角度不均匀性也可以引起图像的亮度不对称。我们所指的射频翻转角，比如90°，实际上是指选定的成像容积中心层面的射频角度，在远离中心层面的区域可能经历大于或小于90°的RF，导致图像信号的不均匀性。射频线圈的几何性状、射频发射线圈的射频衰减装置存在问题时都会引起射频角度发射的不均匀性。

  在层面选择性RF中，在选定的层面范围内RF的分布可能与层面的形状不完全一致，比如在长方或正方形的成像野中，RF的形状表现为M形或高斯波形，因此，在RF分布范围外的区域将无法很好的成像（图8-5-11）。

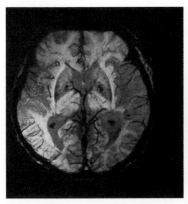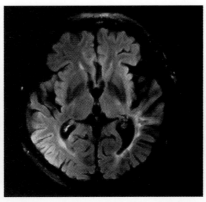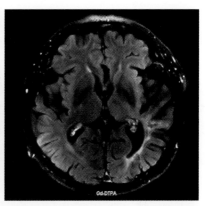

图8-5-11 3T-颅脑成像，SWI、FLAIR序列显示B1场不均匀性伪影，图像表现为右侧颞顶区异常高信号，皮白质失去正常对比，呈等信号。经过滤波处理后，伪影稍减轻（右图）

4．介电共振伪影与矫正

（1）介电共振的机制：介电共振（dieletric resonance），曾有人称之为"中心亮白伪影"（图 8-5-12）。它的出现取决于介质的介电常数（ε_r）和电导率的大小及空间分布。这种现象在超高场（≥ 3T）更为明显，例如 3T 头部成像出现率大约为 30%，而 1.5T 出现率则 < 5%。

$$\lambda \infty \frac{1}{\sqrt{\varepsilon_r B_0}} \tag{8.5.2}$$

目前认为介电共振与射频（B_1）波长的缩短有关。由公式 8.5.2 可知，介质的介电常数变化会导致进入介质的射频频率（波长）发生变化，即介电常数增大，波长缩短，当射频波长缩短到一定值时，即会出现图像信号空间分布上的变化。例如在静磁场场强（B_0）由 1.5T 增加到 3T 时，氢质子的射频频率由 64Hz 增加到 127Hz，相应波长也由 4.68m 降低到 2.34m（真空中，真空的介电常数 $\varepsilon_r = 1$），随着介电常数（人体介电常数 $\varepsilon_r = 10 \sim 100$）的增加，射频的波长会进一步减小。这时，我们可以简单地把处于静磁场中的介质想象成一个充满水的球体，当射频激发时，原本很均匀的射频场在这个水球内发生较强的反射（球体内 $\varepsilon_r \approx 80$，而表面 $\varepsilon_r \approx 1$），当介质的直径恰好是波长的整数倍时，介电共振发生了，B_1 场的中心部位得到强化，因而出现图像中心亮、周边暗的伪影。

这里还要提一下另一个概念：场聚焦效应（field focusing），也会随着射频频率的增加，B_1 场均匀性发生变化，表现为中心强、周边弱，出现图像中心亮、周边暗的伪影，但与介质的直径没有特殊关系，并不是共振现象，但和介电共振一样会随着电导率的增加而逐渐减弱。

（2）介电共振伪影的矫正：由于介电共振现象的存在，在单通道激发的设备中我们无法控制激发射频在扫描层面内的实际大小及分布，只有通过一些其他的办法来减少这种场强不均匀带来的不良后果。

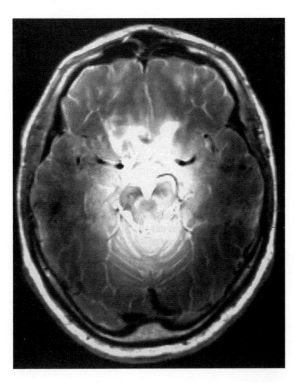

图8-5-12 中心亮白伪影

①最简单有效的方法是用多通道相控阵接收线圈来替代单通道线圈，因为前者对介质表面的 B1 敏感性更强，能部分弥补介电共振带来图像周边暗的缺陷。

②如果上述方法还不能完全奏效，如还残存相控阵线圈带来的图像信号不均匀，可以通过体线圈或表面线圈所获得的的低分辩的 K 空间图来校正 B1 场的均匀性，如（Constant Level Appearance，CLEAR），或相阵列均匀增强（Phased-array Uniformity Enhancement，PURE）或预扫归一化（Prescan Normolization），图像中心的低频变异可以采用 N3 等方法来进行后处理。

③也可以使用介电常数高的垫子。

④目前可以采用的方法都不能针对激发 B1 场的不均匀（导致 RF 翻转角的变异）来校正，将来有可能开发临床能应用的 RF 匀场技术如 Craft RF 和用 SENSE 技术开发的多通道发射线圈，这样就能使射频的翻转角保持一致。

近年来，各 MRI 生产厂家分别推出多通道激发设备。在这类设备中，通过多通道射频激发 RF 波形的设计，可达到层面内的均匀激发。

（三）梯度场相关伪影

梯度场是 MRI 空间定位的基础。在成像的空间定位过程中，系统要求定位用梯度场强度与所在的空间位置成正比关系：原子核进动频率和位置保持线性关系。如在频率编码方向这个线性关系用拉莫尔方程表示为：

$$\omega_{(r)} = \omega_0 + \gamma G_r r \qquad (8.5.3)$$

其中 $\omega_{(r)}$ 为在位置 r 上的核磁矩的进动频率，ω_0 为在未施加定位梯度场 G_r 情况下的进动频率，G_r 为外加的线性定位梯度场强，r 为核磁矩所在的位置。

为了缩短成像的时间，一般要求梯度线圈的开关迅速，通常为 200 ~ 300μs，一般不超过 1ms。在梯度线圈通电开始和关闭时，在其邻近的金属物体上会因为梯度场的切变而产生感应电流，也称为涡流。涡流电流又会产生相应的磁场，对原本理论上为线性的梯度场产生影响，结果核磁子与梯度场的线性关系被破坏，引起图像的不规则变形。

在利用高梯度成像时，这种伪影更加明显与严重。如 EPI，我们前期的研究结果表明，EPI-DWI 扩散梯度造成的变形相对于 EPI 为刚性平移，而对于解剖图而言，EPI 的快速梯度切换导致的为弹性变形。

解决涡流问题的方法可归纳为三种：梯度预增强法、有源屏蔽法和无源屏蔽法。

1. 梯度预增强法　给梯度线圈中施加比理论结果大一些的瞬间电流，用以抵消感应涡流对实际梯度场的影响，保证梯度场的波形，因此也有人将此方法称为电流过驱动法。

理想的梯度波形形状为矩形，然而由于电器元件的性能限制，实际的波形为梯形，即存在上升沿和下降沿 [图 8-5-13（A）]，此时一般是利用梯形波形的平台期进行采样。在梯度波形的上升和下降段，梯度线圈周围的金属导体（如磁体中的极板）会感应出和梯度线圈内电流方向

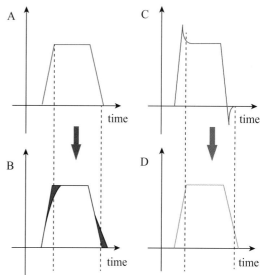

图8-5-13　**A**：理想的梯度波形；**B**：没有预增强电流的实际梯度波形，红色部分即为增强的电流；**C**：施加预增强电流的梯度驱动电流波形；**D**：梯度预增强后的梯度波形

相反的涡流，涡流产生的磁场抵消了梯度线圈产生的磁场，而延缓梯度波形的上升和下降作用，使梯度波形的平台期变短 [图 8-5-13（B）]。梯度预增强法通过预增强电流 [图 8-5-13（C）] 来改变涡流效应，将梯度波形调节成希望的形状 [图 8-5-13（D）]。

在早期的磁共振设备和一些永磁磁共振设备中使用到此方法。然而，梯度预增强的方法只能补偿与原梯度场具有相同空间特征的涡流磁场，实际中的涡流场往往是非线性的，它对梯度场空间位置贡献是未知的。为了解决涡流问题，有源屏蔽应运而生。

2．有源屏蔽　也称主动屏蔽。应用屏蔽线圈，使屏蔽线圈产生与梯度大小相等、方向相反磁场，以消除梯度线圈产生的涡流效应。目标场方法是根据预期的梯度场分布，利用傅立叶变换反推出电流密度分布，然后就可以设计出涡流自屏蔽线圈。有源屏蔽从根本上消除了梯度线圈产生涡流的根源，涡流屏蔽效果非常好，目前，几乎所有的超导磁共振都采用此方法。有源屏蔽线圈会使磁体体积变大，设备成本提高，另外屏蔽线圈产生的磁场对梯度线圈内部磁场也有抵消，所以对梯度功放的要求提高，这些都增加了设备的成本。

3．无源屏蔽　无源屏蔽方式又有两种，第一种是用金属柱面代替有源屏蔽中的屏蔽线圈，如果金属筒壁的厚度大于涡流的趋肤厚度，那么在屏蔽筒壁中产生的涡流可以起到屏蔽电流的作用，抵消屏蔽筒外的梯度磁场。后来发现，涡流的产生较原梯度电流有相位滞后，会产生一些消极作用，现在已经很少使用这种方法了。

第二种无源屏蔽是使用高电阻值、且高导磁率的材料制成屏蔽层，屏蔽层安放在梯度线圈和金属导体之间，起到梯度磁场的屏蔽作用。此方法多用在永磁系统上，但对磁极的边缘位置仍然不能很好地覆盖。目前，大多数永磁系统仅使用无源屏蔽，使涡流问题没有彻底解决，只是最大限度地减小。

组合使用屏蔽梯度线圈和电流预增强的方法后，对大多数应用来说可以取得较好的图像质量。但是，还有一些对涡流十分敏感的程序需要更多的校正。例如：对于 EPI、RARE 和 GRASE 还可以通过参考扫描的方法校正涡流影响。

参考扫描（Reference Scan）：在很多使用回波链的序列中，涡流是一个导致图像鬼影和信号强度损失的主要原因，比如在 EPI、RARE、GRASE 中。在 EPI 中，读梯度波形交替变换极性产生多组反向回波信号，若有涡流等影响使交替的梯度波形不对称，回波峰值会交替的延迟和提前，这种交替的位移将引起鬼影。在 RARE 中，虽然没有必要在相邻的回波时反转 K 空间数据，但是射频重聚焦脉冲的相位反转效应在整个回波链中交替改变着信号的相位。在理想情况下，在起始一个重聚焦脉冲前相位完美的回绕到零，这时相位反转效应不存在问题。然而，当涡流存在时，非零的净相位产生，且它的符号随着重聚焦脉冲而交替变化。这就引起了在 RARE 中鬼影的产生。在 GRASE 中，EPI 和 RARE 中的相位问题都存在，同样也会导致鬼影。此外，B_0 涡流引起的相位累积会在大多数回波链脉冲序列的各种回波中变化，由此导致的相位不一致也会引起鬼影。

参考扫描被普遍应用在使用回波链脉冲序列中用于处理涡流问题。参考扫描通常由一个完整的扫描组成，一个单回波链，或一个不用相位编码梯度的回波链采集的一部分。关闭相位编码梯度，原则上使每个回波的波形一致（排除由于 T2 或 T2* 弛豫导致的幅度变化），这样就允许校准回波间位置和相位的差别。相位编码梯度波形通常比其他波形对于涡流的贡献要少，因为在最大信号产生时它们的幅度为零。因此参考扫描校准可以捕获到多数回波链回波间的涡流差异。两个或更多的参考扫描回波可以包括在通常的扫描中用以校准。

由参考扫描采集出的数据可以通过几种方法进行处理，用以评估相应的由线性和 B_0 涡流引起回波的 K 空间位移和相位位移。每个回波的一维傅立叶变换可以产生一个沿读梯度方向上的物体的投影。根据傅立叶位移理论，投影信号的相位斜率与 K 空间位移成比例，每 2π 相移对应 K 空间一个像素的位移。另外，投影信号的相位的截距给出了由 B_0 涡流引起的相位移的近似值。

对于 RARE，线性涡流 K 空间位移可以通过调整读出预相位的面积进行校正。B_0 涡流相位位移可以通过调整 180°重聚焦脉冲的相位进行校正。

对于 EPI 错误可以在重建时被校正，通过在（x，k_y）域中（即在频率方向傅立叶变换后）乘以由校准扫描中确定的适当的相位因子。最简单的校正对所有的偶回波使用一个相位斜率和截距，对所有的奇回波使用不同的值。这样通常可以去除大多数的由涡流导致的鬼影。更精细的校正也可以通过从参考扫描数据中导出包括特殊回波的相位斜率和截距或非线性相位校正。更精细的方法也会导致额外的伪影，使用时要注意。

（四）数据接收和处理相关伪影

1．环形伪影　环形伪影出现在两种信号强度明显不同的物质交界处，表现为影像出现明暗相间、平行于 MRI 信号强度突然变化区域的细线条纹。伪影自边界向两侧蔓延，其幅度和信号强度逐渐减弱（震铃现象）（图 8-5-14）。环形伪影是由于 Gibbs 现象造成的，空间分辨率越低，在采用填零插值后，环状伪影（也称为 Gibbs 震铃伪影）越严重，通过提高空间分辨力可以减少环形伪影的程度。保持 FOV 不变，缩小像素尺寸可使伪影的强度减弱，伪影的空间间隔缩小。

在非稳态情况下采集得到的图像都会存在不同程度的环形伪影。在 TSE 序列与 EPI 序列中，因为单位时间内要采集多条相位编码线，在 ETL 过长的情况下，可能会因为 T2 衰减的原因而使在强弱信号交界区的高频信息部分进一步损失，也表现为环形伪影。

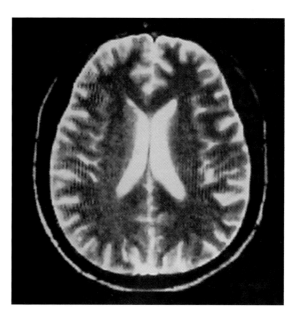

图8-5-14　环形伪影

2．数据剪裁伪影　系统一般情况下认定在梯度编码中 0 梯度相位编码线作为采集到的信号强度的上限，但是在成像过程中，经常出现因为主磁场与表面线圈的磁场相互作用下使 MRI 信号的最大值产生在 0 相位编码线邻近的相位编码线上，结果使系统在采集信号的过程中，出现了部分信号超出数模转换器的接收范围的现象，表现为背景信号发生逆转，成为高信号。通过重新设定系统射频接收增益（适当减小）就可以去除这种伪影。

3．数据中的意外噪声污染　尖峰噪声是延续时间短促而幅度很大的噪声脉冲。电路部件之间的连接发生松动，数／模转换器性能不高，计算机元件瞬时间失灵，以及向磁盘写入数据时出现的小故障，这些都能引起尖峰噪声的产生。在相位编码线上连续变化的信号强度曲线上突然出现的意外尖峰噪声经过傅立叶变换后，可能会在相位编码或频率编码方向上形成振荡函数。这样，正常磁共振信号叠加了这种尖峰噪声，形成类似织物的条纹状伪影（图 8-5-15）。

4．数据丢失伪影　数模转换器、线路故障、梯度场不稳定等都可以导致部分相位编码线丢失，图像表现为垂直、平行或斜行的条纹状影。线条伪影的轻重不同，当接近梯度编码中心梯度较小的相位编码线时，对图像的影响最重（图 8-5-16）。数据丢失伪影可以通过后处理来去除和减轻。

5．卷折伪影　在第一章第三节中关于 FOV 的讲解中提到，MRI 成像的视野是由成像梯度 G_x 或 G_y 的曲线下面积决定的。以读出编码梯度为例，步进编码梯度时，每步获得的相位差可以表示如下：

$$\Delta\Phi = 2\pi\Delta\omega\Delta T = 2\omega\gamma G_x\Delta T = 2\pi\gamma G_x T_x / N_x \qquad (8.5.4)$$

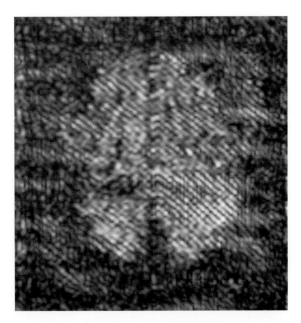

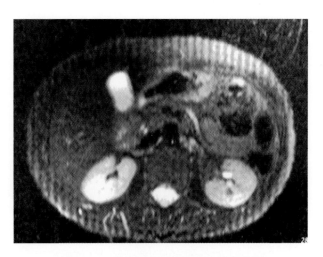

图8-5-15　条纹织布伪影　　　　　　　　　　　图8-5-16　数据丢失导致垂直条纹状伪影

在这里 T_x 为整个读梯度时间长度，ΔT 为采样间隔。在成像野范围内覆盖了从 $0 \sim 2\pi$ 的相位范围。

当采集范围超过视野范围时，系统会获得超过 2π 的频率值，如 3π，此时，系统会默认为此点与 π 位置相通，结果导致了所谓的卷折伪影。

对这种伪影解决的方法可以通过几种方法，首先可以增大 FOV，也可采用过度采集的方法，就是在读出频率方向上施加更高的采样频率。结果就不会使超出 FOV 的高频部分被错误采集（图 8-5-17）。

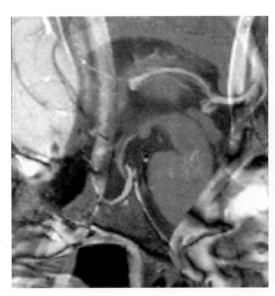

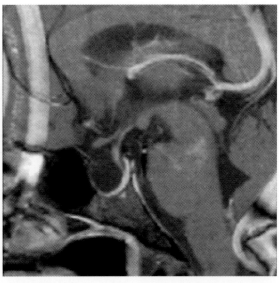

图8-5-17　卷折伪影。垂体区为了获得较好的图像空间分辨力，采用小FOV后，发生卷折伪影，伪影的特点是FOV前面的影像被反卷重叠在FOV的后部，而后部的影像被重叠在FOV内部的前面，结果垂体区结构部分被重叠显示不清。通过过度采集处理后，卷折部分的图像向FOV的边缘退去，使垂体区的结构显示清楚

当然针对不同的情况也可以采用不同的处理方法，如压脂方法（图 8-5-18）：

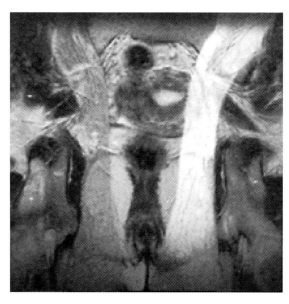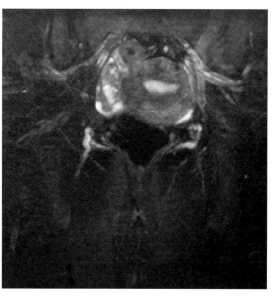

图8-5-18 为了获得高空间分辨力的盆腔图像，采用小FOV成像后，左右FOV外的组织与FOV内部的影像结构重叠，使子宫邻近结构无法显示清楚。分析其伪影的主体成分为皮下脂肪，采用压脂方法后使脂肪信号消除，这样对盆腔内的结构的显示比较清楚

（五）与人体相关的伪影

1. 化学位移伪影 人体内水和脂肪的氢原子核有不同化学环境，结果水分子的氢核与脂肪中的氢核存在 3.5ppm 的化学位移（在 1.5T 下，约为 220Hz）。这样，在质子的 MRI 影像上，同一体素中的水和脂肪信号可能因不同的化学位移特性而分离，分别出现在不同的像素内。这种由于化学位移效应而引起的影像失真称为化学位移伪影。

由化学位移效应引起的水和脂肪分离的程度正比于磁场强度，反比于磁场梯度。成像场强低于 0.5T 时，一般在影像上看不出水和脂肪的分离。在高磁场系统获得的影像上，水和脂肪分离的程度可达几个像素。

多数化学位移伪影出现在水脂交界面上，表现为一侧交界面的高信号，而另外一侧的交界面低信号（图 8-5-19）。其产生的机制（图 8-5-20）。在疾病诊断中，也常常利用这一点来判断病变的性质（图 8-5-

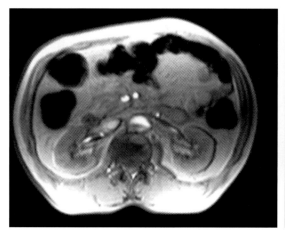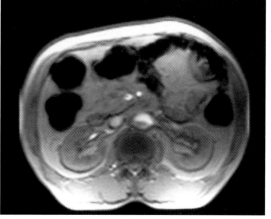

图8-5-19 化学位移伪影，在频率编码方向上，在实质脏器周围可见明显低信号与对侧高信号，并不代表脏器表面的腹膜或筋膜等结构，而是化学位移伪影的原因。将频率编码方向改变后，可以看到高低信号的方向发生变化。左图相位编码方向为左右方向，右图为前后方向

21）。化学位移伪影通常出现在频率编码方向。在 EPI 图像中，化学位移伪影则出现在相位编码方向。

2．运动相关伪影　运动相关伪影（Motion Artifacts）是最常见的伪影。磁共振的硬件组成部分按照一定的顺序启动工作并经过数据的处理后得到 MRI 图像原始的信号数据。系统要求成像对象在 MRI 硬件组件工作期间保持不动。但在实际扫描时，会出现由于患者配合不佳所致的随机运动以及生理性的周期运动（如呼吸、心脏搏动、脑脊液搏动等），出现运动伪影。运动伪影分为两种类型：①由于随机运动造成的伪影，主要发生在相位编码方向上，表现为图像的模糊。②周期性运动导致的鬼影或幻影伪影（ghost images）。运动相关伪影主要见于相位编码方向上，因为在读出频率方向上，每次读出的持续时间只有几到几十毫秒，因此其明显短于一般的生理性周期，甚至比一些患者躁动不配合的运动速度还要快。

从运动伪影的产生原因来看，一方面是因为成像速度慢，另外一方面是因为人体内的各种生理运动。

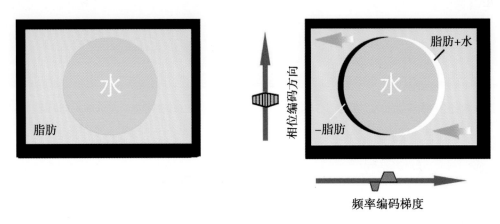

图8-5-20　假设水位于脂肪的包围中，当如右图的序列设计安排情况下，脂肪会在频率编码时被错误的编码到梯度场较低的方向与位置上，图中显示频率编码梯度在左侧较低，因此，脂肪区域整体向左移动（绿色箭头），而水的位置不变。结果，在水的左侧脂肪移走后，形成了无信号区，而右侧由于脂肪移动并与水重叠，导致信号叠加形成高信号。利用这一点可以在腰椎轴位T2WI上直接诊断椎管内脂肪瘤（如图8-5-21）

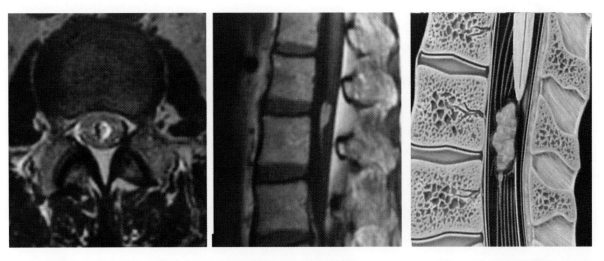

图8-5-21　椎管内中线脂肪瘤：左图为T2WI轴位T2WI，在椎管中央可见如上图所显示的黑-白边化学位移伪影。而脑脊液与硬膜外脂肪囊之间的化学位移白-黑边伪影，与蛛网膜下隙内的方向相反。证实了水中脂肪的化学位移。矢状位T1WI证实L1～2水平椎管内蝌蚪状脂肪瘤

针对上面的原因，可以采取相应的如下对策：①通过序列设计，加快成像速度。②适应患者的生理运动，使图像的采集与人体的生理运动相配合，如应用门控技术或应用屏住呼吸的方法。具体方法如下：

（1）门控与触发：通常情况下，呼吸和心脏搏动等生理运动具有相对稳定的周期性。如果能够在周期的固定位置开始序列中每条相位编码线的采集，这些相位编码线通过 FT 后得到的 K 空间信息就不会存在因为生理性运动而引起的运动伪影。采用门控及触发这两种技术可以达到上述目的。门控技术只是监测心电或呼吸周期时相，而不被用于控制射频脉冲的开启。TR 时间是设定好的，射频脉冲在此期间一直是开启的。而数据的采集是由设定的触发点与采集窗决定的。触发技术通过监测心电或呼吸周期，利用特定的生理时相触发射频脉冲开启及数据的采集。它使数据的采集与生理时相同步，使每层的数据均在生理周期的同一时相采集，使采集到的数据有同样的运动背景，有效地"冻结"了运动，从而减少运动伪影的产生（见图 8-5-22）。与触发相比，门控 TR 值是设定好的，是恒定的，不随心率或呼吸频率而改变，可用于不同的加权成像；同时门控采样时间内，射频脉冲一直处于开启状态。可以确保得到的图像有一致的对比度。而触发的 TR 值取决于心率或呼吸频率以及设定的 R-R 间期数（如心电为门控信号），TR 时间的不恒定，会对图像对比度的一致性造成一定影响。

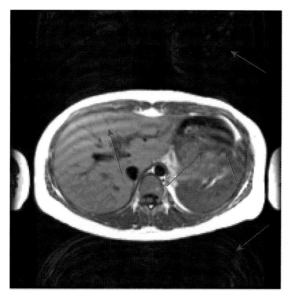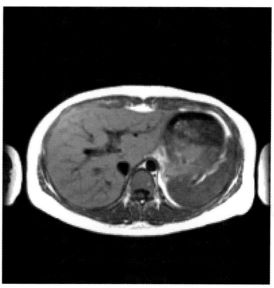

图8-5-22　左图显示呼吸导致的运动伪影及鬼影（箭头），通过呼吸门控将K空间的低频采集阶段位于呼气末，结果伪影被减轻消失

（2）改变相位方向信息采集的方式（呼吸及心动补偿）：根据 K 空间的特性，空间的中心部分（低频部分）的信号强度最大，因此，导致的伪影也就最重。在人呼吸的过程中，呼气末的运动幅度明显小于呼吸周期中其他时间段的运动幅度。因此，可以根据呼吸时相决定相位编码的顺序，将呼吸周期分成了与 K 空间频率相对应的几部分，K 空间的高频部分在吸气顶峰时采集，低频部分在呼气末期采集（见图 8-5-22）。从而将呼吸运动伪影最小化。对于心脏搏动同样也可以根据心电监测来对相位编码数据进行分类，将心脏舒张期血液流动减慢时采集的数据填充至 K 空间中心部，收缩期采集的数据填充至 K 空间边缘部。以使动脉伪影最小化。

（3）改变 TR：假设伪影与实际影像之间的位移为 ΔY，成像视野在相位编码方向上的长度为 FOVy，单条相位编码线的持续时间为 TR，每条相位编码线的重复采集次数为 1，人体生理运动周期时间为 T。其绝对位移与 NEX、FOVy 以及 TR 成正比，而与 T 成反比。表示如下：

$$\Delta Y = NEX \times TR \times FOV_y / T \tag{8.5.5}$$

通过延长 TR，并等于 T，那么 ΔY 就与 FOV_y 相同了，也就是伪影不再与 FOV 内部的影像相重叠了。

（4）预饱和及信号抑制技术：很明显，只有能够产生信号并且存在运动的组织才会产生运动相关伪影，因此如果采用预饱和脉冲作用于产生伪影的运动组织，使之将不能产生回波信号，也就不会有伪影出现（见图 8-5-23）。

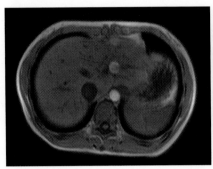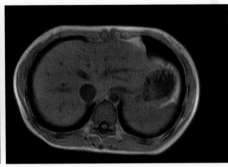

图8-5-23　左图未施加上饱和带可见明显的主动脉搏动伪影，影响对肝左叶病变的观察，右图在**FOV**上方施加了饱和带，伪影消失

脂肪信号在 TSE 序列中信号与 SE 序列相比信号强度较高，因此由呼吸等引起的伪影会对图像质量影响较重，如果将脂肪信号通过抑制脂肪信号的技术去除或减轻，就会使图像质量明显改善。脂肪饱和及翻转恢复序列是实现这种信号压制技术的理想序列。

（5）改变相位编码和频率编码梯度的方向：在相位编码方向上由于生理运动而引起的伪影较重，对病变诊断造成困难时，可以将相位编码方向与频率编码方向对调，使伪影出现在另外的方向上，以利于病灶的显示和诊断。但应注意对调后出现的化学位移伪影。

（6）增加采集次数：与增加采集次数可以减少背景噪声、以提高信噪比一样，随着采集次数的增加，鬼影的信号强度也会减低，因此通过增加采集次数也可以改善运动伪影。虽然多次采集仍然会出现鬼影，但是由于每次鬼影都不会出现在同一位置上，因而多次叠加以后，鬼影相互抵消，最后的综合影响是比较模糊的、产生影响比较小的伪影。普通的采集方式是采集完 K 空间信息所需要的所有的相位编码线后，在重新进行下一次采集并进行信号的叠加，一方面提高成像组织的信号强度，另外一方面使噪声被抵消而减轻。

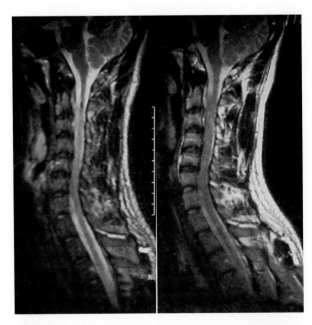

图8-5-24　由于CSF搏动造成的脊髓内纵行条状伪影，使用梯度动量补偿后伪影消失

（7）梯度补偿技术：门控及触发技术可用于消除层面间的移动所造成的伪影，对于层面内的运动可以应用梯度补偿技术。与多回波序列中的偶回波相位重聚类似，它采用曲柄梯度使层面内的运动导致的失相位重聚。从而使信号更加均匀并可减轻鬼影。也叫梯度动量相位重聚。其最主要的应用是消除颅内和椎管中 CSF 搏动引起的信号丢失和鬼影伪影（见图 8-5-24），在腹部的 T2WI 中也有应用。

（8）对于非自主的随机运动的对策（PROPELLER 及 BLADE 技术）：对于非自主的随机运动，除了争取患者配合并采用快速扫描序列外，近年来开发出了一种新的 K 空间填充技术。与以往的仅部分采集数据的快速 K 空间技术不同，它在 K 空间内进行并行的螺旋桨样的重复采集，且不同的 K 空间区域的重复程度不同，即同时使用多个射频激发，在一个回波时间充填若干条通过中心区域的相互平行的的数据列，而后如同螺旋桨的叶片一样旋转，逐渐填充直至覆盖全部 K 空间，所以又被形象的称为螺旋桨扫描技术（Periodically Overlapping Parallel Lines with Enhanced Reconstruction，PROPELLER）。K 空间的中心部分被反复采集，而周边部分的数据也有相当部分的重叠，得到的 K 空间数据通过相位校正、旋转校正、平移校正及数据归一化后，可以将由于运动及磁敏感性变化而引起的不符合规律的失真数据予以剔除。将剩余的数据进行傅立叶转换，从而避免了由于运动及磁敏感性变化而引起图像变形（图 8-5-25），同时 SNR 也将提高。

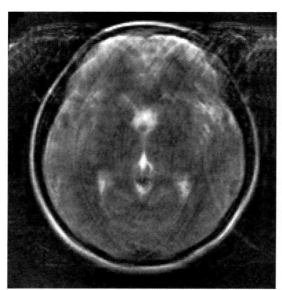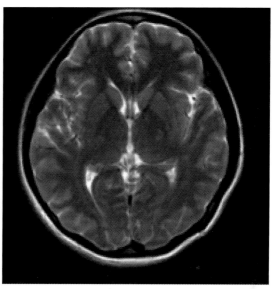

图8-5-25 左图中可见显著的运动伪影，右图应用PROPELLER技术后未见伪影

（9）改变重复采集的方式：在多数序列中需要通过重复采集来减少背景噪声，以提高信噪比。普通的采集方式是采集完 K 空间信息所需要的所有的相位编码线后，再重新采集并进行信号的叠加，一方面提高成像组织的信号强度，另外一方面使噪声被抵消减轻。不过，在普通的序列设计中，比如 SE 和 TSE 中，这种序列设计和安排的结果是使两次采集中相同相位编码线的获取间隔了过长的时间。如果组织相对静止，无明显位移，对结果不会有明显的影响。但是如果在采集的过程中，生理运动很剧烈，或在成像区附近，这种采集方法对图像信噪比的提高有限，而且会引起运动伪影的存在。如果在采集完第一条相位编码线后接着就重复采集第一条相位编码线，对结果就不会有明显的影响，这种采集方法称为长间隔平均法（long-term averaging method，LOTA）（见图 8-5-26）。

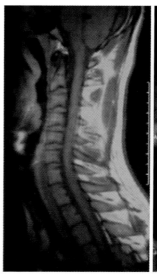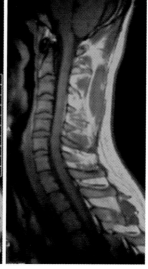

图8-5-26 左图由于脑脊液搏动而造成的位移伪影与脊髓重叠，影响观察，使用LOTA方法后，图像伪影消失

三、技师、医学物理师（工程技术人员）、诊断医师对质量保证与质量控制的实施

（一）MRI质量控制中技师的职责

由于 MRI 成像技术涉及 MRI 成像系统及其软件、技师的业务水平和素质等多种因素，因此要想获得高质量的 MRI 图像，就必须要重视图像的质量保证工作。优质的 MRI 图像能够清晰准确地显示解剖和病变结构，提供足够的诊断信息。通过对图像的数据检测分析，可定量的评价图像质量。其中包括使用的技术参数、序列和模体。这些参数旨在从客观上评价影像质量。MRI 属数字影像技术之一，影响 MRI 图像质量的因素多且复杂，如磁体、表面线圈，梯度磁场等，加之多参数、多方位成像的特点，这就使得它不同于其他影像技术。因而，应该通过调控一些参数，进行图像质量的定量分析，达到图像质量控制的目的。

MRI 技师的职责是围绕图像质量而定的，更具体地说，技师影响图像质量的因素，有患者的扫描体位、图像的扫描、存贮及胶片的打印。

MRI 技师完成的具体质量控制程序有：

- 每天：准确设置和定位；轴位图像数据；预扫描参数；图像数据测试；几何图形精确性检测；空间分辨力测试；低对比度分辨力检测；图像伪影分析。
- 每周：硬拷贝图像质量控制。

（二）MRI质量控制中医学物理师（工程技术人员）的职责

医学物理师的职责与设备的性能息息相关，包括图像质量和患者安全。整个 MRI 设备性能检测应在设备安装好后进行，且至少每年一次，工程技术人员应在大修或升级 MRI 系统后进行质量控制的相关测试。具体测试包括：磁场均匀性评价、层位的精确度、层厚的精确性、射频线圈检测，包括信噪比和图像增强的一致性、层间射频信号干扰（层间交叉对话）、MRI 图像相位稳定性、软拷贝显示（显示器）。

1. 基本的测试和参考正常值范围　医学物理师负责基本质量控制测试，并为技师质量控制计划制定一个参数标准，它将具体应用于正常值范围的确定，这个范围是根据图像质量出现特定问题进行测试时所获得的具体参数值而定的。

在每年的检测过程中，医学物理师也要检测质量控制技师完成的每天和每周的质量控制任务记录，按照这个检测和以上测试结果，就质量控制过程中的设备性能或状况，得到正常值范围。

2. 医学物理师在图像质量控制中的作用　MRI 检查是否成功，取决于高质量的图像。该图像必须忠实地描述出检查部位的解剖结构，并反映出软组织的信号差异。虽然设备服务工程师和技师常参与 MRI 机器的校准和测试，但他们通常只报告符合某些设计的机器的合适参数，这些参数决定了机器的最佳运行状态。医学物理师能够胜任机器测试和数据分析，明确哪些设计与哪些成像问题有关。这些测试可使医学物理师在图像质量出现问题之前便能认识到设备的某些失常。他们也能够通过测试明确图像失常是程序还是设备出了问题。

对机器进行检测并把结果写成书面报告，提供校正建议并和影像诊断医生及技师回顾这些检测结果，是医学物理师的职责。交流测试结果和推荐修正建议可以在他们的实践中不断提高。校正不应局限于维修设备，还应包括以下使用建议：射频线圈的使用、脉冲序列的合理选择、图像处理、浏览条件及质量控制。医学物理师应定期回顾技师们所进行的常规质量控制结果，并针对这些测试结果提出适当建议。此外，他们还应参加有关 MRI 质量控制计划的定期回顾，以保证质量控制计划达到预期目的。

（三）MRI质量控制中诊断医师的职责

诊断医师应指导临床磁共振成像检查程序和检查技术选择；解释图像和图像信息；完成临床诊断（不包括临床影像诊断质量控制部分）；指导参数变化对组织的显现，将异常图像信息及时反馈到 MRI 系统 QA/QC 团队其他成员，研究和协调具体解决方法；MRI 图像诊断与临床、病理等诊断对比；指导两项或两项以上操作技术的配合，制订和指导该项技术的配合要求要达到的技术和图像标准，完成实践；制订 MRI 技师与操作护士各自的职责，分析最终图像质量，评价协调程度并加以反馈。例如：制订临床 MRI 增强检查前患者准备制度，评价肾功能等是否适合 MRI 成像增强检查；制订扫描程序与技术参数；要求 MRI 技师和护士各自本身及对患者的质量控制和质量保障；要求护士完成增强检查后的医嘱等。

（四）MRI质量控制中应注意的问题

1. 质量控制测试周期与操作人员　日常质量控制的测试周期如表 8-5-1 所示。

表 8-5-1　日常质量控制测试周期

程序	最短周期	时间（分钟）	操作人员
中心频率	每天	1	技师
床精度	每天	3	技师
模体的定位及扫描	每天	7	医学物理师
感光度精确性	每天	2	医学物理师
高对比度分辨力	每天	1	技师
低对比度分辨力	每天	2	技师
伪影分析	每天	1	医学物理师
磁共振设备硬件及辅助设备巡检	每天	30	工程技术人员
照片质量控制	每周	10	医学物理师

2. 固定的质量控制技师　固定的质量控制技师应掌握一系列设备的质量控制程序，同一个人进行质量控制测试可以保证测量上的稳定性和对初始问题的高度敏感性。但这并不意味着一个技师必须完成所有设备的质量控制测试。不同的人负责各自设备的质量控制方案是简便可行的。当指定的质量控制技师在某设备上测试行不通时，质量控制测试应仍按计划由其他技师完成，为了保证质量控制工作性能不受个人工作计划的影响，培养一定数量的质量控制技师是必需的。

3. 质量控制记录本　必须设有质量控制记录本来及时记录质量控制过程和结果。设备不同，质量控制记录本的内容也会有差别。它取决于医院的大小、管理组织形式和质量控制队伍的喜好，小型医院可能只需单一的记录本就可应用到所有医院设备；大型设备常常需要为每个独立设备单独准备记录本。但总体来说，质量控制记录本应包括以下内容：叙述医院质量控制的规定和程序；每台设备质量控制程序结果记录的数据格式；记录质量控制问题及其校正方案。

质量控制记录本应保存在质量控制队伍中每个成员及维修工程师都知道、且都能拿到的地方，以便出现问题时他们可以此作为参考。记录质量控制问题及其解决方案的内容，有利于维修工程师和工作计划都不同的质量控制队伍成员之间的交流。

4. 质量控制数据检查　质量控制记录的数据至少每年要由医学物理师或影像医师进行检查。检查的目的在于验证质量控制程序是否按计划表上推荐的最小周期进行。

5. 模体的选择　模体只有经医学物理师的检查和验证之后才能应用。一旦选定了模体，物理师应记录此模体测试的必需程序、分析方法及控制标准，并为质量控制技师培训这些内容。

6. 测试程序的选择　测试程序只有经医学物理师或工程技术人员检查验证之后才能应用。医学物理师应记录完成所选测试，必需的程序、分析方法及控制标准，并向质量控制技师培训以上方法内容。所选测试细节应详细记录在 MRI 质量保证程序手册中。

7. 正常值范围　"正常值范围"（也称可控范围）是指不同的质量控制测量参数标准，它定义的是可接受的参考值的范围。超出范围时就需要进行校正。我们建议每一个质量控制程序都有一个参数标准。在大部分情况下，设备的稳定性和技师测量的一致性可以保证所测参数值都在正常值范围之内，这时缩小正常值范围就可以增加发现问题的概率。设置正常值范围是医学物理师的责任，要确保这个范围对检查 MRI 设备故障有足够的敏感性。

（田　金　许　锋　和清源　薛晓琦）

中英文名词对照

NMR：Nuclear Magnetic Resonance	核磁共振
MRS：Magnetic Resonance Spectroscopy	磁共振波谱
RF：Radio-Frequency	射频
Steady state	稳态
ASL：Artery Spin Label	动脉自旋标记
FAIR：Flow-sensitive Alternative Inversion Recovery	流动敏感交互反转技术
MRI：magnetic resonance imaging	磁共振成像
B	感应强度
T：Tesla	特斯拉
G：Gauss	高斯
T1：longitudinal relaxation time	纵向弛豫时间
T2：transverse relaxation time	横向弛豫时间
Resistive magnet	常导
Permanent magnet	永磁
Superconducting magnet	超导
Magnetic Moment	核磁矩
spin	自旋
precession	进动
Larmor law	拉莫定律
Larmor frequency	拉莫进动频率
gyromagentic ratio	旋磁比
M0：Net magnetization	净磁化强度矢量
voxel	体素
Contrast-to-noise ratio	对比度
SNR：signal noise ratio	信噪比
WI：weighted-imaging	加权像
nutation	章动
FA：flip angle	翻转角

central frequency	中心频率
amplitude	幅度
BW：Bandwidth	带宽
spin-lattice relaxation	自旋 - 晶格弛豫
spin-spin relaxation	自旋 - 自旋弛豫
MT：magnetic transfer	磁化转移
TE：echo time	回波时间
chemical shift	化学位移
J coupling	J 耦合
SAR：specific absorption rate	射频能量吸收率
ABR：absorption rate	吸收率
slew rate	切换率
FT：Fourier transform	傅立叶变换
FOV：field of view	成像视野
TSE/FSE：turbo spin echo/fast spin echo	快速自旋回波
GRE：gradient echo	梯度回波
EPI：echo planar imaging	平面回波成像
artifact	伪影
SE：spin echo	自旋回波
TR：repetition time	重复时间
rewinder gradient	回转梯度
FLASH：fast low angle shot	快速小角度激发
SPGR：spoiled gradient-recalled	扰相梯度回波
proton density	质子密度
SPIO：superparamagnetic iron oxide	超顺磁四氧化三铁
USPIO：ultrasmall particles of iron oxide	超小超顺磁四氧化三铁
Gd-DTPA：gadolinium-diethylenetriamine pentaacetic acid	钆喷酸葡胺
Gd-DOTA:gadolinium-tetraaza-cyclododecane-tertraacetic acid	钆特酸葡甲胺
magnetic domain	磁畴
Eddy currents	涡流
Shielding	磁屏蔽
IPA：Integrated Phased Array	集成相控阵线圈

TEM：Transverse Electromagnetic	横向电磁	
TIM：Total Imaging Matrix	一体化成像矩阵	
PAT：Parallel Acquisition Technology	并行采集技术	
SMASH：Simultaneous Acquisition of Spatial Harmonics	空间谐波同步采集	
SENSE：Sensitivity Encoding	敏感度编码	
SPACERIP：Sensitivity profiles from an array of coils for encoding and reconstruction in parallel	基于阵列线圈敏感度的并行编码重建	
Tc：Critical temperature	临界温度	
Energizing the magnet	励磁（充磁）	
Shim	匀场	
IR：Inversion recovery	反转恢复	
CHESS：chemical shift selective	化学位移选择性激发法（谱饱和抑制）	
k-space	K空间	
conjugate symmetry	共轭对称性	
BLADE	刀锋采集	
Fat-water in-phase	水脂同相	
Out-of-phase image	水脂反相	
MP-RAGE:Magnetization Rrepared Rapid Acquisition by Gradient Echo	磁化准备快速梯度回波序列	
RARE:Rapid Acquisition with Relaxation Enhancement	弛豫增强快速采集技术	
TRF：Tailored RF pulse	修正射频脉冲	
FRFSE：fast recovery FSE	快速恢复FSE	
HASTE：Half-Fourier Single-shot Turbo spin Echo	半傅立叶采集单激发快速自旋回波	
Susceptibility artifact	磁感应性伪影	
Chemical shift artifact	化学位移伪影	
STEAM：Stimulated Echo Acquisition Mode	受激回波成像	
CSI：chemical shift imaging	化学位移成像	
MRSI：magnetic resonance spectroscopy imaging	磁共振频谱成像	
ADC：apparent diffusion coefficient	表观扩散系数	
DWI：Diffusion-weighted imaging	扩散加权成像	
T1-weighted	T1加权成像	
Proton density weighted	质子加权像	
Gibb's artifact	吉布斯现象	
Magnetization transfer ratio	磁化率	

Aliasing	卷叠伪影
Gibbs /Truncation artifact	吉布斯伪影
Zipper artifact	拉链伪影
Motion artifact	运动伪影
Moire frings	莫尔条纹伪影
Magic angle effect	魔角伪影
Cross talk	部分容积效应伪影
Quadrature Ghost	正交伪影
RF Overflow	射频溢出伪影
Zero filling Artifact	斑马伪影
dielectric resonance	介电共振
Spike /Herringbone /Crisscross artifact	网状伪影
Nyquist ghosting	奈奎斯特定律
Phase encoding	相位编码方向
Frequency encoding	频率编码方向
Gating	门控技术
Triggering	门控触发
Breath hold	屏气扫描
PROPELLER/BLADE	螺旋桨扫描
LOTA：long-term averaging method	长间隔平均法
diamagnetic	抗磁性
ferromagnetic	铁磁性
field－focusing	场聚焦效应
PURE：Phased-array Uniformity Enhancement	相阵列均匀增强
Prescan Normolization	预扫归一化
FIR：Fast Inversion Recovery	快速反转恢复序列
MR Angiography	磁共振血管成像
STIR：Short Tau Inversion Recovery	短时间反转恢复序列
Diffusion Tensor Imaging	扩散张量成像
Perfusion weighted imaging	灌注加权成像
Dynamic contrast enhancement (DCE)	动态对比剂增强
Contrast-enhanced MRA	对比剂增强的 MR 血管造影
SWI：susceptibility weighted imaging	磁敏感成像序列
fMRI：functional MRI	脑功能磁共振成像

BOLD：Blood Oxygen Level Dependent contrast	血氧水平依赖的对比成像
TOF：Abbreviation for Time-Of-Flight	时间飞越法
Phase contrast	相位对比法
Fat suppression	脂肪抑制技术
Contrast enhanced	增强扫描
Contrast agents	对比剂
SSFSE：Single Shot Fast Spin,Echo	单次激发的快速自旋回波
Respiratory compensation	呼吸补偿
Flow compensation	流动补偿
Bright blood/White blood	亮血
Black blood	黑血
Phased array coil	相控阵线圈
ECG gating	心电门控
Respiratory gating	呼吸门控
Flow void/ phenomena	流空效应
Delayed contrast enhancement	延迟增强
Acquisition time	采集时间
Fast imaging	快速成像
SPAIR：Spetral Attenuated Inversion Recovery	压脂像
fiber tractography	纤维束示踪成像
Magnetic resonance urography	磁共振尿路成像
Multi-channel coil	多通道线圈
Paramagnetic contrast	顺磁性对比剂
MPR：Multi-Planar Reformat.	多平面重建
Diffusion coefficient	扩散系数
FA：fractional anisotropy	各向异性分数
MD：mean diffusivity	平均扩散
$\lambda \parallel$：axial diffusivity	径向扩散
$\lambda \perp$：radial diffusivity	轴向扩散
Phase-Sensitive Inversion-Recovery，PSIR	相位 - 敏感重建方法
rest perfusion	静息灌注
stress perfusion	负荷灌注
SPAMM：Spatial Modulation of Magnetization	空间磁化调制
iMRI：Interventional MRI	磁共振介入

Spatial resolution	空间分辨率
Thin slice scanning	薄层扫描
molecular self-diffusion coefficient	分子自弥散系数
PRF：chemical shift of the proton resonance frequency	质子共振频率化学位移
amplitude attenuation	振幅衰减
Boltzmann constant	Boltzmann 常数
equilibrium magnetization	平衡磁化
Magnetic susceptibility	磁化率
Absolute temperature	绝对温度
Magnet effect	磁化效应
The constant of relaxation time	弛豫时间常数
(Finite-difference time domain, FDTD)	有限差分时域
Gradient	梯度系统
SPECIAL：Spin echo full intensity acquired localized spectroscopy	基于自旋回波的全强度采集局部谱技术
MNS：Multi-nuclear spectroscopy	多核波谱与成像
High field	高场强
Low field	低场强
gradient amplitude	梯度场强
Projectile	投射效应
Helium	液氦
Quality Assurance，QA	质量保证
Quality Control，QC	质量控制